自抗扰控制设计与理论分析

赵志良 著

科 学 出 版 社

北 京

内 容 简 介

本书的主要内容是非线性自抗扰控制的设计与理论分析. 自抗扰控制是一项在线估计并补偿不确定性因素的控制技术, 由三个主要部分构成, 分别是跟踪微分器、扩张状态观测器以及基于前两者的反馈控制器. 本书较为详细地论述了非线性跟踪微分器、非线性扩张状态观测器的设计与收敛性, 以及基于跟踪微分器与扩张状态观测器的不确定性因素补偿控制器——自抗扰控制器的设计与控制闭环系统的收敛性和稳定性.

本书可以作为高等院校和科研院所控制科学与工程、运筹学与控制论等相关专业研究生教材和参考书, 也可作为相关领域科研工作者和工程师的参考资料.

图书在版编目 (CIP) 数据

自抗扰控制设计与理论分析/赵志良著. —北京: 科学出版社, 2019. 2
ISBN 978-7-03-060019-6

I. ①自⋯ II. ①赵⋯ III. ①自动控制 IV. ①TP273

中国版本图书馆 CIP 数据核字 (2018) 第 294290 号

责任编辑: 宋无汗 李 萍/责任校对: 郭瑞芝
责任印制: 张 伟/封面设计: 陈 敬

科学出版社 出版
北京东黄城根北街 16 号
邮政编码: 100717
http://www.sciencep.com
北京凌奇印刷有限责任公司 印刷
科学出版社发行 各地新华书店经销
*
2019 年 2 月第 一 版 开本: 720 × 1000 B5
2024 年 1 月第七次印刷 印张: 15 1/4
字数: 307 000
定价: 120.00 元
(如有印装质量问题, 我社负责调换)

前　言

经过几十年的发展, 控制理论的研究, 取得了丰富的理论成果, 尤其是线性系统控制器的分析与设计已形成了完备、系统的理论体系. 该理论体系在工程上被广泛应用, 取得了巨大的成就. 然而在现实生活中, 大量的实际控制系统却是非线性系统. 严格地说, 几乎所有的控制系统都是非线性的, 线性系统是在一定范围内和一定程度上对实际系统的近似描述. 另外, 实际控制系统中总是存在由系统未建模动态和外部扰动等构成的不确定性因素. 在早期, 由于人们对控制系统输出误差精度等性能要求不是很高, 当系统的不确定性因素被忽略, 非线性函数被局部线性化后, 针对线性近似系统设计的控制在一定程度上仍然可以满足控制系统的性能要求. 但随着人类社会实践的深入, 由于人们所面临的实际控制对象越来越复杂, 对控制精度等性能的要求越来越高, 催生了一系列著名的非线性控制理论和处理不确定性因素的控制方法.

在工业控制实践中, 最主要的控制方法仍然是 20 世纪 20 年代提出的比例-积分-微分 (PID) 控制. PID 控制的特点是不依赖于受控对象的精确模型, 而是利用系统输出和目标之间误差的比例、积分、微分构成反馈控制. 尽管 PID 控制仍然是工业控制中最主要的控制方法, 然而随着人们对控制品质如控制精度、收敛速度、控制过程中能量消耗等要求的提高, 以及控制系统本身和外部环境的复杂性, PID 控制已面临诸多方面的挑战.

在经典 PID 控制的基础上, 通过吸收现代控制理论的优秀成果, 中国科学院数学与系统科学研究院韩京清研究员在 20 世纪 80 年代末 90 年代初提出了一个新的控制策略 —— 自抗扰控制 (ADRC). 自抗扰控制的核心思想是将系统内部未建模动态、外部扰动以及传统控制方法不易处理的复杂非线性因素和时变因素等耦合而成的不确定复杂因素作为系统的 "总扰动", 利用系统的输入输出构造扩张状态观测器 (ESO) 在线估计 "总扰动" 并在反馈控制环节进行补偿.

本书的主要内容是作者与合作者近年来在自抗扰控制的研究方面取得的一系列研究成果. 本书较为系统地研究了自抗扰控制三个主要部分——跟踪微分器、扩张状态观测器以及基于前两者的不确定性因素补偿控制器的设计与理论分析.

本书内容安排如下: 第 1 章给出自抗扰控制相关问题的介绍和一些必要的预备知识; 第 2 章介绍跟踪微分器的相关理论成果; 第 3 章探讨非线性扩张状态观测器的设计与理论分析, 给出非线性扩张状态观测器中非线性函数选取的原则, 证明一大类非线性扩张状态观测器对不确定开环系统的状态和不确定性因素观测的收敛性; 第 4 章基于跟踪微分器和扩张状态观测器的不确定性因素补偿控制器的设计与理论分析, 证明控制闭环中非线性扩张状态观测对系统的状态、不确定因素观测的收敛性以及控制闭环系统的稳定性; 第 5 章研究下三角非线性不确定系统的扩张状态时观测器和基于扩张状态观测器的不确定性因素补偿控制器——自抗扰控制; 第 6 章介绍基于非线性函数 fal 构成的扩张状态观测器及基于这类非线性扩张状态观测器的自抗扰控制.

缅怀中国科学院数学与系统科学研究院韩京清教授, 正是他开创了自抗扰控制这一新型控制方向. 在韩京清教授逝世 10 周年之际, 谨以本书献给自抗扰控制的开拓者韩京清教授! 感谢中国科学院数学与系统科学研究院郭宝珠教授, 9 年前正是博士生导师郭宝珠教授指导作者进入自抗扰控制这一研究领域. 在自抗扰控制的研究中, 郭教授始终给予作者悉心的指导与帮助, 至今保持着密切的合作关系.

本书的出版得到了国家自然科学基金青年项目 (No. 61403242)、陕西省自然科学研究计划重点项目 (No. 2016JZ023) 以及陕西师范大学中央高校特别支持项目 (No. GK201702013) 的支持, 在此一并致谢!

由于作者水平有限, 书中难免存在不足之处, 敬请读者批评指正.

赵志良

2018 年 6 月 22 日

目　录

第 1 章 绪   论

1.1 背景介绍

非线性与不确定性系统的分析与控制被广泛深入的研究, 产生了大量优秀的研究成果, 如内模原理 [1-3]、滑模变结构控制 [4, 5]、小增益定理 [6]、反馈线性化 [7]、反步控制 [8]、鲁棒控制 [9-11]、奇异摄动理论 [12]、自适应控制 [8,13-15]、自适应动态规划 [16, 17]、无模型自适应控制 [18]、基于扰动观测的控制 [19, 20]、虚拟未建模动态补偿控制 [21] 等.

近一个世纪以来, 在工程控制中占主导地位的控制方法仍然是比例–积分–微分 (proportion-integration-differentiation, PID) 控制. PID 控制是在船舶自动操作系统中渐渐发展起来的. 1922 年, 苏联工程师 Minorsky 发表了舰船自动控制的理论分析结果, 描述了 PID 控制 [22]. PID 控制是将受控对象的实际行为和目标之间的误差的比例、误差的积分以及误差的微分的线性组合作用于受控对象, 以实现控制的目的, 如图 1.1 所示. 从 20 世纪 20 年代至今, 在控制工程中占主导地位的仍然是 PID 控制. 据统计, 98% 的造纸业的自动控制器是 PI 控制, 在过程控制中 95% 以上是 PID 控制 [23-25].

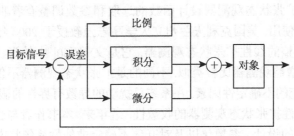

图 1.1 PID 控制

PI 控制是指只有误差的比例与积分的线性组合 (没有误差的微分), 这是由于大部分的受控对象, 其输出误差本身 (如运动位移信号) 是容易测量的, 而其导数 (如运动中的速度信号) 不能直接测量或直接测量需付出较大的代价, 而经典的获取导数的方法 —— 差分方法对噪声很敏感 [26], 因此在很多情况下 PID 控制只能是 PI 控制. 基于这一问题, 韩京清于 1989 年在文献 [27] 中提出了一种新型的对噪声不敏感的微分信号提取工具 —— 跟踪微分器. 1994 年, 韩京清和王伟在文献 [28] 中首次给出了一个收敛性证明, 然而这一证明只对目标信号为阶梯函数信号时有效. 此后, 韩京清及其合作者在数值及应用等方面开展了一系列的研究工作, 这些工作从数值的角度证明了跟踪微分器的有效性和优越性, 见文献 [29]∼[34]. 2002 年, 文献 [35] 证明了线性跟踪微分器的收敛性, 并在理论上分析了线性跟踪微分器对随机噪声的不敏感性. 对于非线性跟踪微分器和更一般的有界可导信号, 文献 [36] 和 [37] 给出了跟踪微分器中非线性函数的选取原则, 并严格证明了其收敛性, 使非线性跟踪微分器建立在坚实的理论基础之上.

跟踪微分器在大量的工程实践中被单独应用, 如用于改进 PID 控制等 [32-34,38]. 同时, 它同扩张状态观测器 (extended state observer, ESO) 以及基于扩张状态观测器的非线性反馈一起组成了自抗扰控制 (active disturbance rejection control, ADRC) 的三个主要部分. 在自抗扰控制中, 跟踪微分器通常用作目标信号的导数估计或安排过渡过程 [29, 39].

在控制实践中, 人们不可能对感兴趣的系统内部所有状态都设计一个传感器直接测量, 通常只测量其中的一部分. 观测器的作用是通过系统的输出 (部分状态), 来恢复系统的所有状态. 对于线性系统, 常用的状态观测器是 Luenberger 观测器. 当 Luenberger 观测器的观测增益增大时, 观测器与原系统的误差收敛速度增大, 但会出现峰值现象, 这就是所谓的高增益状态观测器 [12]. 对于非线性系统, 文献 [41] 和 [42] 基于坐标变换, 提出了误差系统可线性化的一类状态观测器. 文献 [43] 研究了滑模状态观测器. 关于非线性系统的状态观测器, 也有大量的文献, 如 [44]∼[49].

与传统的状态观测器不同, 韩京清于 1995 年在文献 [50] 中提出的扩张状态观测器不仅要观测系统的状态, 还要观测系统的不确定性因素. 在最初的数值试验以及工程实践中, 扩张状态观测器设计函数的选取和参数调整有着非常强的技巧性. 为在工程中方便使用, 美国克利夫兰州立大学高志强教授于 2003 年在文献 [51] 中引入了单参数调整的线性扩张状态观测器, 它是文献 [50] 中扩张状态观测器的特殊情况. 它与高增益观测器比较类似, 不同的是扩张状态观测器不仅估计系统的状态, 还要估计系统的不确定性因素. 在系统总扰动的导数有界性的假设下, 文献 [52] 证明了单参数线性扩张状态观测器的收敛性. 近年来, 本书作者与合作者在非线性扩张状态观测器的设计、参数化以及对开环不确定非线性系统状态和总扰动观测的收敛性研究方面取得了长足的进展: 2011 年, 在文献 [53] 中, 针对自抗扰控制标准型给出了包括线性扩张状态观测器在内的一大类非线性扩张状态观测器的设计与参数化方法, 给出了非线性设计函数的选取原则, 并在一定的条件下证明了这类非线性扩张状态观测器对开环系统状态和不确定性因素观测的收敛性; 随后, 将该文献的结果推广到多输入多输出系统 [54] 和下三角不确定非线性系统 [55], 并提出了时变增益的扩张状态观测器. 数值显示 fal 函数构成的非线性扩张状态观测器具有明显的优势, 但在理论研究方面长期以来没有得到实质性进展. 在文献 [56] 中, 给出了基于 fal 函数的非线性扩张状态观测器的设计、参数化方法以及这类非线性扩张状态观测器对开环不确定非线性系统的收敛性.

自抗扰控制是韩京清教授基于对现代控制理论过多依赖于数学模型的反思, 吸收 PID 控制的精髓而提出的一种新型的控制策略, 其核心思想是利用扩张状态观测器观测系统状态的同时, 观测系统的不确定性因素, 在反馈控制环节中利用观测值补偿它 [29,39,57-59]. 下面以二阶牛顿运动系统为例, 简要说明自抗扰控制的主要思想. 对于系统

$$\ddot{x} = f(x, \dot{x}) + u, \tag{1.1}$$

其中, x 表示位移; $\dot{x}$ 是位移 x 对时间的导数, 即速度; u 是为使系统按某种预期的方式运动而施加的作用力; $f(x, \dot{x})$ 是系统运行过程受到的其他作用力, 如摩擦力等. 自抗扰控制就是在 $f(x, \dot{x})$ 无法精确建模或模型不准确的情况下, 不是去辨识函数 f 本身, 而是在系统的运行过程中实时地估计 $a(t) = f(x(t), \dot{x}(t))$ 的大小, 用于反馈 u 的设计. 这一用于估计 $f(x, \dot{x})$ 的工具就是所谓的扩张状态观测器, 在观测系统状态的同时, 观测系统的不确定性因素. 通常情况下, 为使受控对象更好地跟踪目标信号 $v(t)$, 需要利用跟踪微分器来估计 v 的导数或安排过渡过程. 将这些估计进行适当的非线性组合作为反馈作用于式 (1.1), 使它的输出跟踪目标信号 v. 这就是自抗扰控制的设计思路, 框架图如图 1.2 所示.

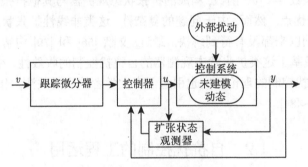

图 1.2　自抗扰控制

自抗扰控制的突出特点是在不确定性因素对受控对象造成较大影响之前, 通过扩张状态观测器对它的在线估计来实时地补偿不确定性因素. 近年来, 自抗扰控制已成功运用于众多的工程控制实践问题, 并已经初步实现了工业化与商业化. 美国 Parker Hannifin Parflex 软管挤压厂用 8 个多月的时间对自抗扰控制与传统的 PID 控制进行了检验比较. 在这段时间内, 该厂用自抗扰控制替换了已被工程技术人员多次调整并优化的 PID 控制方法. 检验结果显示较之于传统的 PID 控制, 自抗扰控制使控制性能参数提升 30% 多, 同时耗能减少 50% 以上 [60]. 著名跨国公司德州仪器 (Texas Instruments)、飞思卡尔半导体等相继在其新型运动控制芯片 (型号: TMS320F28069M, TMS320F28068M 等) 中采用了自抗扰控制技术.

由于系统的不确定性、非线性以及时变等复杂因素的影响, 自抗扰控制闭环系统中扩张状态观测器的收敛性和闭环系统的稳定性分析极具挑战性. 基于线性扩张状态观测器的自抗扰控制闭环系统的研究可见文献 [61]. 近年来, 线性自抗扰控制的理论研究引起了广大学者的研究兴趣, 产生了大量的研究成果, 如线性自抗扰控制器的稳定性研究 [62]、基于奇异摄动的自抗扰控制闭环系统的分析 [63]、基于自适应扩张状态观测器的自抗扰控制 [64, 65]、事件驱动的自抗扰控制 [66]、随机不确定非线性系统的自抗扰控制 [67, 68] 以及分布参数系统的自抗扰控制 [69-74] 等.

一般认为具有更好品质的自抗扰控制在于非线性的设计 [29]. 由于非线性设计的复杂性, 基于非线性扩张状态观测器的自抗扰控制闭环系统的理论研究直到最近几年才取得了实质性的进展. 对于自抗扰控制的标准型系统, 文献 [75] 给出了基于非线性扩张状态观测器的自抗扰控制闭环系统中扩张状态观测器的收敛性以及闭环控制系统的稳定性; 文献 [76] 研究了多输入多输出非线性不确定系统的自抗扰控制设计与分析. 为解决常数高增益扩张状态观测器可能带来的峰化现象, 文献 [77] 提出了时变增益扩张状态观测器与基于这类扩张状态观测器的扰动补偿控制. 为扩大自抗扰控制的适用范围, 文献 [78] 研究了一类更具一般性的非线性不确定下三角系统的扩张状态观测器以及自抗扰控制器. 大量的数值结果显示, 有一类特殊的非线性函数 ——fal 函数, 构成的扩张状态观测器与其他扩张状态观测器相比, 具有显著的优点. 然而, 由于问题的复杂性, 这类非线性扩张状态观测器的基本理论问题长期以来都没有得到解决. 最近, 文献 [56] 和 [79] 中解决了这类扩张状态观测器以及基于这类扩张状态观测器的自抗扰控制的收敛性、稳定性问题. 最近, 非线性自抗扰控制的理论研究也引起了广大学者的广泛关注, 相关的研究成果可参见文献[80]~[84].

1.2　自抗扰控制的工程运用

自抗扰控制已经被成功运用于大量的工程控制实践, 并已初步实现了商业化. 自抗扰控制的应用已有大量的参考文献, 这里只列举了其中很少的一部分.

在飞行控制方面, 扩张状态观测器和非光滑控制在文献 [85] 中被用于提高控制品质. 在文献 [86] 中, 自抗扰控制被应用于飞行姿态控制. 文献 [87] 利用自抗扰控制解决了飞行推进控制. 文献 [88] 讨论自抗扰控制在飞行姿态控制中的应用. 文献 [89] 利用自抗扰控制研究了飞行器自动登陆控制. 文献 [90] 比较全面地讨论了自抗扰控制在空间飞行器控制中的应用.

在能源电力控制方面, 文献 [91] 利用自抗扰控制研究了最大风能控制; 文献 [92] 对几类不同的控制方法在最大风能控制中进行了比较. 为解决热能发电控制中的参数不确定、大时滞以及外扰等不确定性因素, 文献 [93] 采用了自抗扰控制; 文献 [94] 利用自抗扰控制克服了强非线性和外部扰动的干扰, 得到了令人满意的电流转换. 在热电生成单元控制中, 文献 [95] 也采用了自抗扰控制方法. 在能源过滤中, 文献 [96] 和 [97] 采用了自抗扰控制处理不确定性因素; 文献 [98] 利用自抗扰控制解决了频率调节控制.

在马达与车辆控制方面, 自抗扰控制已成功应用于永磁同步马达伺服系统 [99, 100]、MC 电感电机驱动系统 [101]、高精度运动控制 [102]、横向运动控制 [103]、防抱死系统 [104]、能量回收减速器控制 [105]、磁悬浮列车的路径跟踪控制 [106]、电动助力转向系统 [107] 等.

同时也有大量的文献是关于水下机器人在舰船控制中的应用, 如航迹跟踪控制 [108]、舰船引擎的最优控制 [109]、水面舰艇的路径跟踪控制 [110] 等. 在机器人控制方面, 自抗扰控制被运用于复杂机器人系统的运动控制 [111]、机器人楼梯路径跟踪控制 [112]、凿岩机器人联合液压驱动控制 [113] 等. 关于陀螺仪的控制应用也有大量的文献, 如文献 [114]～[116] 等. 除此之外, 自抗扰控制还在以下方面有重要应用, 如机械过程控制 [117]、精密仪器控制 [118]、流化床控制 [119]、热连轧控制 [120]、坦克稳定控制 [121]、大口径深空探测天线 [122]、化学过程控制 [123]、涡轮风扇发动机 [124]、HSS-调速轮与故障检测 (NASA)[125]、粒子加速器 SRF-腔 [126]、航母着陆系统控制 [127] 等. 自抗扰控制在其他方面还有许多重要的应用, 在此不再一一列举.

1.3 预 备 知 识

1.3.1 非线性系统与 Lyapunov 稳定性

在实践中, 线性系统大多是理想状态下的系统或非线性系统的线性近似. 通过几十年的发展, 线性系统已经形成了比较全面的理论体系. 与线性系统相比较, 非线性系统有一些非常复杂的性质. 例如, 线性系统只有一个孤立的平衡点, 而非线性系统可能有多个孤立的平衡点; 线性系统的状态只有当时间趋于无穷大时才可能趋于无穷, 而非线性系统的状态有可能在有限时间趋于无穷; 同时, 非线性系统还会产生一些极限环、混沌等复杂的、线性系统没有的现象. 由于非线性固有的复杂性, 非线性系统控制理论还没有像线性系统那样完整的理论体系. 近年来, 随着微处理器的大量使用, 为了直接控制非线性系统或改善控制品质, 非线性控制理论得到了极大的关注, 发展了许多解决非线性问题的工具. 稳定性理论是解决非线性问题的一个有效工具. 下面简单介绍自治系统稳定性的一些基本概念和理论结果, 这些概念和结果常见于微分方程稳定性理论与非线性系统控制等方面的专著和研究生教科书, 如文献 [12], [128]～[133].

考虑非线性微分系统

$$\dot{x}(t) = f(x,t), \quad x(0) = x_0 \in \mathbb{R}^n, \tag{1.2}$$

其中, $f \in C(\mathbb{R}^n, \mathbb{R}^n) = (f_1, f_2, \cdots, f_n)^{\mathrm{T}}$, f_i 是局部 Lipschitz 连续的且 $f_i(0) = 0$. 也就是说, $x \equiv 0$ 是式 (1.2) 的一个平凡解, 这个平凡解称为式 (1.2) 的平衡点. 为说明解对初始状态的依赖性, 用 $x(t; x_0)$ 表示初始状态为 x_0 的解.

定义 1.1　若对任意的 $\varepsilon > 0$, 存在 $\sigma > 0$, 当 $\|x_0\| < \sigma$ 时, 式 (1.2) 的解满足 $\|x(t; x_0)\| < \varepsilon$, $\forall t \geqslant 0$, 那么称式 (1.2) 的零平衡点是 (Lyapunov 意义下)稳定的.

定义 1.2　称式 (1.2) 的零平衡点在连通区域 $\Omega \in \mathbb{R}^n (0 \in \Omega^\circ)$ 是吸引的, 是指对于任意的 $x_0 \in \Omega$, $\lim_{t \to \infty} \|x(t; x_0)\| = 0$. 若对任意的 $x \in \mathbb{R}^n - \Omega$, 极限不再成立, 则称 Ω 为式 (1.2) 零平衡点的吸引域. 如果 $\Omega = \mathbb{R}^n$, 则称式 (1.2) 的零平衡点是全局吸引的.

定义 1.3　式 (1.2) 的零平衡点称为在吸引域 Ω 渐近稳定的, 是指系统的零平衡点稳定且在吸引域 Ω 上吸引. 若进一步假设 $\Omega = \mathbb{R}^n$, 则称之为全局渐近稳定.

需要指出的是, 稳定性和吸引性并没有必然的联系, 稳定不一定吸引, 而吸引也未必稳定.

为给出稳定性的一些主要结果, 需要给出如下 $\mathcal{K}$ 类函数及正定函数的概念.

定义 1.4　称 $\kappa : [0, a) \to \bar{\mathbb{R}}^+$ 是 $\mathcal{K}$ 类函数, 是指 κ 在 $[0, a)$ 上严格单调递增, 并且满足 $\kappa(0) = 0$. 若 $a = +\infty$ 且 $\lim_{r \to +\infty} \kappa(r) = \infty$, 则称 κ 是 $\mathcal{K}_\infty$ 类函数.

定义 1.5　$\Omega \subset \mathbb{R}^n, 0 \in \Omega^\circ$. 函数 $V : \Omega \to \bar{\mathbb{R}}^+$ 称为正定函数, 是指对任意的 $x \in \Omega, V(x) \geqslant 0$, 并且 $V(x) = 0$ 当且仅当 $x = 0$. 若 $\Omega = \mathbb{R}^n$ 且 $\lim_{\|x\| \to +\infty} V(x) = +\infty$, 那么称 V 是径向无界的正定函数.

关于 $\mathcal{K}_\infty$ 类函数与正定函数之间的关系有如下结论, 它经常被用作利用 Lyapunov 函数来分析系统的一些性质.

定理 1.1　假设 $V \in C(\Omega, [0, \infty))$ 是连通区域 $\Omega \subset \mathbb{R}^n (0 \in \Omega^\circ)$ 上的正定函数, $B_r = \{x \in \mathbb{R}^n : \|x\| \leqslant r\} \subset \Omega, r > 0$ 是某常数, 那么存在 $\mathcal{K}$ 类函数 $\kappa_1, \kappa_2 : [0, r) \to [0, \infty)$ 使得

$$\kappa_1(\|x\|) \leqslant V(x) \leqslant \kappa_2(\|x\|), \quad \forall x \in B_r.$$

如果 V 是径向无界的正定函数, 那么存在 $\mathcal{K}_\infty$ 类函数 κ_1, κ_2 使得上式成立.

定义 1.6　正定函数 $V \in C^1(\Omega \to \mathbb{R})$ 沿式 (1.2) 的导数, 或 V 沿向量场 $f \in C(\Omega, \mathbb{R}^n)$ 的李导数 $L_f V : \Omega \to \mathbb{R}$ 定义为

$$\frac{\mathrm{d}V}{\mathrm{d}t}(x)\bigg|_{(1.2)} (\text{或} L_f V(x)) \triangleq \sum_{i=1}^n \frac{\partial V}{\partial x_i} f_i(x)$$

$$= \left(\frac{\partial V}{\partial x_1}(x),\ \frac{\partial V}{\partial x_2}(x),\ \cdots,\ \frac{\partial V}{\partial x_n}(x)\right) \begin{pmatrix} f_1(x) \\ f_2(x) \\ \vdots \\ f_n(x) \end{pmatrix}. \tag{1.3}$$

定理 1.2 $\Omega \subset \mathbb{R}^n$, $0 \in \Omega^\circ$, 0 是式 (1.2) 的平衡点, $V \in C^1(\Omega, \mathbb{R})$ 是正定函数 (也称之为 Lyapunov 函数).

(1) 如果对于任意的 $x \in \Omega$, $\left.\dfrac{\mathrm{d}V}{\mathrm{d}t}(x)\right|_{(1.2)} \leqslant 0$, 那么式 (1.2) 的零平衡点是稳定的.

(2) 如果 $-\left.\dfrac{\mathrm{d}V}{\mathrm{d}t}\right|_{(1.2)}$ 是 Ω 上的正定函数, 那么式 (1.2) 的零平衡点是渐近稳定的.

下面给出稳定性定理的一个反定理.

定理 1.3 假设式 (1.2) 的零平衡点是渐近稳定的, 其吸引域是连通区域 $\Omega \subset \mathbb{R}^n$, $0 \in \Omega^\circ$, $f \in C(\Omega, \mathbb{R}^n)$ 是局部 Lipschitz 连续的, 那么存在 Lyapunov 函数 $V \in C^1(\Omega, \bar{\mathbb{R}}^+)$, $W \in C(\Omega, \bar{\mathbb{R}}^+)$ 使得

$$\left.\frac{\mathrm{d}V}{\mathrm{d}t}(x)\right|_{(1.2)} \leqslant -W(x), \quad \forall x \in \Omega,$$

$$\lim_{x \to \partial\Omega} V(v) = +\infty.$$

对于自治系统稳定性的判断, 还有一个非常有效的工具是 Lasalle 不变原理.

定理 1.4(Lasalle 不变原理) 假设式 (1.2) 具有零平衡点, $\Omega \subset \mathbb{R}^n$ 是一个包含原点的连通区域. $V : \Omega \to \bar{\mathbb{R}}^+$ 是连续可微的正定函数, 满足

$$L_f V(x) \leqslant 0, \quad \forall x \in \Omega,$$

并且集合

$$L_f V^{-1}(0) \triangleq \{\chi \in \Omega : L_f V(x) = 0\}$$

不包含式 (1.2) 的任意其他平凡解, 那么式 (1.2) 的零平衡点是渐近稳定的.

定理 1.1~ 定理 1.4 是非线性系统稳定性的基本结论, 常见于微分方程定性稳定性、非线性控制等著作与研究生教材, 如文献 [12], [14], [128] 和 [133], 其证明也常见于上述文献, 因此这里不再给出上述定理的详细证明.

1.3.2 有限时间稳定与加权齐次系统

本小节给出有限时间稳定系统的基本概念和主要结果, 同时也给出加权齐次系统的相关概念和一些主要结论. 关于有限时间稳定和加权齐次系统可参见文献 [134]~[138].

定义 1.7 连通区域 $\Omega \in \mathbb{R}^n, 0 \in \Omega^\circ, f \in C(\Omega, \mathbb{R}^n), f(0) = 0$, 即 0 是如下系统的平衡点:

$$\dot{x}(t) = f(x(t)), \quad x(0) = x_0 \in \mathbb{R}^n. \tag{1.4}$$

称式 (1.4) 的零平衡点在吸引域 Ω 上是有限时间稳定的, 是指式 (1.4) 是 Lyapunov 稳定的, 并且对任意的 $x_0 \in \Omega$, 存在一个 $T(x_0) > 0$ 使得式 (1.4) 的解满足

$$\lim_{t \to T(x_0)} x(t) = 0, \ x(t) = 0, \quad \forall\, t \in [T(x_0), \infty).$$

而当 $x_0 \in \mathbb{R}^n - \Omega$ 时, 上式不再成立.

若 $\Omega = \mathbb{R}^n$, 则称式 (1.4) 是全局有限时间稳定的.

在式 (1.7) 中定义的函数 $T : \Omega \to \mathbb{R}$ 称为设置时间函数.

关于有限时间稳定系统的设置时间函数, 有如下的结论.

定理 1.5 假设式 (1.4) 的零平衡点是有限时间稳定的, Ω 是其吸引域, U 是包含于 Ω 且包含零点的某邻域, T 是设置时间函数, 那么以下结论成立:

(1) T 在 U 内连续当且仅当 T 在零点连续;

(2) 对于任意的 $r > 0$, 存在原点的开邻域 $U_r \subset U$ 使得对于任意的 $x \in U_r - \{0\}$, $\|x\| < T(x)$.

关于有限时间稳定的系统, 有如下判定定理.

定理 1.6 式 (1.4) 的零平衡点在吸引域 Ω 上是有限时间稳定的, 并且设置时间函数在原点连续, 当且仅当存在正定函数 $V \in \mathbb{C}^1(\Omega, \overline{\mathbb{R}}^+)$ 和常数 $\alpha \in (0,1), C > 0$, 使得

$$L_f V(x) \leqslant -CV^\alpha(x).$$

同时, 设置时间函数 T 满足

$$T(x) \leqslant \frac{1}{C(1-\alpha)} V^{(1-\alpha)}(x).$$

如果式 (1.4) 是全局有限时间稳定的, 那么存在径向无界的 Lyapunov 函数 V 满足上式.

加权齐次性系统通常可以用于构造有限时间稳定的系统. 下面简单介绍一些加权齐次的概念、结果和与有限时间稳定之间的关系.

定义 1.8 函数 $V : \mathbb{R}^n \to \mathbb{R}$ 被称作 d 度关于权数 $\{r_i > 0\}_{i=1}^n$ 齐次的, 是指对于任意的 $\lambda > 0$ 和 $x = (x_1, x_2, \cdots, x_n) \in \mathbb{R}^n$,

$$V(\lambda^{r_1} x_1, \lambda^{r_2} x_2, \cdots, \lambda^{r_n} x_n) = \lambda^d V(x_1, x_2, \cdots, x_n). \tag{1.5}$$

一个向量场 $g : \mathbb{R}^n \to \mathbb{R}^n$ 被称作 d 度关于权数 $\{r_i > 0\}_{i=1}^n$ 齐次的, 是指对任意的 $i = 1, 2, \cdots, n$, $\lambda > 0$, $(x_1, x_2, \cdots, x_n) \in \mathbb{R}^n$,

$$g_i(\lambda^{r_1} x_1, \lambda^{r_2} x_2, \cdots, \lambda^{r_n} x_n) = \lambda^{d+r_i} g_i(x_1, x_2, \cdots, x_n), \tag{1.6}$$

这里函数 $g_i : \mathbb{R}^n \to \mathbb{R}$ 是向量场 g 的第 i 分量.

如果向量场 $g : \mathbb{R}^n \to \mathbb{R}^n$ 是加权齐次的, 那么称系统

$$\dot{x}(t) = g(x(t))$$

是加权齐次系统.

一个有趣的结果是, 任意连续的加权齐次函数都可以由具有相同权数 (可以不同度数) 的正定连续的加权齐次函数去估计.

定理 1.7 假设 $V_1, V_2 : \mathbb{R}^n \to \mathbb{R}$ 是连续的具有相同权数 $\{r_i > 0\}_{i=1}^n$ 的加权齐次函数, 其度数分别是 $d_1 > 0, d_2 > 0$, 并且 V_1 同时也是正定函数, 那么对任意的 $x \in \mathbb{R}^n$,

$$\left(\min_{y \in V_1^{-1}(1)} V_2(y) \right) (V_1(x))^{\frac{d_2}{d_1}} \leqslant V_2(x) \leqslant \left(\max_{y \in V_1^{-1}(1)} V_2(y) \right) (V_1(x))^{\frac{d_2}{d_1}}, \tag{1.7}$$

这里 $V_1^{-1}(1) \triangleq \{x \in \mathbb{R}^n | V_1(x) = 1\}$.

证明 对任意的 $x = (x_1, \cdots, x_n) \in \mathbb{R}^n - \{0\}$ 和正数 $\lambda > 0$, 由于 $V_i(\cdot)$ 是关于权数 $\{r_i\}_{i=1}^n$ 的加权齐次函数, 有

$$V_i(\lambda^{r_1} x_1, \cdots, \lambda^{r_n} x_n) = \lambda^{d_i} V_i(x_1, \cdots, x_n). \tag{1.8}$$

再根据 $V_i(\cdot)$ 的连续性, 有

$$V_i(0) = \lim_{\lambda \to 0} V_i(\lambda^{r_1} x_1, \cdots, \lambda^{r_n} x_n) = V_i(x_1, \cdots, x_n) \lim_{t \to 0} \lambda^{d_i} = 0. \tag{1.9}$$

因此, 当 $x = 0$ 时定理 1.7 成立. 下面讨论 $x \neq 0$ 的情况.

对任意的 $x = (x_1, \cdots, x_n) \in \mathbb{R}^n - \{0\}$, 由 $\|x\|$ 的连续性, 存在 $\lambda_x > 0$ 以及 $x_0 = (x_{10}, \cdots, x_{n0}) \in \mathbb{R}^n$ 使得

$$(x_1, \cdots, x_n) = (\lambda_x^{r_1} x_{10}, \cdots, \lambda_x^{r_n} x_{n0}), \quad \|(x_{10}, \cdots, x_{n0})\| = 1. \tag{1.10}$$

容易证明 $\lim_{\|x\|\to\infty}\lambda_x=\infty$.

注意到 $V_1(\cdot)$ 是正定函数, 有 $\min_{\|y\|=1}V_1(y)>0$. 因此,

$$\lim_{\|x\|\to\infty}V_1(x)=\lim_{\lambda\to\infty}V_1(\lambda_x^{r_1}x_{10},\cdots,\lambda_x^{r_n}x_{n0})=V_1(x_{10},\cdots,x_{n0})\lim_{\lambda\to\infty}\lambda_x^{d_1}$$

$$\geqslant\min_{\|y\|=1}V_1(y)\lim_{\lambda\to\infty}\lambda^{d_i}=\infty. \tag{1.11}$$

由 $V_1(\cdot)$ 以及式 (1.9) 和式 (1.11), 利用连续函数的介值性定理, 对任意的 $x\in\mathbb{R}^n-\{0\}$, 存在依赖于 x 的正数 $\bar\lambda_x$, 使得

$$V_1(\bar\lambda_x^{r_1}x_1,\cdots,\bar\lambda_x^{r_n}x_n)=1. \tag{1.12}$$

再根据 $V_1(\cdot)$ 的加权齐次性, 有

$$V_1(\bar\lambda_x^{r_1}x_1,\cdots,\bar\lambda_x^{r_n}x_n)=\bar\lambda_x^{d_1}V_1(x_1,\cdots,x_n), \tag{1.13}$$

可得

$$\frac{1}{\bar\lambda_x}=(V_1(x_1,\cdots,x_n))^{\frac{1}{d_1}}. \tag{1.14}$$

再由 $V_2(\cdot)$ 的加权齐次性, 有

$$V_2(\bar\lambda_x^{r_1}x_1,\cdots,\bar\lambda_x^{r_n}x_n)=\bar\lambda_x^{d_2}V_2(x_1,\cdots,x_n), \tag{1.15}$$

可得

$$V_2(x_1,\cdots,x_n)=\left(\frac{1}{\bar\lambda_x}\right)^{d_2}V_2(\bar\lambda_x^{r_1}x_1,\cdots,\bar\lambda_x^{r_n}x_n). \tag{1.16}$$

结合式 (1.14) 和式 (1.16), 有

$$V_2(x_1,\cdots,x_n)=(V_1(x_1,\cdots,x_n))^{\frac{d_2}{d_1}}V_2(\bar\lambda_x^{r_1}x_1,\cdots,\bar\lambda_x^{r_n}x_n). \tag{1.17}$$

由式 (1.12) 可知

$$(\bar\lambda_x^{r_1}x_1,\cdots,\bar\lambda_x^{r_n}x_n)\in V_1^{-1}(1). \tag{1.18}$$

再由 $V_2(\cdot)$ 的连续性, 有

$$\min_{y\in V_1^{-1}(1)}V_2(y)\leqslant V_2(\bar\lambda_x^{r_1}x_1,\cdots,\bar\lambda_x^{r_n}x_n)\leqslant\max_{y\in V_1^{-1}(1)}V_2(y). \tag{1.19}$$

将式 (1.17) 和式 (1.19) 相结合, 可完成定理 1.7 的证明.   □

接下来讨论一类向量场 $F_\theta : \mathbb{R}^n \to \mathbb{R}^n$, 其定义如下:

$$F_\theta(z) = (F_{\theta 1}(z), F_{\theta 2}(z), \cdots, F_{\theta n}(z))^{\mathrm{T}}, \tag{1.20}$$

其中,

$$\begin{aligned} F_{\theta i}(z) &= z_{i+1} - k_i[z_1]^{\theta_i}, \quad i = 1, 2, \cdots, n-1, \\ F_{\theta n}(z) &= -k_n[z_1]^{\theta_n}, \quad z = (z_1, \cdots, z_n) \in \mathbb{R}^n. \end{aligned} \tag{1.21}$$

可以证明对任意的 $\lambda > 0$ 和 $i = 1, 2, \cdots, n$, 都有

$$F_{\theta i}\left(\lambda^{\theta_1 - d} z_1, \cdots, \lambda^{\theta_n - d} z_n\right) = \lambda^{d + (\theta_i - d)} F_{\theta i}(z). \tag{1.22}$$

这意味着向量场 $F_\theta(\cdot)$ 是 $d = \theta - 1$ 度关于权数 $\{\theta_i - d\}_{i=1}^n$ 的加权齐次向量场.

下面构造这类加权齐次向量场的 Lyapunov 函数, 令 $\tilde{V} : \mathbb{R}^n \to \mathbb{R}$ 的定义如下:

$$\tilde{V}(z) = z^{\mathrm{T}} P_{n \times n} z, \quad z \in \mathbb{R}^n, \tag{1.23}$$

这里 $P_{n \times n}$ 是如下 Lyapunov 函数的正定矩阵解:

$$K_{n \times n}^{\mathrm{T}} P_{n \times n} + P_{n \times n} K_{n \times n} = -I_{n \times n}, \tag{1.24}$$

矩阵 $I_{n \times n}$ 是 n 阶恒等矩阵, 矩阵 $K_{n \times n}$ 的定义由

$$K_{n \times n} = \begin{pmatrix} -k_1 & 1 & 0 & \cdots & 0 \\ \vdots & \vdots & \vdots & & \vdots \\ -k_{n-1} & 0 & 0 & \cdots & 1 \\ -k_n & 0 & 0 & \cdots & 0 \end{pmatrix}_{n \times n} \tag{1.25}$$

给出. 由于矩阵 $K_{n \times n}$ 是 Hurwitz 的 (特征根具有负实部), 故 Lyapunov 函数式 (1.24) 存在唯一的矩阵解 $P_{n \times n} = P_{n \times n}^{\mathrm{T}}$.

令 $V_\theta : \mathbb{R}^n \to \mathbb{R}$ 定义为

$$V_\theta(z) = \int_0^\infty \frac{1}{t^{\gamma+1}} (\alpha \circ \tilde{V}) \left(t^{\theta_1 - d} z_1, \cdots, t^{\theta_n - d} z_n\right) \mathrm{d}t \tag{1.26}$$

其中, "$\circ$" 表示函数的复合运算; $\gamma > 1$ 是常数; 函数 $\alpha(\cdot)$ 是连续可微函数, 并且在区间 $(-\infty, 1)$ 上等于 0, 在区间 $(3, \infty)$ 上等于 1, 同时其导数 $\alpha'(\tau)$ 在区间 $(1, 3)$ 上大于 0. 实际上有大量的函数满足这样的性质, 如

$$\alpha(\tau) = \begin{cases} 0, & \tau \in (-\infty, 1), \\ \dfrac{1}{2}(\tau - 1)^2, & \tau \in [1, 2), \\ 1 - \dfrac{1}{2}(\tau - 3)^2, & \tau \in [2, 3), \\ 1, & \tau \in [3, +\infty), \end{cases} \tag{1.27}$$

可以证明 $\alpha \in C^1(\mathbb{R}, \mathbb{R})$, 并且

$$\alpha(\tau) = \begin{cases} 0, & \tau \in (-\infty, 1], \\ 1, & \tau \in [3, \infty), \end{cases} \quad \alpha'(\tau) > 0, \quad \forall \tau \in (1, 3). \tag{1.28}$$

对任意的 $z \in \mathbb{R}^n$, 如果 $z = 0$, 那么 $V_\theta(z) = 0$. 对任意的 $z \neq 0$ 以及 $\theta \in (1 - 1/n, 1)$, 由于 $\theta_i - d > 0$, 存在依赖于 z 的正数 $L(z) > l(z) > 0$ 使得

$$\tilde{V}\left(t^{\theta_1 - d} z_1, \cdots, t^{\theta_n - d} z_n\right) \begin{cases} < 1, & t \in [0, l(z)), \\ > 3, & t \in [L(z), \infty). \end{cases} \tag{1.29}$$

这与式 (1.26) 和式 (1.28) 相结合, 可得

$$V_\theta(z) = \int_{l(z)}^{L(z)} \frac{1}{t^{\gamma+1}} (\alpha \circ \tilde{V}) \left(t^{\theta_1 - d} z_1, \cdots, t^{\theta_n - d} z_n\right) \mathrm{d}t + \frac{1}{\gamma(L(z))^\gamma}. \tag{1.30}$$

因此, $V_\theta(\cdot)$ 是有意义的正定函数.

对任意的 $\lambda > 0$, 直接计算可得

$$V_\theta\left(\lambda^{\theta_1 - d} z_1, \cdots, \lambda^{\theta_n - d} z_n\right)$$
$$= \int_0^\infty \frac{\lambda^\gamma}{(\lambda t)^{\gamma+1}} (\alpha \circ \tilde{V}) \left((\lambda t)^{\theta_1 - d} z_1, \cdots, (\lambda t)^{\theta_n - d} z_n\right) \mathrm{d}(\lambda t)$$
$$= \lambda^\gamma V_\theta(z). \tag{1.31}$$

在式 (1.31) 等号两端同时求它们关于 z_i 的偏导数可得

$$\frac{\partial V_\theta(\lambda^{\theta_1 - d} z_1, \cdots, \lambda^{\theta_n - d} z_n)}{\partial(\lambda^{\theta_i - d} z_i)} = \lambda^{\gamma - \theta_i + d} \frac{\partial V_\theta(z_1, \cdots, z_n)}{\partial z_i}. \tag{1.32}$$

这与式 (1.22) 相结合, 可得

$$L_{F_\theta} V_\theta(\lambda^{\theta_1 - d} z_1, \cdots, \lambda^{\theta_n - d} z_n) = \lambda^{\gamma + d} L_{F_\theta} V_\theta(z). \tag{1.33}$$

式 (1.31)$\sim$ 式 (1.33) 意味着 $V_\theta(\cdot)$, $\dfrac{\partial V_\theta}{\partial z_i}(\cdot)$, $L_{F_\theta} V_\theta(\cdot)$ 是分别关于度 γ, $\gamma - \theta_i + d$ 和 $\gamma + d$ 的加权齐次函数, 并且具有相同的权数 $\{\theta_i - d\}_{i=1}^n$.

接下来证明 Lyapunov 函数 $V_\theta(\cdot)$ 沿向量场 $F_\theta(\cdot)$ 的李导数是负定的. 令 $\mathcal{S}_n$ 是 n 维超球面:

$$\mathcal{S}_n = \left\{ z \in \mathbb{R}^n \,\middle|\, \|z\| = 1 \right\}. \tag{1.34}$$

令
$$\Gamma(t) = \min_{z \in \mathcal{S}_n} \tilde{V}\left(t^{\theta_1 - d}z_1, \cdots, t^{\theta_n - d}z_n\right),$$
$$\tilde{\Gamma}(t) = \max_{z \in \mathcal{S}_n} \tilde{V}\left(t^{\theta_1 - d}z_1, \cdots, t^{\theta_n - d}z_n\right). \tag{1.35}$$

由式 (1.23) 可知, 对任意的 $z \in \mathcal{S}_n$ 和 $\theta \in (1 - 1/n, 1]$, 函数 $\Gamma(t)$ 和 $\tilde{\Gamma}(t)$ 是关于 t 的连续函数, 并且满足 $\lim_{t \to 0} \tilde{\Gamma}(t) = 0$, $\lim_{t \to \infty} \Gamma(t) = \infty$. 因此, 对于任意的 $z \in \mathcal{S}_n$, 存在与 z 无关的常数 l 的常数 L: $L > l > 0$, 使得

$$\tilde{V}\left(t^{\theta_1 - d}z_1, \cdots, t^{\theta_n - d}z_n\right) \begin{cases} < 1, & t \in [0, \ l), \\ > 3, & t \in [L, \infty). \end{cases} \tag{1.36}$$

这与式 (1.26) 和式 (1.28) 相结合, 可推出对任意的 $z \in \mathcal{S}_n$ 和 $\theta \in (1 - 1/n, 1]$, 都有

$$V_\theta(z) = \int_l^L \frac{1}{t^{\gamma + 1}} (\alpha \circ \tilde{V}) \left(t^{\theta_1 - d}z_1, \cdots, t^{\theta_n - d}z_n\right) \mathrm{d}t + \frac{1}{\gamma L^\gamma}. \tag{1.37}$$

再结合式 (1.22)、式 (1.36) 以及式 (1.37), 有

$$L_{F_\theta} V_\theta(z) = \int_l^L \frac{1}{t^{\gamma + 1 + d}} (\alpha' \circ \tilde{V}) \left(t^{\theta_1 - d}z_1, \cdots, t^{\theta_n - d}z_n\right)$$
$$\cdot \left(\sum_{i=1}^n \frac{\partial \tilde{V}}{\partial z_i} \cdot F_{\theta i}\right) \left(t^{\theta_1 - d}z_1, \cdots, t^{\theta_n - d}z_n\right) \mathrm{d}t. \tag{1.38}$$

令
$$\varphi(\theta) = \max_{\substack{z \in \mathcal{S}_n \\ t \in [l, L]}} \sum_{i=1}^n \left(\frac{\partial \tilde{V}}{\partial z_i} \cdot F_{\theta i}\right) \left(t^{\theta_1 - d}z_1, \cdots, t^{\theta_n - d}z_n\right) \mathrm{d}t. \tag{1.39}$$

可以证明 $\varphi(\theta)$ 在区间 $(1 - 1/n, 1]$ 上连续. 由式 (1.20) 可推出

$$(F_{11}(tz), F_{12}(tz), \cdots, F_{1n}(tz))^{\mathrm{T}} = t K_{n \times n} z, \tag{1.40}$$

这里矩阵 $K_{n \times n}$ 的定义在式 (1.25) 中给出. 利用式 (1.23) 和式 (1.24), 有

$$\sum_{i=1}^n \left(\frac{\partial \tilde{V}}{\partial z_i} \cdot F_{1i}\right)(tz) = (tz)^{\mathrm{T}} (K_{n \times n}^{\mathrm{T}} P_{n \times n} + P_{n \times n} K_{n \times n})(tz) = -t^2 \|z\|^2. \tag{1.41}$$

由于 $\theta_i - d = (i - 1)\theta - (i - 2) \to 1$ 当 $\theta \to 1$, 再利用式 (1.39), 有

$$\lim_{\theta \to 1} \varphi(\theta) = \varphi(1) = \max_{\substack{z \in \mathcal{S}_n \\ t \in [l, L]}} (tz)^{\mathrm{T}} \left(K_{n \times n}^{\mathrm{T}} P_{n \times n} + P_{n \times n} K_{n \times n}\right) (tz)$$
$$= \max_{\substack{z \in \mathcal{S}_n \\ t \in [l, L]}} (-t^2 \|z\|^2) = -l^2. \tag{1.42}$$

由式 (1.42), 可得存在 $\theta_1^* \in (0,1)$ 使得 $\varphi(\theta) < 0$ 对任意的 $\theta \in [\theta_1^*, 1)$ 都成立. 这与式 (1.38) 和式 (1.28) 相结合可以推出, 对任意的 $\theta \in [\theta_1^*, 1)$,

$$L_{F_\theta} V_\theta(z) \leqslant \varphi(\theta) \cdot \int_l^L \frac{1}{t^{\gamma+d+1}} (\alpha' \circ \tilde{V}) \left(t^{\theta_1-d} z_1, \cdots, t^{\theta_n-d} z_n \right) \mathrm{d}t < 0. \qquad (1.43)$$

对任意的 $\theta \in [\theta_1^*, 1)$ 以及 $z \in \mathbb{R}^n$, 如果 $z \neq 0$, 那么存在依赖于 z 的常数 $\lambda_z > 0$ 使得 $(\lambda_z^{\theta_1-d} z_1, \cdots, \lambda_z^{\theta_n-d} z_n) \in \mathcal{S}_n$. 根据式 (1.33) 和式 (1.43), 有

$$L_{F_\theta} V_\theta(z) = \frac{1}{\lambda_z^{\gamma+d}} L_{F_\theta} V_\theta \left(\lambda_z^{\theta_1-d} z_1, \cdots, \lambda_z^{\theta_n-d} z_n \right) < 0. \qquad (1.44)$$

再因为 $L_{F_\theta} V_\theta(0) = 0$, 所以 $L_{F_\theta} V_\theta(\cdot)$ 是负定函数. 总结以上结果, 有如下定理.

定理 1.8   如果式 (1.25) 中定义的矩阵 $K_{n \times n}$ 是 Hurwitz 的, 那么存在 $\theta_1^* \in (0,1)$, 使得对任意的 $\theta \in (\theta_1^*, 1)$ 和 $\gamma > 1$, 都有:

(1) 在式 (1.26) 中所定义的 Lyapunov 函数 $V_\theta(\cdot)$ 是径向无界的正定函数;

(2) Lyapunov 函数 $V_\theta(\cdot)$ 沿向量场 $F_\theta(\cdot)$ 的李导数 $L_{F_\theta} V_\theta(\cdot)$ 是负定的;

(3) 函数 $V_\theta(\cdot)$, $L_{F_\theta} V_\theta(\cdot)$ 以及 $\dfrac{\partial V_\theta}{\partial z_i}(\cdot)$ 分别是关于度 γ, $\gamma + d$ 以及 $(\gamma - \theta_i + d)$ 的加权齐次函数, 它们具有相同的权数 $\{\theta_i - d\}_{i=1}^n$.

更一般地, 还有如下结果.

定理 1.9   假设向量场 $f : \mathbb{R}^n \to \mathbb{R}^n$ 是 d 度具有权数 $\{r_i\}_{i=1}^n$ 加权齐次的且 $f(0) = 0$, 如果 $d < 0$ 且系统 $\dot{x}(t) = f(x(t))$ 是全局渐近稳定的, 那么该系统是全局有限时间稳定的, 并且存在正定的径向无界 Lyapunov 函数 $V \in C(\mathbb{R}^n, [0, \infty))$, 使得 $L_f V(\cdot)$ 是负定的, 且 $V(\cdot)$, $L_f V(\cdot)$ 分别是 $p, p+d$ 度加权齐次的, 这里 p 为大于 $\max\{|d|, r_i\}$ 的常数.

第 2 章　非线性跟踪微分器

众所周知, 20 世纪 20 年代发展起来的基于误差消除误差的控制策略 PID 控制, 依然在现代工程控制中占有很重要的地位 [39, 25]. 然而, 由于经典差分方法对高频噪声的敏感性, 微分控制通常难以物理实现, 因此在很多情况下, PID 退化为 PI 控制. 在 20 世纪 80 年代末 90 年代初, 韩京清在文献 [27] 中提出了抗噪声的跟踪微分器, 随后被广泛应用, 见文献 [94], [102], [139] 和 [140].

对于微分信号的合理提取, 近年来引起了广泛的关注, 除了跟踪微分器, 还发展了一些著名的工具, 如基于高增益的微分器 [141]、基于滑模的微分器 [43, 46, 142, 143] 和线性微分器 [144], 在此仅列举其中一部分.

与已有的微分信号提取工具相比较, 跟踪微分器的主要优越性是具有抗随机噪声的功能 [35, 39]. 除此之外, 跟踪微分器还可以处理经典意义下不可导的函数微分跟踪问题 (弱导数、弱收敛). 另外, 与滑模的微分器相比较, 跟踪微分器没有抖振现象, 详细的比较可见文献 [145].

大量的数值结果和工程实践多次见证了跟踪微分器的优越性. 然而, 跟踪微分器的理论研究却颇费周折. 定理 2.1[28] 就是非线性跟踪微分器的第一个证明, 然而该证明仅对常量信号和阶梯函数信号有效, 从阶梯信号过渡到一般的有界可测函数信号缺乏严格的理论依据.

定理 2.1　如果系统

$$\begin{cases} \dot{z}_1(t) = z_2(t), \\ \dot{z}_2(t) = f(z_1(t), z_2(t)) \end{cases} \tag{2.1}$$

满足 $\lim_{t \to \infty}(z_1(t), z_2(t)) = 0$, 那么对任意有界可测函数 $v(t)$ 和任意的常数 $T > 0$, 跟踪微分器

$$\begin{cases} \dot{x}_1(t) = x_2(t), \\ \dot{x}_2(t) = R^2 f\left(x_1(t) - v(t), \dfrac{x_2(t)}{R}\right) \end{cases} \tag{2.2}$$

满足

$$\lim_{R \to \infty} \int_0^T |x_1(t) - v(t)| \mathrm{d}t = 0. \tag{2.3}$$

为了证明定理 2.1, 文献 [28] 首先给出了引理 2.2.

引理 2.2　当 $v(t) = \text{Const}$ 是常值函数时, 定理 2.1 成立.

定理 2.1 的简要证明   由引理 2.2, 结果对 $v(t)=$Const 成立. 对任意给定的有界可积函数 $v(t), t \in [0,T]$, $v \in L^1(0,T)$. 对任意的 $\varepsilon > 0$, 存在连续函数 $\psi \in C[0,T]$ 使得

$$\int_0^T |v(t) - \psi(t)| \mathrm{d}t < \frac{\varepsilon}{4}.$$

对这个连续函数 ψ, 存在函数序列 $\varphi_n(t), n = 1, 2, \cdots$, 使得 φ_n 在 $[0,T]$ 上一致收敛于 ψ. 故存在正整数 N, 使得当 $M > N$ 时, $|\psi(t) - \varphi_M(t)| < \varepsilon/(4T)$ 对所有 $t \in [0,T]$ 成立. 因此,

$$\int_0^T |v(t) - \varphi_M(t)| \mathrm{d}t \leqslant \int_0^T |v(t) - \psi(t)| \mathrm{d}t + \int_0^T |\psi(t) - \varphi_M(t)| \mathrm{d}t < \frac{\varepsilon}{2}.$$

假设 $I_i, i = 1, 2, \cdots, m$ 是 $[0,T]$ 的一个区间分化, 并且 φ_M 在每一个小区间 I_i 恒等于某常数. 由引理 2.2, 存在 $R_0 > 0$ 使得当 $R > R_0$ 时,

$$\int_{I_i} |x_1(t) - \varphi_M(t)| \mathrm{d}t < \frac{\varepsilon}{2m}, \quad \forall i = 1, 2, \cdots, m. \tag{2.4}$$

因此,

$$\int_0^T |x_1(t) - \varphi_M(t)| \mathrm{d}t < \frac{\varepsilon}{2}.$$

因此, 如果 $R > R_0$, 则

$$\int_0^T |x_1(t) - v(t)| \mathrm{d}t \leqslant \int_0^T |x_1(t) - \varphi_M(t)| \mathrm{d}t + \int_0^T |\varphi_M(t) - v(t)| \mathrm{d}t < \varepsilon. \qquad \square$$

现在将指出定理 2.1 证明是不严格的原因. 首先, 引理 2.2 只对任意给定的式 (2.2) 的初值成立. 其次, 在第一个区间 I_1, 可以找到一个 R_1 使得当 $R > R_1$ 时式 (2.4) 成立. 但是在第二个区间 I_2, 式 (2.2) 的初值来源于前一个区间 I_1, 这依赖于 $R > R_1$. 因此, 不知道能不能找到一个通用的 R_2 使得式 (2.4) 在 I_2, 当 $R > R_2$ 时对所有的依赖于 R 的初值都成立, 故不能简单地得到一个通用的 R_0 使得式 (2.4) 成立.

在文献 [36] 和 [37] 中给出了非线性跟踪微分器中设计函数的选取方法, 并严格证明了非线性跟踪微分器的收敛性. 本章的主要内容是近年来作者与合作者在非线性跟踪微分器理论研究方面取得的主要结果, 具体安排如下: 2.1 节给出光滑跟踪微分器的收敛性; 2.2 节将 2.1 节的结果推广到高阶的情形, 得到高阶跟踪微分器的收敛性; 2.3 节考虑有限时间稳定系统的跟踪微分器; 基于 2.3 节的结论和加权齐次性的相关结果, 2.4 节给出了一个具体的二阶有限时间稳定系统的跟踪微分器; 2.5 节用数值方法研究了跟踪微分器在信号频率在线估计中的应用.

2.1　二阶非线性跟踪微分器

首先给出一类相当一般的跟踪微分器的收敛性结果, 即定理 2.3.

定理 2.3　假设 $f : \mathbb{R}^2 \to \mathbb{R}$ 是一个局部 Lipschitz 连续的函数, $f(0,0) = 0$. 假设以下系统的平衡点 $(0,0)$ 是全局渐近稳定的:

$$\begin{cases} \dot{x}_1(t) = x_2(t), x_1(0) = x_{10}, \\ \dot{x}_2(t) = f(x_1(t), x_2(t)), x_2(0) = x_{20}, \end{cases} \tag{2.5}$$

其中, (x_{10}, x_{20}) 是任意给定的初始状态.

如果信号 v 是可微的并满足 $A = \sup_{t \in [0,\infty)} |\dot{v}(t)| < \infty$, 那么以下跟踪微分器

$$\begin{cases} \dot{z}_{1R}(t) = z_{2R}(t), z_{1R}(0) = z_{10}, \\ \dot{z}_{2R}(t) = R^2 f\left(z_{1R}(t) - v(t), \dfrac{z_{2R}(t)}{R}\right), z_{2R}(0) = z_{20} \end{cases} \tag{2.6}$$

在如下意义下收敛: 对任意的 $a > 0$, 当 $R \to \infty$ 时, z_{1R} 在 $[a, \infty)$ 上对 t 一致收敛于 v, 其中, (z_{10}, z_{20}) 是任意给定的初始值.

证明　为方便叙述, 定理的证明分成以下几个步骤:

步骤 1　将式 (2.6) 转化为式 (2.5) 的扰动系统.

假设 (z_{1R}, z_{2R}) 是式 (2.6) 的解. 令 $t = \dfrac{s}{R}$, 对式 (2.6) 做变换可得

$$\begin{cases} \dfrac{\mathrm{d}}{\mathrm{d}s} z_{1R}\left(\dfrac{s}{R}\right) = \dfrac{1}{R} z'_{1R}\left(\dfrac{s}{R}\right) = \dfrac{1}{R} z_{2R}\left(\dfrac{s}{R}\right), \\ \dfrac{\mathrm{d}}{\mathrm{d}s} z_{2R}\left(\dfrac{s}{R}\right) = \dfrac{1}{R} z'_{2R}\left(\dfrac{s}{R}\right) = R f\left(z_{1R}\left(\dfrac{s}{R}\right) - v\left(\dfrac{s}{R}\right), \dfrac{z_{2R}\left(\dfrac{s}{R}\right)}{R}\right). \end{cases}$$

令坐标变换

$$\begin{cases} y_{1R}(s) = z_{1R}\left(\dfrac{s}{R}\right) - v\left(\dfrac{s}{R}\right), \\ y_{2R}(s) = \dfrac{1}{R} z_{2R}\left(\dfrac{s}{R}\right). \end{cases} \tag{2.7}$$

代入上式可得

$$\begin{cases} \dot{y}_{1R}(s) = y_{2R}(s) - \dfrac{\dot{v}\left(\dfrac{s}{R}\right)}{R}, \ y_{1R}(0) = z_{1R}(0) - v(0), \\ \dot{y}_{2R}(s) = f(y_{1R}(s), y_{2R}(s)), \ y_{2R}(0) = \dfrac{z_{2R}(0)}{R}. \end{cases} \tag{2.8}$$

因此, $Y_R = (y_{1R}, y_{2R})^{\mathrm{T}}$ 是以下系统的解:

$$\dot{Y}_R(t) = F(Y_R(t)) + G_R(t), \quad Y_R(0) = Y_{R0} = \left(z_{1R}(0) - v(0), \frac{z_{2R}(0)}{R}\right)^{\mathrm{T}}. \quad (2.9)$$

其中,

$$F(Y_R(t)) = (y_{2R}(t), f(y_{1R}(t), y_{2R}(t)))^{\mathrm{T}}, \quad G_R(t) = \left(-\frac{\dot{v}\left(\dfrac{t}{R}\right)}{R}, 0\right)^{\mathrm{T}}.$$

假设 $X = (x_1, x_2)^{\mathrm{T}}$ 是式 (2.5) 的解, 那么式 (2.5) 可以重写为

$$\dot{X}(t) = F(X(t)). \quad (2.10)$$

显然, 式 (2.9) 是式 (2.10) 的扰动系统.

步骤 2　Lyapunov 函数的存在性.

由于 f 是局部 Lipschitz 连续的, 而且式 (2.5) 是全局渐近稳定的, 由 Lyapunov 逆定理, 存在光滑的正定函数 $V : \mathbb{R}^2 \to \mathbb{R}$ 以及连续的正定函数 $W : \mathbb{R}^2 \to \mathbb{R}$ 使得

$$V(x_1, x_2) \to \infty \text{ 当 } |(x_1, x_2)| \to \infty;$$

$$\left.\frac{\mathrm{d}V}{\mathrm{d}t}\right|_{(2.5)} = x_2 \frac{\partial V}{\partial x_1} + f(x_1, x_2) \frac{\partial V}{\partial x_2} \leqslant -W(x_1, x_2).$$

对于以上连续正定函数, 存在楔函数 $K_i : [0, \infty) \to [0, \infty), i = 1, 2, 3, 4$ 使得

$$K_1(|(x_1, x_2)|) \leqslant V(x_1, x_2) \leqslant K_2(|(x_1, x_2)|), \quad \lim_{r \to \infty} K_i(r) = \infty, \quad i = 1, 2,$$
$$K_3(|(x_1, x_2)|) \leqslant W(x_1, x_2) \leqslant K_4(|(x_1, x_2)|).$$

为了说明式 (2.9) 的解关于初值和参数的依赖性, 用 $Y_R(t; 0, Y_{R0})$ 来表示它的解.

步骤 3　对任意的 $Y_{R0} \in \mathbb{R}^2$, 存在一个 $R_1 > 1$ 当 $R > R_1$ 时,

$$\{Y_R(t; 0, Y_{R0}) | \ t \in [0, \infty)\} \subset \{Y = (y_1, y_2) | \ V(Y) \leqslant c\},$$
$$c = \max\{K_2(|Y_{10}|), 1\} > 0. \quad (2.11)$$

用反证法来证明这一事实. 首先, 既然 $\dfrac{\partial V}{\partial y_1}$ 是连续的且集合 $\{Y | \ c \leqslant V(Y) \leqslant c + 1\}$ 是有界的, 从而

$$M = \sup_{Y \in \{Y | \ c \leqslant V(Y) \leqslant c+1\}} \left|\frac{\partial V(Y)}{\partial y_1}\right| < \infty.$$

其次, $\forall Y \in \{Y \mid c \leqslant V(Y) \leqslant c+1\}$,

$$W(Y) \geqslant K_3(|Y|) \geqslant K_3 K_2^{-1}(V(Y)) \geqslant K_3 K_2^{-1}(c) > 0. \tag{2.12}$$

假设式 (2.11) 不成立. 注意到 $V(Y_{R0}) \leqslant K_2(|Y_{R0}|) \leqslant K_2(|Y_{10}|) \leqslant c$, 对如下给定的 R_1,

$$R_1 = \max\left\{1, \frac{AM}{K_3 K_2^{-1}(c)}\right\}, \tag{2.13}$$

存在 $R > R_1$ 以及 $0 \leqslant t_1^R < t_2^R < \infty$ 使得

$$Y_R\left(t_1^R; 0, Y_{R0}\right) \in \{Y | V(Y) = c\}, \quad Y_R\left(t_2^R; 0, Y_{R0}\right) \in \{Y | V(Y) > c\}, \tag{2.14}$$

且

$$\{Y_R(t; 0, Y_{R0}) \mid t \in [t_1^R, t_2^R]\} \subset \{Y \mid c \leqslant V(Y) \leqslant c+1\}. \tag{2.15}$$

由式 (2.12) 和式 (2.15) 可得

$$\inf_{t \in [t_1^R, t_2^R]} W(Y_R(t; 0, Y_{R0})) \geqslant K_3 K_2^{-1}(c). \tag{2.16}$$

因此, 对所有的 $t \in [t_1^R, t_2^R]$,

$$\begin{aligned}
\frac{\mathrm{d}V(Y_R(t; 0, Y_{R0}))}{\mathrm{d}t} &\leqslant -W(Y_R(t; 0, Y_{R0})) + \frac{AM}{R}\\
&\leqslant -K_3 K_2^{-1}(c) + AM \frac{K_3 K_2^{-1}(c)}{AM}\\
&= 0,
\end{aligned}$$

这意味着 $V(Y_R(t; 0, Y_{R0}))$ 在区间 $[t_1^R, t_2^R]$ 上是单调减少的, 因此,

$$V(Y_R(t_2^R; 0, Y_{R0})) \leqslant V(Y_R(t_1^R; 0, Y_{R0})) = c.$$

这与式 (2.14) 矛盾, 因此式 (2.11) 是正确的.

步骤 4 存在 $R_2 \geqslant R_1$, 使得对任意的 $R > R_2$, 存在一个 $T_R \in \left[0, \frac{2c}{K_3 K_2^{-1}(\delta)}\right]$ 使得 $|Y_R(T_R; 0, Y_{R0})| < \delta$.

事实上, 对任意给定的 $\varepsilon > 0$, 由于 V 是连续的, 存在 $\delta \in (0, \varepsilon)$ 使得

$$0 \leqslant V(Y) \leqslant K_1(\varepsilon), \quad \forall |Y| \leqslant \delta, \tag{2.17}$$

因此, 对任意的 $Y \in \{Y \| V(Y)| \geqslant \delta\}$,

$$W(Y) \geqslant K_3(|Y|) \geqslant K_3 K_2^{-1}(V(Y)) \geqslant K_3 K_2^{-1}(\delta) > 0. \tag{2.18}$$

由步骤 3 的结果, 对任意的 $R > R_1$, $\{Y_R(t;0,Y_{R0})|\ t \in [0,\infty)\} \subset \{Y|\ V(Y) \leqslant c\}$, 因此,

$$H = \sup_{t\in[0,\infty)} \left|\frac{\partial V}{\partial y_1}(Y_R(t;0,Y_{R0}))\right| \leqslant \sup_{Y\in\{Y|V(Y)\leqslant c\}} \left|\frac{\partial V}{\partial y_1}(Y)\right| < \infty.$$

假设结论是错误的, 那么对

$$R_2 = \max\left\{R_1, \frac{2HA}{K_3K_2^{-1}(\delta)}\right\}, \tag{2.19}$$

存在 $R > R_2$ 使得对任意的 $t \in \left[0, \dfrac{2c}{K_3K_2^{-1}(\delta)}\right]$ 都有 $|Y_R(t;0,Y_{R0})| \geqslant \delta$. 结合

式 (2.18) 可以推出, 对任意的 $R > R_2$ 和所有的 $t \in \left[0, \dfrac{2c}{K_3K_2^{-1}(\delta)}\right]$, 都有

$$\begin{aligned}
\frac{\mathrm{d}V(Y_R(t;0,Y_{R0}))}{\mathrm{d}t} &\leqslant -W(Y_R(t;0,Y_{R0})) + \left|\frac{\partial V(Y_R(t;0,Y_{R0}))}{\partial y_1}\frac{v'\left(\dfrac{t}{R}\right)}{R}\right| \\
&\leqslant -\frac{K_3K_2^{-1}(\delta)}{2} < 0.
\end{aligned}$$

对以上不等式两边同时在区间 $\left[0, \dfrac{2c}{K_3K_2^{-1}(\delta)}\right]$ 上求定积分可得

$$\begin{aligned}
V\left(Y_R\left(\frac{2c}{K_3K_2^{-1}(\delta)};0,Y_{R0}\right)\right) &= \int_0^{\frac{2c}{K_3K_2^{-1}(\delta)}} \frac{\mathrm{d}V(Y_R(t;0,Y_{R0}))}{\mathrm{d}t}\mathrm{d}t + V(Y_{R0}) \\
&\leqslant -\frac{K_3K_2^{-1}(\delta)}{2}\frac{2c}{K_3K_2^{-1}(\delta)} + V(Y_{R0}) \\
&\leqslant 0.
\end{aligned}$$

这与对任意的 $t \in \left[0, \dfrac{2c}{K_3K_2^{-1}(\delta)}\right]$, $|Y_R(t;0,Y_{R0})| \geqslant \delta$ 相矛盾, 从而结论成立.

步骤 5　对任意的 $R > R_2$, 如果存在一个 $t_0^R \in [0,\infty)$ 使得

$$Y_R(t_0^R;0,Y_{R0}) \in \{Y|\ |Y| \leqslant \delta\},$$

那么必有

$$\{Y_R(t;0,Y_{R0})\,|\,t \in (t_0^R,\infty]\} \subset \{Y|\ |Y| \leqslant \varepsilon\} \tag{2.20}$$

成立.

假设式 (2.20) 不成立, 那么存在 $t_2^R > t_1^R \geqslant t_0^R$ 使得下式成立:

$$
\left| Y_R\left(t_1^R; 0, Y_{R0}\right) \right| = \delta, \quad \left| Y_R\left(t_2^R; 0, Y_{R0}\right) \right| > \varepsilon,
$$
$$
\left\{ Y_R(t; 0, Y_{R0}) | t \in \left[t_1^R, t_2^R\right] \right\} \subset \{ Y \big| |Y| \geqslant \delta \}. \tag{2.21}
$$

式 (2.21) 与式 (2.18) 结合可推出对任意的 $t \in [t_1^R, t_2^R]$,

$$
\begin{aligned}
K_1\left(\left| Y_R\left(t_2^R; 0, Y_{R0}\right) \right|\right) &\leqslant V\left(Y\left(t_2^R; 0, Y_{R0}\right)\right) \\
&= \int_{t_1^R}^{t_2^R} \frac{\mathrm{d}V(Y(t; 0, Y_{R0}))}{\mathrm{d}t} \mathrm{d}t + V\left(Y_R\left(t_1^R; 0, Y_{R0}\right)\right) \\
&\leqslant \int_{t_1^R}^{t_2^R} -\frac{K_3 K_2^{-1}(\delta)}{2} \mathrm{d}t + V\left(Y_R\left(t_1^R; 0, Y_{R0}\right)\right) \\
&\leqslant V\left(Y_R\left(t_1^R; 0, Y_{R0}\right)\right).
\end{aligned} \tag{2.22}
$$

由式 (2.17) 以及 $|Y_R(t_1^R; 0, Y_{R0})| = \delta$, 有

$$
V(Y_R(t_1^R; 0, Y_{R0})) \leqslant K_1(\varepsilon).
$$

这与式 (2.22) 相结合, 可得

$$
K_1\left(\left| Y_R\left(t_2^R; 0, Y_{R0}\right) \right|\right) \leqslant K_1(\varepsilon).
$$

由于楔函数 K_1 是非减的, 上式蕴含着 $\left| Y_R\left(t_2^R; 0, Y_{R0}\right) \right| \leqslant \varepsilon$, 这与式 (2.21) 相矛盾. 因此, 式 (2.20) 成立.

最后, 对任意的 $a > 0$, 由步骤 4 和步骤 5 的结果可得, 对任意的 $R > \max\left\{R_2, \dfrac{2c}{a K_3 K_2^{-1}(\delta)}\right\}$ 以及所有的 $t \in [a, \infty)$, 都有

$$
|z_{1R}(t) - v(t)| = |y_{1R}(Rt)| \leqslant |Y_R(Rt)| \leqslant \varepsilon.
$$

因此当 $R \to \infty$ 时 z_{1R} 在区间 $[a, \infty)$ 上一致收敛于 v. $\qquad\square$

2.2 高阶非线性跟踪微分器

为了获得目标信号高阶的近似微分信号, 需要高阶的跟踪微分器. 定理 2.4 是一个关于高阶跟踪微分器的收敛性结果.

定理 2.4　假设 $f : \mathbb{R}^n \to \mathbb{R}$ 是一个局部 Lipschitz 连续的函数.　假设式 (2.23) 的平衡点 $(0, 0, \cdots, 0)$ 是全局渐近稳定的:

$$
\begin{cases}
\dot{x}_1(t) = x_2(t), x_1(0) = x_{10}, \\
\dot{x}_2(t) = x_3(t), x_2(0) = x_{20}, \\
\vdots \\
\dot{x}_{n-1}(t) = x_n(t), x_{n-1}(0) = x_{(n-1)0}, \\
\dot{x}_n(t) = f(x_1(t), x_2(t), \cdots, x_n(t)), x_n(0) = x_{n0},
\end{cases} \tag{2.23}
$$

其中, $(x_{10}, x_{20}, \cdots, x_{n0})$ 是任意给定的初始值. 如果信号 v 是可微函数且满足 $A = \sup_{t \in [0, \infty)} |\dot{v}(t)| < \infty$, 那么高阶跟踪微分器

$$
\begin{cases}
\dot{z}_{1R}(t) = z_{2R}(t), \ z_{1R}(0) = z_{10}, \\
\dot{z}_{2R}(t) = z_{3R}(t), \ z_{2R}(0) = z_{20}, \\
\vdots \\
\dot{z}_{(n-1)R}(t) = z_{nR}(t), \ z_{(n-1)R}(0) = z_{(n-1)0}, \\
\dot{z}_{nR}(t) = R^n f\left(z_{1R}(t) - v(t), \dfrac{z_{2R}(t)}{R}, \cdots, \dfrac{z_{nR}(t)}{R^{n-1}}\right), \ z_{nR}(0) = z_{n0}
\end{cases} \tag{2.24}
$$

在如下意义下收敛: 对任意初始值 $(z_{10}, z_{20}, \cdots, z_{n0})$ 以及任意的 $a > 0$, 当 $\mathbb{R} \to \infty$ 时, z_{1R} 在区间 $[a, \infty)$ 上一致收敛于 v.

证明　用 $(z_{1R}, z_{2R}, \cdots, z_{nR})$ 来表示式 (2.24) 的解. 令 $t = \dfrac{s}{R}$, 那么式 (2.24) 可转化为

$$
\begin{cases}
\dfrac{\mathrm{d}}{\mathrm{d}s} z_{1R}\left(\dfrac{s}{R}\right) = \dfrac{1}{R} z'_{1R}\left(\dfrac{s}{R}\right) = \dfrac{1}{R} z_{2R}\left(\dfrac{s}{R}\right), \\[2mm]
\dfrac{\mathrm{d}}{\mathrm{d}s} z_{2R}\left(\dfrac{s}{R}\right) = \dfrac{1}{R} z'_{2R}\left(\dfrac{s}{R}\right) = \dfrac{1}{R} z_{3R}\left(\dfrac{s}{R}\right), \\[2mm]
\vdots \\
\dfrac{\mathrm{d}}{\mathrm{d}s} z_{(n-1)R}\left(\dfrac{s}{R}\right) = \dfrac{1}{R} z'_{(n-1)R}\left(\dfrac{s}{R}\right) = \dfrac{1}{R} z_{nR}\left(\dfrac{s}{R}\right), \\[2mm]
\dfrac{\mathrm{d}}{\mathrm{d}s} z_{nR}\left(\dfrac{s}{R}\right) = R^{n-1} f\left(z_{1R}\left(\dfrac{s}{R}\right) - v\left(\dfrac{s}{R}\right), z_{2R}\left(\dfrac{s}{R}\right), \cdots, z_{nR}\left(\dfrac{s}{R}\right)\right).
\end{cases}
$$

对以上系统再做以下坐标变换:

$$\begin{cases} y_{1R}(s) = z_{1R}\left(\dfrac{s}{R}\right) - v\left(\dfrac{s}{R}\right), \\[2mm] y_{2R}(s) = \dfrac{1}{R} z_{2R}\left(\dfrac{s}{R}\right), \\[2mm] y_{3R}(s) = \dfrac{1}{R^2} z_{3R}\left(\dfrac{s}{R}\right), \\[1mm] \quad\vdots \\[1mm] y_{nR}(s) = \dfrac{1}{R^{n-1}} z_{nR}\left(\dfrac{s}{R}\right). \end{cases} \tag{2.25}$$

从而

$$\begin{cases} \dot{y}_{1R}(s) = y_{2R}(s) - \dfrac{\dot{v}\left(\dfrac{s}{R}\right)}{R}, \\[3mm] \dot{y}_{2R}(s) = y_{3R}(s), \\[1mm] \quad\vdots \\[1mm] \dot{y}_{(n-1)R}(s) = y_{nR}(s), \\[2mm] \dot{y}_{nR}(s) = f\left(y_{1R}(s), y_{2R}(s), \cdots, y_{nR}(s)\right). \end{cases} \tag{2.26}$$

因此, $(y_{1R}, y_{2R}, \cdots, y_{nR})$ 是式 (2.23) 的一个扰动系统的解. 将式 (2.26) 改写为如下形式:

$$\dot{Y}_R(t) = F(Y_R(t)) + G_R(t), \tag{2.27}$$

其中, $Y_R = (y_{1R}, y_{2R}, \cdots, y_{nR})^{\mathrm{T}}$; 同时,

$$F(Y_R(t)) = (y_{2R}(t), \cdots, y_{nR}, f(y_{1R}(t), y_{2R}(t), \cdots, y_{nR}(t)))^{\mathrm{T}};$$

$$G_R(t) = \left(-\frac{\dot{v}\left(\dfrac{t}{R}\right)}{R}, 0, \cdots, 0\right)^{\mathrm{T}}.$$

由于式 (2.27) 类似于式 (2.9), 可以再一次使用定理 2.3 的方法去完成本定理其余部分的证明. □

注 由定理 2.4, 在广义函数弱收敛的意义下可以将 $z_{iR}(t)$ 看作 $v^{(i-1)}(t)$ 近似导数, 其中 $i = 2, 3, \cdots, n$.

线性情况下的定理 2.3 的证明首先是在文献 [35] 中给出, 其中 f 是线性函数, 那里给出的结果要比定理 2.3 强: z_{2R} 是在经典意义 (点点收敛) 下的 v 的导数的近似. 对非线性的 f, 当 $R \to \infty$ 时 z_{2R} 是否点点收敛于 $\dot{v}$ 仍然是一个公开的问题. 在定理 2.5 中, 将文献 [35] 线性的结果推广到了高阶的情况.

定理 2.5　假设以下矩阵

$$
A = \begin{pmatrix}
0 & 1 & 0 & \cdots & 0 \\
0 & 0 & 1 & \cdots & 0 \\
\vdots & \vdots & \vdots & & \vdots \\
0 & 0 & 0 & \cdots & 1 \\
a_1 & a_2 & a_3 & \cdots & a_n
\end{pmatrix}
\tag{2.28}
$$

是稳定的 (即它的所有特征值都具有负实部), n 阶光滑函数 $v : [0,\infty) \to \mathbb{R}$ 满足 $\sup_{t\in[0,T],1\leqslant k\leqslant n} |v^{(k)}(t)| = M < \infty$, 其中 $T, M > 0$, 那么下列线性跟踪微分器

$$
\begin{cases}
\dot{z}_{1R}(t) = z_{2R}(t), z_{1R}(0) = z_{10}, \\
\dot{z}_{2R}(t) = z_{3R}(t), z_{2R}(0) = z_{20}, \\
\vdots \\
\dot{z}_{(n-1)R}(t) = z_{nR}(t), z_{(n-1)R}(0) = z_{(n-1)0}, \\
\dot{z}_{nR}(t) = R^n \left(a_1(z_{1R}(t) - v(t)) + \dfrac{a_2 z_{2R}(t)}{R} + \cdots + \dfrac{a_n z_{nR}(t)}{R^{n-1}} \right), \\
z_{nR}(0) = z_{n0}
\end{cases}
\tag{2.29}
$$

在如下意义下收敛: 对任意的 $0 < a < T$, 当 $R \to \infty$ 时, z_{kR} $(k = 1,2,\cdots,n)$ 在区间 $[a,T]$ 上一致收敛于 $v^{(k-1)}$, 其中 $(z_{10}, z_{20}, \cdots, z_{n0})$ 是任意给定的初始值.

　　证明　在线性的情况下, 将式 (2.27) 转化为

$$
\dot{Y}_R(t) = A Y_R(t) + \left[\frac{\dot{v}\left(\dfrac{t}{R}\right)}{R}, 0, \cdots, 0 \right]^{\mathrm{T}}.
\tag{2.30}
$$

直接求解式 (2.30) 可得

$$
Y_R(t) = e^{At} Y_R(0) + \int_0^t e^{A(t-s)} \left[\frac{\dot{v}\left(\dfrac{s}{R}\right)}{R}, 0, \cdots, 0 \right]^{\mathrm{T}} \mathrm{d}s.
\tag{2.31}
$$

这意味着

$$
y_{1R}(t) = \left[e^{At} \right]_1 Y_R(0) + \int_0^t \left[e^{A(t-s)} \right]_{11} \frac{\dot{v}\left(\dfrac{s}{R}\right)}{R} \mathrm{d}s,
\tag{2.32}
$$

其中, $\left[e^{At} \right]_1$ 表示矩阵 e^{At} 的第一行; $\left[e^{A(t-s)} \right]_{11}$ 是矩阵 $e^{A(t-s)}$ 的第一行第一列.

由式 (2.25) 和式 (2.32), 有

$$z_{1R}(t) = \left[e^{RAt}\right]_1 Y_R(0) + \int_0^{Rt} \left[e^{A(Rt-s)}\right]_{11} \frac{\dot{v}\left(\dfrac{s}{R}\right)}{R} \mathrm{d}s + v(t). \tag{2.33}$$

求关于 t 的导数可得

$$
\begin{aligned}
z_{2R}(t) &= \dot{z}_{1R}(t) \\
&= \left[RAe^{RAt}\right]_1 Y_R(0) + \dot{v}(t) + \int_0^{Rt} \frac{\mathrm{d}}{\mathrm{d}t}\left(\left[e^{A(Rt-s)}\right]_{11}\right) \frac{\dot{v}\left(\dfrac{s}{R}\right)}{R} \mathrm{d}s + \dot{v}(t) \\
&= \left[RAe^{RAt}\right]_1 Y_R(0) + \dot{v}(t) - \int_0^{Rt} \frac{\mathrm{d}}{\mathrm{d}s}\left(\left[e^{A(Rt-s)}\right]_{11}\right) \dot{v}\left(\dfrac{s}{R}\right) \mathrm{d}s + \dot{v}(t) \\
&= \left[RAe^{RAt}\right]_1 Y_R(0) + \dot{v}(t) - \left[e^{A(Rt-s)}\right]_{11} \dot{v}\left(\dfrac{s}{R}\right)\Big|_0^{Rt} \\
&\quad + \int_0^{Rt}\left[e^{A(Rt-s)}\right]_{11} \frac{\ddot{v}\left(\dfrac{s}{R}\right)}{R} \mathrm{d}s + \dot{v}(t) \\
&= \left[RAe^{RAt}\right]_1 Y_R(0) + \left[e^{RAt}\right]_{11} \dot{v}(0) \\
&\quad + \int_0^{Rt}\left[e^{A(Rt-s)}\right]_{11} \frac{\ddot{v}\left(\dfrac{s}{R}\right)}{R} \mathrm{d}s + \dot{v}(t).
\end{aligned}
\tag{2.34}
$$

由递推法, 对任意的 $k(2 \leqslant k \leqslant n)$ 有

$$z_{kR}(t) = \left[(RA)^{k-1}e^{RAt}\right]_1 Y_R(0) + \left[(RA)^{k-2}e^{ARt}\right]_{11} \dot{v}(0) + \cdots$$
$$+ \left[e^{ARt}\right]_{11} v^{(k-1)}(0) + \int_0^{Rt}\left[e^{A(Rt-s)}\right]_{11} \frac{v^{(k)}\left(\dfrac{s}{R}\right)}{R} \mathrm{d}s + v^{(k-1)}(t). \tag{2.35}$$

既然 A 是 Hurwitz 的, 不失一般性, 可以假设存在常数 $L, \omega > 0$ 对所有矩阵 e^{At} 的元素 $e_{ij}(t)$ 都满足

$$|e_{ij}(t)| \leqslant Le^{-\omega t}, \quad \forall t \geqslant 0, \quad i, j = 1, 2, \cdots, n. \tag{2.36}$$

由于 $|v^{(k)}(t)| \leqslant M, \ \forall t \in [0, T]$, 从而对任意的 $t \in [0, T]$, 都有

$$
\left|\int_0^{Rt}\left[e^{A(Rt-s)}\right]_{11} \frac{v^{(k)}\left(\dfrac{s}{R}\right)}{R} \mathrm{d}s\right| = \left|\int_0^{Rt} e_{11}(Rt-s) \frac{v^{(k)}\left(\dfrac{s}{R}\right)}{R} \mathrm{d}s\right|
$$
$$
\leqslant \frac{ML}{R}\int_0^{Rt} e^{-\omega(Rt-s)} \mathrm{d}s \leqslant \frac{ML}{\omega R}.
$$

这与式 (2.35) 和式 (2.36) 相结合, 可得在区间 $[a, T]$ 上对 t 一致地成立

$$\lim_{R \to \infty} z_{kR}(t) = v^{(k-1)}(t), \quad 2 \leqslant k \leqslant n. \tag{2.37}$$

□

注 在定理 2.5 中如果相应的有界性条件进一步加强为

$$\sup_{t \in [0, \infty], 1 \leqslant k \leqslant n} |v^{(k)}(t)| = M < \infty,$$

那么定理 2.5 的结论可以进一步加强为: 当 $R \to \infty$ 时 z_{kR} $(k = 1, 2, \cdots, n)$ 在区间 $[a, \infty)$ 上一致收敛于 $v^{(k-1)}$.

2.3 基于有限时间稳定系统的跟踪微分器

本节讨论如下跟踪微分器当原系统 $(R = 1, v = 0)$ 是有限时间稳定时的收敛性问题:

$$\begin{cases} \dot{x}_1(t) = x_2(t), \\ \dot{x}_2(t) = x_3(t), \\ \vdots \\ \dot{x}_n(t) = R^n f\left(x_1(t) - v(t), \dfrac{x_2(t)}{R}, \cdots, \dfrac{x_n(t)}{R^{n-1}}\right), \end{cases} \tag{2.38}$$

基于有限时间稳定系统的跟踪微分器还可参见文献 [146], 该文献使用了一个较强且不容易验证的 Lyapunov 条件. 本节先推广了有限时间稳定的一个结果, 移除了全局 Lipschitz 连续的 Lyapunov 函数存在性假设. 在此基础上构造了基于新的有限时间稳定系统的跟踪微分器, 并验证了所有的假设条件. 在开始证明这一定理之前, 首先给出一些有关有限时间稳定系统的扰动系统的一个误差估计结果.

由文献 [135] 和 [136] 可得如下结论.

引理 2.6 假设存在连续的正定函数 $V : \mathbb{R}^n \to \mathbb{R}$, 常数 $c > 0$, $\alpha \in (0, 1)$ 使得

$$L_f V(x) = \sum_{i=1}^n \frac{\partial V}{\partial x_i} f_i(x) \leqslant -c(V(x))^\alpha, \quad x \neq 0, \tag{2.39}$$

其中, f_i 表示向量函数 f 的第 i 个分量函数. 那么, 系统 $\dot{x}(t) = f(x(t)), f(x) = (f_1(x), \cdots, f_n(x))$ 是有限时间稳定的. 而且, 存在一个 $\sigma > 0$, 使得对任意的 $x_0 \in \mathbb{R}^n$, $\|x_0\| \leqslant \sigma$, 都有

$$\|x_0\| \leqslant \frac{1}{c(1-\alpha)} (V(x_0))^{1-\alpha}. \tag{2.40}$$

下述引理是文献 [135] 中定理 5.2 在系统的吸引域是 $\mathbb{R}^n$ 情况下的一个推广,这里去掉了 Lyapunov 函数 V 的全局 Lipschitz 连续性.

引理 2.7 考虑如下系统:

$$\dot{y}(t) = f(y(t)) + g(t, y(t)), \quad y(0) = y_0, \quad \|y_0\| \leqslant H, \tag{2.41}$$

其中, $H > 0$ 是一个常数. 如果存在连续的、正定的、径向无界的 (即 $\lim_{\|x\| \to \infty} V(x) = \infty$) 且所有偏导数都连续的 Lyapunov 函数 $V : \mathbb{R}^n \to \mathbb{R}$, 以及常数 $c > 0$, $\alpha \in (0, 1)$, 使得式 (2.39) 成立, 那么对任意的 $H > 0$, 存在一个依赖于 H 的常数 $\delta_{0H} > 0$, 使得对任意的满足式 (2.42) 的连续函数 $g : \mathbb{R}^{n+1} \to \mathbb{R}^n$,

$$\delta = \sup_{(t,x) \in \mathbb{R}^{n+1}} \|g(t, x)\| \leqslant \delta_{0H}, \tag{2.42}$$

式 (2.41) 的解是有界的, 并且

$$\|y(t)\| \leqslant L_{c\alpha} \delta^{\frac{1-\alpha}{\alpha}}, \quad \forall\, t \in [T_0, \infty), \tag{2.43}$$

其中, L, T_0 是依赖于初始值 y_0 的常数.

证明 把本引理的证明分为以下两个步骤.

步骤 1 存在一个 $\delta_{1H} > 0$ 使得对任意的 $\delta < \delta_{1H}$, 式 (2.41) 的解是有界的, 其中 δ 的定义见式 (2.42).

令 $b_H = \max\{1, \sup_{\|y\| \leqslant H} V(y)\}$ 是一个依赖于 H 的常数, $\delta_{1H} = \dfrac{cb_H^\alpha}{M_H}$, $M_H = \max\{1, \sup_{x \in \{x:\, V(x) \leqslant b_H+1\}} \|\nabla_x V\|\}$. 由于函数 V 是连续且径向无界的, 从而存在严格单调递增的楔函数 $\kappa_1, \kappa_2 : [0, \infty) \to [0, \infty)$ 使得 $\lim_{r \to \infty} \kappa_i(r) = \infty$, $\kappa_1(\|x\|) \leqslant V(x) \leqslant \kappa_2(\|x\|)$. 由于对任意的 $x \in \{x : V(x) \leqslant b_H + 1\}$, $\kappa_1(\|x\|) \leqslant b_H + 1$, $\|x\| \leqslant \kappa_1^{-1}(b_H + 1)$, 从而可得集合 $\{x : V(x) \leqslant b_H + 1\}$ 是有界的. 再由 $\nabla_x V$ 的连续性可得 $M_H < \infty$, 因此 δ_{1H} 是一个正的常数 (即便 $H = 0$). 本书用反证法来证明步骤 1 的结论. 由 b_H 的定义, $V(y(0)) \leqslant b_H$ 以及 y 的连续性可得, 对任意的 $\delta < \delta_{1H}$, 存在 $t_1, t_2 : 0 < t_1 < t_2$, 使得式 (2.41) 的解满足

$$\begin{aligned} &V(y(t_1)) = b_H, \quad V(y(t_2)) > b_H, \\ &y(t) \in \{x :\, b_H \leqslant V(x) \leqslant b_H + 1\}, \quad \forall\, t \in [t_1, t_2]. \end{aligned} \tag{2.44}$$

求 $V(y(t))$ 在区间 $[t_1, t_2]$ 上的导数可得

$$\dot{V}(y(t)) = L_f V(y(t)) + \langle \nabla_x V, g(t, y(t)) \rangle \leqslant -c(V(y(t)))^\alpha + cb_H^\alpha \leqslant 0, \tag{2.45}$$

这与式 (2.44) 相矛盾, 因此步骤 1 的结论成立.

步骤 2　存在一个依赖于 H 的正的常数 $\delta_{2H} : 0 < \delta_{2H} < \delta_{1H}$, 使得当式 (2.42) 中所定义的 δ 满足 $\delta < \delta_{2H}$ 时, 式 (2.41) 的解满足对任意的 $t \in [T_0, \infty)$, $\|y(t)\| \leqslant \sigma$, 这里的 σ 与引理 2.6 中的 σ 相同, T_0 是一个依赖于初始值 y_0 的常数.

令 $d = \kappa_1(\sigma) > 0$, $\delta_{2H} = \min \left\{ \delta_{1H}, \dfrac{cd^\alpha}{2M_H} \right\}$, $\mathcal{A} = \left\{ x : V(x) \leqslant \left(\dfrac{2M_H\delta}{c} \right)^{\frac{1}{\alpha}} \right\}$,

其中 M_H, κ_1 与步骤 1 中的 M_H, κ_1 相同, 那么 Lyapunov 函数 V 沿式 (2.41) 的解满足

$$\dot{V}(y(t)) \leqslant -c(V(y(t)))^\alpha + M_H\delta < -\frac{1}{2}c(V(y(t)))^\alpha, \quad y(t) \notin \mathcal{A}. \tag{2.46}$$

考虑如下纯量微分方程:

$$\dot{z}(t) = -k(z(t))^\alpha, \quad z(0) > 0, \quad k > 0. \tag{2.47}$$

它的解是

$$z(t) = \begin{cases} \left((z(0))^{1-\alpha} - k(1-\alpha)t\right)^{\frac{1}{1-\alpha}}, & t < \dfrac{1}{k(1-\alpha)}(z(0))^{1-\alpha}, \\ 0, & t \geqslant \dfrac{1}{k(1-\alpha)}(z(0))^{1-\alpha}. \end{cases} \tag{2.48}$$

如果对任意的 $t \geqslant 0$, $y(t) \in \mathcal{A}^c$, $\mathcal{A}^c$ 表示 $\mathcal{A}$ 的补集, 由常微分方程的比较原理可知, 当初始值 $z(0) = V(y(0))$ 时, $V(y(t)) \leqslant z(t)$, 这里 $k = \dfrac{c}{2}$, 这是一个矛盾: 一方面, $y(t) \in \mathcal{A}^c$ 意味着 $V(y(t)) > 0$; 另一方面, $V(y(t)) \leqslant z(t)$ 且由式 (2.48) 可知, 当 $t \geqslant \dfrac{1}{k(1-\alpha)}(z(0))^{1-\alpha}$ 时, z 恒等于 0. 因此, 存在依赖于初始值的正常数 $T_0 > 0, T_0 \leqslant \dfrac{1}{k(1-\alpha)}(z(0))^{1-\alpha}$, 使得 $y(T_0) \in \mathcal{A}$. 由于当 $y(t) \in \mathcal{A}^c$ 时, 总有 $\dot{V}(y(t)) < 0$ 成立, 因此对任意的 $t \geqslant T_0$, 必有 $y(t) \in \mathcal{A}$. 因此, 对任意的 $x \in \mathcal{A}$, 总有 $\|x\| \leqslant \kappa_1^{-1}(V(x)) \leqslant \kappa_1^{-1}(d) \leqslant \sigma$. 这就完成了步骤 2 的证明.

由引理 2.6, 并结合步骤 1 和步骤 2, 可得对任意的 $t \geqslant T_0$, 有

$$\|y(t)\| \leqslant \frac{1}{c(1-\alpha)}(V(y(t)))^{1-\alpha} \leqslant \frac{1}{c(1-\alpha)} \left(\frac{2M_H\delta}{c} \right)^{\frac{1-\alpha}{\alpha}}. \tag{2.49}$$

$\square$

注　在文献 [135] 的定理 5.2 的证明中, 式 (2.46) 是通过 Lyapunov 函数的 Lipschitz 连续性得到的. 在吸引域是全空间的情况下, 这样的 Lyapunov 函数在应用中很难构造. 这里得到的这个不等式是通过引理 2.7 证明中的步骤 1 证明系统解的有界性而得到的.

定理 2.8 假设

(1) $\sup_{t\in[0,\infty)} |v^{(i)}(t)| < \infty$, $i = 1, 2, \cdots, n$;

(2) 式 (2.38) 中的非线性函数 f 满足 $f(0, 0, \cdots, 0) = 0$, 且

$$|f(x) - f(\overline{x})| \leqslant \sum_{j=1}^{n} k_j \|x_j - \overline{x}_j\|^{\theta_j}, \quad k_j > 0, \quad \theta_j \in (0, 1]; \tag{2.50}$$

(3) 存在一个所有偏导数都连续的正定函数 $V : \mathbb{R}^n \to \mathbb{R}$, 使得

$$L_h V(x) \leqslant -c(V(x))^\alpha, \tag{2.51}$$

其中, $c > 0$; $\alpha \in (0, 1)$; h 是如下定义的向量场: $h(x) = (x_2, x_3, \cdots, x_{n-1}, f(x))^{\mathrm{T}}$. 那么对任意的式 (2.38) 的初始值和任意给定的一个常数 $a > 0$, 存在一个正数 $R_0 > 0$ (依赖于式 (2.38) 的初始值), 使得对于任意的 $R > R_0$ 都有

$$|x_i(t) - v^{(i-1)}(t)| \leqslant L\left(\frac{1}{R}\right)^{\theta\gamma - i + 1}, \quad \forall t > a, \tag{2.52}$$

其中, L 是一个依赖于式 (2.38) 的初始值以及目标信号 v 的正的常数; $\gamma = \dfrac{1-\alpha}{\alpha}$; $\theta = \min\{\theta_2, \theta_3, \cdots, \theta_n\}$; $x_i(1 \leqslant i \leqslant n)$ 表示式 (2.38) 的解.

证明 令

$$e_i(t) = \frac{x_i\left(\dfrac{t}{R}\right) - v^{(i-1)}\left(\dfrac{t}{R}\right)}{R^{i-1}}, \quad i = 1, 2, \cdots, n, \tag{2.53}$$

那么 e_i 满足下面的误差系统:

$$\begin{cases} \dot{e}_1(t) = e_2(t), \\ \dot{e}_2(t) = e_3(t), \\ \vdots \\ \dot{e}_n(t) = f\left(e_1(t), e_2(t) + \dfrac{\dot{v}\left(\dfrac{t}{R}\right)}{R}, \cdots, e_n(t) + \dfrac{v^{(n-1)}\left(\dfrac{t}{R}\right)}{R^{n-1}}\right) \\ \qquad - \dfrac{v^{(n)}\left(\dfrac{t}{R}\right)}{R^n}, \end{cases} \tag{2.54}$$

其中, 初始值 $e_i(0) = (x_i(0) - v^{(i-1)}(0))/R^{i-1}, 1 \leqslant i \leqslant n$. 可以将式 (2.54) 写成一个

如下有限时间稳定系统的一个扰动系统:

$$\begin{cases} \dot{e}_1(t) = e_2(t), \ e_1(0) = x_1(0) - v(0), \\ \dot{e}_2(t) = e_3(t), \ e_2(0) = \dfrac{x_2(0) - \dot{v}(0)}{R}, \\ \vdots \\ \dot{e}_n(t) = f(e_1(t), e_2(t), \cdots, e_n(t)) + \Delta(t), \ e_n(0) = \dfrac{x_n(0) - v^{(n-1)}(0)}{R^{n-1}}, \end{cases} \tag{2.55}$$

其中,

$$\Delta(t) = f\left(e_1(t), e_2(t) + \frac{\dot{v}\left(\dfrac{t}{R}\right)}{R}, \cdots, e_n(t) + \frac{v^{(n-1)}\left(\dfrac{t}{R}\right)}{R^{n-1}}\right)$$

$$-\frac{v^n\left(\dfrac{t}{R}\right)}{R^n} - f(e_1(t), e_2(t), \cdots, e_n(t)). \tag{2.56}$$

由定理 2.8 假设 (1) 和假设 (2) 可得, 存在一个正的常数 $B > 0$ 使得

$$|\Delta(t)| \leqslant \frac{B}{R^\theta}, \quad \forall\, t \geqslant 0, \ R > 1. \tag{2.57}$$

对任意的 $R > 1$, 令

$$\|e(0)\| \leqslant \sqrt{(x_1(0) - v(0))^2 + \cdots + (x_n(0) - v^{(n-1)}(0))^2} \triangleq H. \tag{2.58}$$

由引理 2.7, 存在一个依赖于 H 的常数 $R_1 > 1$, $T_1 > 0$ 以及 $L > 0$ 使得对任意的 $R > R_1$ 以及 $t > T_1$,

$$\|e(t)\| = \|(e_1(t), e_2(t), \cdots, e_n(t))^{\mathrm{T}}\| \leqslant L\left(\frac{1}{R}\right)^\gamma. \tag{2.59}$$

由式 (2.53) 可知, 对任意的 $R > R_0 = \left\{R_1, \dfrac{T_1}{a}\right\}$ 以及 $t > a$, 都有

$$\left|x_i(t) - v^{(i-1)}(t)\right| = R^{i-1}|e_i(Rt)| \leqslant R^{i-1}\|e(Rt)\| \leqslant L\left(\frac{1}{R}\right)^{\gamma\theta - i + 1}. \tag{2.60}$$

$\hfill\square$

注　如果跟踪微分器的输入信号 v 受噪声 w 污染, 即跟踪微分器的真正输入信号是 $\tilde{v} = v + w$ 而非 v, 若假设 $|w^{(i-1)}| \leqslant \wedge_i (i = 1, 2, \cdots, n)$, 则

$$|x_i - v^{(i-1)}| \leqslant |x_1 - \tilde{v}| + |w^{(i-1)}| \leqslant L\left(\frac{1}{R}\right)^{\theta\gamma - i + 1} + \wedge_i.$$

定理 2.8 可以推广到跟踪微分器的输入信号 v 是分段光滑的情况.

定理 2.9 假设存在常数 $0 = t_0 < t_1 < t_2 < \cdots < t_m$ 使得 v 在区间 $(t_j, t_{j+1}), (t_m, \infty)$ 上是 n 阶可微的, 同时在 t_j 的左导数和右导数都存在. 假设

$$\max_{1 \leqslant i \leqslant n, 0 \leqslant j \leqslant m-1, 1 \leqslant k \leqslant m} \left\{ \sup_{t \in (t_j, t_{j+1}) \cup (t_m, \infty)} \left\{ v^{(i)}(t), v_-^{(i)}(t_k), v_+^{(i)}(t_k) \right\} \right\} < \infty,$$

式 (2.38) 中的非线性函数 f 满足定理 2.8 中的假设 (2) 和假设 (3), 那么对式 (2.38) 的任意初始值和任意满足 $a \in (0, \min_{0 \leqslant j \leqslant m-1}(t_{j+1} - t_j))$ 的常数 a, 存在 $R_0 > 0$ 使得对任意的 $R > R_0$ 和所有的 $t \in (t_j + a, t_{j+1})$ 或 $t > t_m + a$, 总有

$$|x_i(t) - v^{(i-1)}(t)| \leqslant L \left(\frac{1}{R} \right)^{\theta\gamma - i + 1}, \quad \forall\, i = 1, 2, \cdots, n, \qquad (2.61)$$

其中, $L > 0$ 是依赖于初始值的常数; v_- 和 v_+ 分别表示 v 的左右导数.

证明 令

$$
\begin{cases}
e_i(t) = \dfrac{x_i \left(\dfrac{t}{R} \right) - v^{(i-1)} \left(\dfrac{t}{R} \right)}{R^{i-1}}, & t_j R < t < t_{j+1} R,\ t > t_m R, \\[4mm]
e(t_j R) = \dfrac{x_{i-}(t_j) - v_+^{(i-1)}(t_j)}{R^{i-1}}, & 1 \leqslant i \leqslant n,\ 0 \leqslant j \leqslant m,
\end{cases}
\qquad (2.62)
$$

那么 $\{e_i\}$ 满足如下的脉冲微分方程:

$$
\begin{cases}
\begin{cases}
\dot{e}_1(t) = e_2(t), \\
\dot{e}_2(t) = e_3(t), \\
\quad \vdots \\
\dot{e}_n(t) = f \left(e_1(t), e_2(t) + \dfrac{\dot{v} \left(\dfrac{t}{R} \right)}{R}, \cdots, e_n(t) + \dfrac{v^{(n-1)} \left(\dfrac{t}{R} \right)}{R^{n-1}} \right) \\
\qquad\qquad - \dfrac{v^{(n)} \left(\dfrac{t}{R} \right)}{R}, \\
t_j R < t < t_{j+1} R,\ 0 \leqslant j \leqslant m-1,\ t > t_m R, \\
e(0) = \left(x_{10}, \dfrac{x_{20}}{R}, \cdots, \dfrac{x_{n0}}{R^{n-1}} \right), \quad e(t_j R) = \dfrac{x_{i-}(t_j) - v_+^{(i-1)}(t_j)}{R^{i-1}}.
\end{cases}
\end{cases}
\qquad (2.63)
$$

本定理剩余部分的证明可以在小区间 $[t_j R, t_{j+1} R), \cdots, [t_m R, \infty)$ 上逐步应用定理 2.8 的结果获得. $\qquad\square$

定理 2.10   假设存在常数 $0 = t_0 < t_1 < t_2 < \cdots < t_m$ 使得 v 在区间 $(t_j, t_{j+1}), (t_m, \infty)$ 上可微, 并且在 t_j 的左右导数都存在. 假设

$$\max\left\{\sup_{t \in (t_j, t_{j+1}) \cup (t_m, \infty)} \{\dot{v}(t), \dot{v}_-(t_k), \dot{v}_+(t_k)\}\right\} < \infty,$$

式 (2.38) 中的非线性函数 f 满足定理 2.8 中的假设 (2) 和假设 (3), 那么对式 (2.38) 任意的初始值和任意给定的常数 $a \in (0, \min_{0 \leqslant j \leqslant m-1}(t_{j+1} - t_j))$, 存在一个正的常数 $R_0 > 0$ 使得对任意的 $R > R_0$, $t \in (t_j + a, t_{j+1})$ 或 $t > t_m + a$, 都有

$$|x_1(t) - v(t)| \leqslant L \left(\frac{1}{R}\right)^{\theta\gamma}, \tag{2.64}$$

其中, $L > 0$ 是依赖于初始值的常数; $\gamma = \dfrac{1 - \alpha}{\alpha}$.

证明   令

$$\begin{cases} e_1(t) = x_1\left(\dfrac{t}{R}\right) - v\left(\dfrac{t}{R}\right), \ e_i(t) = \dfrac{x_i\left(\dfrac{t}{R}\right)}{R^{i-1}}, & t_j R < t < t_{j+1} R, \\[3mm] e(t_j R) = \dfrac{x_{i-}(t_j) - v_+^{(i-1)}(t_j)}{R^{i-1}}, & 2 \leqslant i \leqslant n, \ 0 \leqslant j \leqslant m, \end{cases} \tag{2.65}$$

那么 $e_i(t)$ 满足如下脉冲微分方程:

$$\begin{cases} \begin{cases} \dot{e}_1(t) = e_2(t) - \dfrac{\dot{v}\left(\dfrac{t}{R}\right)}{R}, \\[3mm] \dot{e}_2(t) = e_3(t), \\ \vdots \\ \dot{e}_n(t) = f\left(e_1(t), e_2(t), \cdots, e_n(t)\right), \\ \quad t_j R < t < t_{j+1} R, \ \ 0 \leqslant j \leqslant m-1, \ \ t > t_m R, \end{cases} \\[3mm] e_1(t_j R) = \dfrac{x_{1-}(t_j) - \dot{v}_-(t_j R)}{R} = \dfrac{x_{i-}(t_j)}{R^{i-1}}, \ \ 2 \leqslant i \leqslant n, \ 0 \leqslant j \leqslant m. \end{cases} \tag{2.66}$$

注意到式 (2.66) 也是一个有限时间稳定系统的扰动系统. 类似于定理 2.9 的证明, 可完成本定理剩余部分的证明.   □

2.4   一类基于二阶有限时间稳定系统的跟踪微分器

本节基于几何中的加权齐次性, 将给出一个具体的基于二阶有限时间稳定系统的跟踪微分器.

考虑如下二阶系统:

$$\dot{x} = f(x) = (f_1(x), f_2(x))^{\mathrm{T}}, \tag{2.67}$$

其中,

$$\begin{cases} f_1(x_1, x_2) = x_2, \\ f_2(x_1, x_2) = -k_1[x_1]^\alpha - k_2[x_2]^\beta, \end{cases} \tag{2.68}$$

这里 $[r]^\alpha = \mathrm{sign}(r)|r|^\alpha$, 且

$$k_1, k_2 > 0, \quad \alpha = \frac{b-1}{a}, \quad \beta = \frac{b-1}{b}, \quad a = b+1, \quad b > 1. \tag{2.69}$$

易知对任意的 $\lambda > 0$ 都有

$$\begin{cases} f_1\left(\lambda^a x_1, \lambda^b x_2\right) = \lambda^b x_2 = \lambda^{-1+a} f_1(x_1, x_2), \\ f_2\left(\lambda^a x_1, \lambda^b x_2\right) = -k_1\lambda^{a\alpha}[x_1]^\alpha - k_2\lambda^{b\beta}[x_2]^\beta = \lambda^{-1+b} f_2(x_1, x_2). \end{cases} \tag{2.70}$$

因此, 向量场 f 是 -1 度关于权数 a, b 齐次的.

令 $W : \mathbb{R}^2 \to \mathbb{R}$ 定义如下:

$$W(x_1, x_2) = \frac{1}{2k_1}x_2^2 + \frac{|x_1|^{1+\alpha}}{1+\alpha}. \tag{2.71}$$

直接计算可知

$$L_f W(x) = -\frac{k_2}{k_1}|x_2|^{\beta+1} \leqslant 0. \tag{2.72}$$

由 Lasalle 不变原理可得, 式 (2.67) 是全局渐近稳定的.

由定理 1.7 和定理 1.9 可知, 存在一个连续正定的径向无界 Lyapunov 函数 $V : \mathbb{R}^2 \to \mathbb{R}$ 使得 $\nabla_x V$ 在 $\mathbb{R}^n$ 上连续, V 是 $l > \max\{1, a, b\}$ 度关于权数 (a, b) 齐次的, $L_h V$ 是 $l-1$ 度具相同的权数齐次的. 因此, 存在正常数 $c > 0$ 使得

$$L_f V(x) \leqslant -c(V(x))^{\frac{l-1}{l}}. \tag{2.73}$$

式 (2.67) 的有限时间稳定性同时也被文献 [134] 研究过. 但这里更关注的是不等式 (2.73), 原因是这个不等式蕴含着定理 2.8 中式 (2.51) 成立.

现在将验证 f_2 满足定理 2.8 中的式 (2.50). 令 $\phi : [a, \infty) \to \mathbb{R}$ 定义为 $\phi(x) = x^\theta - a^\theta - (x-a)^\theta$, 其中 $a > 0, \theta \in (0, 1)$. ϕ 是单调减少的, 原因是对任意的 $x > a$, $\dot{\phi}(x) = \theta(x^{\theta-1} - (x-a)^{\theta-1}) < 0$. 由此可以推出

$$x^\theta - y^\theta \leqslant (x-y)^\theta, \quad \forall\, x > y > 0. \tag{2.74}$$

另外, 由于对任意的 $x > 0$, $\phi''(x) = \theta(\theta-1)x^{\theta-2} < 0$, 因此 ϕ 在区间 $(0,\infty)$ 上是上凸函数. 由 Jessen 不等式可知

$$x^\theta + y^\theta \leqslant 2^{1-\theta}(x+y)^\theta, \quad \forall\, x, y > 0. \tag{2.75}$$

结合式 (2.74) 和式 (2.75), 有

$$|f_2(x_1, x_2) - f_2(y_1, y_2)| \leqslant k_1 2^{1-\alpha}|x_1 - y_1|^\alpha + k_2 2^{1-\beta}|x_2 - y_2|^\beta. \tag{2.76}$$

这就是说, f_2 满足定理 2.8 中的式 (2.50). 将定理 2.8 应用于式 (2.67), 可得定理 2.11.

定理 2.11　如果信号 v 满足条件 $\sup_{t\in[0,\infty)} |v^{(i)}(t)| < \infty$, $i = 1, 2$, 那么如下二阶跟踪微分器

$$\begin{cases} \dot{x}_1(t) = x_2(t), \\ \dot{x}_2(t) = R^2\left(-k_1[x_1(t) - v(t)]^\alpha - k_2\left[\dfrac{x_2(t)}{R}\right]^\beta\right) \end{cases} \tag{2.77}$$

是收敛的: 对于式 (2.77) 的任意初始值和任意常数 $T_1 > 0$, 存在正的常数 $R_0 > 0$ 使得对任意的 $R > R_0$ 以及 $t > T_1$,

$$|x_1(t) - v(t)| \leqslant M_1\left(\frac{1}{R}\right)^{\beta\frac{1-\gamma}{\gamma}}, \quad |x_2(t) - \dot{v}(t)| \leqslant M_2\left(\frac{1}{R}\right)^{\beta\frac{1-\gamma}{\gamma}-1}, \tag{2.78}$$

其中, $\gamma = \dfrac{l-1}{l}$, $l > \max\{1, a, b\}$. 式 (2.77) 中的参数的选择使其满足式 (2.69), M_1, M_2 是依赖于初始值的常数. 如果 $\beta\dfrac{1-\gamma}{\gamma} > 1$, 那么 $x_2 \to \dot{v}$ 是经典意义下的收敛; 反之若 $\beta\dfrac{1-\gamma}{\gamma} \leqslant 1$, 则 $x_2 \to \dot{v}$ 是广义函数弱收敛意义下的收敛.

选取参数 $a = 4, b = 3, k_1 = k_2 = 1, \alpha = \dfrac{1}{2}, \beta = \dfrac{2}{3}$. 容易验证式 (2.77) 是弱收敛的. 然而, 不幸的是没有找到使得式 (2.77) 强收敛的参数. 下面就将如上选定的参数用于数值模拟.

这里将给出以下三个微分器的数值模拟结果, 并对它们进行比较.

线性跟踪微分器DI[35](在一定的坐标变换下等价于文献 [141] 中的高增益微分器):

$$\begin{cases} \dot{x}_1(t) = x_2(t), \\ \dot{x}_2(t) = R^2\left(-(x_1(t) - v(t)) - \dfrac{x_2(t)}{R}\right). \end{cases} \tag{2.79}$$

基于滑模技术的鲁棒精确微分器DII [142]:

$$\begin{cases} \dot{x}_1(t) = x_2(t) - 1.5C^{\frac{1}{2}}[x_1(t) - v(t)]^{\frac{1}{2}}, \\ \dot{x}_2(t) = -1.1C\mathrm{sign}(x_1(t) - v(t)). \end{cases} \quad (2.80)$$

有限时间稳定跟踪微分器DIII:

$$\begin{cases} \dot{x}_1(t) = x_2(t), \\ \dot{x}_2(t) = R^2\left(-[x_1(t) - v(t)]^{\frac{1}{2}} - \left[\dfrac{x_2(t)}{R}\right]^{\frac{2}{3}}\right). \end{cases} \quad (2.81)$$

由微分器DI 得到的数值结果描绘在图 2.1 中, 其中, 在图 2.1(a) 中, 参数选取为 $R = 20$, 积分步长 $h = 0.0001$, 而在图 2.1(b) 中选取参数 $R = 10$, 积分步长 $h = 0.0001$.

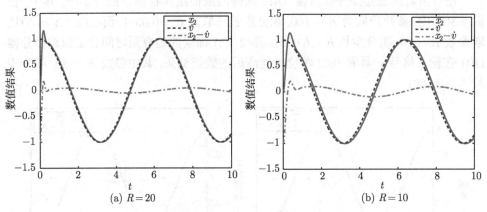

(a) $R = 20$ (b) $R = 10$

图 2.1 微分器 DII 的数值结果

微分器DII的数值结果由图 2.2 给出, 图中所采用的积分步长均为 $h = 0.0001$. 其中, 在图 2.2(a) 中, 参数选取为 $C = 2$, 而在图 2.2(b) 中, 参数选取为 $C = 5$. 图 2.2(c) 是图 2.2(b) 的放大.

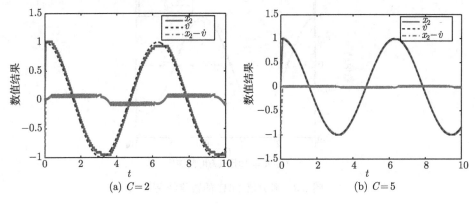

(a) $C = 2$ (b) $C = 5$

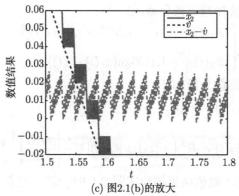

(c) 图2.1(b)的放大

图 2.2　微分器DI的数值结果

　　由有限时间稳定跟踪微分器 DIII 获得的数值结果描绘在图 2.3 中, 其中, 在图 2.3(a) 中, 参数选取为 $R = 100$, 积分步长选取为 $h = 0.0001$, 而在图 2.3(b) 中选取参数 $R = 10$, 积分步长 $h = 0.0001$. 图 2.3(c) 描绘的是有限时间稳定跟踪微分器 DIII 在输入信号 v 具有 0.02 单位时间滞后的数值结果, 其中参数 $R = 20$, 积分步长 $h = 0.0001$.

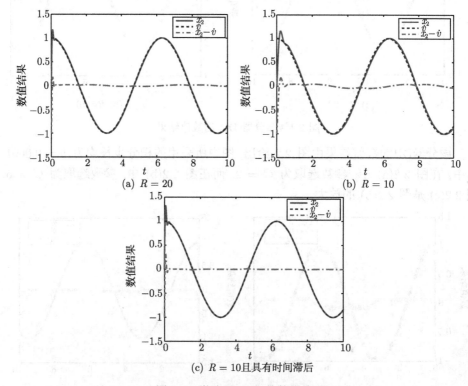

(a) $R = 20$　　　　　　　　　　　　　(b) $R = 10$

(c) $R = 10$且具有时间滞后

图 2.3　微分器 DIII 的数值结果

图 2.4 展示的是有限时间稳定跟踪微分器 DIII 在输入信号 v 被 1% 的白噪声污染时的数值模拟结果.

通过图 2.1~ 图 2.3 可以看到, 本章给出的有限时间稳定跟踪微分器 DIII 比基于滑模技术的鲁棒精确微分器 DII 光滑, 其中基于滑模技术的鲁棒精确微分器 DI 由其系统函数的不光滑性导致了比较严重的震颤现象. 同时, 在相同的增益参数 R 下, 有限时间稳定跟踪微分器 DIII 比线性跟踪微分器 DI 更快更精确. 最后需要指出的是, 有限时间稳定跟踪微分器可以容许较小的时滞和噪声. 由图 2.4 可以看出, 在有限时间稳定跟踪微分器 DIII 中调整参数 R 对抗噪声起着非常重要的作用: 调整参数 R 越大, 跟踪误差越小, 但同时对噪声越敏感. 这意味着在实践中, 有限时间稳定跟踪微分器 DIII 的调整参数 R 的选择需要从跟踪精度和抗噪声污染两个方面的不同需求权衡考虑.

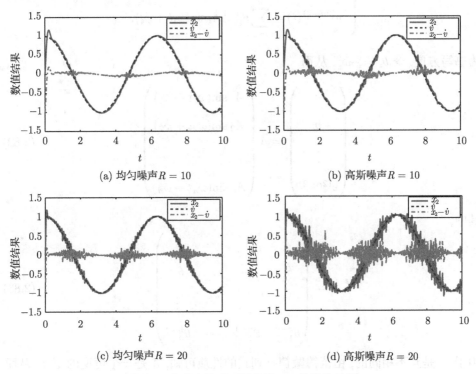

(a) 均匀噪声$R = 10$ (b) 高斯噪声$R = 10$

(c) 均匀噪声$R = 20$ (d) 高斯噪声$R = 20$

图 2.4 在噪声情况下微分器DIII的数值结果

2.5 跟踪微分器在信号频率在线估计中的应用

考虑如下有限项不同频率和相位正弦信号的叠加: $v(t) = \sum_{i=1}^{n} A_i \sin(\omega_i t + \phi_i)$,

其中, $\omega_i > 0$ 是需要在线估计的不同的频率. 这一节的目的是利用跟踪微分器来在线估计这些不同的频率 ω_i.

为达到这一目的, 需要 v 关于时间 t 的一直到 $2n-2$ 阶的偶数阶导数:

$$
\begin{cases}
\ddot{v}(t) = \sum_{i=1}^{n} \theta_i A_i \sin(\omega_i t + \phi_i), \\[2mm]
v^{(4)}(t) = \sum_{i=1}^{n} \theta_i^2 A_i \sin(\omega_i t + \phi_i), \\[2mm]
\quad\vdots \\[2mm]
v^{(2n-2)}(t) = \sum_{i=1}^{n} \theta_i^{n-1} A_i \sin(\omega_i t + \phi_i),
\end{cases}
$$

为书写方便, 令 $\theta_i = -\omega_i^2$, 从而

$$
\begin{pmatrix} v \\ \ddot{v} \\ \vdots \\ v^{(2n-2)} \end{pmatrix} = \Lambda \begin{pmatrix} A_1 \sin(\omega_1 t + \phi_1) \\ A_2 \sin(\omega_2 t + \phi_2) \\ \vdots \\ A_n \sin(\omega_n t + \phi_n) \end{pmatrix}, \tag{2.82}
$$

其中,

$$
\Lambda = \begin{pmatrix} 1 & 1 & \cdots & 1 \\ \theta_1 & \theta_2 & \cdots & \theta_n \\ \vdots & \vdots & & \vdots \\ \theta_1^{n-1} & \theta_2^{n-1} & \cdots & \theta_n^{n-1} \end{pmatrix}. \tag{2.83}
$$

由于 θ_i 是互不相同的, 由范德蒙德行列式的性质可知, Λ 是一个可逆的矩阵, 从而

$$
\begin{pmatrix} A_1 \sin(\omega_1 t + \phi_1) \\ A_2 \sin(\omega_2 t + \phi_2) \\ \vdots \\ A_n \sin(\omega_n t + \phi_n) \end{pmatrix} = \Lambda^{-1} \begin{pmatrix} v \\ \ddot{v} \\ \vdots \\ v^{(2n-2)} \end{pmatrix}. \tag{2.84}
$$

将 Λ 的逆矩阵表示为

$$\Lambda^{-1} = \begin{pmatrix} \lambda_{11} & \lambda_{12} & \cdots & \lambda_{1n} \\ \lambda_{21} & \lambda_{22} & \cdots & \lambda_{2n} \\ \vdots & \vdots & & \vdots \\ \lambda_{n1} & \lambda_{n2} & \cdots & \lambda_{nn} \end{pmatrix}. \tag{2.85}$$

由于对任意的 $b \geqslant 0$,

$$\omega_k^2 = \lim_{t \to \infty} \frac{\displaystyle\int_b^t ((A_k \sin(\omega_k t + \phi_k))')^2 \mathrm{d}t}{\displaystyle\int_b^t (A_k \sin(\omega_k t + \phi_k))^2 \mathrm{d}t}, \quad k = 1, 2, \cdots, n,$$

从而由式 (2.84) 可知

$$-\theta_k = \lim_{t \to \infty} \frac{\displaystyle\sum_{i,j=1}^n \lambda_{ki} \lambda_{kj} \int_b^t v^{(2i-1)}(s) v^{(2j-1)}(s) \mathrm{d}s}{\displaystyle\sum_{i,j=1}^n \lambda_{ki} \lambda_{kj} \int_b^t v^{(2i-2)}(s) v^{(2j-2)}(s) \mathrm{d}s}, \quad k = 1, 2, \cdots, n.$$

令 T 是一个充分大的常数, 并令

$$\begin{cases} a_{ij} = \displaystyle\int_b^T v^{(2i-1)}(s) v^{(2j-1)}(s) \mathrm{d}s, \\ b_{ij} = \displaystyle\int_b^T v^{(2i-2)}(s) v^{(2j-2)}(s) \mathrm{d}s, \quad i, j = 1, 2, \cdots, n. \end{cases} \tag{2.86}$$

将 $\theta_i, i = 1, 2, \cdots, n$ 作为 n 个未知元, 求解下列高阶代数方程可得 θ_i 的近似值:

$$\begin{cases} \displaystyle\sum_{i,j=1}^n \lambda_{1i} \lambda_{1j} b_{ij} \theta_1 + \sum_{i,j=1}^n \lambda_{1i} \lambda_{1j} a_{1j} = 0, \\ \displaystyle\sum_{i,j=1}^n \lambda_{2i} \lambda_{2j} b_{ij} \theta_2 + \sum_{i,j=1}^n \lambda_{2i} \lambda_{2j} a_{2j} = 0, \\ \vdots \\ \displaystyle\sum_{i,j=1}^n \lambda_{ni} \lambda_{nj} b_{nj} \theta_n + \sum_{i,j=1}^n \lambda_{ni} \lambda_{nj} a_{nj} = 0, \end{cases} \tag{2.87}$$

其中, $\theta_i = -\omega_i^2$, λ_{ij} 是 θ_i 的有理函数, 式 (2.86) 中系数 a_{ij}, b_{ij} 的近似值所需要的 v 的高阶导数可由式 (2.24) 得到.

例 2.1　估计构成以下信号 v 的两个正弦信号的不同频率:

$$v(t) = A_1 \sin(\omega_1 t + \phi_1) + A_2 \sin(\omega_2 t + \phi_2). \tag{2.88}$$

式 (2.87) 在这里可具体化为

$$\begin{cases} (a_{11} + 2b_{12})\theta_1\theta_2 - b_{22}\theta_1 - b_{22}\theta_2 - a_{22} = 0, \\ b_{11}\theta_1\theta_2 + a_{11}\theta_2 + a_{11}\theta_1 - 2a_{12} - b_{22} = 0, \end{cases} \tag{2.89}$$

式 (2.86) 在这种具体情况下的形式为

$$\begin{cases} a_{11} = \displaystyle\int_b^T z_{2R}^2(t)\mathrm{d}t, \ a_{22} = \int_b^T z_{4R}^2(t)\mathrm{d}t, \\[2mm] a_{12} = a_{21} = \displaystyle\int_b^T z_{2R}(t)z_{4R}(t)\mathrm{d}t, \\[2mm] b_{11} = \displaystyle\int_b^T z_{1R}^2(t)\mathrm{d}t, \ b_{22} = \int_b^T z_{3R}^2(t)\mathrm{d}t, \\[2mm] b_{12} = b_{21} = \displaystyle\int_b^T z_{1R}(t)z_{3R}(t)\mathrm{d}t, \end{cases} \tag{2.90}$$

这里不直接使用 v 的微分信号 $v^{(i-1)}$, 而是用作为 $v^{(i-1)}$ 的近似值去替代 $v^{(i-1)}$, 其中 $i = 1, 2, 3, 4$, z_{iR} 由式 (2.29) 的一个具体例子即式 (2.91) 获取:

$$\begin{cases} \dot{z}_{1R}(t) = z_{2R}(t), z_{1R}(0) = z_{10}, \\ \dot{z}_{2R}(t) = z_{3R}(t), z_{2R}(0) = z_{20}, \\ \dot{z}_{3R}(t) = z_{4R}(t), z_{3R}(0) = z_{30}, \\ \dot{z}_{4R}(t) = -24R^4(z_{1R}(t) - v(t)) - 50R^3 z_{2R}(t) \\ \qquad\quad -35R^2 z_{3R}(t) - 10Rz_{4R}(t), z_{4R}(0) = z_{40}, \end{cases} \tag{2.91}$$

这里矩阵 A 是

$$\begin{pmatrix} 0 & 1 & 0 & 0 \\ 0 & 0 & 1 & 0 \\ 0 & 0 & 0 & 1 \\ -24 & -50 & -35 & -10 \end{pmatrix}, \tag{2.92}$$

直接计算可得其特征值是 $-1, -2, -3, -4$, 显然它是 Hurwitz 的, 因此式 (2.91) 是有意义的. 注意到在式 (2.89) 中, θ_1 和 θ_2 位置是对称的, 也就是说是可以相互替换的. 如果从式 (2.89) 中删除 θ_1, 可以得到一个关于 θ_2 的二次微分方程. 如果这个二次代数方程具有两个不同的实根, 那么它一定是 (θ_1, θ_2).

在式 (2.88) 中, 令 $A_1 = 1, A_2 = 2, \omega_1 = 1, \omega_2 = 2$, $\phi_1 = \phi_2 = 0$. 再取 $b = 1$, $t: 2 \to 35$, 在式 (2.90) 中选取步长等于 0.1, 同时在式 (2.91) 取定初值 $z_{10} = z_{20} = z_{30} = z_{40} = 0$, 令 $R = 20$. 利用以上数据对式 (2.89)~ 式 (2.91) 所做的数值模拟结果在图 2.5(a) 中给出. 从该图可以看出, 利用跟踪微分器使用上述方法所得的数值结果是非常令人满意的.

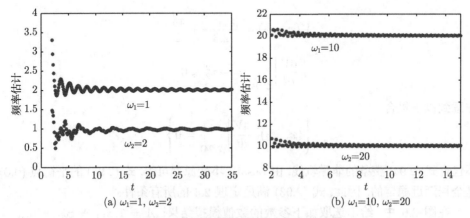

(a) ω_1=1, ω_2=2   (b) ω_1=10, ω_2=20

图 2.5 利用线性跟踪微分器的频率估计

注意到在上例中所估计的两个频率 $\omega_1 = 1, \omega_2 = 2$ 比较小且比较接近, 下面给出频率相差较大的两个正弦叠加信号的频率估计.

图 2.5(b) 是取定 $A_1 = A_2 = 1$, $\omega_1 = 10, \omega_2 = 20, \phi_1 = \phi_2 = 0, z_{10} = z_{20} = z_{30} = z_{40} = 0$, $R = 20$, $b = 1, t: 2 \to 15$ 以及步长为 0.01 的数值结果. 同样, 在这种情况下的数值结果也是非常令人满意的.

例 2.2 在这个例子中, 将利用一个非线性的二阶跟踪微分器估计信号 $v = A\sin(\omega t + \phi)$ 的频率. 这是 $n = 1$ 的情况, 类似于文献 [35] 中用线性跟踪微分器估计的情况.

在这种情况下, 频率的估计公式为

$$\omega = \lim_{T \to \infty} \sqrt{\frac{\int_b^T \dot{v}^2(t)\mathrm{d}t}{\int_b^T v^2(t)\mathrm{d}t}},$$

这里所使用的非线性跟踪微分器为

$$\begin{cases} \dot{z}_{1R}(t) = z_{2R}(t), z_{1R}(0) = z_{10}, \\ \dot{z}_{2R}(t) = -R^2\mathrm{sign}(z_{1R}(t) - v(t))|z_{1R}(t) - v(t)|^{0.3}, \\ -Rz_{2R}(t), z_{2R}(0) = z_{20}. \end{cases} \tag{2.93}$$

为说明式 (2.93) 满足定理 2.4 的所有条件, 只需要证明式 (2.94) 的平衡点 (0,0) 是全局渐近稳定的.

$$\begin{cases} \dot{x}_1 = x_2, \\ \dot{x}_2 = -\text{sign}(x_1)|x_1|^{1.3} - x_2. \end{cases} \tag{2.94}$$

事实上, Lyapunov 函数可定义为

$$V(x_1, x_2) = \frac{|x_1|^{2.3}}{2.3} + \frac{x_2^2}{2}.$$

$$\left.\frac{\mathrm{d}V}{\mathrm{d}t}\right|_{(2.94)} = -x_2^2 \leqslant 0.$$

注意到以下集合

$$\left\{ (x_1, x_2) \left| \left.\frac{\mathrm{d}V}{\mathrm{d}t}\right|_{(2.94)} = 0 \right.\right\}$$

不包含式 (2.94) 整条的非零轨线. 由 Lasalle 不变原理可得, 式 (2.94) 的平衡点 (0,0) 是全局渐近稳定的. 因此, 式 (2.93) 满足定理 2.4 的所有条件.

在图 2.6 中, 给出选取如下参数的数值模拟结果: $A = 1, z_{10} = z_{20} = 0, \omega = 2, b = 10, R = 100, T : 10 \to 25$, 步长 $h = 0.0001$. 显然这种情况下的结果也是收敛的.

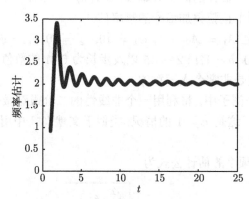

图 2.6   利用非线性跟踪微分器的频率估计

关于有限项正弦叠加信号的频率估计问题的研究同时可以参见文献 [147]. 然而由于所采用的方法不同, 很难对这两种估计效果进行比较.

第3章　非线性扩张状态观测器的设计与理论分析

3.1　单输入单输出系统的扩张状态观测器

状态观测器 (观测器) 的设计在非线性控制中一直是一个重大的问题, 产生了大量的优秀成果, 见文献 [44], [45], [148]~[155] 等, 这里只列举其中很少的一部分.

在经典观测器理论的基础上, 韩京清在文献 [50] 中对如下自抗扰控制标准型系统提出了扩张状态观测器:

$$
\begin{cases}
x^{(n)}(t) = f(t, x(t), \dot{x}(t), \cdots, x^{(n-1)}(t)) + w(t) + u(t), \\
y(t) = x(t),
\end{cases}
$$

这个系统的一阶形式为

$$
\begin{cases}
\dot{x}_1(t) = x_2(t), x_1(0) = x_{10}, \\
\dot{x}_2(t) = x_3(t), x_2(0) = x_{20}, \\
\vdots \\
\dot{x}_n(t) = f(t, x_1(t), x_2(t), \cdots, x_n(t)) + w(t) + u(t), \ x_n(0) = x_{n0}, \\
y(t) = x_1(t),
\end{cases}
\tag{3.1}
$$

其中, $u \in C(\mathbb{R}, \mathbb{R})$ 是控制输入; y 是量测输出; $f \in C(\mathbb{R}^n, \mathbb{R})$ 是一个未知或已知的函数; $w \in C(\mathbb{R}, \mathbb{R})$ 是外部的扰动; $f + w$ 是 “总扰动”; $(x_{10}, x_{20}, \cdots, x_{n0})$ 是初始状态.

与传统的观测器不同, 韩京清在文献 [50] 中提出的如下扩张状态观测器不仅要观测系统的状态, 更重要的是还要观测系统的总扰动:

$$
\begin{cases}
\dot{\hat{x}}_1(t) = \hat{x}_2(t) - \alpha_1 g_1(\hat{x}_1(t) - y(t)), \\
\dot{\hat{x}}_2(t) = \hat{x}_3(t) - \alpha_2 g_2(\hat{x}_1(t) - y(t)), \\
\vdots \\
\dot{\hat{x}}_n(t) = \hat{x}_{n+1}(t) - \alpha_n g_n(\hat{x}_1(t) - y(t)) + u(t), \\
\dot{\hat{x}}_{n+1}(t) = -\alpha_{n+1} g_{n+1}(\hat{x}_1(t) - y(t)),
\end{cases}
\tag{3.2}
$$

其中, $g_i \in C(\mathbb{R}, \mathbb{R})$ 是适当选取的非线性函数; 常数 $\alpha_i, i = 1, 2, \cdots, n+1$ 是用于调整的增益参数. 扩张状态观测器的主要是通过选取适当的非线性函数 $g_i \in C(\mathbb{R}, \mathbb{R})$ 及调节参数 α_i, 使得观测器的状态 $\hat{x}_i, i = 1, 2, \cdots, n$ 以及 $\hat{x}_{n+1}$, 能够快速地跟踪到系统的状态 $x_1, x_2, \cdots, x_n$ 以及系统的总扰动 $f + w$. 数值方面的研究 (如文献 [50]) 显示对一些适当的非线性函数 g_i 和调整参数 α_i, 式 (3.2) 具有令人非常满意的观测品质. 扩张状态观测器已被应用于大量的工程实践, 见文献 [116], [124], [156], [158]~[161] 等. 在最初的扩张状态观测器式 (3.2) 中, 非线性函数 g_i 的设计和参数 α_i 依赖于设计者的经验技巧. 为使扩张状态观测器在工程应用中更容易实现, 美国克利夫兰州立大学高志强教授 2003 年在文献 [51] 中提出了单参数调整的如下线性扩张状态观测器:

$$
\begin{cases}
\dot{\hat{x}}_1(t) = \hat{x}_2(t) + \dfrac{\alpha_1}{\varepsilon}(y(t) - \hat{x}_1(t)), \\[2mm]
\dot{\hat{x}}_2(t) = \hat{x}_3(t) + \dfrac{\alpha_2}{\varepsilon^2}(y(t) - \hat{x}_1(t)), \\[2mm]
\quad\vdots \\[2mm]
\dot{\hat{x}}_n(t) = \hat{x}_{n+1}(t) + \dfrac{\alpha_n}{\varepsilon^n}(y(t) - \hat{x}_1(t)) + u(t), \\[2mm]
\dot{\hat{x}}_{n+1}(t) = \dfrac{\alpha_{n+1}}{\varepsilon^{n+1}}(y(t) - \hat{x}_1(t)),
\end{cases}
\tag{3.3}
$$

式 (3.3) 是式 (3.2) 线性化的一种特殊情况, 其中 $\alpha_i, i = 1, 2, \cdots, n+1$ 是适当选取的参数, ε 是增益参数, 其调整方法类似于高增益观测器 [12].

与传统的高增益观测器不同的是, 传统的高增益观测器只观测系统的状态而并不观测系统的不确定性因素. 传统的高增益观测器的理论分析可参见文献 [12] 和 [44]. 2008 年, 文献 [61] 中提出的扩张的高增益观测器和线性扩张状态观测器本质上是一致的, 它们与传统的高增益观测器不同, 在观测系统的状态 $(x_1, x_2, \cdots, x_n)$ 的同时还观测系统的总扰动 $f + w$. 线性扩张状态观测器的收敛性 (稳定性) 分析还可参见文献 [52], 该文献在假定总扰动导数有界的条件下证明了扩张状态观测器的收敛性. 相关的研究还可参见文献 [163] 和 [164].

由于问题的复杂性, 非线性扩张状态观测器的理论研究滞后于扩张状态观测器的工程应用和线性扩张状态观测器的理论研究. 近年来, 本书作者与合作者在非线性扩张状态观测器的研究中取得了重要进展. 首先, 考虑作者与合作者提出的如下单参数非线性扩张状态观测器 [53]:

$$\begin{cases} \dot{\hat{x}}_1(t) = \hat{x}_2(t) + \varepsilon^{n-1} g_1\left(\dfrac{y(t) - \hat{x}_1(t)}{\varepsilon^n}\right), \\[2mm] \dot{\hat{x}}_2(t) = \hat{x}_3(t) + \varepsilon^{n-2} g_2\left(\dfrac{y(t) - \hat{x}_1(t)}{\varepsilon^n}\right), \\[2mm] \vdots \\[2mm] \dot{\hat{x}}_n(t) = \hat{x}_{n+1}(t) + g_n\left(\dfrac{y(t) - \hat{x}_1(t)}{\varepsilon^n}\right) + u(t), \\[2mm] \dot{\hat{x}}_{n+1}(t) = \dfrac{1}{\varepsilon} g_{n+1}\left(\dfrac{y - \hat{x}_1(t)}{\varepsilon^n}\right), \end{cases} \tag{3.4}$$

这也是式 (3.2) 的一个特殊情况, 同时是式 (3.3) 的非线性推广. 需要指出的是, 式 (3.4) 的解依赖于调整参数 ε. 本章为书写方便, 在不至于引起混淆的情况下不再明确指出解对 ε 的依赖关系.

为给出上述非线性扩张状态观测器的收敛性结果, 首先给出如下假设.

假设 H1 函数 f, w 对其所有自变量是连续可微的, 同时

$$|u| + |f| + |\dot{w}| + \left|\frac{\partial f}{\partial t}\right| + \left|\frac{\partial f}{\partial x_i}\right| \leqslant c_0 + \sum_{j=1}^{n} c_j |x_j|^k, \tag{3.5}$$

其中, $c_j, j = 0, 1, \cdots, n$ 是正实数; k 是正整数.

假设 H2 w 和式 (3.1) 的解满足 $|w| + |x_i(t)| \leqslant B$, 其中, $B > 0$ 为常数, $i = 1, 2\cdots, n, t \geqslant 0$.

假设 H3 存在常数 $\lambda_i(i = 1, 2, 3, 4)$, α, β 以及连续的正定函数 V, W : $\mathbb{R}^{n+1} \to \mathbb{R}$ 使得

(1) $\lambda_1 \|y\|^2 \leqslant V(y) \leqslant \lambda_2 \|y\|^2, \lambda_3 \|y\|^2 \leqslant W(y) \leqslant \lambda_4 \|y\|^2$;

(2) $\displaystyle\sum_{i=1}^{n} \frac{\partial V}{\partial y_i}(y_{i+1} - g_i(y_1)) - \frac{\partial V}{\partial y_{n+1}} g_{n+1}(y_1) \leqslant -W(y)$;

(3) $\left|\dfrac{\partial V}{\partial y_{n+1}}\right| \leqslant \beta \|y\|$,

其中, $y = (y_1, y_2, \cdots, y_{n+1})$; $\|\cdot\|$ 指的是 $\mathbb{R}^{n+1}$ 中的欧几里得范数.

定理 3.1 如果假设 H1~ 假设 H3 成立, 那么

(1) 对于任意给定的正常数 a, 在 $[a, \infty)$ 上一致地成立

$$\lim_{\varepsilon \to 0} |x_i(t) - \hat{x}_i(t)| = 0.$$

(2) $$\overline{\lim_{t \to \infty}} |x_i(t) - \hat{x}_i(t)| \leqslant O\left(\varepsilon^{n+2-i}\right),$$

其中, x_i, $\hat{x}_i$ 分别表示式 (3.1) 和式 (3.4) 的解, $i = 1, 2, \cdots, n+1$, $x_{n+1} = f + w$ 是式 (3.1) 的扩张状态.

证明　考虑到新增加的系统的状态 $x_{n+1} = f + w$, 式 (3.1) 可以被重写为

$$
\begin{cases}
\dot{x}_1(t) = x_2(t), x_1(0) = x_{10}, \\
\dot{x}_2(t) = x_3(t), x_2(0) = x_{20}, \\
\vdots \\
\dot{x}_n(t) = x_{n+1}(t) + u(t), \ x_n(0) = x_{n0}, \\
\dot{x}_{n+1}(t) = \dot{L}(t), x_{n+1}(0) = L(0), \\
y(t) = x_1(t),
\end{cases}
\tag{3.6}
$$

这里 $L(t) = f(t, x_1(t), x_2(t), \cdots, x_n(t)) + w(t)$. 首先注意到

$$
\begin{aligned}
\Delta(t) &= \left.\frac{\mathrm{d}}{\mathrm{d}s} f(s, x_1(s), \cdots, x_n(s))\right|_{s=\varepsilon t} + \dot{w}(\varepsilon t) \\
&= \frac{\partial}{\partial t} f(\varepsilon t, x_1(\varepsilon t), \cdots, x_n(\varepsilon t)) \\
&\quad + \sum_{i=1}^{n} x_{i+1}(\varepsilon t) \frac{\partial}{\partial x_i} f(\varepsilon t, x_1(\varepsilon t), \cdots, x_n(\varepsilon t)) \\
&\quad + u(\varepsilon t) \frac{\partial}{\partial x_n} f(\varepsilon t, x_1(\varepsilon t), \cdots, x_n(\varepsilon t)) + \dot{w}(\varepsilon t).
\end{aligned}
\tag{3.7}
$$

由假设 H1 和假设 H2 可知, 存在 $M > 0$ 使得 $|\Delta(t)| \leqslant M$ 在区间 $[0, \infty)$ 一致成立. 令

$$
e_i(t) = x_i(t) - \hat{x}_i(t), \quad \eta_i(t) = \frac{e_i(\varepsilon t)}{\varepsilon^{n+1-i}}, \quad i = 1, 2, \cdots, n+1.
\tag{3.8}
$$

直接求导可得 $\eta = (\eta_1, \eta_2, \cdots, \eta_{n+1})^{\mathrm{T}}$ 满足如下误差系统:

$$
\begin{cases}
\dot{\eta}_1 = \eta_2 - g_1(\eta_1), \eta_1(0) = \dfrac{e_1(0)}{\varepsilon^n}, \\
\dot{\eta}_2 = \eta_3 - g_2(\eta_1), \eta_2(0) = \dfrac{e_2(0)}{\varepsilon^{n-1}}, \\
\vdots \\
\dot{\eta}_n = \eta_{n+1} - g_n(\eta_1), \eta_n(0) = \dfrac{e_n(0)}{\varepsilon}, \\
\dot{\eta}_{n+1} = -g_{n+1}(\eta_1) + \varepsilon \Delta(t), \eta_{n+1}(0) = e_{n+1}(0).
\end{cases}
\tag{3.9}
$$

由假设 H3, 考虑 $V(\eta(t))$ 沿式 (3.9) 关于 t 的导数可得

$$\frac{\mathrm{d}}{\mathrm{d}t}V(\eta(t)) = \sum_{i=1}^{n} \frac{\partial V}{\partial \eta_i}(\eta_{i+1} - g_i(\eta_1)) - \frac{\partial V}{\partial \eta_{n+1}}g_{n+1}(\eta_1) + \frac{\partial V}{\partial \eta_{n+1}}\varepsilon\Delta$$

$$\leqslant -W(\eta) + \varepsilon M\beta\|\eta\| \leqslant -\frac{\lambda_3}{\lambda_2}V(\eta) + \frac{\sqrt{\lambda_1}}{\lambda_1}\varepsilon M\beta\sqrt{V(\eta)}. \tag{3.10}$$

这意味着

$$\frac{\mathrm{d}}{\mathrm{d}t}\sqrt{V(\eta(t))} \leqslant -\frac{\lambda_3}{2\lambda_2}\sqrt{V(\eta(t))} + \frac{\sqrt{\lambda_1}\varepsilon M\beta}{2\lambda_1}. \tag{3.11}$$

再由假设 H3, 有

$$\|\eta\| \leqslant \sqrt{\frac{V(\eta)}{\lambda_1}} \leqslant \frac{\sqrt{\lambda_1 V(\eta(0))}}{\lambda_1}\mathrm{e}^{-\frac{\lambda_3}{2\lambda_2}t} + \frac{\varepsilon M\beta}{2\lambda_1}\int_0^t \mathrm{e}^{-\frac{\lambda_3}{2\lambda_2}(t-s)}\mathrm{d}s. \tag{3.12}$$

这与式 (3.8) 相结合, 可得

$$|e_i(t)| = \varepsilon^{n+1-i}\left|\eta_i\left(\frac{t}{\varepsilon}\right)\right| \leqslant \varepsilon^{n+1-i}\left\|\eta\left(\frac{t}{\varepsilon}\right)\right\|$$

$$\leqslant \varepsilon^{n+1-i}\left[\frac{\sqrt{\lambda_1 V(\eta(0))}}{\lambda_1}\mathrm{e}^{-\frac{\lambda_3 t}{2\lambda_2\varepsilon}} + \frac{\varepsilon M\beta}{2\lambda_1}\int_0^{\frac{t}{\varepsilon}}\mathrm{e}^{-\frac{\lambda_3}{2\lambda_2}(t/\varepsilon-s)}\mathrm{d}s\right]$$

$$\to 0, \text{ 当 } \varepsilon \to 0 \text{时在区间}[a,\infty)\text{一致成立}. \tag{3.13}$$

定理 3.1 的结论 (1) 和结论 (2) 都可由式 (3.13) 直接得到. □

定理 3.1 的结果可以直接推出式 (3.3) 的收敛性. 事实上, 如果如下矩阵稳定:

$$E = \begin{pmatrix} -\alpha_1 & 1 & 0 & \cdots & 0 \\ -\alpha_2 & 0 & 1 & \cdots & 0 \\ \vdots & \vdots & \vdots & & \vdots \\ -\alpha_n & 0 & 0 & \cdots & 1 \\ -\alpha_{n+1} & 0 & 0 & \cdots & 0 \end{pmatrix}, \tag{3.14}$$

令正定矩阵 P 是 Lyapunov 矩阵方程 $PE + E^{\mathrm{T}}P = -I$ 的解, I 表示 $n+1$ 维单位矩阵. 定义函数 $V, W : \mathbb{R}^{n+1} \to \mathbb{R}$ 为

$$V(\eta) = \langle P\eta, \eta\rangle, \quad W(\eta) = \langle \eta, \eta\rangle, \quad \forall \eta \in \mathbb{R}^{n+1}. \tag{3.15}$$

那么

$$\lambda_{\min}(P)\|\eta\|^2 \leqslant V(\eta) \leqslant \lambda_{\max}(P)\|\eta\|^2, \tag{3.16}$$

$$\sum_{i=1}^{n} \frac{\partial V}{\partial \eta_i}(\eta_{i+1} - \alpha_i \eta_1) - \frac{\partial V}{\partial \eta_{n+1}} \alpha_{n+1} \eta_1 = -\eta^{\mathrm{T}} \eta = -\|\eta\|^2 = -W(\eta),$$

$$\left| \frac{\partial V}{\partial \eta_{n+1}} \right| \leqslant \left\| \frac{\partial V}{\partial \eta} \right\| = \|2\eta^{\mathrm{T}} P\| \leqslant 2\|P\| \|\eta\| = 2\lambda_{\max}(P)\|\eta\|,$$

其中, $\lambda_{\max}(P)$ 和 $\lambda_{\min}(P)$ 分别表示矩阵 P 的最大特征值和最小特征值. 因此, 式 (3.15) 所定义的 V, W 满足假设 H3.

推论 3.2　如果式 (3.14) 中定义的矩阵 E 是 Hurwitz 的, 并且假设 H1～ 假设 H2 成立, 那么

(1) 对于任意的正常数 a, 在 $[a, \infty)$ 上一致地成立

$$\lim_{\varepsilon \to 0} |x_i(t) - \hat{x}_i(t)| = 0.$$

(2) $\qquad\qquad \varlimsup_{t \to \infty} |x_i(t) - \hat{x}_i(t)| \leqslant O\left(\varepsilon^{n+2-i}\right),$

这里 x_i, $\hat{x}_i$ 分别是式 (3.1) 和式 (3.3) 的解, $i = 1, 2, \cdots, n+1$, $x_{n+1} = f + w$ 是式 (3.1) 扩张了的状态.

例 3.1　对如下系统:

$$\begin{cases} \dot{x}_1(t) = x_2(t), \\ \dot{x}_2(t) = -x_1(t) - x_2(t) + w(t) + u(t), \\ y(t) = x_1(t), \end{cases} \tag{3.17}$$

设计如下的线性扩张状态观测器:

$$\begin{cases} \dot{\hat{x}}_1(t) = \hat{x}_2(t) + \dfrac{3}{\varepsilon}(y(t) - \hat{x}_1(t)), \\ \dot{\hat{x}}_2(t) = \hat{x}_3(t) + \dfrac{3}{\varepsilon^2}(y(t) - \hat{x}_1(t)) + u(t), \\ \dot{\hat{x}}_3(t) = \dfrac{1}{\varepsilon^3}(y(t) - \hat{x}_1(t)). \end{cases} \tag{3.18}$$

在这个例子中, 相应的矩阵选取为

$$E = \begin{pmatrix} -3 & 1 & 0 \\ -3 & 0 & 1 \\ -1 & 0 & 0 \end{pmatrix}, \tag{3.19}$$

因为它的所有的特征值都等于 -1, 所以是 Hurwitz 矩阵. 对所有有界的控制 u 和有界的扰动 $w, \dot{w}$ (如有限项正弦信号的叠加 $w(t) = \sum_{i=1}^{p} a_i \sin b_i t$), 式 (3.17) 的解

是有界的. 图 3.1 给出了例 3.1 的数值模拟结果, 其中初始值、控制输入、扰动和高增益调整参数选择如下:

$$x_1(0) = x_2(0) = 1, \quad \hat{x}_1(0) = \hat{x}_2(0) = \hat{x}_3(0) = 0,$$
$$u(t) = \sin t, \quad w(t) = \cos t, \quad \varepsilon = 0.01. \tag{3.20}$$

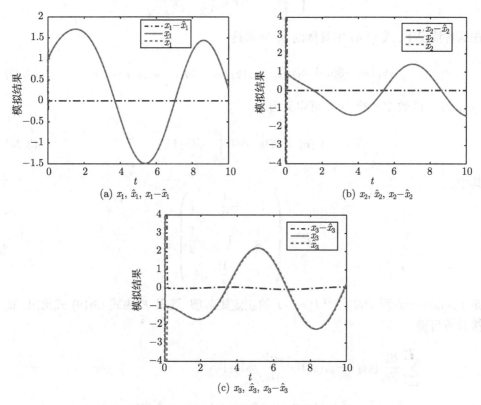

(a) x_1, $\hat{x}_1$, $x_1 - \hat{x}_1$

(b) x_2, $\hat{x}_2$, $x_2 - \hat{x}_2$

(c) x_3, $\hat{x}_3$, $x_3 - \hat{x}_3$

图 3.1 式 (3.18) 对式 (3.17) 的模拟结果

从图 3.1 可以看到式 (3.18) 不仅对式 (3.17) 的状态 (x_1, x_2), 而且对扩张的状态 (总扰动)x_3 的跟踪都是非常有效的.

对于式 (3.17), 同时可以设计如下非线性扩张状态观测器:

$$\begin{cases} \dot{\hat{x}}_1(t) = \hat{x}_2(t) + \dfrac{3}{\varepsilon}(y(t) - \hat{x}_1(t)) - \varepsilon\varphi\left(\dfrac{y(t) - \hat{x}_1(t)}{\varepsilon^2}\right), \\ \dot{\hat{x}}_2(t) = \hat{x}_3(t) + \dfrac{3}{\varepsilon^2}(y(t) - \hat{x}_1(t)) + u(t), \\ \dot{\hat{x}}_3(t) = \dfrac{1}{\varepsilon^3}(y(t) - \hat{x}_1(t)). \end{cases} \tag{3.21}$$

其中, 非线性函数 $\varphi : \mathbb{R} \to \mathbb{R}$ 的定义如下:

$$\varphi(r) = \begin{cases} -\dfrac{1}{4}, & r \in \left(-\infty, -\dfrac{\pi}{2}\right), \\ \dfrac{1}{4}\sin r, & r \in \left(-\dfrac{\pi}{2}, \dfrac{\pi}{2}\right), \\ \dfrac{1}{4}, & r \in \left(\dfrac{\pi}{2}, -\infty\right). \end{cases} \tag{3.22}$$

在这种情况下, 式 (3.4) 中具体的 g_i 分别是

$$g_1(y_1) = -3y_1 - \varphi(y_1), \quad g_2(y_1) = -3y_1, \quad g_3(y_1) = -y_1. \tag{3.23}$$

Lyapunov 函数 $V : \mathbb{R}^3 \to \mathbb{R}$ 可定义为

$$V(y) = \langle Py, y \rangle + \int_0^{y_1} \varphi(s)\mathrm{d}s, \tag{3.24}$$

其中,

$$P = \begin{pmatrix} 1 & -\dfrac{1}{2} & -1 \\ -\dfrac{1}{2} & 1 & -\dfrac{1}{2} \\ -1 & -\dfrac{1}{2} & 4 \end{pmatrix}$$

是 Lyapunov 方程 $PE + E^{\mathrm{T}}P = -I$ 的正定矩阵解, 这里 E 由式 (3.19) 式给出. 直接计算可得

$$\sum_{i=1}^{2} \frac{\partial V}{\partial y_i}(y_{i+1} + g_i(y_1)) + \frac{\partial V}{\partial y_3}g_3(y_1)$$

$$= -y_1^2 - y_2^2 - y_3^2 - (2y_1 + y_2 + 2y_3 + \varphi(y_1))\varphi(y_1) + (y_2 - 3y_1)\varphi(y_1)$$

$$\leqslant -\left(\frac{y_1^2}{8} + \frac{7y_2^2}{8} + \frac{3y_3^2}{4}\right) \triangleq -W(y_1, y_2, y_3). \tag{3.25}$$

因此, 假设 H3 的所有条件都成立. 因此, 式 (3.21) 是式 (3.17) 的一个定义好了的非线性扩张状态观测器. 现在使用和式 (3.20) 中相同的系统的输入、扰动、初始值和高增益调整参数, 将式 (3.21) 的数值模拟结果描绘在图 3.2 中.

从图 3.2 中可以看到式 (3.21) 和式 (3.18) 一样, 也很好地估计了式 (3.17) 的状态和扩张的状态.

接下来, 将假设 H3 所要求的条件弱化为假设 H4.

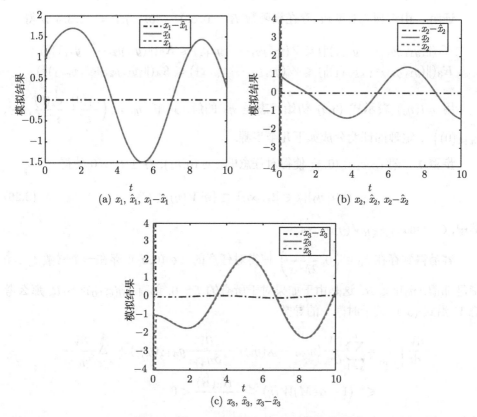

(a) x_1, $\hat{x}_1$, $x_1-\hat{x}_1$

(b) x_2, $\hat{x}_2$, $x_2-\hat{x}_2$

(c) x_3, $\hat{x}_3$, $x_3-\hat{x}_3$

图 3.2　式 (3.21) 对式 (3.17) 的模拟结果

假设 H4　存在常数 $R,\alpha > 0$ 以及正定连续函数 $V,W:\mathbb{R}^{n+1}\to\mathbb{R}$ 使得

(1) $\{y|V(y)\leqslant d\}$ 对任意的 $d > 0$ 是有界集;

(2) $\displaystyle\sum_{i=1}^{n}\frac{\partial V}{\partial y_i}(y_{i+1}-g_i(y_1))-\frac{\partial V}{\partial y_{n+1}}g_{n+1}(y_1)\leqslant -W(y)$;

(3) 当 $\|y\| > R$ 时, $\left|\dfrac{\partial V}{\partial y_{n+1}}\right|\leqslant \alpha W(y)$.

可以得到较弱的收敛性结果, 即定理 3.3.

定理 3.3　假设 H1, H2 和 H4 条件都满足, 式 (3.4) 在如下意义下收敛: 对任意的 $\sigma \in (0,1)$, 存在 $\varepsilon_\sigma \in (0,1)$ 使得对任意的 $\varepsilon \in (0,\varepsilon_\sigma)$,

$$|x_i(t)-\hat{x}_i(t)| < \sigma, \quad \forall\, t \in (T_\varepsilon,\infty),$$

这里 $T_\varepsilon > 0$ 依赖于 ε, x_i, $\hat{x}_i$ 分别是式 (3.1) 和式 (3.4) 的状态, $i = 1,2,\cdots,n+1$, $x_{n+1} = f + w$ 是式 (3.1) 扩张的状态.

证明　由定理 1.1 可知, 存在楔函数 $K_i : [0,\infty) \to [0,\infty), i = 1,2,3,4$ 使得

$$K_1(\|(y_1,y_2,\cdots,y_{r+1})\|) \leqslant V(y_1,y_2,\cdots,y_{r+1}) \leqslant K_2(\|(y_1,y_2,\cdots,y_{r+1})\|),$$
$$K_3(\|(y_1,y_2,\cdots,y_{r+1})\|) \leqslant W(y_1,y_2,\cdots,y_{r+1}) \leqslant K_4(\|(y_1,y_2,\cdots,y_{r+1})\|).$$

用 $\eta(t;\eta_0)$ 表示式 (3.9) 初始状态是 η_0 的解, 其中, $\eta_0 = \left(\dfrac{e_1(0)}{\varepsilon^r}, \dfrac{e_2(0)}{\varepsilon^{r-1}}, \cdots,\right.$ $\left. e_{n+1}(0)\right)^{\mathrm{T}}$. 定理的证明分成如下几个步骤.

步骤 1　存在 $\varepsilon_1 \in (0,1)$ 使得对任意的 $\varepsilon \in (0,\varepsilon_1)$, 存在 $t_\varepsilon > 0$ 使得

$$\{\eta(t;\eta_0)|\, t \in [t_\varepsilon,\infty)\} \subset \{\eta|\, V(\eta) \leqslant C\}, \tag{3.26}$$

其中, $C = \max_{\|y\| \leqslant R} V(y) < \infty$.

容易得到存在 $\varepsilon_0 \in \left(0, \dfrac{1}{2M\alpha}\right)$ 使得对任意的 $\varepsilon \in (0,\varepsilon_0)$, 存在一个常数 $t_\varepsilon > 0$ 满足 $\|\eta(t_\varepsilon;\eta_0)\| \leqslant R$. 这是由于如果对于所有的 $t > 0$, 都有 $\|\eta(t;\eta_0)\| > R$, 那么考虑 V 沿式 (3.9) 关于时间 t 的导数:

$$\left.\frac{\mathrm{d}V}{\mathrm{d}t}\right|_{(3.9)} = \sum_{i=1}^n \frac{\partial V}{\partial \eta_i}(\eta_{i+1} - g_i(\eta_1)) - \frac{\partial V}{\partial \eta_{n+1}} g_{n+1}(y\eta_1) + \varepsilon\Delta\frac{\partial V}{\partial \eta_{n+1}}$$
$$\leqslant -(1-\alpha\varepsilon M)W(\eta) \leqslant -\frac{K_3(R)}{2} < 0.$$

这与 V 的正定性相矛盾.

现在, 用反证法来证明步骤 1. 首先, 由 $\dfrac{\partial V}{\partial y_{n+1}}$ 的连续性可知 $\{y|\, C \leqslant V(y) \leqslant C+1\}$ 是有界的, 有

$$A = \sup_{Y \in \{y|\, C \leqslant V(y) \leqslant C+1\}} \left|\frac{\partial V(y)}{\partial y_{n+1}}\right| < \infty.$$

其次, $\forall\, \eta \in \{y|\, C \leqslant V(y) \leqslant C+1\}$,

$$W(\eta) \geqslant K_3(\|\eta\|) \geqslant K_3 K_2^{-1}(V(\eta)) \geqslant K_3 K_2^{-1}(C) > 0. \tag{3.27}$$

假设步骤 1 的结果是错误的. 由于 $\|\eta(t_\varepsilon;\eta_0)\| \leqslant R$, 所以 $V(\eta(t_\varepsilon;\eta_0)) \leqslant C$. 令

$$\varepsilon_1 = \min\left\{1, \frac{K_3 K_2^{-1}(C)}{AM}\right\}. \tag{3.28}$$

从而存在 $\varepsilon < \varepsilon_1$ 以及 $t_1^\varepsilon, t_2^\varepsilon \in (t_\varepsilon,\infty), t_1^\varepsilon < t_2^\varepsilon$ 使得

$$\eta(t_1^\varepsilon;\eta_0) \in \{\eta|V(\eta) = C\}, \quad \eta(t_2^\varepsilon;\eta_0) \in \{\eta|V(\eta) > C\}, \tag{3.29}$$

以及

$$\{\eta(t;\eta_0)\,|\,t\in[t_1^\varepsilon,t_2^\varepsilon]\}\subset\{y|\,C\leqslant V(y)\leqslant C+1\}. \tag{3.30}$$

结合式 (3.27) 与式 (3.30) 可得

$$\inf_{t\in[t_1^\varepsilon,t_2^\varepsilon]}W(\eta(t;\eta_0))\geqslant K_3K_2^{-1}(C). \tag{3.31}$$

因此, 对所有的 $t\in[t_1^\varepsilon,t_2^\varepsilon]$,

$$\begin{aligned}
\left.\frac{\mathrm{d}V}{\mathrm{d}t}\right|_{(3.9)} &\leqslant -W(\eta(t;\eta_0))+AM\varepsilon \\
&\leqslant -K_3K_2^{-1}(C)+AM\frac{K_3K_2^{-1}(C)}{AM}=0,
\end{aligned}$$

这意味着 $V(\eta(t;\eta_0))$ 在区间 $[t_1^\varepsilon,t_2^\varepsilon]$ 上是单调减少的, 因此

$$V(\eta(t_2^\varepsilon;\eta_0))\leqslant V(\eta(t_1^\varepsilon;\eta_0))=C.$$

这与式 (3.29) 相矛盾, 步骤 1 的结果成立.

步骤 2 存在 $\varepsilon_\sigma\in(0,\varepsilon_1)$ 使得对任意的 $\varepsilon\in(0,\varepsilon_\sigma)$, 存在 $T_\varepsilon\in\left[t_\varepsilon,t_\varepsilon+\dfrac{2c}{K_3K_2^{-1}(\delta)}\right]$ 使得 $\|\eta(T_\varepsilon;\eta_0)\|<\delta$.

事实上, 对于任意给定的 $\sigma>0$, 由于 V 是连续的, 存在一个 $\delta\in(0,\sigma)$ 使得

$$0\leqslant V(\eta)\leqslant K_1(\sigma),\quad\forall\,\|\eta\|\leqslant\delta. \tag{3.32}$$

现在, 对任意的 $\eta\in\{\eta|V(\eta)\geqslant\delta\}$,

$$W(\eta)\geqslant K_3(\|\eta\|)\geqslant K_3K_2^{-1}(V(\eta))\geqslant K_3K_2^{-1}(\delta)>0. \tag{3.33}$$

由步骤 1 的结果, 对任意的 $\varepsilon\in(0,\varepsilon_1)$ 都有 $\{\eta(t;\eta_0)|\,t\in[t_\varepsilon,\infty)\}\subset\{\eta|\,V(\eta)\leqslant C\}$, 从而

$$H=\sup_{t\in[t_\varepsilon,\infty)}\left|\frac{\partial V}{\partial\eta_{n+1}}(\eta(t;\eta_0))\right|\leqslant\sup_{\eta\in\{\eta|V(\eta)\leqslant C\}}\left|\frac{\partial V}{\partial\eta_{n+1}}(\eta)\right|<\infty.$$

假设步骤 2 的结果是错误的, 那么对

$$\varepsilon_\sigma=\min\left\{\varepsilon_1,\frac{K_3K_2^{-1}(\delta)}{2HM}\right\}, \tag{3.34}$$

存在 $\varepsilon<\varepsilon_\sigma$ 使得 $\|\eta(t;\eta_0)\|\geqslant\delta$ 对任意的 $t\in\left[t_\varepsilon,t_\varepsilon+\dfrac{2C}{K_3K_2^{-1}(\delta)}\right]$ 都成立. 这与

式 (3.33) 相结合可以推出, 对任意的 $\varepsilon \in (0, \varepsilon_\sigma)$ 以及所有的 $t \in \left[t_\varepsilon, t_\varepsilon + \dfrac{2C}{K_3 K_2^{-1}(\delta)} \right]$ 都有

$$
\frac{\mathrm{d}V(\eta(t; \eta_0))}{\mathrm{d}t} \leqslant -W(\eta(t; \eta_0)) + \left| \frac{\partial V(\eta(t; \eta_0))}{\partial \eta_{n+1}} M\varepsilon \right|
$$

$$
\leqslant -\frac{K_3 K_2^{-1}(\delta)}{2} < 0.
$$

对上述不等式两端积分可得 $\left[t_\varepsilon, t_\varepsilon + \dfrac{2C}{K_3 K_2^{-1}(\delta)} \right]$, 推出

$$
V\left(\eta \left(\frac{2C}{K_3 K_2^{-1}(\delta)}; \eta_0 \right) \right) = \int_{t_\varepsilon}^{t_\varepsilon + \frac{2C}{K_3 K_2^{-1}(\delta)}} \frac{\mathrm{d}V(\eta(t; 0, \eta_0))}{\mathrm{d}t} \mathrm{d}t + V(\eta(t_\varepsilon; \eta_0))
$$

$$
\leqslant -\frac{K_3 K_2^{-1}(\delta)}{2} \frac{2C}{K_3 K_2^{-1}(\delta)} + V(\eta(t_\varepsilon; \eta_0)) \leqslant 0.
$$

这与以下事实矛盾: 对所有的 $t \in \left[t_\varepsilon, t_\varepsilon + \dfrac{2C}{K_3 K_2^{-1}(\delta)} \right]$, $\|\eta(t; \eta_0)\| \geqslant \delta$. **步骤 2 得证.**

步骤 3　对所有的 $\varepsilon \in (0, \varepsilon_\sigma)$, 如果存在 $T_\varepsilon \in [t_\varepsilon, \infty)$ 使得

$$
\eta(T_\varepsilon; \eta_0) \in \{\eta | \ \|\eta\| \leqslant \delta\},
$$

那么

$$
\{\eta(t; \eta_0) \ | t \in (T_\varepsilon, \infty]\} \subset \{\eta | \ \|\eta\| \leqslant \sigma\}. \tag{3.35}
$$

假设步骤 3 的结论不成立, 那么存在 $t_2^\varepsilon > t_1^\varepsilon \geqslant T_\varepsilon$ 使得

$$
\|\eta(t_1^\varepsilon; \eta_0)\| = \delta, \quad \|\eta(t_2^\varepsilon; \eta_0)\| > \sigma, \quad \{\eta(t; \eta_0) | t \in [t_1^\varepsilon, t_2^\varepsilon]\} \subset \{\eta | \|\eta\| \geqslant \delta\}. \tag{3.36}
$$

这与式 (3.33) 相结合可以推出 $t \in [t_1^\varepsilon, t_2^\varepsilon]$,

$$
K_1 \left(\|\eta(t_2^\varepsilon; \eta_0)\| \right) \leqslant V\left(\eta(t_2^\varepsilon; \eta_0) \right)
$$

$$
= \int_{t_1^\varepsilon}^{t_2^\varepsilon} \frac{\mathrm{d}V(\eta(t; \eta_0))}{\mathrm{d}t} \mathrm{d}t + V\left(\eta(t_1^\varepsilon; \eta_0) \right)
$$

$$
\leqslant \int_{t_1^\varepsilon}^{t_2^\varepsilon} -\frac{K_3 K_2^{-1}(\delta)}{2} \mathrm{d}t + V\left(\eta(t_1^\varepsilon; \eta_0) \right) \leqslant V\left(\eta(t_1^\varepsilon; \eta_0) \right). \tag{3.37}
$$

由式 (3.32) 以及 $\|\eta(t_1^\varepsilon; \eta_0)\| = \delta$, 有

$$
V(\eta(t_1^\varepsilon; \eta_0)) \leqslant K_1(\sigma).
$$

这与式 (3.37) 相结合可得

$$K_1 \left(\| \eta \left(t_2^\varepsilon; \eta_0 \right) \| \right) \leqslant K_1 \left(\sigma \right).$$

由于楔函数 K_1 是单调增加的, 以上不等式意味着 $\| \eta (t_2^\varepsilon; \eta_0) \| \leqslant \sigma$, 这与式 (3.36) 相矛盾. 步骤 3 的结果得证. 定理 3.3 直接由步骤 1~ 步骤 3 的结果可得. □

需要指出的是, 定理 3.3 是基于假设 H4 所得, 而非假设 H3, 它比假设 H3 更弱一些. 在假设 H3 中, 正定函数 V, W 须满足条件 $\lambda_1 \|y\|^2 \leqslant V(y) \leqslant \lambda_2 \|y\|^2, \lambda_3 \|y\|^2 \leqslant W(y) \leqslant \lambda_4 \|y\|^2$. 这在假设 H4 不再要求. 因此基于假设 H4 的定理 3.3, 在构造例子上比例 3.1 更灵活.

紧接着, 将举出这样一个例子: 它满足假设 H4, 但无法验证是否满足假设 H3.

如果 V 是 d 度具权数 $\{r_i\}_{i=1}^n$ 齐次的, 并且关于 x_n 的偏导数存在, 那么 V 对 x_n 的偏导数满足

$$\lambda^{r_n} \frac{\partial}{\partial x_n} V(\lambda^{r_1} x_1, \lambda^{r_2} x_2, \cdots, \lambda^{r_n} x_n) = \lambda^d \frac{\partial}{\partial x_n} V(x_1, x_2, \cdots, x_n). \tag{3.38}$$

从而如果 V 是加权齐次的, 那么 $\frac{\partial V}{\partial x_n}$ 也是加权齐次的, 权数是 $\{r_i\}_{i=1}^n$.

在定理 3.3 中, 令 $n = 2$, $g_1(y_1) = 3[y_1]^\alpha$, $g_2(y_1) = 3[y_1]^{2\alpha-1}$, $g_3(y_1) = [y_1]^{3\alpha-2}$. 向量场 F 定义为

$$F(y) = \begin{pmatrix} y_2 - g_1(y_1) \\ y_3 - g_2(y_1) \\ -g_3(y_1) \end{pmatrix}, \tag{3.39}$$

这里 $[y_1] = \text{sign}(y_1)|y_1|$. 容易验证, 式 (3.39) 中的向量场 F 是 α_1 度关于权数 $\{1, \alpha, 2\alpha - 1\}$ 齐次的.

由于式 (3.19) 中给出的矩阵 E 是 Hurwitz 的, 由定理 1.6 和定理 1.9 可知存在 $\alpha \in \left(\frac{2}{3}, 1 \right)$ 以及正定函数 $V: \mathbb{R}^3 \to \mathbb{R}$ 使得 V 是 γ 度关于权数 $\{1, \alpha, 2\alpha - 1\}$ 齐次的, 同时 $\frac{\partial V(y)}{\partial y_1}(y_2 - g_1(y_1)) + \frac{\partial V(y)}{\partial y_2}(y_3 - g_2(y_1)) - \frac{\partial V(y)}{\partial y_3} g_3(y_1)$ 是负定的, 且是 $\gamma + \alpha - 1$ 度关于相同的权数齐次的. 由式 (3.38) 以及 V 的加权齐次性, 可得 $\left| \frac{\partial V(y)}{\partial y_3} \right|$ 是 $\gamma + 1 - 2\alpha$ 度关于相同的权数齐次的. 由定理 1.7, 存在常数 $b_1, b_2, b_3 > 0$ 使得

$$\left| \frac{\partial V(y)}{\partial y_3} \right| \leqslant b_1 (V(y))^{\frac{\gamma - (2\alpha - 1)}{\gamma}}, \tag{3.40}$$

以及

$$-b_2(V(y))^{\frac{\gamma-(1-\alpha)}{\gamma}} \leqslant \frac{\partial V(y)}{\partial y_1}(y_2 - g_1(y_1)) + \frac{\partial V(y)}{\partial y_2}(y_3 - g_2(y_1))$$
$$- \frac{\partial V(y)}{\partial y_3}g_3(y_1) \leqslant -b_3(V(y))^{\frac{\gamma-(1-\alpha)}{\gamma}}. \tag{3.41}$$

令 $W(y) = c_2(V(y))^{\frac{\gamma-(1-\alpha)}{\gamma}}$. 由于 V 是径向无界的正定函数, 对任意的 $d > 0$, $\{y|V(y) \leqslant d\}$ 是有界的, 同时 $\lim_{\|y\|\to\infty} V(y) = \infty$. 这与式 (3.40) 相结合可得对任意的 $\alpha \in \left(\frac{2}{3}, 1\right)$, $\lim_{\|y\|\to\infty} \dfrac{W(y)}{\left|\dfrac{\partial V(y)}{y_3}\right|} = \infty$. 故存在 $B > 0$ 使得 $\|y\| \geqslant B$, $\left|\dfrac{\partial V}{\partial y_3}\right| \leqslant W(y)$. 因此, 假设 H4 的条件都满足.

由定理 3.3, 可以构造如下的非线性扩张状态观测器:

$$\begin{cases} \dot{\hat{x}}_1(t) = \hat{x}_2(t) + 3\varepsilon\left[\dfrac{y(t) - \hat{x}_1(t)}{\varepsilon^2}\right]^a, \\ \dot{\hat{x}}_2(t) = \hat{x}_3(t) + 3\left[\dfrac{y(t) - \hat{x}_1(t)}{\varepsilon^2}\right]^{2a-1} + u(t), \\ \dot{\hat{x}}_3(t) = \dfrac{1}{\varepsilon}\left[\dfrac{y(t) - \hat{x}_1(t)}{\varepsilon^2}\right]^{3a-2}. \end{cases} \tag{3.42}$$

选取参数 $\alpha = 0.8$, $\varepsilon = 0.05$, 初始状态、系统的控制输入和扰动与式 (3.20) 中的相同. 对式 (3.17), 将式 (3.18) 的数值模拟结果描绘在图 3.3 中, 将式 (3.42) 的数值模拟结果描绘在图 3.4 中.

数值模拟结果显示, 对相同的的高增益调整参数 ε, 式 (3.42) 与式 (3.18) 相比, 具有较高的精度且具有较小的峰值. 在图 3.3(c) 中, $\hat{x}_3$ 的峰值接近 $-100, 100$, 而在图 3.4(c) 中, $\hat{x}_3$ 的峰值在区间 $[-15, 15]$ 上.

在本小节的末尾, 需要指出的是, 如果仅仅是为了估计系统的状态而不是扩张的状态 (不确定性), 假设 H1 和假设 H2 可以由假设 A1 和假设 A2 所替代, 不确定性导数的有界性不再要求.

假设 A1　$u, w \in C(\mathbb{R}, \mathbb{R})$ $f \in C(\mathbb{R}^{n+1}, \mathbb{R})$ 有界.

假设 A2　式 (3.1) 的解以及 $u, w \in C(\mathbb{R}, \mathbb{R})$ 有界, $f \in C(\mathbb{R}^{n+1}, \mathbb{R})$ 满足

$$|f(t, x_1, x_2, \cdots, x_n)| \leqslant c_0 + \sum_{j=1}^{n} c_j|x_j|^{k_j}.$$

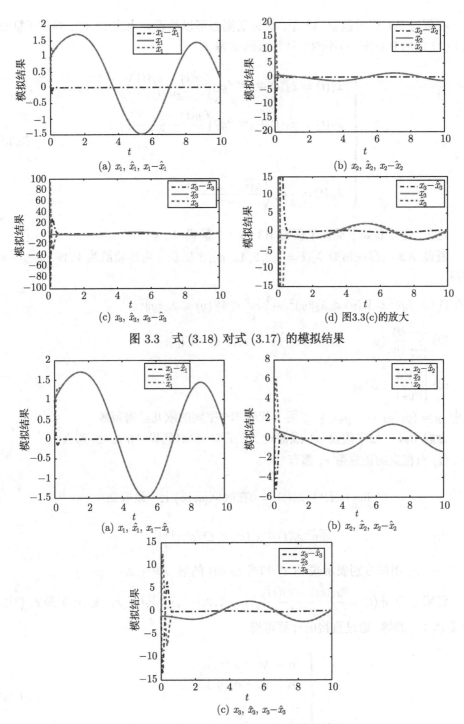

(a) x_1, $\hat{x}_1$, $x_1-\hat{x}_1$

(b) x_2, $\hat{x}_2$, $x_2-\hat{x}_2$

(c) x_3, $\hat{x}_3$, $x_3-\hat{x}_3$

(d) 图3.3(c)的放大

图 3.3 式 (3.18) 对式 (3.17) 的模拟结果

(a) x_1, $\hat{x}_1$, $x_1-\hat{x}_1$

(b) x_2, $\hat{x}_2$, $x_2-\hat{x}_2$

(c) x_3, $\hat{x}_3$, $x_3-\hat{x}_3$

图 3.4 式 (3.42) 对式 (3.17) 的模拟结果

在假设 A1 或者假设 A2 下, 状态观测器可以被设计为式 (3.43), 并用于估计式 (3.1) 的所有状态, 但不能估计扩张的状态 f.

$$
\begin{cases}
\dot{\hat{x}}_1(t) = \hat{x}_2(t) + \varepsilon^{n-2} g_1\left(\dfrac{y(t) - \hat{x}_1(t)}{\varepsilon^{n-1}}\right), \\[2mm]
\dot{\hat{x}}_2(t) = \hat{x}_3(t) + \varepsilon^{n-3} g_2\left(\dfrac{y(t) - \hat{x}_1(t)}{\varepsilon^{n-1}}\right), \\[1mm]
\vdots \\[1mm]
\dot{\hat{x}}_n(t) = \dfrac{1}{\varepsilon} g_n\left(\dfrac{y(t) - \hat{x}_1(t)}{\varepsilon^{n-1}}\right) + u(t),
\end{cases}
\tag{3.43}
$$

这里, 也需要如下类似于假设 H3 的一个假设 A3.

假设 A3　存在常数 $\lambda_i (i = 1, 2, 3, 4)$, α, β 以及正定连续函数 $V, W : \mathbb{R}^n \to \mathbb{R}$ 使得

(1) $\lambda_1 \|y\|^2 \leqslant V(y) \leqslant \lambda_2 \|y\|^2, \lambda_3 \|y\|^2 \leqslant W(y) \leqslant \lambda_4 \|y\|^2$;

(2) $\displaystyle\sum_{i=1}^{n-1} \frac{\partial V}{\partial y_i}(y_{i+1} - g_i(y_1)) - \frac{\partial V}{\partial y_n} g_n(y_1) \leqslant -W(y)$;

(3) $\left| \dfrac{\partial V}{\partial y_n} \right| \leqslant \beta \|y\|$,

其中, $y = (y_1, y_2, \cdots, y_n)$; $\| \cdot \|$ 用于代表 $\mathbb{R}^n$ 空间的欧几里得范数.

命题 3.4　如果假设 A1 或假设 A2 成立, 同时假设 A3 成立, 那么

(1) 对任意的正常数 a, 都有

$$
\lim_{\varepsilon \to 0} |x_i(t) - \hat{x}_i(t)| = 0 \text{在区间} [a, \infty) \text{上一致成立}.
$$

(2)
$$
\varlimsup_{t \to \infty} |x_i(t) - \hat{x}_i(t)| \leqslant O\left(\varepsilon^{n+1-i}\right),
$$

其中, x_i, $\hat{x}_i$ 用以分别表示式 (3.1) 和式 (3.43) 的解, $i = 1, 2, \cdots, n$.

证明　令 $\eta_i(t) = \dfrac{x_i(\varepsilon t) - \hat{x}_i(\varepsilon t)}{\varepsilon^{n-i}}$, $i = 1, 2, \cdots, n$, 其中, x_i, $\hat{x}_i$ 分别是式 (3.1) 和式 (3.43) 的解. 通过直接的计算可得

$$
\begin{cases}
\dot{\eta}_1 = \eta_2 - g_1(\eta_1), \\
\dot{\eta}_2 = \eta_3 - g_2(\eta_1), \\
\vdots \\
\dot{\eta}_n = -g_n(\eta_1) + \varepsilon \Delta_1(t),
\end{cases}
\tag{3.44}
$$

其中, $\Delta_1(t) = f(\varepsilon t, x_1(\varepsilon t), \cdots, x_n(\varepsilon t)) + w(\varepsilon t)$. 容易看到式 (3.44) 类似于式 (3.9), 因此其后的证明也比较类似. 事实上, 由假设 A1 或假设 A2 可得 $\sup_{t \in [0,\infty)} |\Delta_1(t)| \leqslant M$, $M > 0$. 由假设 A3, 考虑 $V(\eta(t))$ 沿式 (3.44) 关于时间 t 的导数:

$$\frac{\mathrm{d}}{\mathrm{d}t} V(\eta(t)) = \sum_{i=1}^{n-1} \frac{\partial V}{\partial \eta_i}(\eta_{i+1} - g_i(\eta_1)) - \frac{\partial V}{\partial \eta_n} g_n(\eta_1) + \frac{\partial V}{\partial \eta_n} \varepsilon \Delta_1$$

$$\leqslant -W(\eta) + \varepsilon M \beta \|\eta\| \leqslant -\frac{\lambda_3}{\lambda_2} V(\eta) + \frac{\sqrt{\lambda_1}}{\lambda_1} \varepsilon M \beta \sqrt{V(\eta)}. \tag{3.45}$$

由上式可知

$$\frac{\mathrm{d}}{\mathrm{d}t} \sqrt{V(\eta(t))} \leqslant -\frac{\lambda_3}{2\lambda_2} \sqrt{V(\eta(t))} + \frac{\sqrt{\lambda_1} \varepsilon M \beta}{2\lambda_1}. \tag{3.46}$$

再由假设 H3, 有

$$\|\eta\| \leqslant \sqrt{\frac{V(\eta)}{\lambda_1}} \leqslant \frac{\sqrt{\lambda_1 V(\eta(0))}}{\lambda_1} \mathrm{e}^{-\frac{\lambda_3}{2\lambda_2} t} + \frac{\varepsilon M \beta}{2\lambda_1} \int_0^t \mathrm{e}^{-\frac{\lambda_3}{2\lambda_2}(t-s)} \mathrm{d}s. \tag{3.47}$$

这意味着

$$|x_i(t) - \hat{x}_i(t)| = \varepsilon^{n-i} \left| \eta_i\left(\frac{t}{\varepsilon}\right) \right| \leqslant \varepsilon^{n-i} \left\| \eta\left(\frac{t}{\varepsilon}\right) \right\|$$

$$\leqslant \varepsilon^{n-i} \left[\frac{\sqrt{\lambda_1 V(\eta(0))}}{\lambda_1} \mathrm{e}^{-\frac{\lambda_3 t}{2\lambda_2 \varepsilon}} + \frac{\varepsilon M \beta}{2\lambda_1} \int_0^{\frac{t}{\varepsilon}} \mathrm{e}^{-\frac{\lambda_3}{2\lambda_2}(t/\varepsilon - s)} \mathrm{d}s \right]$$

$$\to 0, \text{当} \varepsilon \to 0 \text{时在区间} [a, \infty) \text{上一致成立}. \tag{3.48}$$

命题 3.4 的结论 (1) 和 (2) 可由式 (3.48) 推得. $\qquad\square$

下面将考虑特殊的一类扩张状态观测器. 第一类是微分器, 微分器的研究是另外一个重大的问题, 在第 2 章专门进行了研究. 假设 v 是被跟踪的信号, 令 $x_i(t) = v^{(i-1)}(t)$, 那么 $x_i, i = 1, 2, \cdots, n$ 满足

$$\begin{cases} \dot{x}_1(t) = x_2(t), \\ \dot{x}_2(t) = x_3(t), \\ \quad\vdots \\ \dot{x}_n(t) = v^{(n-1)}(t), \\ y(t) = x_1(t) = v(t). \end{cases} \tag{3.49}$$

相应的非线性扩张状态观测器式 (3.4) 变为

$$
\begin{cases}
\dot{\hat{x}}_1(t) = \hat{x}_2(t) + \varepsilon^{n-1} g_1\left(\dfrac{v(t) - \hat{x}_1(t)}{\varepsilon^n}\right), \\[2mm]
\dot{\hat{x}}_2(t) = \hat{x}_3(t) + \varepsilon^{n-2} g_2\left(\dfrac{v(t) - \hat{x}_1(t)}{\varepsilon^n}\right), \\[2mm]
\quad\vdots \\[2mm]
\dot{\hat{x}}_n(t) = \hat{x}_{n+1}(t) + g_n\left(\dfrac{v(t) - \hat{x}_1(t)}{\varepsilon^n}\right), \\[2mm]
\dot{\hat{x}}_{n+1}(t) = \dfrac{1}{\varepsilon} g_{n+1}\left(\dfrac{v(t) - \hat{x}_1(t)}{\varepsilon^n}\right),
\end{cases}
\tag{3.50}
$$

这一特殊的扩张状态观测器的结果将在命题 3.5 中给出, 它仅仅是定理 3.1 的一个推论.

命题 3.5(跟踪微分器)　假设 H3 成立且 $v^{(n)}(t)$ 是有界的, 那么

(1) 对任意的常数 $a > 0$, 在 $[a, \infty)$ 上一致地有

$$
\lim_{\varepsilon \to 0} |v^{(i-1)}(t) - \hat{x}_i(t)| = 0;
$$

(2) 　　　　　　　$\varlimsup_{t \to \infty} |v^{(i-1)}(t) - \hat{x}_i(t)| \leqslant O\left(\varepsilon^{n+2-i}\right),$

其中, $\hat{x}_i$ 是式 (3.50) 的解, $i = 1, 2, \cdots, n+1$.

另外一种特殊的扩张状态观测器有别于文献 [52] 所讨论的系统假设, 在这里 f 已知, 不确定的仅仅是外部扰动 w. 在这种情况下, 试图尽可能多地利用已知的信息去构造扩张状态观测器. 修改型的非线性扩张状态观测器如下:

$$
\begin{cases}
\dot{\hat{x}}_1(t) = \hat{x}_2(t) + \varepsilon^{n-1} g_1\left(\dfrac{x_1(t) - \hat{x}_1(t)}{\varepsilon^n}\right), \\[2mm]
\dot{\hat{x}}_2(t) = \hat{x}_3(t) + \varepsilon^{n-2} g_2\left(\dfrac{x_1(t) - \hat{x}_1(t)}{\varepsilon^n}\right), \\[2mm]
\quad\vdots \\[2mm]
\dot{\hat{x}}_n(t) = \hat{x}_{n+1}(t) + g_n\left(\dfrac{x_1(t) - \hat{x}_1(t)}{\varepsilon^n}\right) \\[2mm]
\qquad\qquad\quad + f(t, \hat{x}_1(t), \hat{x}_2(t), \cdots, \hat{x}_n(t)) + u(t), \\[2mm]
\dot{\hat{x}}_{n+1}(t) = \dfrac{1}{\varepsilon} g_{n+1}\left(\dfrac{x_1(t) - \hat{x}_1(t)}{\varepsilon^n}\right),
\end{cases}
\tag{3.51}
$$

其用于同时估计系统的状态 $(x_1, x_2, \cdots, x_n)$ 和外部扰动 w.

在式 (3.8) 中, 令 $x_{n+1} = w$, 同时其他的量与 3.1 节相同, 可得在这种情况下的误差系统为

$$\begin{cases} \dot{\eta}_1 = \eta_2 - g_1(\eta_1), \eta_1(0) = \dfrac{e_1(0)}{\varepsilon^n}, \\[2mm] \dot{\eta}_2 = \eta_3 - g_2(\eta_1), \eta_2(0) = \dfrac{e_2(0)}{\varepsilon^{n-1}}, \\[2mm] \vdots \\[2mm] \dot{\eta}_n = \eta_{n+1} - g_n(\eta_1) + \delta_1(t), \eta_n(0) = \dfrac{e_n(0)}{\varepsilon}, \\[2mm] \dot{\eta}_{n+1} = -g_{n+1}(\eta_1) + \varepsilon\delta_2(t), \eta_{n+1}(0) = e_{n+1}(0), \end{cases} \tag{3.52}$$

其中,

$$\delta_1(t) = f(t, x_1(\varepsilon t), \cdots, x_n(\varepsilon t)) - f(t, \hat{x}_1(\varepsilon t), \cdots, \hat{x}_n(\varepsilon t)); \quad \delta_2(t) = \dot{w}(\varepsilon t). \tag{3.53}$$

命题 3.6(修改型的扩张状态观测器)   在假设 H3 成立的同时, 还假设 $\left|\dfrac{\partial V}{\partial y_n}\right| \leqslant \alpha\|y\|$, $\alpha\rho < \lambda_3$, 这里 ρ 是 f 的 Lipschitz 常数:

$$|f(t, x_1, \cdots, x_n) - f(t, y_1, \cdots, y_n)| \leqslant \rho\|x - y\|,$$
$$\forall\, t \geqslant 0,\ x = (x_1, x_2, \cdots, x_n)^{\mathrm{T}},\ y = (y_1, y_2, \cdots, y_n)^{\mathrm{T}} \in \mathbb{R}^n. \tag{3.54}$$

如果式 (3.1) 中 $\dot{w}$ 是有界的, 那么

(1) 对任意的正常数 a, 在区间 $[a, \infty)$ 上一致地成立

$$\lim_{\varepsilon \to 0} |x_i(t) - \hat{x}_i(t)| = 0;$$

(2) $$\varlimsup_{t \to \infty} |x_i(t) - \hat{x}_i(t)| \leqslant O\left(\varepsilon^{n+2-i}\right),$$

其中, x_i, $\hat{x}_i$ 分别表示式 (3.1) 和式 (3.51) 的状态, $i = 1, 2, \cdots, n+1$, $x_{n+1} = w$.

证明   考虑 $V(\eta(t))$ 沿式 (3.52) 关于时间 t 的导数

$$\begin{aligned} \frac{\mathrm{d}}{\mathrm{d}t} V(\eta(t)) &= \sum_{i=1}^{n} \frac{\partial V}{\partial \eta_i}(\eta_{i+1} - g_i(\eta_1)) - \frac{\partial V}{\partial \eta_{n+1}} g_{n+1}(\eta_1) \\ &\quad + \frac{\partial V}{\partial \eta_n}\delta_1 + \frac{\partial V}{\partial \eta_{n+1}}\varepsilon\delta_2 \\ &\leqslant -W(\eta) + \alpha\rho\|\eta\|^2 + \varepsilon M\beta\|\eta\| \\ &\leqslant -\frac{\lambda_3 - \alpha\rho}{\lambda_2}V(\eta) + \frac{\sqrt{\lambda_1}}{\lambda_1}\varepsilon M\beta\sqrt{V(\eta)}. \end{aligned} \tag{3.55}$$

从而

$$\frac{\mathrm{d}}{\mathrm{d}t}\sqrt{V(\eta(t))} \leqslant -\frac{\lambda_3 - \alpha\rho}{2\lambda_2}\sqrt{V(\eta(t))} + \frac{\sqrt{\lambda_1}\varepsilon M\beta}{2\lambda_1}. \tag{3.56}$$

这与假设 H3 相结合可得

$$\|\eta\| \leqslant \sqrt{\frac{V(\eta)}{\lambda_1}} \leqslant \frac{\sqrt{\lambda_1 V(\eta(0))}}{\lambda_1}\mathrm{e}^{-\frac{\lambda_3-\alpha\rho}{2\lambda_2}t} + \frac{\varepsilon M\beta}{2\lambda_1}\int_0^t \mathrm{e}^{-\frac{\lambda_3-\alpha\rho}{2\lambda_2}(t-s)}\mathrm{d}s. \tag{3.57}$$

由式 (3.8), 有

$$|e_i(t)| = \varepsilon^{n+1-i}\left|\eta_i\left(\frac{t}{\varepsilon}\right)\right| \leqslant \varepsilon^{n+1-i}\left\|\eta\left(\frac{t}{\varepsilon}\right)\right\|$$

$$\leqslant \varepsilon^{n+1-i}\left[\frac{\sqrt{\lambda_1 V(\eta(0))}}{\lambda_1}\mathrm{e}^{-\frac{(\lambda_3-\alpha\rho)t}{2\lambda_2\varepsilon}} + \frac{\varepsilon M\beta}{2\lambda_1}\int_0^{\frac{t}{\varepsilon}} \mathrm{e}^{-\frac{\lambda_3-\alpha\rho}{2\lambda_2}(t/\varepsilon-s)}\mathrm{d}s\right]$$

$$\to 0, \ \text{当}\varepsilon \to 0时在区间[a,\infty) \text{上一致成立.} \tag{3.58}$$

命题 3.6 的结论 (2) 获证. □

注 命题 3.6 是定理 3.1 的一个特殊情况. 唯一的区别在于, f 在命题 3.6 中是已知的, 而在定理 3.1 中是未知的. 在观测器的设计上也是不相同的: 在式 (3.51) 中, 可以利用已知的系统函数 f, 而在式 (3.4) 中, 则无法利用这一信息.

例 3.2 考虑如下系统:

$$\begin{cases} \dot{x}_1(t) = x_2(t), \\ \dot{x}_2(t) = \dfrac{\sin(x_1(t)) + \sin(x_2(t))}{4\pi} + w(t) + u(t), \\ y(t) = x_1(t), \end{cases} \tag{3.59}$$

其中, w 是外部扰动. 设计修改型的扩张状态观测器如下:

$$\begin{cases} \dot{\hat{x}}_1(t) = \hat{x}_2(t) + \dfrac{6}{\varepsilon}(y(t) - \hat{x}_1(t)), \\ \dot{\hat{x}}_2(t) = \hat{x}_3(t) + \dfrac{11}{\varepsilon^2}(y(t) - \hat{x}_1(t)) + \dfrac{\sin(\hat{x}_1(t)) + \sin(\hat{x}_2(t))}{4\pi} + u(t), \\ \dot{\hat{x}}_3(t) = \dfrac{6}{\varepsilon^3}(y(t) - \hat{x}_1(t)). \end{cases} \tag{3.60}$$

对于这个例子, 选取相关的矩阵 $E = \begin{pmatrix} -6 & 1 & 0 \\ -11 & 0 & 1 \\ -6 & 0 & 0 \end{pmatrix}$, 该矩阵的三个特征值分别是 $-1, -2, -3$, 故它是 Hurwitz 的.

利用 Matlab 求解 Lyapunov 方程 $PE + E^{\mathrm{T}}P = -I$ 并求其特征值, 可得 P 的特征值满足 $\lambda_{\max}(P) \approx 2.3230 < \pi$.

令 $V, W : \mathbb{R}^{n+1} \to \mathbb{R}$ 定义为

$$V(\eta) = \langle P\eta, \eta \rangle, \quad W(\eta) = -\langle \eta, \eta \rangle,$$

那么

$$\lambda_{\min}(P)\|\eta\|^2 \leqslant \|V(\eta)\| \leqslant \lambda_{\max}(P)\|\eta\|^2, \quad \left\|\frac{\partial V}{\partial \eta}\right\| \leqslant 2\lambda_{\max}(P)\|\eta\|,$$

以及

$$\frac{\partial V}{\partial \eta_1}(\eta_2 - 6\eta_1) + \frac{\partial V}{\partial \eta_2}(\eta_3 - 11\eta_1) - 6\eta_1\frac{\partial V}{\partial \eta_1} = \eta^{\mathrm{T}}(PE + E^{\mathrm{T}}P)\eta = -W(\eta), \quad (3.61)$$

其中, $f(x_1, x_2) = \dfrac{\sin(x_1(t)) + \sin(x_2(t))}{4\pi}$, f 的 Lipschitz 常数 $L = \dfrac{1}{2\pi}$, 因此 $L\lambda_{\max}(P) < \dfrac{1}{2}$. 从而, 对任意的有界控制 u 和有界的扰动 $w, \dot{w}$, 以及任意的常数 $a > 0$, 由命题 3.6, 有

$$\lim_{\varepsilon \to 0} |x_i(t) - \hat{x}_i(t)| = 0$$

在区间 $[a, \infty)$ 一致地成立, 并且

$$\varlimsup_{t \to \infty} |x_i(t) - \hat{x}_i(t)| \leqslant O\left(\varepsilon^{n+2-i}\right),$$

其中, $x_3 = w(t)$, x_i, $\hat{x}_i$ 分别是系统与扩张状态观测器的状态.

最后一种情况是一个很特殊的系统: 系统函数 f 已知且 $w = 0$. 在这种情况下, 式 (3.1) 是一个特殊的确定性的非线性系统. 为设计状态观测器, 需要做如下假设.

假设 H5 f 是局部 Lipschitz 连续的,

$$h(t, x) = \frac{\partial}{\partial t}f(t, x) + \sum_{i=1}^{n} x_{i+1}(t)\frac{\partial}{\partial x_i}f(t, x) + \frac{\partial f(t, x)}{\partial x_n}u(t) \quad (3.62)$$

对所有 $t \in (0, \infty)$, 全局一致地对 $x = (x_1, x_2, \cdots, x_n)$Lipschitz 连续, $x_{n+1}(t) = f(t, x(t))$.

这种情况下状态观测器设计如下:

$$
\begin{cases}
\dot{\hat{x}}_1(t) = \hat{x}_2(t) + \varepsilon^{n-1} g_1\left(\dfrac{y(t) - \hat{x}_1(t)}{\varepsilon^n}\right), \\[3mm]
\dot{\hat{x}}_2(t) = \hat{x}_3(t) + \varepsilon^{n-2} g_2\left(\dfrac{y(t) - \hat{x}_1(t)}{\varepsilon^n}\right), \\[3mm]
\vdots \\[2mm]
\dot{\hat{x}}_n(t) = \hat{x}_{n+1}(t) + g_n\left(\dfrac{y(t) - \hat{x}_1(t)}{\varepsilon^n}\right) + u(t), \\[3mm]
\dot{\hat{x}}_{n+1}(t) = h(t, \hat{x}) + \dfrac{1}{\varepsilon} g_{n+1}\left(\dfrac{y - \hat{x}_1(t)}{\varepsilon^n}\right).
\end{cases}
\tag{3.63}
$$

定理 3.7　假设条件 H3 和 H5 成立,

(1) 存在 $\varepsilon_0 > 0$ 使得对任意的 $\varepsilon \in (0, \varepsilon_0)$, 都有

$$
\lim_{t \to \infty} |x_i(t) - \hat{x}_i(t)| = 0;
$$

(2) 对任意的 $a > 0$, 对所有的 $t \in [a, \infty)$, 一致地有

$$
\lim_{\varepsilon \to 0} |x_i(t) - \hat{x}_i(t)| = 0,
$$

其中, $x_i, \hat{x}_i$ 分别是式 (3.1) 和式 (3.63) 的解, $i = 1, 2, \cdots, n+1$, $x_{n+1}(t) = f(t, x_1(t), \cdots, x_n(t))$.

　　证明　利用与式 (3.8) 中相同的术语, 由于 $x_{n+1} = f(t, x_1, \cdots, x_n)$, 有如下的误差系统:

$$
\begin{cases}
\dot{\eta}_1 = \eta_2 - g_1(\eta_1), \eta_1(0) = \dfrac{e_1(0)}{\varepsilon^n}, \\[3mm]
\dot{\eta}_2 = \eta_3 - g_2(\eta_1), \eta_2(0) = \dfrac{e_2(0)}{\varepsilon^{n-1}}, \\[3mm]
\vdots \\[2mm]
\dot{\eta}_n = \eta_{n+1} - g_n(\eta_1), \eta_n(0) = \dfrac{e_n(0)}{\varepsilon}, \\[3mm]
\dot{\eta}_{n+1} = -g_{n+1}(\eta_1) + \varepsilon\delta_4(t), \eta_{n+1}(0) = e_{n+1}(0),
\end{cases}
\tag{3.64}
$$

其中, $\delta_4(t) = h(\varepsilon t, x(\varepsilon t)) - h(\varepsilon t, \hat{x}(\varepsilon t))$, $x = (x_1, x_2, \cdots, x_n)^{\mathrm{T}}$, $\hat{x} = (\hat{x}_1, \hat{x}_2, \cdots, \hat{x}_n)^{\mathrm{T}}$.

直接计算 Lyapnuov 函数 V 沿式 (3.64) 对时间 t 的导数可得

$$
\begin{aligned}
\frac{\mathrm{d}}{\mathrm{d}t} V(\eta(t)) &= \sum_{i=1}^{n} \frac{\partial V}{\partial \eta_i}(\eta_{i+1} - g_i(\eta_1)) - \frac{\partial V}{\partial \eta_{n+1}} g_{n+1}(\eta_1) + \frac{\partial V}{\partial \eta_{n+1}} \varepsilon\delta_4 \\
&\leqslant -W(\eta) + \varepsilon\beta\rho_1 \|\eta\|^2 \leqslant -\frac{\lambda_3 - \varepsilon\beta\rho_1}{\lambda_2} V(\eta),
\end{aligned}
\tag{3.65}
$$

其中, $\varepsilon \in \left(0, \dfrac{\lambda_3}{\beta\rho_1}\right)$; ρ_1 是 Lipschitz 函数 $h(t,x)$ 的 Lipschitz 常数. 由此推出

$$\frac{\mathrm{d}}{\mathrm{d}t}\sqrt{V(\eta(t))} \leqslant -\frac{\lambda_3 - \varepsilon\beta\rho_1}{2\lambda_2}\sqrt{V(\eta(t))}. \tag{3.66}$$

由假设 H3 可得

$$\|\eta\| \leqslant \sqrt{\frac{V(\eta)}{\lambda_1}} \leqslant \frac{\sqrt{\lambda_1 V(\eta(0))}}{\lambda_1}\mathrm{e}^{-\frac{\lambda_3 - \varepsilon\beta\rho_1}{2\lambda_2}t}. \tag{3.67}$$

再将其代入式 (3.8) 可得

$$|e_i(t)| = \varepsilon^{n+1-i}\left|\eta_i\left(\frac{t}{\varepsilon}\right)\right| \leqslant \varepsilon^{n+1-i}\left\|\eta\left(\frac{t}{\varepsilon}\right)\right\| \leqslant \frac{\sqrt{\lambda_1 V(\eta(0))}}{\lambda_1}\mathrm{e}^{-\frac{(\lambda_3-\varepsilon\beta\rho_1)t}{2\lambda_2\varepsilon}} \to 0 \tag{3.68}$$

当 $\varepsilon \to 0$ 时对所有的 $t \in [a,\infty)$ 一致地成立, 同时对任意的 $\varepsilon \in (0,\varepsilon_0), \varepsilon_0 = \dfrac{\lambda_3}{\beta\rho_1}$, $t \to \infty$. $\qquad\square$

3.2 多输入多输出系统的扩张状态观测器

本节考虑如下多输入多输出非线性不确定系统的扩张状态观测器:

$$\begin{cases}
x_1^{(n_1)}(t) = f_1\left(x_1(t), \cdots, x_1^{(n_1-1)}(t), \cdots, x_m^{(n_m-1)}(t), w_1(t)\right) \\
\qquad\qquad + g_1(u_1(t), \cdots, u_k(t)), \\
x_2^{(n_2)}(t) = f_2\left(x_1(t), \cdots, x_1^{(n_1-1)}(t), \cdots, x_m^{(n_m-1)}(t), w_2(t)\right) \\
\qquad\qquad + g_2(u_1(t), \cdots, u_k(t)), \\
\vdots \\
x_m^{(n_m)}(t) = f_m\left(x_1(t), \cdots, x_1^{(n_1-1)}(t), \cdots, x_m^{(n_m-1)}(t), w_m(t)\right) \\
\qquad\qquad + g_m(u_1(t), \cdots, u_k(t)), \\
y_i(t) = x_i(t), i = 1, 2, \cdots, m,
\end{cases} \tag{3.69}$$

其中, $n_i \in \mathbb{Z}$; $f_i \in C(\mathbb{R}^{n_1+n_2+\cdots+n_m+1})$ 是完全未知或含有不确定性的系统函数; $w_i \in C(\mathbb{R})$ 是外部扰动; $u_i \in C(\mathbb{R})$ 是控制输入; y_i 是观测输出; $g_i \in C(\mathbb{R}^k)$.

本节的安排如下: 3.2.1 小节考虑式 (3.69) 在 f_i 和 w_i 完全未知情况下的扩张状态观测器. 在这种情况下, 扩张状态观测器不仅要估计式 (3.69) 的状态, 还要估计扩张的状态, 即总扰动 $f_i(x_1, \cdots, x_1^{(n_1-1)}, \cdots, x_m^{(n_m-1)}, w_i)$. 3.2.2 小节考虑一类

特殊的扩张状态观测器, 即 f_i 是已知的, 但所有的外部扰动 w_i 是未知的. 3.3.2 小节与 3.3.1 小节的区别在于在 f_i 已知的情况下, 尽可能地在设计扩张状态观测器的时候利用 f. 同时, 3.3.2 小节所扩张的状态是 w_i. 3.3.3 小节用数值方法验证了本节所证明的理论.

3.2.1　总扰动下的扩张状态观测器

先将式 (3.69) 转化为 m 个 1 阶非线性子系统:

$$\begin{cases} \dot{x}_{i,1}(t) = x_{i,2}(t), \\ \dot{x}_{i,2}(t) = x_{i,3}(t), \\ \vdots \\ \dot{x}_{i,n_i}(t) = f_i\left(x_{1,1}(t), \cdots, x_{1,n_1}(t), \cdots, x_{m,n_m}(t), w_i(t)\right) \\ \qquad\qquad + g_i(u_1, u_2, \cdots, u_k), \\ y_i(t) = x_{i,1}(t),\ i = 1, 2, \cdots, m, \end{cases} \tag{3.70}$$

其中, $x_{i,j}(t) = x_i^{(j-1)}(t)$, $j = 1, 2, \cdots, n_i$.

对于式 (3.70), 相应的扩张状态观测器可以由如下 m 个子系统构成:

$$\begin{cases} \dot{\hat{x}}_{i,1}(t) = \hat{x}_{i,2}(t) + \varepsilon^{n_i-1}\phi_{i,1}\left(\dfrac{x_{i,1}(t) - \hat{x}_{i,1}(t)}{\varepsilon^{n_i}}\right), \\ \dot{\hat{x}}_{i,2}(t) = \hat{x}_{i,3}(t) + \varepsilon^{n_i-2}\phi_{i,2}\left(\dfrac{x_{i,1}(t) - \hat{x}_{i,1}(t)}{\varepsilon^{n_i}}\right), \\ \vdots \\ \dot{\hat{x}}_{i,n_i}(t) = \hat{x}_{i,n_i+1}(t) + \phi_{i,n_i}\left(\dfrac{x_{i,1}(t) - \hat{x}_{i,1}(t)}{\varepsilon^{n_i}}\right) + g_i(u_1, u_2, \cdots, u_k), \\ \dot{\hat{x}}_{i,n_i+1}(t) = \dfrac{1}{\varepsilon}\phi_{i,n_i+1}\left(\dfrac{x_{i,1} - \hat{x}_{i,1}(t)}{\varepsilon^{n_i}}\right), i = 1, 2, \cdots, m, \end{cases} \tag{3.71}$$

其中, $\hat{x}_{i,n_i+1}$ 用于估计扩张的状态即总扰动 f_i; ε 是高增益调整参数, 也就是说, 观测误差可以由这一参数进行调整, ε 越小观测误差也越小; $\phi_{i,j}$ 是适当的扩张状态观测器的系统函数, 将在后面具体给出. 如果令 $\phi_{i,j}(r) = k_{i,j}r$, $\forall r \in \mathbb{R}$, $k_{i,j} \in \mathbb{R}$, 那么相应的扩张状态观测器式 (3.71) 就是线性扩张状态观测器.

为了证明扩张状态观测器的收敛性, 给出了如下假设: 假设 A1 是关于式 (3.70) 的一些条件, 假设 A2 是关于式 (3.71) 的系统函数的一些假设, 当扩张状态观测器的系统函数是线性函数时, 这一条件是很容易满足的.

假设 A1 对任意的 $i \in \{1, 2, \cdots, m\}$, 控制输入 u_i, 外部扰动 w_i 及其导数 $\dot{w}_i$, 以及式 (3.70) 的解是有界的且 $g_i \in C(\mathbb{R}^k)$, $f_i \in C^1(\mathbb{R}^{n_1 + \cdots + n_m + 1})$.

假设 A2 对任意的 $i \in \{1, 2, \cdots, m\}$, 存在正常数 $\lambda_{i,j}$ $(j = 1, 2, 3, 4)$, β_i 和正定函数 $V_i, W_i : \mathbb{R}^{n_i + 1} \to \mathbb{R}$ 满足如下条件:

(1) $\lambda_{i,1} \|y\|_{\mathbb{R}^{n_i+1}}^2 \leqslant V_i(y) \leqslant \lambda_{2,i} \|y\|_{\mathbb{R}^{n_i+1}}^2, \lambda_{i,3} \|y\|_{\mathbb{R}^{n_i+1}}^2 \leqslant W_i(y) \leqslant \lambda_{i,4} \|y\|_{\mathbb{R}^{n_i+1}}^2$;

(2) $\displaystyle\sum_{l=1}^{n_i} \frac{\partial V_i}{\partial y_l}(y_{l+1} - \phi_{i,l}(y_1)) - \frac{\partial V}{\partial y_{n_i+1}} \phi_{i,n_i+1}(y_1) \leqslant -W_i(y)$;

(3) $\left| \dfrac{\partial V_i}{\partial y_{n_i+1}} \right| \leqslant \beta_i \|y\|_{\mathbb{R}^{n_i+1}}$,

其中, $y \in \mathbb{R}^{n_i+1}$, $\| \cdot \|_{\mathbb{R}^{n_i+1}}$ 表示 $\mathbb{R}^{n_i+1}$ 中的欧几里得范数.

定理 3.8 假设 A1 和假设 A2 成立, 对于任意的式 (3.70) 和式 (3.71) 的初始值, 有

(1) 对任意的正常数 a, 下式在区间 $[a, \infty)$ 上一致成立:

$$\lim_{\varepsilon \to 0} |x_{i,j}(t) - \hat{x}_{i,j}(t)| = 0.$$

(2) 存在 $\varepsilon_0 > 0$ 使得对任意的 $\varepsilon \in (0, \varepsilon_0)$, 存在 $t_\varepsilon > 0$ 使得

$$|x_{i,j}(t) - \hat{x}_{i,j}(t)| \leqslant K_{ij} \varepsilon^{n_i + 2 - j}, \quad t \in (t_\varepsilon, \infty),$$

其中, $\hat{x}_{i,j}$, $j = 1, 2, \cdots, n_i + 1$, $i = 1, 2, \cdots, m$ 是式 (3.71) 的解; $x_{i,j}$, $j = 1, 2, \cdots, n_i$, $i = 1, 2, \cdots, m$ 是式 (3.70) 的解; $x_{i,n_i+1} = f_i(x_{1,1}, \cdots, x_{1,n_1}, \cdots, x_{m,n_m}, w_i)$ 是扩张的状态; K_{ij} 是与 ε 无关但依赖于系统初始值的常数.

证明 首先注意到

$$\begin{aligned}
\Delta_i(t) \triangleq & \sum_{l=1}^{m} \sum_{j=1}^{n_l} x_{l,j+1}(\varepsilon t) \\
& \times \frac{\partial f_i}{\partial x_{l,j}}(x_{1,1}(\varepsilon t), \cdots, x_{1,n_1}(\varepsilon t), \cdots, x_{m,n_m}(\varepsilon t), w_i(\varepsilon t)) \\
& + \sum_{l=1}^{m} g_l(u_1(\varepsilon t), \cdots, u_k(\varepsilon t)) \\
& \times \frac{\partial f_i}{\partial x_{l,n_l}}(x_{1,1}(\varepsilon t), \cdots, x_{1,n_1}(\varepsilon t), \cdots, x_{m,n_m}(\varepsilon t), w_i(\varepsilon t)) \\
& + \dot{w}_i(\varepsilon t) \frac{\partial f_i}{\partial w_i}(x_{1,1}(\varepsilon t), \cdots, x_{1,n_1}(\varepsilon t), \cdots, x_{m,n_m}(\varepsilon t), w_i(\varepsilon t)). \quad (3.72)
\end{aligned}$$

由假设 A1, $|\Delta_i(t)| \leqslant M$ 在区间 $[0, \infty)$ 上一致成立, 这里 M 是正常数, $i \in \{1, 2, \cdots, m\}$.

对任意的 $j = 1, 2, \cdots, n_i + 1,\ i = 1, 2, \cdots, m$, 令

$$e_{i,j}(t) = x_{i,j}(t) - \hat{x}_{i,j}(t), \quad \eta_{i,j}(t) = \frac{e_{i,j}(\varepsilon t)}{\varepsilon^{n_i+1-j}}, \quad \eta_i = (\eta_{i,1}, \cdots, \eta_{i,n_i+1})^{\mathrm{T}}. \quad (3.73)$$

通过式 (3.70) 和式 (3.71), 对任意的 $i \in \{1, 2, \cdots, m\}$, $j \in \{1, 2, \cdots, n_i\}$, $\eta_{i,j}$ 的导数满足

$$\frac{\mathrm{d}\eta_{i,j}(t)}{\mathrm{d}t} = \frac{\mathrm{d}}{\mathrm{d}t}\left(\frac{x_{i,j}(\varepsilon t) - \hat{x}_{i,j}(\varepsilon t)}{\varepsilon^{n_i+1-j}}\right) = \frac{x_{i,j+1}(\varepsilon t) - \hat{x}_{i,j+1}(\varepsilon t)}{\varepsilon^{n_i-j}} = \eta_{i,j+1}(t) - \phi_{i,j}(\eta_{i,1}(t)),$$

对任意的 $i \in \{1, 2, \cdots, m\}$,

$$\frac{\mathrm{d}\eta_{i,n_i+1}(t)}{\mathrm{d}t} = \varepsilon(\dot{x}_{i,n_i+1}(\varepsilon t) - \dot{\hat{x}}_{i,n_i+1}(\varepsilon t)) = -\phi_{i,n_i+1}(\eta_{i,1}(t)) + \varepsilon\Delta_i(t).$$

这样可得关于 $\eta_{i,j}$ 的一个误差系统:

$$\begin{cases} \dot{\eta}_{i,1}(t) = \eta_{i,2}(t) - \phi_{i,1}(\eta_{i,1}(t)), \eta_{i,1}(0) = \dfrac{e_{i,1}(0)}{\varepsilon^{n_i}}, \\[2mm] \dot{\eta}_{i,2}(t) = \eta_{i,3}(t) - \phi_{i,2}(\eta_{i,1}(t)), \eta_{i,2}(0) = \dfrac{e_{i,2}(0)}{\varepsilon^{n_i-1}}, \\[1mm] \vdots \\[1mm] \dot{\eta}_{i,n_i}(t) = \eta_{i,n_i+1}(t) - \phi_{i,n_i}(\eta_{i,1}(t)), \eta_{i,n_i}(0) = \dfrac{e_{i,n_i}(0)}{\varepsilon}, \\[2mm] \dot{\eta}_{i,n_i+1}(t) = -\phi_{i,n_i+1}(\eta_{i,1}(t)) + \varepsilon\Delta_i(t), \eta_{i,n_i+1}(0) = e_{i,n_i+1}(0), \end{cases} \quad (3.74)$$

其中, $e_{i,j}(0) = x_{i,j}(0) - \hat{x}_{i,j}(0)$ 是与 ε 无关的初始值.

由假设 A2, 计算 $V(\eta_i(t))$ 沿式 (3.74) 关于时间 t 的导数可得

$$\begin{aligned} \frac{\mathrm{d}}{\mathrm{d}t}V_i(\eta_i(t)) &= \sum_{j=1}^{n_i}\frac{\partial V_i}{\partial \eta_{i,j}}\left(\eta_{i,j+1}(t) - \phi_{i,j}(\eta_{i,1}(t))\right) \\ &\quad - \frac{\partial V_i}{\partial \eta_{i,n_i+1}}\phi_{i,n_i+1}(\eta_{i,1}(t)) + \frac{\partial V_i}{\partial \eta_{i,n_i+1}}\varepsilon\Delta_i(t) \\ &\leqslant -W_i(\eta_i(t)) + \varepsilon M\beta_i\|\eta_i(t)\|_{\mathbb{R}^{n_i+1}} \\ &\leqslant -\frac{\lambda_{i,3}}{\lambda_{i,2}}V(\eta_i(t)) + \frac{\sqrt{\lambda_{i,1}}}{\lambda_{i,1}}\varepsilon M\beta_i\sqrt{V(\eta_i(t))}. \end{aligned} \quad (3.75)$$

由此可得

$$\frac{\mathrm{d}}{\mathrm{d}t}\sqrt{V(\eta_i(t))} \leqslant -\frac{\lambda_{i,3}}{2\lambda_{i,2}}\sqrt{V(\eta_i(t))} + \frac{\sqrt{\lambda_{i,1}}\varepsilon M\beta_i}{2\lambda_{i,1}}. \quad (3.76)$$

再由假设 A2, 有

$$\|\eta_i(t)\|_{\mathbb{R}^{i+1}} \leqslant \sqrt{\frac{V(\eta_i(t))}{\lambda_{i,1}}} \leqslant \frac{\sqrt{\lambda_{i,1}V(\eta_i(0))}}{\lambda_{i,1}}\mathrm{e}^{-\frac{\lambda_{i,3}}{2\lambda_{i,2}}t} + \frac{\varepsilon M\beta_i}{2\lambda_{i,1}}\int_0^t\mathrm{e}^{-\frac{\lambda_{i,3}}{2\lambda_{i,2}}(t-s)}\mathrm{d}s. \quad (3.77)$$

这与式 (3.73) 相结合, 可得

$$|e_{i,j}(t)| = \varepsilon^{n_i+1-i}\left|\eta_{i,j}\left(\frac{t}{\varepsilon}\right)\right| \leqslant \varepsilon^{n+1-i}\left\|\eta_i\left(\frac{t}{\varepsilon}\right)\right\|_{\mathbb{R}^{n_i+1}}$$

$$\leqslant \varepsilon^{n_i+1-i}\left(\frac{\sqrt{\lambda_{i,1}V(\eta(0))}}{\lambda_{i,1}}e^{-\frac{\lambda_{i,3}t}{2\lambda_{i,2}\varepsilon}} + \frac{\varepsilon M\beta_i}{2\lambda_{i,1}}\int_0^{\frac{t}{\varepsilon}}e^{-\frac{\lambda_{i,3}}{2\lambda_{i,2}}(t/\varepsilon-s)}\mathrm{d}s\right)$$

$$\to 0, \text{当}\varepsilon \to 0\text{时在区间}[a,\infty)\text{上一致成立.} \tag{3.78}$$

定理 3.8 的结论 (1) 和结论 (2) 可以直接由不等式 (3.78) 获得. $\qquad\square$

一个典型的满足定理 3.8 的扩张状态观测器的例子就是线性扩张状态观测器. 也就是说, 所有的扩张状态观测器的系统函数 $\phi_{i,j}$ 是线性函数: $\phi_{i,j}(r) = k_{i,j}r$, $\forall r \in \mathbb{R}$, 常数 $k_{i,j}$ 使得由如下方式给出的矩阵 E_i 是 Hurwitz 的:

$$E_i = \begin{pmatrix} -k_{i,1} & 1 & 0 & \cdots & 0 \\ -k_{i,2} & 0 & 1 & \cdots & 0 \\ \vdots & \vdots & \vdots & & \vdots \\ -k_{i,n_i} & 0 & 0 & \cdots & 1 \\ -k_{i,n_i+1} & 0 & 0 & \cdots & 0 \end{pmatrix}. \tag{3.79}$$

在这种情况下, 式 (3.71) 具有如下线性形式:

$$\begin{cases} \dot{\hat{x}}_{i,1}(t) = \hat{x}_{i,2}(t) + \frac{1}{\varepsilon}k_{i,1}\left(x_{i,1}(t) - \hat{x}_{i,1}(t)\right), \\ \dot{\hat{x}}_{i,2}(t) = \hat{x}_{i,3}(t) + \frac{1}{\varepsilon^2}k_{i,2}\left(x_{i,1}(t) - \hat{x}_{i,1}(t)\right), \\ \vdots \\ \dot{\hat{x}}_{i,n_i}(t) = \hat{x}_{i,n_i+1}(t) + \frac{1}{\varepsilon^{n_i}}k_{i,n_i}\left(x_{i,1}(t) - \hat{x}_{i,1}(t)\right) + g_i(u_1, u_2, \cdots, u_k), \\ \dot{\hat{x}}_{i,n_i+1}(t) = \frac{1}{\varepsilon^{n_i+1}}k_{i,n_i+1}\left(x_{i,1} - \hat{x}_{i,1}(t)\right), i = 1, 2, \cdots, m. \end{cases} \tag{3.80}$$

注 需要指出的是, $\dot{w}_i$ 有界性的要求只是在估计扩张的状态时所需要的假设, 如果不估计扩张的状态, 与 3.2 节相同, 这一假设是可以去掉的. 一个典型的外部扰动就是有限项正弦信号的叠加 $w_i(t) = \sum a_{ij}\sin\omega_{ij}t$, 它是满足这一假设的.

推论 3.9 假设式 (3.79) 中所有矩阵 E_i 是 Hurwitz 的, 假设 A1 成立, 那么对式 (3.70) 和式 (3.80) 任意的初始值, 以下结论成立:

(1) 对任意的正实数 a, 在区间 $[a,\infty)$ 上一致地成立

$$\lim_{\varepsilon\to 0}|x_{i,j} - \hat{x}_{i,j}| = 0.$$

(2) 存在 $\varepsilon_0 > 0$ 使得对任意的 $\varepsilon \in (0, \varepsilon_0)$, 存在 $t_\varepsilon > 0$ 使得

$$|x_{i,j}(t) - \hat{x}_{i,j}(t)| \leqslant K_{ij}\varepsilon^{n_i+2-j}, \quad t \in (t_\varepsilon, \infty),$$

其中, $\hat{x}_{i,j}, j = 1, 2, \cdots, n_i + 1, i = 1, 2, \cdots, m$ 是式 (3.80) 的解; $x_{i,j}, j = 1, 2, \cdots, n_i$, $i = 1, 2, \cdots, m$ 是式 (3.69) 的解; $x_{i,n_i+1} = f_i(x_{1,1}, \cdots, x_{1,n_1}, \cdots, x_{m,n_m}, w_i)$ 是扩张的状态; K_{ij} 是与 ε 无关但依赖于初始值的常数.

证明　根据定理 3.8, 只需要验证假设 A2. 为达到这一目的, 令

$$V_i(y) = \langle P_i y, y \rangle, \quad W_i(y) = \langle y, y \rangle, \quad \forall\, y \in \mathbb{R}^{n_i+1}, \tag{3.81}$$

这里 P_i 是 Lyapunov 方程 $P_i E_i + E_i^{\mathrm{T}} P_i = I_{n_i+1}$ 的正定矩阵解, I_{n_i+1} 是 $n_i + 1$ 维单位矩阵. 由矩阵论的相关知识可得

$$\lambda_{\min}(P_i)\|y\|_{\mathbb{R}^{n_i+1}}^2 \leqslant V_i(y) \leqslant \lambda_{\max}(P_i)\|y\|_{\mathbb{R}^{n_i+1}}^2, \tag{3.82}$$

$$\sum_{j=1}^{n_i} \frac{\partial V_i}{\partial y_j}(y_{j+1} - k_{i,j}y_1) - \frac{\partial V_i}{\partial y_{n_i+1}}k_{i,n_i+1}y_1 = -W_i(y), \tag{3.83}$$

以及

$$\left|\frac{\partial V_i}{\partial y_{n_i+1}}\right| \leqslant 2\lambda_{\max}(P_i)\|y\|_{\mathbb{R}^{n_i+1}}, \tag{3.84}$$

其中, $\lambda_{\max}(P_i)$ 和 $\lambda_{\min}(P_i)$ 分别表示矩阵 P_i 的最大特征值和最小特征值. 因此, 假设 A2 的条件成立. 本推论剩余部分的证明可以由定理 3.8 直接推得.　□

接下来, 将给出一类特殊的扩张状态观测器并证明它的收敛性. 文献 [47] 和 [49] 研究了确定性非线性系统的加权齐次状态观测器的收敛性.

在式 (3.71) 中, 令 $\phi_{i,j}(r) = k_{i,j}[r]^{ja_i - (j-1)}$, 其中, $a_i \in \left(1 - \dfrac{1}{n_i}, 1\right)$, $[r]^\alpha = \operatorname{sign}(r)|r|^\alpha$, $k_{i,j}, j = 1, 2, \cdots, n_i + 1$ 是使得式 (3.79) 中矩阵 E_i 是 Hurwitz 的一些常数. 从而式 (3.71) 具有如下形式:

$$
\begin{cases}
\dot{\hat{x}}_{i,1}(t) = \hat{x}_{i,2}(t) + \varepsilon^{n_i-1}k_{i,1}\left[\dfrac{x_{i,1}(t) - \hat{x}_{i,1}(t)}{\varepsilon^{n_i}}\right]^{a_i}, \\[3mm]
\dot{\hat{x}}_{i,2}(t) = \hat{x}_{i,3}(t) + \varepsilon^{n_i-2}k_{i,2}\left[\dfrac{x_{i,1}(t) - \hat{x}_{i,1}(t)}{\varepsilon^{n_i}}\right]^{2a_i-1}, \\[3mm]
\quad\vdots \\[3mm]
\dot{\hat{x}}_{i,n_i}(t) = \hat{x}_{i,n_i+1}(t) + k_{i,n}\left[\dfrac{x_{i,1}(t) - \hat{x}_{i,1}(t)}{\varepsilon^{n_i}}\right]^{n_i a_i - (n_i-1)} \\[3mm]
\qquad\quad + g_i(u_1, u_2, \cdots, u_k), \\[3mm]
\dot{\hat{x}}_{i,n_i+1}(t) = \dfrac{1}{\varepsilon}k_{i,n_i+1}\left[\dfrac{x_{i,1}(t) - \hat{x}_{i,1}(t)}{\varepsilon^{n_i}}\right]^{(n_i+1)a_i - n_i}, \quad i = 1, 2, \cdots, m.
\end{cases}
\tag{3.85}
$$

首先介绍引理 3.10 和引理 3.11[48].

引理 3.10　向量场

$$F_i(y) = \begin{pmatrix} y_2 + k_{i,1}[y_1(t)]^{a_i} \\ y_3 + k_{i,2}[y_1]^{2a_i-1} \\ \vdots \\ y_{n_i+1} + k_{i,n_i}[y_1]^{n_i a_i - (n_i-1)} \\ k_{i,n_i+1}[y_1]^{(n_i+1)a_i - n_i} \end{pmatrix} \tag{3.86}$$

是 $-d_i = a_i - 1$ 度关于权数 $\{r_{i,j} = (j-1)a_i - (j-2)\}_{j=1}^{n_i+1}$ 齐次的, 其中, $[r]^{a_i} = \mathrm{sign}(r)|r|^{a_i},\ \forall r \in \mathbb{R}$.

引理 3.11　对某些 $a_i \in \left(1 - \dfrac{1}{n_i}, 1\right)$, 如果式 (3.79) 中的矩阵 E_i 是 Hurwitz 的, 那么系统 $\dot{y}(t) = F_i(y(t))$ 是全局有限时间稳定的.

下面给出加权齐次扩张状态观测器式 (3.85) 的收敛性结果并证明它.

定理 3.12　假设式 (3.79) 中的矩阵 E_i 是 Hurwitz 的, 并且假设 A1 的条件满足, 那么存在常数 $\varepsilon_0 > 0$ 使得对任意的 $\varepsilon \in (0, \varepsilon_0)$, 存在 $T_\varepsilon > 0$ 使得

(1) 如果 $a_i \in \left(1 - \dfrac{1}{n_i+1}, 1\right)$, 那么

$$|x_{i,j}(t) - \hat{x}_{i,j}(t)| \leqslant K_{i,j}\varepsilon^{n_i+1-j+\frac{(j-1)a_i-(j-2)}{(n_i+1)a_i-n_i}}, \quad \forall\, t \geqslant T_\varepsilon;$$

(2) 如果 $a_i = 1 - \dfrac{1}{n_i+1}$, 那么

$$|x_{i,j}(t) - \hat{x}_{i,j}(t)| = 0, \quad \forall\, t \geqslant T_\varepsilon,$$

其中, $K_{i,j}$ 是与调整参数 ε 无关但依赖于初始值的常数; $x_{i,j}, \hat{x}_{i,j}, j = 1, 2, \cdots, n_i$, $i = 1, 2, \cdots, n_i + 1$ 分别是式 (3.70) 和式 (3.85) 的解, $x_{i,n_i+1} = f_i(x_{1,1}, \cdots, x_{m,n_m})$ 是扩张的状态.

证明　对任意的 $i \in \{1, 2, \cdots, m\}$, 令

$$\eta_{i,j}(t) = \frac{x_{i,j}(\varepsilon t) - \hat{x}_{i,j}(\varepsilon t)}{\varepsilon^{n_i+1-j}}, \quad j = 1, 2, \cdots, n_i + 1. \tag{3.87}$$

直接计算可得 $\eta_i = (\eta_{i,1}, \eta_{i,2}, \cdots, \eta_{i,n+1})^{\mathrm{T}}$ 满足如下误差系统:

$$\begin{cases} \dot{\eta}_{i,1}(t) = \eta_{i,2}(t) + k_{i,1}[\eta_{i,1}(t)]^{a_i}, \\ \dot{\eta}_{i,2}(t) = \eta_{i,3}(t) + k_{i,2}[\eta_{i,1}(t)]^{2a_i-1}, \\ \vdots \\ \dot{\eta}_{i,n_i}(t) = \eta_{i,n_i+1}(t) + k_{i,n_i}[\eta_{i,1}(t)]^{n_i a_i - (n_i-1)}, \\ \dot{\eta}_{i,n_i+1}(t) = k_{i,n_i+1}[\eta_{i,1}(t)]^{(n_i+1)a_i - n_i} + \varepsilon\Delta_i(t), \end{cases} \tag{3.88}$$

其中, Δ_i 由式 (3.72) 给出. 由引理 3.10 和引理 3.11, 式 (3.88) 是全局有限时间稳定系统 $\dot{y} = F_i(y)$, $y \in \mathbb{R}^{n_i+1}$ 的扰动系统. 对于加权齐次的全局有限时间稳定的系统, 存在径向无界的 Lyapunov 函数 $V_i : \mathbb{R}^n \to \mathbb{R}$ 使得 $V_i(x)$ 是 γ_i 度关于权数 $\{r_{i,j}\}_{j=1}^{n_i}$ 齐次的, 并且 Lyapunov 函数 V_i 沿向量场 F_i 的李导数

$$L_{F_i} V_i(x) = \sum_{j=1}^{n_i} \frac{\partial V_i}{\partial \eta_{i,j}} \left(\eta_{i,j+1} + k_{i,j}[\eta_{i,1}]^{j\alpha_i-(j-1)} \right) + \frac{\partial V_i}{\partial \eta_{i,n_i+1}} k_{i,n_i+1}[\eta_{i,1}]^{(n_i+1)\alpha_i-n_i}$$

是负定的, 其中, $\gamma_i \geqslant \max\{d_i, r_{i,j}\}$. 这里的向量场 F_i 由引理 3.10 给出.

由 V_i 的加权齐次性, 对任意的正常数 λ, 有

$$V_i(\lambda^{r_{i,1}} x_1, \lambda^{r_{i,2}} x_2, \cdots, \lambda^{r_{i,n_i}} x_{n_i}) = \lambda^{\gamma_i} V_i(x_1, x_2, \cdots, x_{n_i}). \tag{3.89}$$

对上式两边求关于 x_j 的偏导数可得

$$\lambda^{r_{i,j}} \frac{\partial V_i}{\partial x_j}(\lambda^{r_{i,1}} x_1, \lambda^{r_{i,2}} x_2, \cdots, \lambda^{r_{i,n_i}} x_{n_i}) = \lambda^{\gamma_i} \frac{\partial V_i}{\partial x_i}(x_1, x_2, \cdots, x_{n_i}). \tag{3.90}$$

由此可得 $\dfrac{\partial V_i}{\partial x_j}$ 是 $\gamma_i - r_{i,j}$ 度关于权数 $\{r_{i,j}\}_{j=1}^{n_i}$ 齐次的.

另外, Lyapunov 函数 V_i 沿向量场 F_i 的李导数满足

$$\begin{aligned}
&L_{F_i} V_i(\lambda^{r_{i,1}} x_1, \lambda^{r_{i,2}} x_2, \cdots, \lambda^{r_{i,n_i}} x_{n_i}) \\
&= \sum_{j=1}^{n_i} \frac{\partial V_i}{\partial x_j}(\lambda^{r_{i,1}} x_1, \lambda^{r_{i,2}} x_2, \cdots, \lambda^{r_{i,n_i}} x_{n_i}) F_{i,j}(\lambda^{r_{i,1}} x_1, \lambda^{r_{i,2}} x_2, \cdots, \lambda^{r_{i,n_i}} x_{n_i}) \\
&= \lambda^{\gamma_i-d_i} \sum_{i=1}^{n} \frac{\partial V}{\partial x_i}(x_1, x_2, \cdots, x_{n_i}) f_i(x_1, x_2, \cdots, x_{n_i}) \\
&= \lambda^{\gamma_i-d_i} L_{F_i} V_i(x_1, x_2, \cdots, x_{n_i}).
\end{aligned} \tag{3.91}$$

因此 $L_{F_i} V_i$ 是 $\gamma_i - d_i$ 度关于权数 $\{r_{i,j}\}_{j=1}^{n_i}$ 齐次的.

由定理 1.7 和引理 3.10, 可得如下不等式:

$$\left| \frac{\partial V_i}{\partial x_{n_i+1}}(x) \right| \leqslant b_i (V_i(x))^{\frac{\gamma_i-r_{i,n_i+1}}{\gamma_i}}, \quad \forall\, x \in \mathbb{R}^{n_i+1} \tag{3.92}$$

和

$$L_{F_i} V_i(x) \leqslant -c_i (V_i(x))^{\frac{\gamma_i-d_i}{\gamma_i}}, \quad \forall\, x \in \mathbb{R}^{n_i+1}, \tag{3.93}$$

其中, b_i, c_i 是正实数.

由假设 A1, 存在常数 $M_i > 0$ 使得 $|\Delta_i(t)| \leqslant M_i$ 对所有 $t > 0$ 一致成立, $i \in \{1, 2, \cdots, m\}$. 现在计算 Lyapunov 函数 V_i 沿式 (3.88) 关于时间 t 的导数可得

$$\frac{\mathrm{d}V(\eta_i(t))}{\mathrm{d}t} = L_{F_i}V_i(\eta_i(t)) + \varepsilon\Delta_i(t)\frac{\partial V_i}{\partial x_{n_i+1}}F_i(\eta_i(t))$$

$$\leqslant -c_i(V_i(\eta_i(t)))^{\frac{\gamma_i - d_i}{\gamma_i}} + \varepsilon M_i b_i(V_i(\eta_i(t)))^{\frac{\gamma_i - r_{i,n_i+1}}{\gamma_i}}. \tag{3.94}$$

令 $\varepsilon_i = \dfrac{c_i}{2M_i b_i}$. 如果 $a_i = 1 - \dfrac{1}{1+n_i}$, 对任意的 $\varepsilon \in (0, \varepsilon_i)$, 有

$$\frac{\mathrm{d}V_i(\eta_i(t))}{\mathrm{d}t} \leqslant -\frac{c_i}{2}(V_i(\eta_i(t)))^{\frac{\gamma_i - r_{i,n_i+1}}{\gamma_i}}. \tag{3.95}$$

由定理 1.6, 存在常数 $T_i > 0$ 使得对任意的 $t \geqslant T_i$, $\eta_i(t) = 0$. 从而该定理的结论 (2) 得证, 这里 $T_\varepsilon = \max\{T_1, T_2, \cdots, T_m\}$.

如果 $a_i > 1 - \dfrac{1}{1+n_i}$, 令

$$\mathcal{A} = \left\{ x \in R^{n+1} \,\middle|\, V_i(x) \geqslant \left(\frac{2M_i b_i}{c_i}\varepsilon\right)^{\frac{\gamma_i}{r_{i,n_i+1}-d_i}} \right\}.$$

对任意的 $\varepsilon < \varepsilon_i$, 以及 $\eta_i(t) \in \mathcal{A}$, $V_i(\eta_i(t)) \geqslant \left(\dfrac{2M_i b_i}{c_i}\varepsilon\right)^{\frac{\gamma_i}{r_{i,n_i+1}-d_i}}$, 由此可得 $M_i b_i \varepsilon \leqslant$

$\dfrac{c_i}{2}(V_i(\eta_i(t)))^{\frac{r_{i,n_i+1}-d_i}{\gamma_i}}$. 上式与式 (3.94) 相结合, 可以推出

$$\frac{\mathrm{d}V_i(\eta_i(t))}{\mathrm{d}t} \leqslant -c_i(v_i(\eta_i(t)))^{\frac{r_{i,n_i+1}-d_i}{\gamma_i}}$$

$$+ \frac{c_i}{2}(V_i(\eta_i(t)))^{\frac{r_{i,n_i+1}-d_i}{\gamma_i}}(V_i(\eta_i(t)))^{\frac{\gamma_i-r_{i,n_i+1}}{\gamma_i}}$$

$$= -\frac{c_i}{2}(v_i(\eta_i(t)))^{\frac{r_{i,n_i+1}-d_i}{\gamma_i}} < 0, \tag{3.96}$$

由此可以推出存在常数 $T_i > 0$ 使得对任意的 $t > T_i$ 都有 $\eta_i(t) \in \mathcal{A}^c$.

将 $|x_j|$ 看作是变元 $(x_1, x_2, \cdots, x_{n_i})$ 的一个多变量函数, 可以验证 $|x_j|$ 是 $r_{i,j}$ 度关于权数 $\{r_{i,j}\}_{j=1}^{n_i}$ 齐次的函数. 由引理 1.7, 存在 $L_{i,j} > 0$ 使得

$$|x_i| \leqslant L_{i,j}(V_i(x))^{\frac{r_{i,j}}{\gamma_i}}, \quad \forall \, x \in \mathbb{R}^{n_i}. \tag{3.97}$$

以上结果结合对任意的 $t > T_i$, $\eta_i(t) \in \mathcal{A}^c$ 这一事实可得

$$|\eta_{i,j}(t)| \leqslant K_{i,j}|\varepsilon|^{\frac{r_{i,j}}{r_{i,n_i+1}-d_i}}, \quad t > T_i, \tag{3.98}$$

这里 $K_{i,j}$, $j = 1, 2, \cdots, n_i$, $i = 1, 2, \cdots, m$ 是正实数. 定理的结论 (2) 由上式与式 (3.87) 相结合可得, $\varepsilon_0 = \min\{\varepsilon_1, \varepsilon_2, \cdots, \varepsilon_m\}$, $T_\varepsilon = \max\{T_1, T_2, \cdots, T_m\}$. $\square$

3.2.2　只有外扰的扩张状态观测器

本小节将在如下情况下讨论式 (3.70) 的扩张状态观测器:

$$f_i(x_{1,1}(t), \cdots, x_{1,n_1}(t), \cdots, x_{m,n_m}(t), w_i(t))$$
$$= \tilde{f}_i(x_{1,1}(t), \cdots, x_{1,n_1}(t), \cdots, x_{m,n_m}(t)) + w_i(t),$$

而且 $\tilde{f}_i$ 是已知的. 在这种情况下, 在构造扩张状态观测器时尽可能多地利用已知的 $\tilde{f}_i$.

$$\begin{cases} \dot{\hat{x}}_{i,1}(t) = \hat{x}_{i,2}(t) + \varepsilon^{n_i-1}\phi_{i,1}\left(\dfrac{x_i(t) - \hat{x}_{i,1}(t)}{\varepsilon^{n_i}}\right), \\[2mm] \dot{\hat{x}}_{i,2}(t) = \hat{x}_{i,3}(t) + \varepsilon^{n_i-2}\phi_{i,2}\left(\dfrac{x_i(t) - \hat{x}_{i,1}(t)}{\varepsilon^{n_i}}\right), \\[2mm] \quad\vdots \\[2mm] \dot{\hat{x}}_{n_i}(t) = \hat{x}_{n_i+1}(t) + \phi_{i,n_i}\left(\dfrac{x_i(t) - \hat{x}_{i,1}(t)}{\varepsilon^{n_i}}\right) \\[2mm] \qquad\qquad + \tilde{f}_i(\hat{x}_{1,1}, \cdots, \hat{x}_{1,n_1}, \cdots, \hat{x}_{m,n_m}) + g_i(u_1, u_2, \cdots, u_k), \\[2mm] \dot{\hat{x}}_{n_i+1}(t) = \dfrac{1}{\varepsilon}\phi_{i,n_i+1}\left(\dfrac{x_i - \hat{x}_{i,1}(t)}{\varepsilon^{n_i}}\right). \end{cases} \qquad (3.99)$$

对于式 (3.99) 的收敛性, 需要假设 A4.

假设 A4　对任意的 $i \in \{1, 2, \cdots, m\}$, $w_i, \dot{w}_i$ 在 $\mathbb{R}$ 上一致有界, $\tilde{f}_i$ 是 Lipschitz 连续的, 其 Lipschitz 常数记为 L_i, 即

$$|\tilde{f}_i(x_{1,1}, \cdots, x_{i,n_1}, \cdots, x_{m,n_m}) - \tilde{f}_i(y_{1,1}, \cdots, y_{1,n_1}, \cdots, y_{m,n_m})|$$
$$\leqslant L_i\|x - y\|_{\mathbb{R}^{n_1 + \cdots + n_m}}$$
$$x = (x_{1,1}, \cdots, x_{i,n_1}, \cdots, x_{m,n_m}),$$
$$y = (y_{1,1}, \cdots, y_{1,n_1}, \cdots, y_{m,n_m}) \in \mathbb{R}^{n_1 + \cdots + n_m}.$$

同时,

$$\left|\frac{\partial V_i}{\partial x_{i,n_i}}\right| \leqslant \rho_i\|x_i\|_{\mathbb{R}^{n_i}}, \qquad (3.100)$$

其中, $x_i = (x_{i,1}, x_{i,2}, \cdots, x_{i,n_i})$, $\|\cdot\|_{\mathbb{R}^l}$ 指的是空间 $\mathbb{R}^l$ 中的欧几里得范数; L_i, ρ_i 满足

$$\lambda_{i,3} > L_1\rho_1 + \cdots + L_{i-1}\rho_{i-1} + 2L_i\rho_i + L_{i+1}\rho_{i+1} + \cdots + L_m\rho_m,$$

这里的常数和正定函数 $V_i, W_i, \lambda_{i,1}, \lambda_{i,2}, \lambda_{i,3}$ 与假设 A3 中的相同.

定理 3.13　假设 A2 和假设 A4 成立, 对式 (3.70) 和式 (3.99) 任意的初始值, 存在常数 $\varepsilon_0 > 0$, 使得对任意的 $\varepsilon \in (0, \varepsilon_0)$, 都有

(1) 对任意的 $a > 0$, 下式在区间 $[a, \infty)$ 上一致地成立:

$$\lim_{\varepsilon \to 0} |x_{i,j}(t) - \hat{x}_{i,j}(t)| = 0.$$

(2) 存在常数 $\varepsilon_0 > 0$ 使得对任意的 $\varepsilon \in (0, \varepsilon_0)$, 存在 $t_\varepsilon > 0$ 使得

$$|x_{i,j}(t) - \hat{x}_{i,j}(t)| \leqslant K_{ij} \varepsilon^{n_i + 2 - i}, \quad t \in (t_\varepsilon, \infty),$$

其中, $i \in \{1, 2, \cdots, m\}$, $x_{i,n_i+1} = w_i$ 是式 (3.70) 扩张的状态; $x_{i,j}, j = 1, 2, \cdots, n_i$ 是式 (3.70) 的状态; $\hat{x}_{i,j}, j = 1, 2, \cdots, n_i + 1$ 是式 (3.99) 的状态; K_{ij} 是与 ε 无关但依赖于初始值的常数.

证明 对任意的 $i \in \{1, 2, \cdots, m\}$, 令 $x_{i,n_i+1} = w_i$, 以及

$$\eta_{i,j}(t) = \frac{x_{i,j}(\varepsilon t) - \hat{x}_{i,j}(\varepsilon t)}{\varepsilon^{n_i + 1 - j}}, \quad j = 1, 2, \cdots, n_i + 1. \tag{3.101}$$

直接计算可得 $\eta_{i,j}(t)$ 满足如下误差系统:

$$\begin{cases} \dot{\eta}_{i,1}(t) = \eta_{i,2}(t) - \phi_{i,1}(\eta_{i,1}(t)), \\ \dot{\eta}_{i,2}(t) = \eta_{i,3}(t) - \phi_{i,2}(\eta_{i,1}(t)), \\ \vdots \\ \dot{\eta}_{i,n_i}(t) = \eta_{i,n_i+1}(t) - \phi_{i,n_i}(\eta_{1,1}(t)) + \delta_{i,1}(t), \\ \dot{\eta}_{i,n_i+1}(t) = -\phi_{i,n_i+1}(\eta_{i,1}(t)) + \varepsilon \delta_{i,2}(t), \end{cases} \tag{3.102}$$

其中,

$$\begin{aligned} \delta_{i,1}(t) &= f_i(x_{1,1}(\varepsilon t), \cdots, x_{i,n_1}(\varepsilon t), \cdots, x_{m,n_m}(\varepsilon t)) \\ &\quad - \tilde{f}_i(\hat{x}_{1,1}(\varepsilon t), \cdots, \hat{x}_{1,n_1}(\varepsilon t), \cdots, \hat{x}_{m,n_m}(\varepsilon t)), \\ \delta_{i,2}(t) &= \dot{w}_i(t). \end{aligned} \tag{3.103}$$

令 $\eta_i = (\eta_{i,1}, \eta_{i,2}, \cdots, \eta_{i,n_i+1})^{\mathrm{T}}$, $\eta = (\eta_{1,1}, \cdots, \eta_{1,n_1+1}, \cdots, \eta_{m,n_m+1})^{\mathrm{T}}$,

$$V(\eta) = V_1(\eta_1) + V_2(\eta_2) + \cdots + V(\eta_m).$$

计算 Lyapunov 函数 V 沿式 (3.102) 关于时间 t 的导数可得

$$\begin{aligned} \frac{\mathrm{d}V(\eta(t))}{\mathrm{d}t} &= \sum_{i=1}^{m} \frac{\mathrm{d}V_i(\eta_i(t))}{\mathrm{d}t} = \sum_{i=1}^{m} \Bigg(\sum_{j=1}^{n_i} (\eta_{i,j+1}(t) - \phi_{i,j}(\eta_{i,1}(t)) \frac{\partial V_i}{\partial \eta_{i,j}} \\ &\quad - \phi_{i,n_i+1}(\eta_{i,1}(t)) \frac{\partial V_i}{\partial \eta_{i,n_i+1}} + \delta_{i,1}(t) \frac{\partial V_i}{\partial \eta_{i,n_i}} + \varepsilon \delta_{i,2}(t) \frac{\partial V_i}{\partial \eta_{i,n_i+1}} \Bigg) \\ &\leqslant \sum_{i=1}^{m} \left(-W_i(\eta_i(t)) + L_i \rho_i \|\eta_i\|_{\mathbb{R}^{n_i+1}} \|\eta\|_{\mathbb{R}^{n_1 + \cdots + n_m + m}} + \varepsilon M \beta_i \|\eta_i(t)\| \right) \\ &\leqslant -\Lambda V(\eta(t)) + \varepsilon \Gamma \sqrt{V(\eta(t))}, \end{aligned} \tag{3.104}$$

其中,

$$\Lambda = \min_{i \in \{1,2,\cdots,m\}} \frac{\lambda_{i,3} - [L_1\rho_1 + \cdots + 2L_i\rho_i + \cdots + L_m\rho_m]}{\lambda_{i,2}},$$

$$\Gamma = \frac{M(\beta_1 + \beta_2 + \cdots + \beta_m)\sqrt{\lambda_{i,1}}}{\lambda_{i,1}}.$$

由此可以推出

$$\frac{\mathrm{d}}{\mathrm{d}t}\sqrt{V(\eta(t))} = \frac{1}{2V(\eta)}\frac{\mathrm{d}V(\eta(t))}{\mathrm{d}t} \leqslant -\frac{\Lambda}{2}\sqrt{V(\eta(t))} + \frac{\varepsilon\Gamma}{2}. \tag{3.105}$$

以上不等式与假设 A4 相结合可得, 对任意的 $i \in \{1,2,\cdots,m\}$,

$$\|\eta_i(t)\|_{\mathbb{R}^{n_i+1}} \leqslant \sqrt{\frac{V_i(\eta_i(t))}{\lambda_{i,1}}} \leqslant \sqrt{\frac{V(\eta(t))}{\lambda_{i,1}}}$$

$$\leqslant \frac{\sqrt{\lambda_{i,1}}}{\lambda_{i,1}}\left(\sqrt{V(\eta(0))}\mathrm{e}^{-\frac{\Lambda}{2}t} + \varepsilon\Gamma\int_0^t \mathrm{e}^{-\frac{\Lambda}{2}(t-s)}\mathrm{d}t\right). \tag{3.106}$$

由式 (3.101) 可得对每一个 $i \in \{1,2,\cdots,m\}, j \in \{1,2,\cdots,n_i+1\}$, 都有

$$|x_{i,j}(t) - \hat{x}_{i,j}(t)| = \varepsilon^{n_i+1-j}\left|\eta_{i,j}\left(\frac{t}{\varepsilon}\right)\right|$$

$$\leqslant \varepsilon^{n_i+1-j}\frac{\sqrt{\lambda_{i,1}}}{\lambda_{i,1}}\left(\sqrt{V(\eta(0))}\mathrm{e}^{-\frac{\Lambda}{2\varepsilon}t} + \varepsilon\Gamma\int_0^{\frac{t}{\varepsilon}}\mathrm{e}^{-\frac{\Lambda}{2}(\frac{t}{\varepsilon}-s)}\right)$$

$$\to 0, \text{ 当 } \varepsilon \to 0 \text{ 时在区间}[a,\infty) \text{ 上一致成立.} \tag{3.107}$$

这就是定理 3.13 的结论 (1). 结论 (2) 同样可以由以上不等式直接得到.   □

第4章　非线性自抗扰控制的设计与理论分析

自抗扰控制是韩京清教授在文献 [59] 中提出的. 自抗扰控制的优异控制品质在早期主要来源于数值模拟结果, 随后被大量的工程控制实践, 如网络交通、材料科学中的轧钢、过程控制、化学控制中的搅拌釜反应器、直流-直流功率转换、微电子系统陀螺等. 关于自抗扰控制在控制实践中更为详细的应用, 参见文献 [156]. 其他一些控制实例可以参见文献 [39], [116], [157] 和 [158]. 与历史上其他一些重要的控制方法一样, 自抗扰控制理论研究在相当长的一段时间滞后于应用研究. 近年来, 自抗扰控制的理论研究取得了实质性的进展. 本章将给出单输入单输出系统自抗扰控制设计与理论结果. 本章的主要内容来自文献 [76].

考虑如下 n 维单输入单输出不确定非线性系统:

$$\begin{cases} x^{(n)}(t) = f(x(t), \dot{x}(t), \cdots, x^{(n-1)}(t), w(t)) + bu(t), \\ y(t) = x(t), \end{cases}$$

这类系统正是韩京清用于提出自抗扰控制的标准型, 其一阶形式为

$$\begin{cases} \dot{x}_1(t) = x_2(t), \\ \dot{x}_2(t) = x_3(t), \\ \vdots \\ \dot{x}_n(t) = f(x_1(t), \cdots, x_n(t), w(t)) + bu(t), \\ y(t) = x_1(t), \end{cases} \tag{4.1}$$

其中, y 是观测输出; u 是控制输入; w 是外部扰动; f 是可能未知的系统函数; $b > 0$ 是控制参数, 它的精确值也可能是未知的. 目的是设计基于状态和不确定性观测的反馈控制, 使得式 (4.1) 的观测输出 y 跟踪给定的目标信号 v, 同时 $x_i(t)$ 跟踪 $v^{(i-1)}$, $i = 2, 3, \cdots, n$.

希望控制误差按照如下参照系统运行:

$$\begin{cases} \dot{x}_1^*(t) = x_2^*(t), \\ \dot{x}_2^*(t) = x_3^*(t), \\ \vdots \\ \dot{x}_n^*(t) = \varphi(x_1^*(t), \cdots, x_n^*(t)), \varphi(0, 0, \cdots, 0) = 0, \end{cases} \tag{4.2}$$

在 4.1 节和 4.2 节中, 都假设式 (4.2) 的零平衡点是全局渐近稳定的.

自抗扰控制由以下三部分组成. 第一部分是跟踪微分器, 即通过目标信号 v 自身估计它的导数 $v^{(i-1)}, i = 2, \cdots, n+1$:

$$
\begin{cases}
\dot{z}_{1R}(t) = z_{2R}(t), \\
\dot{z}_{2R}(t) = z_{3R}(t), \\
\vdots \\
\dot{z}_{nR}(t) = z_{(n+1)R}(t), \\
\dot{z}_{(n+1)R}(t) = R^n \psi \left(z_{1R}(t) - v(t), \dfrac{z_{2R}(t)}{R}, \cdots, \dfrac{z_{(n+1)R}(t)}{R^n} \right), \\
\psi(0, 0, \cdots, 0) = 0.
\end{cases}
\tag{4.3}
$$

自抗扰控制的第二部分是对式 (4.1) 设计如下扩张状态观测器:

$$
\begin{cases}
\dot{\hat{x}}_1(t) = \hat{x}_2(t) + \varepsilon^{n-1} g_1(\theta(t)), \\
\dot{\hat{x}}_2(t) = \hat{x}_3(t) + \varepsilon^{n-2} g_2(\theta(t)), \\
\vdots \\
\dot{\hat{x}}_n(t) = \hat{x}_{n+1}(t) + g_n(\theta(t)) + b_0 u(t), \\
\dot{\hat{x}}_{n+1}(t) = \dfrac{1}{\varepsilon} g_{n+1}(\theta(t)),
\end{cases}
\tag{4.4}
$$

其中, $\theta(t) = (y(t) - \hat{x}_1(t))/\varepsilon^n$. 这是文献 [50] 中提出的非线性扩张状态观测器的一种特殊情况, 用于实时地估计式 (4.1) 的状态以及扩张的状态. 总扰动 $x_{n+1} = f + (b - b_0)u$, 其中, $b_0 > 0$ 是控制放大参数 b 的标称参数, $\varepsilon > 0$ 是用于误差调整的高增益调整参数, ε 越小, 调整误差越小.

第三部分是如下基于跟踪微分器和扩张状态观测器设计的不确定性因素补偿输出反馈控制器——自抗扰控制器:

$$
u(t) = \frac{1}{b_0} \left[\varphi(\hat{x}(t) - z_R(t)) + z_{(n+1)R}(t) - \hat{x}_{n+1}(t) \right],
\tag{4.5}
$$

其中, $(\hat{x} = (\hat{x}_1, \hat{x}_2, \cdots, \hat{x}_n), \hat{x}_{n+1})$ 是式 (4.4) 的状态; $(z_R = (z_{1R}, z_{2R}, \cdots, z_{nR}), z_{(n+1)R})$ 是式 (4.3) 的状态.

在反馈控制式 (4.5) 中, 第三项 $\hat{x}_{n+1}$ 用于实时地补偿总扰动 $x_{n+1} = f + (b - b_0)u, \varphi(\hat{x} - z_R) + z_{(n+1)R}$ 的作用是当不确定性因素被消除后误差按照参照式 (4.2) 运行.

定义 4.1　令 $x_i(1 \leqslant i \leqslant n)$ 和 $\hat{x}_i(1 \leqslant i \leqslant n+1)$ 分别是在由系统式 (4.1) 在反馈控制式 (4.5) 下与扩张状态观测器式 (4.4)、跟踪微分器式 (4.3) 以及参照系统式 (4.2) 耦合的闭环系统. 令 $x_{n+1} = f + (b - b_0)u$ 是扩张的状态. 自抗扰控制是

收敛的是指, 对于任意给定的式 (4.1)、式 (4.3) 和式 (4.4) 的初始状态, 存在常数 $R_0 > 0$ 使得对任意的 $R > R_0$,

$$\lim_{\varepsilon \to 0, t \to \infty} [x_i(t) - \hat{x}_i(t)] = 0, \quad 1 \leqslant i \leqslant n+1,$$
$$\lim_{\varepsilon \to 0, t \to \infty} [x_i(t) - z_{iR}(t)] = 0, \quad 1 \leqslant i \leqslant n. \tag{4.6}$$

另外, 对于任意给定的 $a > 0$, $\lim_{R \to \infty} |z_{1R}(t) - v(t)| = 0$ 在区间 $[a, \infty)$ 上一致成立.

4.1 单输入单输出系统的自抗扰控制

4.1.1 总扰动下的自抗扰控制

在自抗扰控制中, 跟踪微分器是相对独立的一个环节. 因此, 考虑在非线性扩张状态观测器式 (4.3)、反馈控制式 (4.5) 作用下的闭环系统时不再将跟踪微分器耦合于闭环系统:

$$\begin{cases} \dot{x}_1(t) = x_2(t), \\ \dot{x}_2(t) = x_3(t), \\ \vdots \\ \dot{x}_n(t) = f(x(t), w(t)) + (b - b_0)u(t) + b_0 u(t), \\ \dot{\hat{x}}_1(t) = \hat{x}_2(t) + \varepsilon^{n-1} g_1(\theta_1(t)), \\ \vdots \\ \dot{\hat{x}}_n(t) = \hat{x}_{n+1}(t) + g_n(\theta_1(t)) + b_0 u(t), \\ \dot{\hat{x}}_{n+1}(t) = \dfrac{1}{\varepsilon} g_{n+1}(\theta_1(t)), \\ u(t) = \dfrac{1}{b_0} [\varphi(\hat{x}(t) - z_R(t)) + z_{(n+1)R}(t) - \hat{x}_{n+1}(t)], \end{cases} \tag{4.7}$$

其中, $z_R = (z_{1R}, z_{2R}, \cdots, z_{nR})$, $(z_R, z_{(n+1)R})$ 是跟踪微分器 (4.3) 的解; $x = (x_1, x_2, \cdots, x_n)$, $\hat{x} = (\hat{x}_1, \hat{x}_2, \cdots, \hat{x}_n)$, $\theta_1(t) = (x_1(t) - \hat{x}_1(t))/\varepsilon^n$.

下面需要给出关于 f, w, φ, b 的条件以建立收敛性结果. 假设 A1 是关于系统式 (4.1) 和外部扰动应该满足的条件, 假设 A2 是关于非线性扩张状态观测器式 (4.4) 和未知参数 b 的要求, 假设 A3 是关于参照系统式 (4.2) 的条件, 假设 A4 是关于跟踪微分器式 (4.3) 的条件.

假设 A1 $f \in C^1(\mathbb{R}^{n+1})$, $w \in C^1(\mathbb{R})$, $w, \dot{w}$ 在 $\mathbb{R}$ 上有界, f 关于其自变量的所有偏导数都在 $\mathbb{R}^{n+1}$ 上有界.

假设 A2 对所有 $i = 1, 2, \cdots, n+1$ 存在常数 $k_i > 0$ 使得 $|g_i(r)| \leqslant k_i r$. 存在常数 $\lambda_{1i}(i = 1, 2, 3, 4)$, β_1, 以及正定连续函数 $V_1, W_1 : \mathbb{R}^{n+1} \to \mathbb{R}$ 使得

(1) $\lambda_{11}\|y\|^2 \leqslant V_1(y) \leqslant \lambda_{12}\|y\|^2,\ \lambda_{13}\|y\|^2 \leqslant W_1(y) \leqslant \lambda_{14}\|y\|^2,\ \forall\, y \in \mathbb{R}^{n+1},$

(2) $\displaystyle\sum_{i=1}^{n}(y_{i+1}-g_i(y_1))\frac{\partial V_1}{\partial y_i}(y)-g_{n+1}(y_1)\frac{\partial V_1}{\partial y_{n+1}}(y) \leqslant -W_1(y),\ \forall\, y \in \mathbb{R}^{n+1},$

(3) $\left|\dfrac{\partial V_1}{\partial y_{n+1}}(y)\right| \leqslant \beta_1\|y\|,\ \forall\, y=(y_1,y_2,\cdots,y_n)\in\mathbb{R}^{n+1}.$

另外, 参数 b 满足 $\dfrac{|b-b_0|}{b_0}k_{n+1} < \dfrac{\lambda_{13}}{\beta_1}$, 这里 b_0 是系统控制系数的标称参数. $\|\cdot\|$ 在以下均指相应维数的欧几里得范数.

假设 A3　φ 是 Lipschitz 连续的, 其 Lipschitz 常数为 L: $|\varphi(x)-\varphi(y)| \leqslant L\|x-y\|,\ \forall\, x,y\in\mathbb{R}^n$. 存在常数 $\lambda_{2i}\ (i=1,2,3,4)$, β_2, 以及正定连续函数 $V_2,W_2:\mathbb{R}^n\to\mathbb{R}$ 使得

(1) $\lambda_{21}\|y\|^2 \leqslant V_2(y) \leqslant \lambda_{22}\|y\|^2, \lambda_{23}\|y\|^2 \leqslant W_2(y) \leqslant \lambda_{24}\|y\|^2;$

(2) $\displaystyle\sum_{i=1}^{n-1} y_{i+1}\frac{\partial V_2}{\partial y_i}(y)+\varphi(y_1,y_2,\cdots,y_n)\frac{\partial V_2}{\partial y_n}(y) \leqslant -W_2(y);$

(3) $\left|\dfrac{\partial V_2}{\partial y_n}\right| \leqslant \beta_2\|y\|, \forall\, y=(y_1,y_2,\cdots,y_n)\in\mathbb{R}^n.$

假设 A4　v 和 $\dot{v}$ 在区间 $[0,\infty)$ 是有界的, ψ 是局部 Lipschitz 连续的, 在式 (4.3) 中令 $v=0,R=1$, 所得的系统称为式 (4.3) 的原系统. 式 (4.3) 的原系统是全局渐近稳定的.

定理 4.1　令 $x_i(1\leqslant i\leqslant n)$ 和 $\hat{x}_i(1\leqslant i\leqslant n+1)$ 是闭环系统式 (4.7) 的解, $x_{n+1}=f(x,w)+(b-b_0)u$ 是扩张的状态, z_{1R} 是跟踪微分器式 (4.3) 的解. 假设 A1 ∼ 假设 A4 都成立, 那么对任意给定的式 (4.3) 和式 (4.7) 的初始值,

(1) 对任意的 $\sigma>0$ 和 $\tau>0$, 存在常数 $R_0>0$ 使得 $|z_{1R}(t)-v(t)|<\sigma$ 对任意的 $t\in[\tau,\infty)$ 以及任意的 $R>R_0$ 都成立;

(2) 对任意的 $R>R_0$, 存在依赖于 R 的常数 $\varepsilon_0>0$(将在式 (4.21) 中具体给出) 使得对任意的 $\varepsilon\in(0,\varepsilon_0)$, 存在 $t_\varepsilon>0$ 使得对任意的 $R>R_0,\varepsilon\in(0,\varepsilon_0),t>t_\varepsilon$,

$$|x_i(t)-\hat{x}_i(t)| \leqslant \Gamma_1\varepsilon^{n+2-i},\quad i=1,2,\cdots,n+1, \tag{4.8}$$

以及

$$|x_i(t)-z_{iR}(t)| \leqslant \Gamma_2\varepsilon,\quad i=1,2,\cdots,n, \tag{4.9}$$

其中, Γ_1 和 Γ_2 是依赖于 R 的常数;

(3) 对任意的 $\sigma>0$, 存在 $R_1>R_0$, $\varepsilon_1\in(0,\varepsilon_0)$ 使得对任意的 $R>R_1$ 和 $\varepsilon\in(0,\varepsilon_1)$, 存在 $t_{R\varepsilon}>0$ 使得对任意的 $R>R_1,\varepsilon\in(0,\varepsilon_1),t>t_{R\varepsilon}$, 都有 $|x_1(t)-v(t)|<\sigma.$

证明 结论 (1) 由第 1 章的结果直接可得. 结论 (3) 是结论 (1) 和 (2) 的直接推论. 因此, 本定理的证明只需要证明结论 (2) 即可. 令

$$e_i(t) = \frac{1}{\varepsilon^{n+1-i}}[x_i(t) - \hat{x}_i(t)], \quad i = 1, 2, \cdots, n+1, \tag{4.10}$$

那么

$$\begin{cases} \varepsilon \dot{e}_i(t) = \dfrac{1}{\varepsilon^{n+1-(i+1)}}[\dot{x}_i(t) - \dot{\hat{x}}_i(t)] \\ \qquad = \dfrac{1}{\varepsilon^{n+1-(i+1)}}[x_{i+1}(t) - \hat{x}_{i+1}(t) - \varepsilon^{n-i}g_i(e_1(t))] \\ \qquad = e_{i+1}(t) - g_i(e_1(t)), \ i \leqslant n, \\ \varepsilon \dot{e}_{n+1}(t) = \varepsilon(\dot{x}_{n+1}(t) - \dot{\hat{x}}_{n+1}(t)) = \varepsilon h(t) - g_{n+1}(e_1(t)), \end{cases} \tag{4.11}$$

其中,

$$x_{n+1}(t) = f(x(t), w(t)) + (b - b_0)u(t)$$
$$= f(x(t), w(t)) + \frac{b - b_0}{b_0}[\varphi(\hat{x}(t) - z_R(t)) + z_{(n+1)R}(t) - \hat{x}_{n+1}(t)] \tag{4.12}$$

是式 (4.7) 扩张的状态; $h(t)$ 的定义在式 (4.13) 中给出.

在反馈控制式 (4.5) 下, 由于 $x_{n+1} = f + (b - b_0)u$, $(f + bu)\dfrac{\partial f}{\partial x_n} = x_{n+1}\dfrac{\partial f}{\partial x_n} + b_0 u\dfrac{\partial f}{\partial x_n}$, 计算可得 h 的表达式是

$$h(t) = \frac{\mathrm{d}}{\mathrm{d}t}[f(x(t), w(t)) + (b - b_0)u(t)]\bigg|_{(4.7)}$$

$$= \sum_{i=1}^{n} x_{i+1}(t)\frac{\partial f}{\partial x_i}(x(t), w(t)) + \dot{w}(t)\frac{\partial f}{\partial w}(x(t), w(t))$$

$$+ [\varphi(\hat{x}(t) - z_R(t)) + z_{(n+1)R}(t) - \hat{x}_{n+1}(t)]\frac{\partial f}{\partial x_n}(x(t), w(t))$$

$$+ \frac{b - b_0}{b_0}\left\{ \sum_{i=1}^{n}[\hat{x}_{i+1}(t) + \varepsilon^{n-i}g_i(e_1(t)) - z_{(i+1)R}(t)] \right.$$

$$\left. \times \frac{\partial \varphi}{\partial y_i}(\hat{x}(t) - z_R(t)) + \dot{z}_{(n+1)R}(t) - \frac{1}{\varepsilon}g_{n+1}(e_1(t)) \right\}, \tag{4.13}$$

其中, $\dfrac{\partial f}{\partial x_i}(x(t), w(t))$ 表示函数 $f \in C^1(\mathbb{R}^{n+1})$ 关于第 i 个自变量的偏导数在 $(x(t),$ $w(t)) \in \mathbb{R}^{n+1}$ 的值; $\dfrac{\partial \varphi}{\partial y_i}(\hat{x}(t) - z_R(t))$ 也与之相同. 令

$$\eta_i(t) = x_i(t) - z_{iR}(t), \quad i = 1, 2, \cdots, n, \quad \eta(t) = (\eta_1(t), \eta_2(t), \cdots, \eta_n(t)).$$

由式 (4.7) 和式 (4.10) 可得误差系统:

$$
\begin{cases}
\dot{\eta}_1(t) = \eta_2(t), \\
\quad \vdots \\
\dot{\eta}_n(t) = \varphi(\eta_1(t), \eta_2(t), \cdots, \eta_n(t)) + e_{n+1}(t) \\
\qquad + [\varphi(\hat{x}(t) - z_R(t)) - \varphi(x(t) - z_R(t))], \\
\varepsilon \dot{e}_1(t) = e_2(t) - g_1(e_1(t)), \\
\quad \vdots \\
\varepsilon \dot{e}_n(t) = e_{n+1}(t) - g_n(e_1(t)), \\
\varepsilon \dot{e}_{n+1}(t) = \varepsilon h(t) - g_{n+1}(e_1(t)).
\end{cases}
\tag{4.14}
$$

另外, 令

$$
\tilde{e}(t) = (e_1(t), e_2(t), \cdots, e_n(t)), \quad e(t) = (e_1(t), e_2(t), \cdots, e_{n+1}(t)).
$$

由假设 A3, 有

$$
|\varphi(\hat{x}(t) - z_R(t)) - \varphi(x(t) - z_R(t))| \leqslant L\|\hat{x}(t) - x(t)\| \leqslant L\|\tilde{e}(t)\|, \quad \forall \varepsilon \in (0, 1). \tag{4.15}
$$

由 f 的偏导数以及 z_R 和 w 的有界性, 存在依赖于 R 的常数 $M, N_0, N_1, N > 0$ 使得

$$
\begin{aligned}
|f(x(t), w(t))| &\leqslant M(\|x(t)\| + |w(t)|) + N_0 \\
&\leqslant M(\|\eta(t)\| + \|z_R(t)\| + |w(t)|) + N_1 \\
&\leqslant M\|\eta(t)\| + N.
\end{aligned}
\tag{4.16}
$$

再由式 (4.12), 可得

$$
\begin{aligned}
\hat{x}_{n+1}(t) = \frac{b_0}{b}\Big[&-e_{n+1}(t) + f(x(t), w(t)) \\
&+ \frac{b - b_0}{b_0}(\varphi(\hat{x}(t) - z_R(t)) + z_{(n+1)R}(t)) \Big].
\end{aligned}
\tag{4.17}
$$

由跟踪微分器的收敛性、式 (4.16) 和式 (4.17) 以及假设 A1 和假设 A3, 式 (4.13) 中给出的函数 h 满足

$$
|h(t)| \leqslant B_0 + B_1\|e(t)\| + B_2\|\eta(t)\| + \frac{B}{\varepsilon}\|e(t)\|, \quad B = \frac{|b - b_0|}{b_0}k_{n+1}, \tag{4.18}
$$

其中, B_0, B_1, B_2 是依赖于 R 的常数. 下面将剩余的证明分成以下三个主要步骤.

　　步骤 1 对于任意的 $R > R_0$, 存在依赖于 R 的常数 $\varepsilon_0 > 0$ 使得对任意的 $\varepsilon \in (0, \varepsilon_0)$, 存在 $t_{1\varepsilon}$ 和 $r > 0$ 使得式 (4.14) 满足 $\|(e(t), \eta(t))\| \leqslant r$, $t > t_{1\varepsilon}$, 这里 r 是依赖于 R 的常数.

定义正定连续函数 $V : \mathbb{R}^{2n+1} \to \mathbb{R}$ 如下:

$$V(e_1, \cdots, e_{n+1}, \eta_1, \cdots, \eta_n) = V_1(e_1, \cdots, e_{n+1}) + V_2(\eta_1, \cdots, \eta_n), \tag{4.19}$$

这里 V_1 和 V_2 分别是假设 A2 和假设 A3 给出的 Lyapunov 函数. 计算 Lyapunov 函数 V 沿式 (4.14) 关于时间 t 的导数, 由假设 A2、假设 A3、式 (4.15) 和式 (4.18), 有

$$\left. \frac{\mathrm{d}V(e(t), \eta(t))}{\mathrm{d}t} \right|_{(4.14)}$$

$$= \frac{1}{\varepsilon} \left[\sum_{i=1}^{n} (e_{i+1}(t) - g_i(e_1(t))) \frac{\partial V_1}{\partial e_i}(e(t)) - g_{n+1}(e_1(t)) \frac{\partial V_1}{\partial e_{n+1}}(e(t)) \right.$$

$$\left. + \varepsilon h(t) \frac{\partial V_1}{\partial e_{n+1}}(e(t)) \right] + \sum_{i=1}^{n-1} \eta_{i+1}(t) \frac{\partial V_2}{\partial \eta_i}(\eta(t))$$

$$+ \{\varphi(\eta(t)) + e_{n+1}(t) + [\varphi(\hat{x}(t) - z_R(t)) - \varphi(x(t) - z_R(t))]\} \frac{\partial V_2}{\partial x_n}(\eta(t))$$

$$\leqslant \frac{1}{\varepsilon} \left\{ -W_1(e(t)) + \varepsilon \left(B_0 + B_1 \|e(t)\| + B_2 \|\eta(t)\| + \frac{B}{\varepsilon} \|e(t)\| \right) \beta_1 \|e(t)\| \right\}$$

$$- W_2(\eta(t)) + (L+1)\beta_2 \|e(t)\| \|\eta(t)\|$$

$$\leqslant -\frac{W_1(e(t))}{\varepsilon} + B_0 \beta_1 \|e(t)\| + B_1 \beta_1 \|e(t)\|^2 - W_2(\eta(t))$$

$$+ (B_2 \beta_1 + (L+1)\beta_2) \|e(t)\| \|\eta(t)\| + \frac{\beta_1 B}{\varepsilon} \|e(t)\|^2$$

$$\leqslant - \left(\frac{\lambda_{13} - \beta_1 B}{\varepsilon} - \beta_1 B_1 \right) \|e(t)\|^2 + \beta_1 B_0 \|e(t)\| - \lambda_{23} \|\eta(t)\|^2$$

$$+ \sqrt{\frac{\lambda_{13} - \beta_1 B}{\varepsilon}} \|e(t)\| \sqrt{\frac{\varepsilon}{\lambda_{13} - \beta_1 B}} (B_2 \beta_1 + (L+1)\beta_2) \|\eta(t)\|$$

$$\leqslant - \left(\frac{\lambda_{13} - \beta_1 B}{\varepsilon} - \beta_1 B_1 \right) \|e(t)\|^2 + \beta_1 B_0 \|e(t)\| - \lambda_{23} \|\eta(t)\|^2$$

$$+ \frac{\lambda_{13} - \beta_1 B}{2\varepsilon} \|e(t)\|^2 + \frac{(B_2 \beta_1 + (L+1)\beta_2)^2}{2(\lambda_{13} - \beta_1 B)} \varepsilon \|\eta(t)\|^2$$

$$\leqslant - \left(\frac{\lambda_{13} - \beta_1 B}{2\varepsilon} - \beta_1 B_1 \right) \|e(t)\|^2 + \beta_1 B_0 \|e(t)\|$$

$$- \left[\lambda_{23} - \frac{(B_2 \beta_1 + (L+1)\beta_2)^2}{2(\lambda_{13} - \beta_1 B)} \varepsilon \right] \|\eta(t)\|^2, \tag{4.20}$$

这里使用了条件 $B < \lambda_{13}/\beta_1$. 令

$$r = \max \left\{ 2, \frac{4(1 + B_0 \beta_1)}{\lambda_{23}} \right\},$$

$$\varepsilon_0 = \min \left\{ 1, \frac{\lambda_{13} - \beta_1 B}{2\beta_1(B_0 + B_1)}, \frac{(\lambda_{13} - \beta_1 B)\lambda_{23}}{(B_2 \beta_1 + (L+1)\beta_2)^2} \right\}. \tag{4.21}$$

对任意的 $\varepsilon \in (0, \varepsilon_0)$ 和 $\|(e(t), \eta(t))\| \geqslant r$, 在如下两种情况下考虑 Lyapunov 函数 V 沿式 (4.14) 关于时间 t 的导数.

情况 1　$\|e(t)\| \geqslant r/2$. 在这种情况下, $\|e(t)\| \geqslant 1$, 因此 $\|e(t)\|^2 \geqslant \|e(t)\|$. 由式 (4.21) 中 ε_0 的定义, 有 $\lambda_{23} - \dfrac{(B_2\beta_1 + (L+1)\beta_2)^2}{2(\lambda_{13} - \beta_1 B)}\varepsilon > 0$, 再由式 (4.20) 可知

$$
\begin{aligned}
\left.\frac{\mathrm{d}V(e(t), \eta(t))}{\mathrm{d}t}\right|_{(4.14)} &\leqslant -\left(\frac{\lambda_{13} - \beta_1 B}{2\varepsilon} - \beta_1 B_1\right)\|e(t)\|^2 + \beta_1 B_0\|e(t)\|^2 \\
&\leqslant -\left(\frac{\lambda_{13} - \beta_1 B}{2\varepsilon} - \beta_1 B_1 - \beta_1 B_0\right)\|e(t)\|^2 \\
&= -\frac{\lambda_{13} - \beta_1 B - 2\varepsilon\beta_1(B_1 + B_0)}{2\varepsilon}\|e(t)\|^2 < 0,
\end{aligned}
$$

这里利用了式 (4.21) 中 ε_0 的定义, 由此可得 $\lambda_{13} - \beta_1 B - 2\varepsilon\beta_1(B_1 + B_0) > 0$.

情况 2　$\|e(t)\| < r/2$. 在这种情况下, 由 $\|\eta(t)\| + \|e(t)\| \geqslant \|(e(t), \eta(t))\|$ 可知 $\|\eta(t)\| \geqslant r/2$. 由式 (4.21) 中 ε_0 的定义, $\lambda_{13} - \beta_1 B - 2\varepsilon\beta_1 B_1 > 0$. 由式 (4.20) 可得

$$
\begin{aligned}
\left.\frac{\mathrm{d}V(e(t), \eta(t))}{\mathrm{d}t}\right|_{(4.14)} &\leqslant \beta_1 B_0\|e(t)\| - \left(\lambda_{23} - \frac{(B_2\beta_1 + (L+1)\beta_2)^2}{2(\lambda_{13} - \beta_1 B)}\varepsilon\right)\|\eta(t)\|^2 \\
&\leqslant -\frac{\lambda_{23}}{2}\|\eta(t)\|^2 + \beta_1 B_0\|e(t)\| \\
&\leqslant -\frac{\lambda_{23}}{2}\left(\frac{r}{2}\right)^2 + B_0\beta_1\left(\frac{r}{2}\right) \\
&= -\frac{r}{2}\left(\frac{r\lambda_{23} - 4B_0\beta_1}{4}\right) < 0,
\end{aligned}
$$

这里利用了式 (4.21) 中 r 的定义, 由此可知 $r\lambda_{23} - 4B_0\beta_1 > 0$.

结合以上两种情况, 对于任意的 $\varepsilon \in (0, \varepsilon_0)$, 如果 $\|(e(t), \eta(t))\| \geqslant r$, 那么

$$
\left.\frac{\mathrm{d}V(e(t), \eta(t))}{\mathrm{d}t}\right|_{(4.14)} < 0.
$$

因此, 存在 $t_{1\varepsilon}$ 使得 $\|(e(t), \eta(t))\| \leqslant r$ 对任意的 $t > t_{1\varepsilon}$ 都成立.

步骤 2　建立对 $\|x_i(t) - \hat{x}_i(t)\|$ 的估计.

考虑由式 (4.14) 后面 $n+1$ 个微分方程构成的如下子系统:

$$
\begin{cases}
\varepsilon\dot{e}_1(t) = e_2(t) - g_1(e_1(t)), \\
\vdots \\
\varepsilon\dot{e}_n(t) = e_{n+1}(t) - g_n(e_1(t)), \\
\varepsilon\dot{e}_{n+1}(t) = \varepsilon h(t) - g_{n+1}(e_1(t)).
\end{cases} \tag{4.22}
$$

由于对任意的 $t > t_{1\varepsilon}$ 都有 $\|(e(t), \eta(t))\| \leqslant r$, 因此与式 (4.18) 相结合可得对于任意的 $t > t_{1\varepsilon}$, $|h(t)| \leqslant M_0 + B\|e(t)\|/\varepsilon$ 都成立, 这里 $M > 0$ 是一个依赖于 R 的常数. 由假设 A2, 计算 Lyapunov 函数 V_1 沿式 (4.22) 对时间 t 的导数可得

$$
\begin{aligned}
\frac{\mathrm{d}V_1(e(t))}{\mathrm{d}t}\bigg|_{(4.22)} &= \frac{1}{\varepsilon}\bigg(\sum_{i=1}^{n}(e_{i+1}(t) - g_i(e_1(t)))\frac{\partial V_1}{\partial e_i}(e(t)) \\
&\quad - g_{n+1}(e_1(t))\frac{\partial V_1}{\partial e_{n+1}}(e(t)) + \varepsilon h(t)\frac{\partial V_1}{\partial e_{n+1}}(e(t))\bigg) \\
&\leqslant -\frac{\lambda_{13} - B\beta_1}{\varepsilon}\|e(t)\|^2 + M_0\beta_1\|e(t)\| \\
&\leqslant -\frac{\lambda_{13} - B\beta_1}{\varepsilon\lambda_{12}}V_1(e(t)) + \frac{M_0\beta_1\sqrt{\lambda_{11}}}{\lambda_{11}}\sqrt{V_1(e(t))}, \quad \forall t > t_{1\varepsilon}. \quad (4.23)
\end{aligned}
$$

在上式最后一步, 使用了不等式 $B \leqslant \lambda_{13}/\beta_1$. 由此可得

$$
\frac{\mathrm{d}\sqrt{V_1(e(t))}}{\mathrm{d}t} \leqslant -\frac{\lambda_{13} - B\beta_1}{2\varepsilon\lambda_{12}}\sqrt{V_1(e(t))} + \frac{M_0\beta_1\sqrt{\lambda_{11}}}{2\lambda_{11}}, \quad \forall t > t_{1\varepsilon}, \qquad (4.24)
$$

因此 $\forall t > t_{1\varepsilon}$,

$$
\sqrt{V_1(e(t))} \leqslant \sqrt{V_1(e(t_{1\varepsilon}))}e^{-\frac{\lambda_{13} - B\beta_1}{2\varepsilon\lambda_{12}}(t - t_{1\varepsilon})} + \frac{M_0\beta_1\sqrt{\lambda_{11}}}{\lambda_{11}}\int_{t_{1\varepsilon}}^{t}e^{-\frac{\lambda_{13} - B\beta_1}{2\varepsilon\lambda_{12}}(t-s)}\mathrm{d}s. \quad (4.25)
$$

这与式 (4.11) 相结合, 意味着存在 $t_{2\varepsilon} > t_{1\varepsilon}$ 和与 R 相关的常数 $\Gamma_1 > 0$ 使得对 $\forall t > t_{2\varepsilon}$,

$$
|x_i(t) - \hat{x}_i(t)| = \varepsilon^{n+1-i}|e_i(t)| \leqslant \varepsilon^{n+1-i}\|e(t)\| \leqslant \varepsilon^{n+1-i}\sqrt{\frac{V_1(e(t))}{\lambda_{11}}} \leqslant \Gamma_1\varepsilon^{n+2-i}.
$$

$$(4.26)$$

这里利用了对任意的 $x > 0$, $xe^{-x} < 1$ 以及对于任意的 $t > t_{1\varepsilon}$, $\|(e(t), \eta(t))\| \leqslant r$, 这样完成了第二步的证明.

步骤 3 建立 $\|x(t) - z_R(t)\|$ 的估计.

考虑由式 (4.14) 的前 n 个微分方程构成的子系统如下:

$$
\begin{cases}
\dot{\eta}_1(t) = \eta_2(t), \\
\dot{\eta}_2(t) = \eta_3(t), \\
\quad\vdots \\
\dot{\eta}_n(t) = \varphi(\eta(t)) + e_{n+1}(t) + [\varphi(\hat{x}(t) - z_R(t)) - \varphi(x(t) - z_R(t))].
\end{cases} \qquad (4.27)
$$

由假设 A3, 再利用式 (4.15), 计算 Lyapunov 函数 V_2 沿式 (4.27) 关于时间 t 的导数可得

$$
\frac{\mathrm{d}V_2(\eta(t))}{\mathrm{d}t}\bigg|_{(4.1)} = \sum_{i=1}^{n-1}\eta_{i+1}(t)\frac{\partial V_2}{\partial \eta_i}(\eta(t))
$$

$$+ \{\varphi(\eta(t)) + e_{n+1}(t) + [\varphi(\hat{x}(t) - z_R(t))$$
$$- \varphi(x(t) - z_R(t))]\} \frac{\partial V_2}{\partial \eta_n}(\eta(t))$$
$$\leqslant -W_2(\eta(t)) + (L+1)\beta_2 \|e(t)\| \|\eta(t)\|$$
$$\leqslant -\frac{\lambda_{23}}{\lambda_{22}} V_2(\eta(t)) + N_0 \varepsilon \sqrt{V_2(\eta(t))}, \quad \forall t > t_{2\varepsilon}, \tag{4.28}$$

这里 N_0 是依赖于 R 的常数, 同时上式也利用了式 (4.26) 所证明的不等式 $\|e(t)\| \leqslant (n+1)B_1\varepsilon$. 由此可得

$$\frac{\mathrm{d}\sqrt{V_2(\eta(t))}}{\mathrm{d}t} \leqslant -\frac{\lambda_{23}}{\lambda_{22}} \sqrt{V_2(\eta(t))} + N_0\varepsilon, \quad \forall t > t_{2\varepsilon}. \tag{4.29}$$

这与假设 A3 相结合可以推出当 $t > t_{2\varepsilon}$ 时,

$$\|\eta(t)\| \leqslant \frac{\sqrt{\lambda_{21}}}{\lambda_{21}} \sqrt{V_2(\eta(t))}$$
$$\leqslant \frac{\sqrt{\lambda_{21}}}{\lambda_{21}} \left(\mathrm{e}^{-\frac{\lambda_{23}}{\lambda_{22}}(t-t_{2\varepsilon})} \sqrt{V_2(\eta(t_{2\varepsilon}))} + N_0\varepsilon \int_{t_{2\varepsilon}}^{t} \mathrm{e}^{-\frac{\lambda_{23}}{\lambda_{22}}(t-s)} \mathrm{d}s \right). \tag{4.30}$$

由于不等式 (4.30) 的第一项当 t 趋近于无穷大时趋近于 0; 第二项不超过 ε 乘以与 ε 无关的一个常数, 从而存在 $t_\varepsilon > t_{2\varepsilon}$ 以及常数 $\Gamma_2 > 0$ 使得对于任意的 $t > t_\varepsilon$ 都有 $\|x(t) - z_R(t)\| \leqslant \Gamma_2\varepsilon$. 因此式 (4.9) 获证. □

注 对上述自抗扰控制的收敛性结果, 式 (4.8) 和式 (4.9) 强于定义 4.1 中的式 (4.6). 需要指出的是, 在定理 4.1 中, $\varepsilon_0, \varepsilon_1, \Gamma_1, \Gamma_2, t_\varepsilon, t_{R\varepsilon}$ 都是依赖于 R 的; $\varepsilon_0, \varepsilon_1, \Gamma_1, \Gamma_2$ 与式 (4.7) 的初始状态无关; $t_\varepsilon, t_{R\varepsilon}$ 依赖于式 (4.7) 的初始状态.

最典型的自抗扰控制是如下的线性反馈:

$$u(t) = \frac{1}{b_0}[\alpha_1(\hat{x}_1(t) - z_{1R}(t)) + \cdots + \alpha_n(\hat{x}_n(t) - z_{nR}(t)) + z_{(n+1)R}(t) - \hat{x}_{n+1}(t)] \tag{4.31}$$

和如下的线性扩张状态观测器:

$$\begin{cases} \dot{\hat{x}}_1(t) = \hat{x}_2(t) + \dfrac{k_1}{\varepsilon}(y(t) - \hat{x}_1(t)), \\[2mm] \dot{\hat{x}}_2(t) = \hat{x}_3(t) + \dfrac{k_2}{\varepsilon^2}(y(t) - \hat{x}_1(t)), \\ \quad \vdots \\ \dot{\hat{x}}_n(t) = \hat{x}_{n+1}(t) + \dfrac{k_n}{\varepsilon^n}(y(t) - \hat{x}_1(t)) + b_0 u(t), \\[2mm] \dot{\hat{x}}_{n+1}(t) = \dfrac{k_{n+1}}{\varepsilon^{n+1}}(y(t) - \hat{x}_1(t)), \end{cases} \tag{4.32}$$

以及线性的参照系统

$$\varphi(x_1, x_2, \cdots, x_n) = \alpha_1 x_1 + \alpha_2 x_2 + \cdots + \alpha_n x_n, \tag{4.33}$$

其中, $\alpha_i, i = 1, 2, \cdots, n$ 和 $k_i, i = 1, 2, \cdots, n+1$ 是使得下面矩阵是 Hurwitz 的常数:

$$A = \begin{pmatrix} 0 & 1 & 0 & \cdots & 0 & 0 \\ 0 & 0 & 1 & \cdots & 0 & 0 \\ \vdots & \vdots & \vdots & & \vdots & \vdots \\ 0 & 0 & 0 & \cdots & 0 & 1 \\ \alpha_1 & \alpha_2 & \alpha_3 & \cdots & \alpha_{n-1} & \alpha_n \end{pmatrix}_{n \times n}, \tag{4.34}$$

$$K = \begin{pmatrix} k_1 & 1 & 0 & \cdots & 0 \\ k_2 & 0 & 1 & \cdots & 0 \\ \vdots & \vdots & \vdots & & \vdots \\ k_n & 0 & 0 & \cdots & 1 \\ k_{n+1} & 0 & 0 & \cdots & 0 \end{pmatrix}_{(n+1) \times (n+1)}. \tag{4.35}$$

线性自抗扰控制的闭环系统为

$$\begin{cases} \dot{x}_1(t) = x_2(t), \\ \dot{x}_2(t) = x_3(t), \\ \vdots \\ \dot{x}_n(t) = f(x_1(t), \cdots, x_n(t), w(t)) + (b - b_0)u(t) + b_0 u(t), \\ \dot{\hat{x}}_1(t) = \hat{x}_2(t) + \dfrac{k_1}{\varepsilon}(x_1(t) - \hat{x}_1(t)), \\ \dot{\hat{x}}_2(t) = \hat{x}_3(t) + \dfrac{k_2}{\varepsilon^2}(x_1(t) - \hat{x}_1(t)), \\ \vdots \\ \dot{\hat{x}}_n(t) = \hat{x}_{n+1}(t) + \dfrac{k_n}{\varepsilon^n}(x_1(t) - \hat{x}_1(t)) + b_0 u(t), \\ \dot{\hat{x}}_{n+1}(t) = \dfrac{k_{n+1}}{\varepsilon^{n+1}}(x_1(t) - \hat{x}_1(t)), \\ u(t) = \dfrac{1}{b_0}[\alpha_1(\hat{x}_1(t) - z_{1R}(t)) + \cdots + \alpha_n(\hat{x}_n(t) - z_{nR}(t)) \\ \qquad + z_{(n+1)R}(t) - \hat{x}_{n+1}(t)], \end{cases} \tag{4.36}$$

其中, $z_{iR}(1 \leqslant i \leqslant n)$ 是式 (4.3) 的解. 因为矩阵 A, K 是 Hurwitz 的, 所以式 (4.4) 满足假设 A2, 式 (4.2) 满足条件 A3. 因此, 线性自抗扰控制的收敛性可以作为定理 4.1 的一个推论, 叙述如下.

推论 4.2　假设条件 A1 和 A4 成立. 假定式 (4.34) 和式 (4.35) 中给出的矩阵 A, K 是 Hurwitz 的, 并且 $\dfrac{|b-b_0|}{b}k_{n+1} < \dfrac{1}{2\lambda_{\max}(P_K)}$, 这里 b_0 是式 (4.1) 中控制参数 b 的标称参数, $\lambda_{\max}(P_K)$ 是正定矩阵 P_K 的最大特征值, 矩阵 P_K 是 Lyapunov 方程 $P_K K + K^{\mathrm{T}} P_K = -I_{n+1}$ 的唯一的解 (I_{n+1} 是 $n+1$ 维单位矩阵). 令 z_{1R} 是式 (4.3) 的解, $x_i(1 \leqslant i \leqslant n)$ 和 $\hat{x}_i(1 \leqslant i \leqslant n+1)$ 是式 (4.36) 的解, $x_{n+1} = f(x,w) + (b-b_0)u$ 是扩张的状态. 那么对任意的式 (4.3) 和式 (4.36) 的初始状态, 定理 4.1 的结论 (1)~(3) 成立.

证明　只需要构造满足假设 A2 和假设 A3 的 Lyapunov 函数 V_1 和 V_2. 推论其余部分的证明直接可由定理 4.1 推出.

令

$$V_1(e) = \langle P_K e, e \rangle, \quad W_1(e) = \|e\|, \quad \forall\, e = (e_1, e_2, \cdots, e_{n+1})^{\mathrm{T}} \in \mathbb{R}^{n+1},$$

那么

$$\lambda_{\min}(P_K)\|e\|^2 \leqslant V_1(e) \leqslant \lambda_{\max}(P_K)\|e\|^2, \tag{4.37}$$

$$\sum_{i=1}^{n-1}(e_{i+1} - k_i e_1)\frac{\partial V_1}{\partial e_i}(e) - k_{n+1} e_1 \frac{\partial V_1}{\partial e_{n+1}}(e) = -\langle e, e \rangle = -W_1(e). \tag{4.38}$$

同时

$$\left|\frac{\partial V_1}{\partial e_{n+1}(e)}\right| \leqslant 2\lambda_{\max}(P_K)\|e\|, \tag{4.39}$$

其中, $\lambda_{\min}(P_K)$, $\lambda_{\max}(P_K)$ 分别是正定矩阵 P_K 的最大特征值和最小特征值. 这说明了 Lyapunov 函数 V_1 以及正定函数 W_1 满足假设 A2.

另外, 令

$$V_2(x) = \langle P_A x, x \rangle, \quad W_2(x) = \|x\|, \quad \forall\, x = (x_1, x_2, \cdots, x_n)^{\mathrm{T}} \in \mathbb{R}^n,$$

这里 P_A 是 Lyapunov 方程 $P_A A + A^{\mathrm{T}} P_A = -I_n$ 的唯一正定矩阵解 (I_n 是 n 维单位矩阵). 那么

$$\lambda_{\min}(P_A)\|x\|^2 \leqslant V_2(x) \leqslant \lambda_{\max}(P_A)\|x\|^2, \tag{4.40}$$

$$\sum_{i=1}^{n} x_{i+1} \frac{\partial V_1}{\partial x_i} - (\alpha_1 x_1 + \alpha_2 x_2 + \cdots + \alpha_n x_n)\frac{\partial V_2}{\partial x_n} = -\langle x, x \rangle = -W_2(x), \tag{4.41}$$

$$\left|\frac{\partial V_2}{\partial x_n}\right| \leqslant 2\lambda_{\max}(P_A)\|x\|, \tag{4.42}$$

其中, $\lambda_{\min}(P_A)$, $\lambda_{\max}(P_A)$ 分别是正定矩阵 P_A 的最大特征是和最小特征值. 因此 Lyapunov 函数 V_2 和正定函数 W_2 满足假设 A3. $\qquad\square$

4.1.2 只有外扰的自抗扰控制

这里考虑式 (4.1) 的一种特殊情况, 假设系统函数 $f(x, w) = \tilde{f}(x) + w$, $x = (x_1, x_2, \cdots, x_n) \in \mathbb{R}^n$, 这里 $\tilde{f}$ 已知.

在这种情况下, 由于系统函数是已知的, 故 4.1.1 小节中的假设 A1 由以下假设 A5 所替代.

假设 A5 $w \in C^1(\mathbb{R})$ 和 $\dot{w}$ 是有界的; 所有 $\tilde{f}$ 的偏导数有界.

关于 $\tilde{f}$ 的条件意味着, 存在常数 $L_1 > 0$ 使得 $\tilde{f}$ 是 Lipschitz 连续的, 且具有 Lipschitz 常数 L_1:

$$|\tilde{f}(x) - \tilde{f}(y)| \leqslant L_1\|x - y\|, \quad \forall\, x, y \in \mathbb{R}^n. \tag{4.43}$$

由于系统函数 $\tilde{f}$ 是可用的, 故本小节不再使用扩张状态观测器式 (4.4), 而是使用如下的修改型的扩张状态观测器式 (4.44) 来估计系统的状态 x_i, $i = 1, 2, \cdots, n$ 和扩张的状态 $x_{n+1} = w + (b - b_0)u$.

$$\begin{cases} \dot{\hat{x}}_1(t) = \hat{x}_2(t) + \varepsilon^{n-1}g_1(\theta(t)), \\[4pt] \dot{\hat{x}}_2(t) = \hat{x}_3(t) + \varepsilon^{n-2}g_2(\theta(t)), \\[4pt] \qquad\qquad \vdots \\[4pt] \dot{\hat{x}}_n(t) = \hat{x}_{n+1}(t) + g_n(\theta(t)) + \tilde{f}(\hat{x}(t)) + b_0 u(t), \\[4pt] \dot{\hat{x}}_{n+1}(t) = \frac{1}{\varepsilon}g_{n+1}(\theta(t)), \end{cases} \tag{4.44}$$

其中, $\theta(t) = [y(t) - \hat{x}_1(t)]/\varepsilon^n$.

基于观测的输出反馈控制在本小节修改为

$$u(t) = \frac{1}{b_0}[\varphi(\hat{x}(t) - z_R(t)) - \tilde{f}(\hat{x}) + z_{(n+1)R}(t) - \hat{x}_{n+1}(t)], \tag{4.45}$$

其中, $\hat{x}(t) = (\hat{x}_1(t), \cdots, \hat{x}_n(t))$, $\hat{x}_{n+1}(t)$ 是式 (4.44) 的解; $z_R(t) = (z_{1R}(t), \cdots, z_{nR}(t))$, $z_{(n+1)R}(t)$ 是式 (4.3) 的解. 现在的闭环系统是

$$
\begin{cases}
\dot{x}_1(t) = x_2(t), \\
\dot{x}_2(t) = x_3(t), \\
\quad\vdots \\
\dot{x}_n(t) = \tilde{f}(x(t)) + w(t) + (b - b_0)u(t) + b_0 u(t), \\
\dot{\hat{x}}_1(t) = \hat{x}_2(t) + \varepsilon^{n-1} g_1(\theta(t)), \\
\quad\vdots \\
\dot{\hat{x}}_n(t) = \hat{x}_{n+1}(t) + g_n(\theta(t)) + \tilde{f}(\hat{x}(t)) + b_0 u(t), \\
\dot{\hat{x}}_{n+1}(t) = \dfrac{1}{\varepsilon} g_{n+1}(\theta(t)), \\
u(t) = \dfrac{1}{b_0}[\phi(\hat{x}(t) - z_R(t)) - \tilde{f}(\hat{x}(t)) + z_{(n+1)R}(t) - \hat{x}_{n+1}(t)],
\end{cases}
\tag{4.46}
$$

其中, $x = (x_1, x_2, \cdots, x_n)$.

与 4.1.1 小节平行的收敛性结果是定理 4.3, 这里用假设 A5 替代了定理 4.1 中的假设 A1.

定理 4.3 假设 A2~A5 成立, 对任意的 $e \in \mathbb{R}^{n+1}$, $\left| \dfrac{\partial V_1(e)}{\partial e_n} \right| \leqslant \alpha \|e\|$, $\alpha > 0$. 同时

$$
\alpha L_1 + \frac{|b - b_0|}{b_0} k_{n+1} \beta_1 < \lambda_{13}.
\tag{4.47}
$$

令 z_{1R} 是式 (4.3) 的解, $x_i(1 \leqslant i \leqslant n)$ 和 $\hat{x}_i(1 \leqslant i \leqslant n+1)$ 是式 (4.46) 的解, $x_{n+1} = w + (b - b_0)u$ 是扩张的状态. 那么, 对于任意的式 (4.3) 和式 (4.46) 的初始状态, 以下结论成立:

(1) 对于任意充分小的正实数 $\sigma > 0$ 和 $\tau > 0$, 存在常数 $R_0 > 0$ 使得对任意的 $R > R_0$, $|z_{1R}(t) - v(t)| < \sigma$ 对所有 $t \in [\tau, \infty)$ 一致成立;

(2) 对任意的 $R > R_0$, 存在常数 $\varepsilon_0 > 0$ (将在后面式 (4.58) 中给出具体表达式) 使得对任意的 $\varepsilon \in (0, \varepsilon_0)$, 存在 $t_\varepsilon > 0$ 使得对于任意的 $R > R_0$, $\varepsilon \in (0, \varepsilon_0)$, $t > t_\varepsilon$,

$$
|x_i(t) - \hat{x}_i(t)| \leqslant \Gamma_1 \varepsilon^{n+2-i}, \quad i = 1, 2, \cdots, n, n+1,
\tag{4.48}
$$

$$
|x_i(t) - z_{iR}(t)| \leqslant \Gamma_2 \varepsilon, \quad i = 1, 2, \cdots, n,
\tag{4.49}
$$

这里 Γ_1, Γ_2 是依赖于 R 的常数;

(3) 对于任意的 $\sigma > 0$, 存在 $R_1 > 0$, $\varepsilon_1 > 0$, 对任意的 $\varepsilon \in (0, \varepsilon_1)$, $R > R_1$, 存在 $t_{R\varepsilon} > 0$, 使得对任意的 $R > R_1$, $\varepsilon \in (0, \varepsilon_1)$ 以及 $t > t_{R\varepsilon}$, $\|x_1(t) - v(t)\| < \sigma$.

证明 与定理 2.1 的证明相同, 结论 (1) 直接由第 2 章获得: 对任意的 $R > R_0$, 存在 $M_R > 0$ 使得对任意的 $t \geqslant 0$,

$$\|(z_{1R}(t), z_{2R}(t), \cdots, z_{nR}(t), \dot{z}_{(n+1)R}(t))\| \leqslant M_R. \tag{4.50}$$

结论 (3) 由结论 (1) 和结论 (2) 联合推出, 这里只需要证明结论 (2).

令

$$\eta_i(t) = x_i(t) - z_{iR}(t), \quad e_i(t) = \frac{1}{\varepsilon^{n+1-i}}[x_i(t) - \hat{x}_i(t)], \quad i = 1, 2, \cdots, n,$$
$$e_{n+1}(t) = x_{n+1}(t) - \hat{x}_{n+1}(t).$$

由闭环系统式 (4.46), $e_i(1 \leqslant i \leqslant n+1)$ 和 $\eta_i(1 \leqslant i \leqslant n)$ 满足如下误差系统:

$$\begin{cases} \dot{\eta}_1(t) = \eta_2(t), \\ \dot{\eta}_2(t) = \eta_3(t), \\ \vdots \\ \dot{\eta}_n(t) = \varphi(\hat{x}(t) - z_R(t)) + \tilde{f}((x(t))) - \tilde{f}(\hat{x}(t)) + e_{n+1}(t), \\ \varepsilon \dot{e}_1(t) = e_2(t) - g_1(e_1(t)), \\ \vdots \\ \varepsilon \dot{e}_n(t) = e_{n+1}(t) - g_n(e_1(t)) + \tilde{f}(x(t)) - \tilde{f}(\hat{x}(t)), \\ \varepsilon \dot{e}_{n+1}(t) = -g_{n+1}(e_1(t)) + \varepsilon \dfrac{\mathrm{d}}{\mathrm{d}t}(w(t) + (b - b_0)u(t)) \Big|_{(4.46)}. \end{cases} \tag{4.51}$$

由假设 A3 和假设 A5, 以及 $\varphi(\hat{x} - z_R) = \varphi(x - z_R) + (\varphi(\hat{x} - z_R) + \varphi(x - z_R))$, 有

$$|\tilde{f}(x) - \tilde{f}(\hat{x})| \leqslant L_1\|x - \hat{x}\|, \quad |\varphi(\hat{x} - z_R) - \varphi(x - z_R)| \leqslant L\|\hat{x} - x\| \leqslant L\|e\|. \tag{4.52}$$

定义

$$\hbar(t) = \frac{\mathrm{d}}{\mathrm{d}t}(w(t) + (b - b_0)u(t)) \Big|_{(4.46)} = \dot{w}(t)$$
$$+ \frac{b - b_0}{b_0}\left[\sum_{i=1}^{n}\left[\hat{x}_{i+1}(t) - \varepsilon^{n-i}g_i(e_1(t)) - z_{(i+1)R}(t)\right]\frac{\partial}{\partial x_i}\varphi(\hat{x}(t) - z_R(t))\right.$$
$$\left. - \sum_{i=1}^{n}\left[\hat{x}_{n+1}(t) - \varepsilon^{n-i}g_i(e_1(t))\right]\frac{\partial}{\partial x_i}\tilde{f}(\hat{x}) + \dot{z}_{(n+1)R}(t) - \frac{g_{n+1}(e_1(t))}{\varepsilon}\right]. \tag{4.53}$$

类似于式 (4.18), 有

$$|\hbar(t)| \leqslant B_0 + B_1\|\eta(t)\| + B_2\|e(t)\| + \frac{B}{\varepsilon}\|e(t)\|, \quad B = \frac{|b - b_0|}{b_0}k_{n+1}, \tag{4.54}$$

其中, B_0, B_1, B_2 是依赖于 R 的常数.

这里对式 (4.51), 构造如下 Lyapunov 函数:

$$V(e,\eta) = V_1(e) + V_2(\eta), \quad \forall\, e \in \mathbb{R}^{n+1}, \quad \eta \in \mathbb{R}^n. \tag{4.55}$$

计算 Lyapunov 函数 V 沿式 (4.51) 关于时间 t 的导数可得

$$
\begin{aligned}
&\left.\frac{\mathrm{d}V(e(t),\eta(t))}{\mathrm{d}t}\right|_{(4.51)} \\
={}&\frac{1}{\varepsilon}\Bigg[\sum_{i=1}^{n}(e_{i+1}(t) - g_i(e_1(t)))\frac{\partial}{\partial e_i}V_1(e(t)) \\
&- g_{n+1}(e_1(t))\frac{\partial}{\partial e_{n+1}}V_1(e(t)) + (\tilde{f}(x(t)) - \tilde{f}(\hat{x}(t)))\frac{\partial}{\partial e_n}V_1(e(t)) \\
&+ \varepsilon \hbar(t)\frac{\partial}{\partial e_{n+1}}V_1(e(t)) \Bigg] + \Bigg[\sum_{i=1}^{n-1}\eta_{i+1}(t)\frac{\partial}{\partial \eta_i}V_2(\eta(t)) \\
&+ [\varphi(\hat{x}(t) - z_R(t)) - \varphi(x(t) - z_R(t)) + \varphi(x(t) - z_R(t)) \\
&+ \tilde{f}(x(t)) - \tilde{f}(\hat{x}(t)) + e_{n+1}(t)]\frac{\partial}{\partial \eta_n}V_2(\eta(t)) \Bigg],
\end{aligned}
\tag{4.56}
$$

这与假设 A2、假设 A3、假设 A5、式 (4.52) 以及式 (4.54) 联合可得

$$
\begin{aligned}
&\left.\frac{\mathrm{d}V(e(t),\eta(t))}{\mathrm{d}t}\right|_{(4.51)} \\
\leqslant{}&-\frac{W_1(e(t))}{\varepsilon} + \beta_1|\hbar(t)|\|e(t)\| - W_2(\eta(t)) \\
&+ (1+L+L_1)\beta_2\|e(t)\|\|\eta(t)\| + \frac{\alpha L_1}{\varepsilon}\|e(t)\|^2 \\
\leqslant{}&-\frac{W_1(e(t))}{\varepsilon} + \frac{\alpha L_1 + \beta_1 B}{\varepsilon}\|e(t)\|^2 + \beta_1 B_0\|e(t)\| + \beta_1 B_2\|e(t)\|^2 \\
&+ [\beta_1 B_1 + (1+L+L_1)\beta_2]\|e(t)\|\|\eta(t)\| - W_2(\eta(t)) \\
\leqslant{}&-\left[\frac{\lambda_{13} - (\alpha L_1 + \beta_1 B)}{\varepsilon} - \beta_1 B_2\right]\|e(t)\|^2 \\
&+ \beta_1 B_0\|e(t)\| - \lambda_{23}\|\eta(t)\|^2 \\
&+ [(1+L+L_1)\beta_2 + \beta_1 B_1]\|e(t)\|\|\eta(t)\| \\
={}&-\left[\frac{\lambda_{13} - (\alpha L_1 + \beta_1 B)}{\varepsilon} - \beta_1 B_2\right]\|e(t)\|^2 \\
&+ \beta_1 B_0\|e(t)\| - \lambda_{23}\|\eta(t)\|^2 \\
&+ \sqrt{\frac{\lambda_{13} - (\alpha L_1 + \beta_1 B)}{2\varepsilon}}\|e(t)\|\sqrt{\frac{2\varepsilon}{\lambda_{13} - (\alpha L_1 + \beta_1 B)}}
\end{aligned}
$$

$$\cdot \Big[(1+L+L_1)\beta_2 + \beta_1 B_1\Big] \|\eta(t)\|$$

$$\leqslant - \left[\frac{\lambda_{13} - (\alpha L_1 + \beta_1 B)}{2\varepsilon} - \beta_1 B_2 \right] \|e(t)\|^2 + \beta_1 B_0 \|e(t)\|$$

$$- \left(\lambda_{23} - \frac{[(1+L+L_1)\beta_2 + \beta_1 B_1]^2}{2(\lambda_{13} - (\alpha L_1 + \beta_1 B))} \varepsilon \right) \|\eta(t)\|^2, \tag{4.57}$$

这里利用了式 (4.47): $\alpha L_1 + B\beta_1 < \lambda_{13}$.

类似于定理 4.1 的证明, 通过三步来完成定理剩余部分的证明.

步骤 1 证明对任意的 $R > R_0$, 存在 $r > 0$ 和 $\varepsilon_0 > 0$ 使得对任意的 $\varepsilon \in (0, \varepsilon_0)$, 存在 $t_{1\varepsilon} > 0$ 使得对所有 $t > t_{1\varepsilon}$, 都有 $\|(e(t), \eta(t))\| \leqslant r$, 这里 $(e(t), \eta(t))$ 是式 (4.51) 的解.

令

$$r = \max \left\{ 2, \frac{4(\beta_1 B_0 + 1)}{\lambda_{23}} \right\},$$

$$\varepsilon_0 = \min \left\{ 1, \frac{\lambda_{13} - (\alpha L_1 + \beta_1 B)}{2\beta_1(B_0 + B_2)}, \frac{\lambda_{23}(\lambda_{13} - \alpha L_1 \beta_1 B)}{[(1+L+L_1)\beta_2 + \beta_1 B_2]^2} \right\}. \tag{4.58}$$

由式 (4.47), $\varepsilon_0 > 0$, 对任意的 $\varepsilon \in (0, \varepsilon_0)$ 和 $\|(e(t), \eta(t))\| \geqslant r$, 在如下两种情况下考虑 V 沿式 (4.51) 关于时间 t 的导数.

情况 1 $\|e(t)\| \geqslant r/2$. 在这种情况下, $\|e(t)\| \geqslant 1$, 因此 $\|e(t)\|^2 \geqslant \|e(t)\|$. 由式 (4.58) 中 ε_0 的定义可知, $\lambda_{23} - \dfrac{[(1+L+L_1)\beta_2 + \beta_1 B_1]^2}{2[\lambda_{13} - (\alpha L_1 + \beta_1 B)]} \varepsilon > 0$. 再由式 (4.57) 可得

$$\frac{\mathrm{d}V(e(t), \eta(t))}{\mathrm{d}t} \bigg|_{(4.57)}$$

$$\leqslant - \left[\frac{\lambda_{13} - (\alpha L_1 + \beta_1 B)}{2\varepsilon} - \beta_1 B_2 \right] \|e(t)\|^2 + \beta_1 B_0 \|e(t)\|$$

$$\leqslant - \left[\frac{\lambda_{13} - (\alpha L_1 + \beta_1 B)}{2\varepsilon} - \beta_1 B_2 \right] \|e(t)\|^2 + \beta_1 B_0 \|e(t)\|^2$$

$$= - \frac{\lambda_{13} - (\alpha L_1 + \beta_1 B) - 2\varepsilon\beta_1(B_0 + B)}{2\varepsilon} \|e(t)\|^2 < 0, \tag{4.59}$$

这里使用了由式 (4.58) 推出的事实: $\lambda_{13} - (\alpha L_1 + \beta_1 B) - 2\varepsilon\beta_1(B_0 + B) > 0$.

情况 2 $\|e(t)\| < r/2$. 在这种情况下, 由 $\|(e(t), \eta(t))\| \geqslant r$ 和 $\|e(t)\| + \|\eta(t)\| \geqslant \|(e(t), \eta(t))\|$ 可知 $\|\eta(t)\| \geqslant r/2$. 注意到式 (4.58), 有 $\lambda_{13} - (\alpha L_1 + \beta_1 B) - 2\varepsilon\beta_1 B_2 > 0$. 因此由式 (4.57) 可以推出

$$\frac{\mathrm{d}V(e(t), \eta(t))}{\mathrm{d}t} \bigg|_{(4.57)}$$

$$\leqslant -\left(\lambda_{23} - \frac{[(1+L+L_1)\beta_2 + \beta_1 B_1]^2}{2(\lambda_{13} - (\alpha L_1 + \beta_1 B))}\varepsilon\right)\|\eta(t)\|^2 + \beta_1 B_0 \|e(t)\|$$

$$\leqslant \beta_1 B_0 \frac{r}{2} - \frac{\lambda_{23}}{2}\left(\frac{r}{2}\right)^2 = -\frac{r}{8}[r\lambda_{23} - 4\beta_1 B_0] < 0, \tag{4.60}$$

由式 (4.58), 有 $r\lambda_{23} - 4\beta_1 B_0 > 0$ 以及 $\dfrac{[(1+L+L_1)\beta_2 + \beta_1 B_1]^2}{2(\lambda_{13} - (\alpha L_1 + \beta_1 B))}\varepsilon \leqslant \dfrac{\lambda_{23}}{2}$.

结合以上两个方面, 可推出对任意的 $\varepsilon \in (0, \varepsilon_0)$ 和 $\|(e(t), \eta(t))\| \geqslant r$, Lyapunov 函数 V 沿式 (4.51) 关于时间 t 的导数满足

$$\left.\frac{\mathrm{d}(e(t), \eta(t))}{\mathrm{d}t}\right|_{(4.51)} < 0. \tag{4.61}$$

因此存在 $t_{1\varepsilon} > 0$ 使得对任意的 $t > t_{1\varepsilon}$, 都有 $\|(e(t), \eta(t))\| \leqslant r$.

步骤 2　估计 $|x_i(t) - \hat{x}_i(t)|$.

考虑由式 (4.51) 的后面 $n+1$ 个微分方程组成的子系统如下:

$$\begin{cases} \varepsilon \dot{e}_1(t) = e_2(t) - g_1(e_1(t)), \\ \quad \vdots \\ \varepsilon \dot{e}_n(t) = e_{n+1}(t) - g_n(e_1(t)) + \tilde{f}(x(t)) - \tilde{f}(\hat{x}(t)), \\ \varepsilon \dot{e}_{n+1}(t) = -g_{n+1}(e_1(t)) + \varepsilon \hbar(t), \end{cases} \tag{4.62}$$

这里 $\hbar(t)$ 由式 (4.53) 给出. 由于对任意的 $t > t_{1\varepsilon}$, $\|(e(t), x(t))\| \leqslant r$. 再注意到式 (4.54), 对任意的 $t > t_{1\varepsilon}$, $|\hbar(t)| \leqslant M_0 + \dfrac{B}{\varepsilon}\|e(t)\|$, 其中, $M_0 > 0$ 是依赖于 R 的常数. 这与假设 A2 相结合, 可以推出 Lyapunov 函数 V_1 沿式 (4.62) 关于时间 t 的导数满足

$$\left.\frac{\mathrm{d}V_1(e(t))}{\mathrm{d}t}\right|_{(4.62)}$$

$$= \frac{1}{\varepsilon}\left(\sum_{i=1}^{n}(e_{i+1}(t) - g_i(e_1(t)))\frac{\partial V_1}{\partial e_i}(e(t)) - g_{n+1}(e_1(t))\frac{\partial V_1}{\partial e_{n+1}}(e(t))\right.$$

$$\left. + [\tilde{f}(x(t)) - \tilde{f}(\hat{x}(t))]\frac{\partial V_1}{\partial e_n}(e(t)) + \varepsilon \hbar(t)\frac{\partial V_1}{\partial e_{n+1}}(e(t))\right)$$

$$\leqslant -\frac{\lambda_{13} - (\alpha L_1 + \beta_1 B)}{\varepsilon}\|e(t)\|^2 + M_0 \beta_1 \|e(t)\|$$

$$\leqslant -\frac{\lambda_{13} - (\alpha L_1 + \beta_1 B)}{\varepsilon \lambda_{12}}V_1(e(t)) + \frac{M_0 \beta_1 \sqrt{\lambda_{11}}}{\lambda_{11}}\sqrt{V_1(e(t))}, \quad \forall\, t > t_{1\varepsilon}. \tag{4.63}$$

由此可以推出

$$\frac{\mathrm{d}\sqrt{V_1(e(t))}}{\mathrm{d}t} \leqslant -\frac{\lambda_{13} - (\alpha L_1 + \beta_1 B)}{\varepsilon \lambda_{12}}\sqrt{V_1(e(t))} + \frac{\varepsilon M_0 \beta_1 \sqrt{\lambda_{11}}}{\lambda_{11}}, \quad \forall\, t > t_{1\varepsilon}, \tag{4.64}$$

因此

$$
\sqrt{V_1(e(t))} \leqslant \sqrt{V_1(e(t_{1\varepsilon}))} e^{-\frac{\lambda_{13}-(\alpha L_1+\beta_1 B)}{\varepsilon\lambda_{12}}(t-t_{1\varepsilon})}
$$
$$
+ \frac{M\beta_1\sqrt{\lambda_{11}}}{\lambda_{11}} \int_{t_{1\varepsilon}}^{t} e^{-\frac{\lambda_{13}-(\alpha L_1+\beta_1 B)}{\varepsilon\lambda_{12}}(t-s)} \mathrm{d}s, \quad \forall\, t > t_{1\varepsilon}, \tag{4.65}
$$

这里用到了由式 (4.47) 推出的结论: $\lambda_{13} > \alpha L_1 + \beta_1 B$. 由于式 (4.65) 中不等号右端第一项当 t 趋近于无穷大时趋近于 0, 第二项的绝对值不超过 ε 乘以与它无关的一个常数, 由 e 的定义, 存在 $t_{2\varepsilon} > t_{1\varepsilon}$ 和 $\Gamma_1 > 0$ 使得

$$
|x_i(t) - \hat{x}_i(t)| = \varepsilon^{n+1-i}|e_i(t)| \leqslant \|e(t)\| \leqslant \sqrt{\frac{V_1(e(t))}{\lambda_{11}}} \leqslant \Gamma_1\varepsilon^{n+2-i}, \quad \forall\, t > t_{2\varepsilon}. \tag{4.66}
$$

步骤 3 估计 $\|x(t) - z(t)\|$.

考虑由式 (4.51) 的前 n 个微分方程组成的子系统:

$$
\begin{cases}
\dot{\eta}_1(t) = \eta_2(t), \\
\dot{\eta}_2(t) = \eta_3(t), \\
\vdots \\
\dot{\eta}_n(t) = \varphi(\hat{x}(t) - z_R(t)) + \tilde{f}(x(t)) - \tilde{f}(\hat{x}(t)) + e_{n+1}(t).
\end{cases} \tag{4.67}
$$

计算 Lyapunov 函数 V_2 沿式 (4.67) 关于时间 t 的导数, 结合假设 A3 和 (4.52), 可知

$$
\left. \frac{\mathrm{d}V_2(\eta(t))}{\mathrm{d}t} \right|_{(4.67)}
$$
$$
= \sum_{i=1}^{n-1} \eta_{i+1}(t) \frac{\partial V_2}{\partial \eta_i}(\eta(t)) + \varphi(\eta(t)) \frac{\partial V_2}{\partial \eta_n}(\eta(t))
$$
$$
+ \{e_{n+1}(t) + \varphi(\hat{x}(t) - z_R(t)) - \varphi(x(t) - z_R(t))
$$
$$
+ \tilde{f}(x(t)) - \tilde{f}(\hat{x}(t))\} \frac{\partial V_2}{\partial \eta_n}(\eta(t))
$$
$$
\leqslant -W_2(\eta(t)) + (1 + L + L_1)\beta_2 \|e(t)\|\|\eta(t)\|
$$
$$
\leqslant -\frac{\lambda_{23}}{\lambda_{22}} V_2(\eta(t)) + N_0\varepsilon\sqrt{V_2(\eta(t))}, \quad \forall\, t > t_{2\varepsilon}, \tag{4.68}
$$

其中, N_0 是依赖于 R 的常数. 由这个不等式可以推出, 对任意的 $t > t_{2\varepsilon}$, 都有

$$
\left. \frac{\mathrm{d}\sqrt{V_2(\eta(t))}}{\mathrm{d}t} \right|_{(4.67)} \leqslant -\frac{\lambda_{23}}{\lambda_{22}} \sqrt{V_2(\eta(t))} + N_0\varepsilon, \tag{4.69}
$$

因此

$$\sqrt{V_2(\eta(t))} \leqslant \sqrt{V_2(\eta(t_{2\varepsilon}))}\mathrm{e}^{-\frac{\lambda_{23}}{\lambda_{22}}(t-t_{2\varepsilon})} + N_0\varepsilon\int_{t_{2\varepsilon}}^{t}\mathrm{e}^{-\frac{\lambda_{23}}{\lambda_{22}}(t-s)}\mathrm{d}s, \quad \forall\, t > t_{2\varepsilon}. \quad (4.70)$$

由于不等式 (4.70) 不等号右边第一项当 t 趋近于无穷大时趋近于 0, 第二项的绝对值不超过 ε 乘以一个与 ε 无关的常数, 因此存在 $t_\varepsilon > t_{2\varepsilon}$ 和 $\Gamma_2 > 0$ 使得对任意的 $t > t_\varepsilon$ 都有 $\|x(t) - z_R(t)\| \leqslant \Gamma_2\varepsilon$. □

平行于式 (4.32), 一个典型的定理 4.3 的例子是线性自抗扰控制. 以下是线性的修改型的扩张状态观测器:

$$\begin{cases} \dot{\hat{x}}_1(t) = \hat{x}_2(t) + \dfrac{k_1}{\varepsilon}(y(t) - \hat{x}_1(t)), \\[2mm] \dot{\hat{x}}_2(t) = \hat{x}_3(t) + \dfrac{k_2}{\varepsilon^2}(y(t) - \hat{x}_1(t)), \\[1mm] \vdots \\[1mm] \dot{\hat{x}}_n(t) = \hat{x}_{n+1}(t) + \dfrac{k_n}{\varepsilon^n}(y(t) - \hat{x}_1(t)) + \tilde{f}(\hat{x}(t)) + b_0 u(t), \\[2mm] \dot{\hat{x}}_{n+1}(t) = \dfrac{k_{n+1}}{\varepsilon^{n+1}}(y(t) - \hat{x}_1(t)), \end{cases} \quad (4.71)$$

同时, 式 (4.45) 也是线性的:

$$u(t) = \frac{1}{b_0}[\alpha_1(\hat{x}_1(t) - z_{1R}(t)) + \cdots + \alpha_n(\hat{x}_1(t) - z_{1R}(t))$$
$$- \tilde{f}(\hat{x}) + z_{(n+1)R}(t) - \hat{x}_{n+1}(t)]. \quad (4.72)$$

在线性的修改型的扩张状态观测器式 (4.71) 和线性反馈控制式 (4.72) 的作用下, 自抗扰控制的闭环系统是

$$\begin{cases} \dot{x}_1(t) = x_2(t), \\ \dot{x}_2(t) = x_3(t), \\ \vdots \\ \dot{x}_n(t) = \tilde{f}(x(t)) + w(t) + bu(t), \\ \dot{\hat{x}}_1(t) = \hat{x}_2(t) + \dfrac{k_1}{\varepsilon}(x_1(t) - \hat{x}_1(t)), \\[2mm] \dot{\hat{x}}_2(t) = \hat{x}_3(t) + \dfrac{k_2}{\varepsilon^2}(x_1(t) - \hat{x}_1(t)), \\[1mm] \vdots \end{cases} \quad (4.73)$$

$$
\begin{cases}
\dot{\hat{x}}_n(t) = \hat{x}_{n+1}(t) + \dfrac{k_n}{\varepsilon^n}(x_1(t) - \hat{x}_1(t)) + \tilde{f}(\hat{x}(t)) + b_0 u(t), \\[2mm]
\dot{\hat{x}}_{n+1}(t) = \dfrac{k_{n+1}}{\varepsilon^{n+1}}(x_1(t) - \hat{x}_1(t)), \\[2mm]
u(t) = \dfrac{1}{b_0}[\alpha_1(\hat{x}_1(t) - z_{1R}(t)) + \cdots + \alpha_n(\hat{x}_n(t) - z_{nR}(t)) - \tilde{f}(\hat{x}(t)) \\[2mm]
\qquad\quad + z_{(n+1)R}(t) - \hat{x}_{n+1}(t)],
\end{cases}
$$

这里 $z_{iR}(1 \leqslant i \leqslant n+1)$ 是式 (4.3) 的解.

和推论 4.2 相类似, 这里也有如下推论.

推论 4.4 假设扰动 w 及其导数 $\dot{w}$ 在 $\mathbb{R}$ 上有界, 式 (4.34) 和式 (4.35) 中矩阵 K, A 是 Hurwitz 的. 假设 A4 和假设 A5 成立并且满足

$$
\left(L_1 + \frac{|b - b_0|}{b_0} k_{n+1}\right) \lambda_{\max}(P_K) < \frac{1}{2},
$$

其中, L_1 是假设 A5 中的 Lipschitz 常数; b, b_0, k_{n+1} 是式 (4.1) 和式 (4.71) 中的参数; $\lambda_{\max}(P_K)$ 是正定矩阵 P_K 的最大特征值, P_K 是 Lyapunov 方程 $P_K K + K^{\mathrm{T}} P_K = -I_{n+1}$ 唯一的正定矩阵解.

令 z_{1R} 是式 (4.3) 的解, $x_i(1 \leqslant i \leqslant n)$, $\hat{x}_i(1 \leqslant i \leqslant n+1)$ 是式 (4.73) 的解, 同时 $x_{n+1} = w + (b - b_0)u$ 是扩张的状态. 那么, 对任意的式 (4.3) 和式 (4.73) 的初始状态, 定理 4.3 的结论 (1)~(3) 都成立.

证明 令

$$
V_1(e) = \langle P_K e, e \rangle, \quad W_1(e) = \|e\|, \quad \forall e = (e_1, e_2, \cdots, e_{n+1})^{\mathrm{T}} \in \mathbb{R}^{n+1},
$$

以及

$$
V_2(x) = \langle P_A x, x \rangle, \quad W_2(x) = \|x\|, \quad \forall x = (x_1, x_2, \cdots, x_n)^{\mathrm{T}} \in \mathbb{R}^n.
$$

类似于推论 4.2 的证明, 可以验证 V_i, W_i 对式 (4.73) 满足假设 A2 和假设 A3 的条件. 推论剩余部分的证明可由定理 4.3 直接推出. □

4.2 多输入多输出系统的自抗扰控制

本节所考虑的系统是如下具有大的不确定性的半精确反馈线性化的多输入多输出系统:

$$
\begin{cases}
\dot{x}^i(t) = A_{n_i} x^i(t) + B_{n_i} \Big[f_i(x(t), \xi(t), w_i(t)) \\
\qquad\qquad + \sum_{j=1}^{m} a_{ij}(x(t), \xi(t), w(t)) u_j(t) \Big], \\
y_i(t) = C_i x^i(t), i = 1, 2, \cdots, m, \\
\dot{\xi}(t) = F_0(x(t), \xi(t), w(t)),
\end{cases}
\tag{4.74}
$$

其中, $u \in \mathbb{R}^m$, $\xi \in \mathbb{R}^s$, $x = (x^1, x^2, \cdots, x^m) \in \mathbb{R}^n$; $n = n_1 + \cdots + n_m$; F_0, f_i, a_{ij}, w_i 是 C^1 函数; 外部扰动 $w = (w_1, w_2, \cdots, w_m)$ 满足 $\sup_{t \in [0, \infty)} \|(w, \dot{w})\| < \infty$;

$$
A_{n_i} = \begin{pmatrix} 0 & I_{n_i-1} \\ 0 & 0 \end{pmatrix}_{n_i \times n_i}, \quad B_{n_i} = \big(0, \cdots, 0, 1\big)_{n_i \times 1}^{\mathrm{T}}, \quad C_{n_i} = \big(1, 0, \cdots, 0\big)_{1 \times n_i}.
\tag{4.75}
$$

自抗扰控制主要是研究式 (4.74) 在模型函数 f_i 不精确或完全未知, 同时控制参数 a_{ij} 也不是精确可知, 并存在外部扰动的情况下的控制问题.

控制的目的是使得式 (4.74) 的观测输出 x_1^i 跟踪目标信号 v_1^i, 它可能是某已知的函数或某未知外部系统产生的一个可测输出信号. 同时, x_j^i 跟踪 z_i^j, z_i^j 是目标信号 v_1^i 的 $j-1$ 阶导数 $(v^i)^{(j-1)}$ 的近似, 通过将 v 作为如下跟踪微分器的输入而获得

$$
\dot{z}^i(t) = A_{n_i+1} z^i(t) + B_{n_i+1} \rho^{n_i+1} \psi_i \left(z_1^i - v^i, \frac{z_2^i}{\rho}, \cdots, \frac{z_{n_i+1}^i}{\rho^{n_i}} \right).
\tag{4.76}
$$

另外, 对任意的 $1 \leqslant j \leqslant n_i$, $1 \leqslant i \leqslant m$, 误差 $e_j^i = x_j^i - z_i^j$ 按照如下参照系统的状态 x_j^{i*} 趋近于 0 的方式趋近于 0:

$$
\begin{cases}
\dot{x}_1^{i*}(t) = x_2^{i*}(t), \\
\dot{x}_2^{i*}(t) = x_3^{i*}(t), \\
\vdots \\
\dot{x}_{n_i}^{i*}(t) = \phi_i(x_1^{i*}(t), \cdots, x_{n_i}^{i*}(t)), \quad \phi_i(0, 0, \cdots, 0) = 0.
\end{cases}
\tag{4.77}
$$

换言之, $e_j^i = x_j^i - z_i^j \approx x_j^{i*}$, 同时当 $t \to \infty$ 时, $x_j^{i*}(t) \to 0$.

需要指出的是, 使用式 (4.76) 的优点是目标信号 v_1^i 可能仅仅是可测的, 它的高阶导数在经典意义下是不存在的, 在偏微分方程的边界控制中经常会出现这种情况. 在这种情况下, 式 (4.76) 对微分信号的跟踪是在广义函数 (分布) 的意义下收敛, 即 z_j^i 看作是广义函数 $(v^i)^{(j-1)}$ 在弱收敛 (泛函的收敛) 意义下的近似.

若 v 是局部可积的有界可测函数, 那么它经典意义下的导数未必存在, 而在区间 $(0, T)$ 上存在广义导数 $v^{(i-1)}$. 这里的所说的广义导数是函数空间 $C_0^\infty(0, T)$ 上的连续线性泛函, 定义如下:

$$(v^i)^{(j-1)}(\varphi) \triangleq (-1)^{(i-1)} \int_0^T v^i(t)\varphi^{(i-1)}(t)\mathrm{d}t, \quad \forall \, \varphi \in C_0^\infty(0,T), \quad i > 1. \quad (4.78)$$

由第 2 章跟踪微分器的收敛性结果, 将 z_j^i 也作为 $C_0^\infty(0,T)$ 上的连续线性泛函

$$
\begin{aligned}
\lim_{\rho \to \infty} z_j^i(\varphi) &\triangleq \lim_{\rho \to \infty} \int_0^T z_j^i(t)\varphi(t)\mathrm{d}t = \lim_{\rho \to \infty} \int_0^T (z_1^i)^{(j-1)}(t)\varphi(t)\mathrm{d}t \\
&= \lim_{\rho \to \infty} (-1)^{(j-1)} \int_0^T z_1^i(t)\varphi^{(i-1)}(t)\mathrm{d}t \\
&= (-1)^{(i-1)} \int_0^T v(t)\varphi^{(i-1)}(t)\mathrm{d}t.
\end{aligned}
\quad (4.79)
$$

这意味着 z_j^i(依赖于 ρ) 作为广义函数弱收敛于广义函数 $(v^i)^{(j-1)}$.

注 需要指出的是, 所有的 z_j^i 都是依赖于 ρ 的, z_j^i 作为 v^i 的第 $i-1$ 阶导数是在广义函数意义下的. 如果所有的 $(v^i)^{(j-1)}$ 在经典的意义下存在且可用, 如 v_i 是某已知 n_i 阶可微函数, 可直接计算出 v_i 的各阶导数, 或 v_i 作为某外部系统的可测输出, 其各阶导数也是可观测的, 这时候只需要假设 $z_j^i = (v^i)^{(j-1)}$, $j = 2, 3, \cdots, n_i$. 在这种情况下, 式 (4.76) 不再耦合于自抗扰控制.

由第 2 章跟踪微分器的收敛性结果, 给出假设 A1.

假设 A1 $\|z(t)\| = \|(z^1(t), z^2(t), \cdots, z^m(t))\| < C_1$, $\forall \, t > 0$, 这里 z^i 是跟踪微分器式 (4.76) 的解, $z^i(t) = (z_1^i(t), z_2^i(t), \cdots, z_{n_i}^i(t))$, $C_1 > 0$ 是依赖于 ρ 的常数.

自抗扰控制中最主要的环节是扩张状态观测器, 它不仅用来估计系统的状态, 还用来估计所谓的 "总扰动", 总扰动是指由系统模型的未建模动态加上外部扰动, 再加上控制输入部分由于其放大参数的不精确而造成的扰动所构成的大的不确定性.

本节所使用的扩张观测器给出如下:

$$
\begin{cases}
\dot{\hat{x}}_1^i(t) = \hat{x}_2^i(t) + \varepsilon^{n_i-1} g_1^i(e_1^i(t)), \\
\dot{\hat{x}}_2^i(t) = \hat{x}_3^i(t) + \varepsilon^{n_i-2} g_2^i(e_1^i(t)), \\
\vdots \\
\dot{\hat{x}}_{n_i}^i(t) = \hat{x}_{n_i+1}^i(t) + g_{n_i}^i(e_1^i(t)) + u_i^*(t), \\
\dot{\hat{x}}_{i,n_i+1}(t) = \dfrac{1}{\varepsilon} g_{n_i+1}^i(e_1^i(t)), \ i = 1, 2, \cdots, m,
\end{cases}
\quad (4.80)
$$

这里 g_j^i 是一些适当的非线性函数. 这也是非线性自抗扰控制中非线性的主要由来, 它涵盖了线性自抗扰控制, 即这里所有的 g_j^i 是线性函数的特殊情况 (参见文献 [61]).

本节都使用如下术语而不再特别声明.

$$\tilde{x}^i = (\hat{x}_1^i, \hat{x}_2^i, \cdots, \hat{x}_{n_i}^i)^{\mathrm{T}}, \quad \hat{x}^i = (\hat{x}_1^i, \hat{x}_2^i, \cdots, \hat{x}_{n_i+1}^i)^{\mathrm{T}}, \quad \tilde{x} = (\tilde{x}^{1\mathrm{T}}, \cdots, \tilde{x}^{m\mathrm{T}})^{\mathrm{T}},$$

$$e_j^i(t) = \frac{x_j^i(t) - \hat{x}_j^i(t)}{\varepsilon^{n_i+1-j}}, \quad 1 \leqslant j \leqslant n_i+1, 1 \leqslant i \leqslant m,$$

$$e^i = (e_1^i, \cdots, e_{n_i+1}^i)^{\mathrm{T}}, \quad e = (e^{1\mathrm{T}}, \cdots, e^{m\mathrm{T}})^{\mathrm{T}}, \quad \eta = x - z, \quad \eta^i = x^i - z^i.$$

$$\tag{4.81}$$

$u_i^*, x_{n_i+1}^i$ 分别作为标称控制和扩张的状态, 在后面不同的情况下给予具体化. 扩张状态观测器的作用是同时在线估计系统的状态和扩张的状态, 系统的总扰动为 $\hat{x}_{i,n_i+1}$.

为给出自抗扰控制的收敛性, 需要如下关于扩张状态观测器式 (4.80) 的假设 (假设 A2) 和关于参照系统式 (4.77) 的假设 (假设 A3).

假设 A2　对于任意的 $i \leqslant m$, $|g_j^i(r)| \leqslant \Lambda_j^i r$, $\forall\ r \in \mathbb{R}$. 存在常数 $\lambda_{11}^i, \lambda_{12}^i, \lambda_{13}^i, \lambda_{14}^i, \beta_1^i,$ 和正定连续函数 $V_1^i, W_1^i : \mathbb{R}^{n+1} \to \mathbb{R}$ 使得

(1) $\lambda_{11}^i \|y\|^2 \leqslant V_1^i(y) \leqslant \lambda_{12}^i \|y\|^2$, $\lambda_{13}^i \|y\|^2 \leqslant W_1^i(y) \leqslant \lambda_{14}^i \|y\|^2$, $\forall\ y \in \mathbb{R}^{n+1}$;

(2) $\displaystyle\sum_{j=1}^{n_i} (y_{j+1} - g_j^i(y_1)) \frac{\partial V_1^i}{\partial y_j}(y) - g_{n_i+1}^i(y_1) \frac{\partial V_1^i}{\partial y_{n_i+1}}(y) \leqslant -W_1^i(y)$, $\forall\ y \in \mathbb{R}^{n_i+1}$;

(3) $\max\left\{ \left| \dfrac{\partial V_1^i}{\partial y_{n_i}}(y) \right|, \left| \dfrac{\partial V_1^i}{\partial y_{n_i+1}}(y) \right| \right\} \leqslant \beta_1^i \|y\|$, $\forall\ y \in \mathbb{R}^{n_i+1}$.

假设 A3　对任意的 $1 \leqslant i \leqslant m$, ϕ_i 是 Lipschitz 连续的, Lipschitz 常数为 L_i: $|\phi_i(x) - \phi_i(y)| \leqslant L_i \|x-y\|, \forall\ x, y \in \mathbb{R}^{n_i}$. 存在常数 $\lambda_{21}^i, \lambda_{22}^i, \lambda_{23}^i, \lambda_{24}^i, \beta_2^i$ 和正定的连续可微函数 $V_2^i, W_2^i : \mathbb{R}^{n_i} \to \mathbb{R}$ 使得

(1) $\lambda_{21}^i \|y\|^2 \leqslant V_2^i(y) \leqslant \lambda_{22}^i \|y\|^2$, $\lambda_{23}^i \|y\|^2 \leqslant W_2^i(y) \leqslant \lambda_{24}^i \|y\|^2$;

(2) $\displaystyle\sum_{j=1}^{n_i-1} y_{j+1} \frac{\partial V_2^i}{\partial y_j}(y) + \phi_i(y_1, y_2, \cdots, y_{n_i}) \frac{\partial V_2^i}{\partial y_{n_i}}(y) \leqslant -W_2^i(y)$;

(3) $\left| \dfrac{\partial V_2^i}{\partial y_{n_i}} \right| \leqslant \beta_2^i \|y\|, \forall\ y = (y_1, y_2, \cdots, y_{n_i}) \in \mathbb{R}^{n_i}$.

接下来, 定义如下 Lyapunov 函数:

$$V_1 : \mathbb{R}^{2n+m} \to \mathbb{R}, \quad V_1(e) = \sum_{i=1}^m V_1^i(e^i),$$

$$V_2 : \mathbb{R}^{2n} \to \mathbb{R}, \quad V_2(\eta) = \sum_{i=1}^m V_2^i(\eta^i).$$

$$\tag{4.82}$$

4.2.1　自抗扰控制的半全局收敛性

在本节, 假设式 (4.74) 的初始状态位于一个已知的紧集. 这个信息将用于设计饱和的反馈控制, 以避免扩张状态观测器中的峰值对系统的影响.

假设 AS1 存在常数 C_1, C_2 使得 $\|x(0)\| < C_2,\ \|(w(t), \dot{w}(t))\| < C_3$.

令 $C_1^* = \max_{\{y \in \mathbb{R}^n,\ \|y\| \leqslant C_1 + C_2\}} V_2(y)$. 假设 AS2 是保证式 (4.74) 的零动态是输入–状态稳定的一个条件.

假设 AS2 存在正定函数 $V_0, W_0 : \mathbb{R}^s \to \mathbb{R}$ 使得对于任意的 $\xi : \|\xi\| > \chi(x, w)$, 都有 $L_{F_0} V_0(\xi) \leqslant -W_0(\xi)$, 这里 $\chi : \mathbb{R}^{n+m} \to \mathbb{R}$ 是一个楔函数, $L_{F_0} V_0(\xi)$ 表示 Lyapunov 函数 V_0 沿式 (4.74) 的李导数.

令

$$\max\left\{ \sup_{\|x\| \leqslant C_1 + (C_1^*+1)/(\min \lambda_{23}^i)+1, \|w\| \leqslant C_3} |\chi(x,w)|,\ \|\xi(0)\| \right\} \leqslant C_4.$$

$$M_1 \geqslant 2\left(1 + M_2 + C_1 \right.$$

$$\left. + \max_{1 \leqslant i \leqslant m} \sup_{\|x\| \leqslant C_1+(C_1^*+1)/(\min \lambda_{23}^i)+1, \|w\| \leqslant C_3, \|\xi\| \leqslant C_4} |f_i(x,\xi,w_i)| \right), \tag{4.83}$$

$$M_2 \geqslant \max_{\|x\| \leqslant C_1+(C_1^*+1)/(\min \lambda_{23}^i)+1} |\phi_i(x)|.$$

如下假设是对控制输入的放大系数的一些限制.

假设 AS3 对任意的 $a_{ij}(x, \xi, w_i)$, 存在标称参数 $b_{ij}(x)$ 使得

(1) 由 $b_{ij}(x)$ 作为其第 i 行第 j 列所构成的矩阵是全局可逆的, 其逆矩阵表述如下:

$$\begin{pmatrix} b_{11}^*(x) & b_{12}^*(x) & \cdots & b_{1m}^*(x) \\ b_{21}^*(x) & b_{22}^*(x) & \cdots & b_{2m}^*(x) \\ \vdots & \vdots & & \vdots \\ b_{m1}^*(x) & b_{m2}^*(x) & \cdots & b_{mm}^*(x) \end{pmatrix} = \begin{pmatrix} b_{11}(x) & b_{12}(x) & \cdots & b_{1m}(x) \\ b_{21}(x) & b_{22}(x) & \cdots & b_{2m}(x) \\ \vdots & \vdots & & \vdots \\ b_{m1}(x) & b_{m2}(x) & \cdots & b_{mm}(x) \end{pmatrix}^{-1}; \tag{4.84}$$

(2) 对任意的 $1 \leqslant i, j \leqslant m$, b_{ij} 和 b_{ij}^* 的所有偏导数都是全局有界的;

(3)
$$\vartheta = \max_{1 \leqslant i \leqslant m} \sup_{\|x\| \leqslant C_1+(C_1^*+1)/(\min \lambda_{23}^i)+1, \|\xi\| \leqslant C_4, \|w\| \leqslant C_3, \nu \in \mathbb{R}^n} \left| a_{ij}(x,\xi,w) - b_{ij}(x) \right| \left| b_{ij}^*(\nu) \right|$$

$$< \min_{1 \leqslant i \leqslant m} \left\{ \frac{1}{2},\ \lambda_{13}^i \left(m\beta_1^i \Lambda_{n_i+1}^i \left(M_1 + \frac{1}{2} \right) \right)^{-1} \right\}. \tag{4.85}$$

令可微饱和函数 $\mathrm{sat}_M : \mathbb{R} \to \mathbb{R}$ 定义如下:

$$\mathrm{sat}_M(r) = \begin{cases} r, & 0 \leqslant r \leqslant M, \\ -\dfrac{1}{2}r^2 + (M+1)r - \dfrac{1}{2}M^2, & M < r \leqslant M+1, \\ M + \dfrac{1}{2}, & r > M, \end{cases} \tag{4.86}$$

这里 $M > 0$ 是常数.

反馈控制设置为

$$
\begin{cases}
u_i^* = -\mathrm{sat}_{M_1}(\hat{x}_{n_i+1}^i) + \mathrm{sat}_{M_2}(\phi_i(\tilde{x}^i - z^i)) + z_{n_i+1}^i, \\
u_i = \displaystyle\sum_{k=1}^m b_{ik}^*(\tilde{x}) u_k^*.
\end{cases}
\tag{4.87}
$$

其中, 不同的项所扮演的不同的角色如下: $\hat{x}_{n_i+1}^i$ 用于补偿总扰动 $x_{n_i+1}^i = f_i(x, \xi, w_i) + \sum_{j=1}^m (a_{ij}(x, \xi, w_i) - b_{ij}(x))u_j$, $\phi_i(\tilde{x}^i - z^i) + z_{n_i+1}^i$ 是用以保证系统输出对目标信号的跟踪; $\hat{x}_{n_i+1}^i$, $\phi_i(\hat{x}^i - z^i)$ 分别被饱和函数 $\mathrm{sat}_{M_1}, \mathrm{sat}_{M_2}$ 作用以避免峰值现象. 由于不确定性的估计和消除都是在线进行的, 故自抗扰控制在处理不确定性方面是一个经济的控制策略, 尤其是在系统的扰动对系统造成大的破坏之前用小的代价来消除它的影响.

在反馈控制式 (4.87) 下, 由系统式 (4.74) 和扩张状态观测器式 (4.80) 构成的闭环系统可以重写为

$$
\begin{cases}
\dot{x}^i(t) = A_{n_i} x^i(t) + B_{n_i}\Big[f_i(x(t), \xi(t), w_i(t)) \\
\qquad\qquad + \displaystyle\sum_{j=1}^m a_{ij}(x(t), \xi(t), w(t)) u_j(t) \Big], \\
\dot{\xi}(t) = F_0(x(t), \xi(t), w_i(t)), \\
\dot{\hat{x}}^i = A_{n_i+1}\hat{x}^i + \begin{pmatrix} B_{n_i} \\ 0 \end{pmatrix} u_i^* + \begin{pmatrix} \varepsilon^{n_i-1} g_1^i(e_1^i) \\ \vdots \\ \dfrac{1}{\varepsilon} g_{n_i+1}^i(e_1^i) \end{pmatrix}, \\
u_i^* = -\mathrm{sat}_{M_1}(\hat{x}_{n_i+1}^i) + \mathrm{sat}_{M_2}(\phi_i(\tilde{x}^i - z^i)) + z_{n_i+1}^i, \\
u_i = \displaystyle\sum_{k=1}^m b_{ik}^*(\tilde{x}) u_k^*.
\end{cases}
\tag{4.88}
$$

下面是本小节的第一个主要结果.

定理 4.5　假设 A1 ~ 假设 A3 以及假设 AS1 ~ 假设 AS3 的条件都满足. 令依赖于 ε 的闭环系统式 (4.88) 的解为 $(x(t, \varepsilon), \hat{x}(t, \varepsilon))$, 那么对于任意的 $\sigma > 0$, 存在 $\varepsilon_0 > 0$ 使得对任意的 $\varepsilon \in (0, \varepsilon_0)$, 存在依赖于 ε 的常数 $t_0 > 0$, 使得

$$
|\tilde{x}(t, \varepsilon) - x(t, \varepsilon)| \leqslant \sigma, \quad \forall\, t > t_0,
\tag{4.89}
$$

以及

$$
\varlimsup_{t \to \infty} \| x(t, \varepsilon) - z(t) \| \leqslant \sigma.
\tag{4.90}
$$

定理 4.5 的证明主要是基于引理 4.6 所证明的闭环系统式 (4.88) 解的有界性.

引理 4.6 假设 A1 ~ 假设 A3 以及 AS1 ~ 假设 AS3 的所有条件都满足. 令 $\Omega_0 = \{y|V_2(y) \leqslant C_1^*\}$, $\Omega_1 = \{y|V_2(y) \leqslant C_1^* + 1\}$. 存在 $\varepsilon_1 > 0$ 使得对任意的 $\varepsilon \in (0, \varepsilon_1)$, 以及 $t \in [0, \infty)$, 都有 $\eta(t, \varepsilon) \in \Omega_1$.

证明 首先, 对于任意的 $\varepsilon > 0$, 有

$$
\begin{aligned}
&|\eta_j^i(t, \varepsilon)| \leqslant |x_j^i(0)| + |x_{j+1}^i(t, \varepsilon)|t + 2C_1, \quad 1 \leqslant j \leqslant n_i - 1, \quad 1 \leqslant i \leqslant m, \\
&|\eta_{n_i}^i(t, \varepsilon)| \leqslant |x_{n_i}^i(0)| + |x_{n_i}^i(t, \varepsilon)| + 2C_1, \\
&|x_{n_i}^i(t, \varepsilon)| \leqslant |x_{n_i}^i(0)| + mM_1^*(M_1 + M_2 + C_1)t,
\end{aligned}
\tag{4.91}
$$

其中, $M_1^* = \max_{1 \leqslant i,j \leqslant m} \sup_{\|x\| \in \mathbb{R}^n} |b_{ij}(x)|$.

其次, 容易看出式 (4.91) 中所有不等号的右端都是与 ε 无关的. 由于 $\|\eta(0)\| < C_1 + C_2$, $\eta(0) \in \Omega_0$, 存在与 ε 无关的常数 $t_0 > 0$ 使得对任意的 $t \in [0, t_0]$, 都有 $\eta(t, \varepsilon) \in \Omega_0$.

最后, 用反证法来证明引理 4.6 的结论.

假设引理 4.6 的结论不成立, 那么对于任意的 $\varepsilon > 0$, 存在 $\varepsilon^* \in (0, \varepsilon)$, 以及 $t^* \in (0, \infty)$ 使得

$$
\eta(t^*, \varepsilon) \in \mathbb{R}^n - \Omega_1.
\tag{4.92}
$$

由于对任意的 $t \in [0, t_0]$, $\eta(t, \varepsilon^*) \in \Omega_0$, 且 η 是时间 t 的连续函数, 存在 $t_0 < t_1 < t_2$ 使得

$$
\begin{aligned}
&\eta(t_1, \varepsilon) \in \partial\Omega_0 \quad \text{或} \quad V_2(\eta(t_1, \varepsilon)) = C_1^*, \\
&\eta(t_2, \varepsilon) \in \Omega_1 - \Omega_0 \quad \text{或} \quad C_1^* < V_2(\eta(t_2, \varepsilon)) \leqslant C_1^* + 1, \\
&\eta(t, \varepsilon) \in \Omega_1 - \Omega_0^\circ, \forall\, t \in [t_1, t_2] \text{ 或} C_1^* \leqslant V_2(\eta(t, \varepsilon)) \leqslant C_1^* + 1, \\
&\eta(t, \varepsilon) \in \Omega_1, \quad \forall\, t \in [0, t_2].
\end{aligned}
\tag{4.93}
$$

由式 (4.74) 以及式 (4.81), 可以证明误差 e^i 满足如下误差系统:

$$
\varepsilon \dot{e}^i(t) = A_{n_i+1}e^i(t) + \Delta_{i1}B_{n_i} + \varepsilon\Delta_{i2}B_{n_i+1} - \begin{pmatrix} g_1^i(e_1^i(t)) \\ \vdots \\ g_{n_i+1}^i(e_1^i(t)) \end{pmatrix}, \quad 1 \leqslant i \leqslant m, \tag{4.94}
$$

其中,

$$
\begin{aligned}
\Delta_{i1} &= \sum_{j=1}^m \big(b_{ij}(x) - b_{ij}(\tilde{x})\big)u_j, \\
\Delta_{i2} &= \frac{\mathrm{d}}{\mathrm{d}t}\bigg(f_i(x, \xi, w_i) + \sum_{j=1}^m \big(a_{ij}(x, \xi, w_i) - b_{ij}(x)\big)u_j\bigg)\bigg|_{(4.88)}.
\end{aligned}
\tag{4.95}
$$

由于 b_{ij} 所有的偏导数都是有界的, 因此存在常数 $N_0 > 0$ 使得 $|\Delta_{i1}| \leqslant \varepsilon N_0 \|e\|$.

为书写方便, 定义如下向量场:

$$F_i(x^i) = \begin{pmatrix} x_2^i \\ x_3^i \\ \vdots \\ x_{n_i+1}^i + f_i(x, \xi, w_i) + \sum_{j=1}^{m} a_{ij}(x, \xi, w_j)u_j - u_i^* \end{pmatrix}, \tag{4.96}$$

$$F(x) = \left(F_1(x^1), F_2(x^2), \cdots, F_m(x^m) \right)^{\mathrm{T}}; \tag{4.97}$$

$$\hat{F}_i(\tilde{x}^i) = \begin{pmatrix} \hat{x}_2^i + \varepsilon^{n_i-1}g_1^i(e_1^i) \\ \hat{x}_3^i + \varepsilon^{n_i-2}g_2^i(e_1^i) \\ \vdots \\ \hat{x}_{n_i+1}^i + g_{n_i}^i(e_1^i) + u_i^* \end{pmatrix}, \tag{4.98}$$

$$\hat{F}(\tilde{x}) = \left(\hat{F}_1(\tilde{x}^1), \hat{F}_2(\tilde{x}^2), \cdots, \hat{F}_m(\tilde{x}^m) \right)^{\mathrm{T}}. \tag{4.99}$$

计算总扰动 $x_{n_i+1}^i$ 在区间 $[t_1, t_2]$ 上关于时间 t 的导数可得

$$\begin{aligned}
\Delta_{i2} &= \frac{\mathrm{d}}{\mathrm{d}t}\left(f_i(x, \xi, w_i) + \sum_{j=1}^{m} \left(a_{ij}(x, \xi, w_j) - b_{ij}(x) \right)u_j \right) \\
&= \left[L_{F(x)}f_i(x, \xi, w_i) + L_{F_0(\xi)}f_i(x, \xi, w_i) + \frac{\partial f_i}{\partial w_i}\dot{w}_i \right] \\
&\quad + \frac{\mathrm{d}}{\mathrm{d}t}\left(\sum_{j,l=1}^{m} \left(a_{ij}(x, \xi, w_j) - b_{ij}(x) \right)b_{jl}^*(\tilde{x})u_l^* \right) \\
&= \left[L_{F(x)}f_i(x, \xi, w_i) + L_{F_0(\xi)}f_i(x, \xi, w_i) + \frac{\partial f_i}{\partial w_i}\dot{w}_i \right] \\
&\quad + \sum_{j,l=1}^{m} \Bigg(L_{F(x)}\Big(a_{ij}(x, \xi, w_j) - b_{ij}(x) \Big) + L_{F_0(\xi)}a_{ij}(x, \xi, w_j) \\
&\quad + \frac{\partial a_{ij}}{\partial w_i}\dot{w}_i \Bigg)b_{jl}^*(\tilde{x})u_l^* + \sum_{j,l=1}^{m} \left(a_{ij}(x, \xi, w_j) - b_{ij}(x) \right)L_{\hat{F}(\tilde{x})}\big(b_{jl}^*(\tilde{x})\big)u_l^* \\
&\quad + \sum_{j,l=1}^{m} \left(a_{ij}(x, \xi, w_j) - b_{ij}(x) \right)b_{jl}^*(\tilde{x})\Bigg(-\frac{1}{\varepsilon}\dot{h}_{M_1}(\hat{x}_{n_i+1}^i)g_{n_i+1}^i(e_1^i) \\
&\quad + L_{\hat{F}_i(\tilde{x}^i)}\mathrm{sat}_{M_2}(\phi_i(\tilde{x}^i - z^i)) - \sum_{s=1}^{n_i} z_{s+1}\frac{\partial\mathrm{sat}_{M_2}\circ\phi_i}{\partial y_s}(\tilde{x}^i - z^i) + \dot{z}_{n_i+1}^i \Bigg).
\end{aligned}$$
$$\tag{4.100}$$

由假设可知, $\|(w, \dot{w})\|$, $\|x\|$, $\|\xi\|$, $\|z\|$ 以及 $|z^i_{n_i+1}|$ 在区间 $[t_1, t_2]$ 上都是有界的. 由此可以推出, 存在与 ε 无关的常数 N_i 使得对于任意的 $t \in [t_1, t_2]$, 有

$$
\left| L_{F(x)} f_i(x, \xi, w_i) + L_{F_0(\xi)} f_i(x, \xi, w_i) + \frac{\partial f_i}{\partial w_i} \dot{w}_i \right.
$$
$$
+ \sum_{j,l=1}^{m} \left(L_{F(x)} \Big(a_{ij}(x, \xi, w_j) - b_{ij}(x) \Big) \right.
$$
$$
\left. \left. + L_{F_0(\xi)} a_{ij}(x, \xi, w_j) + \frac{\partial a_{ij}}{\partial w_i} \dot{w}_i \right) b^*_{jl}(\tilde{x}) u^*_l \right| \leqslant N_1, \tag{4.101}
$$

$$
\left| \sum_{j,l=1}^{m} (a_{ij}(x, \xi, w_j) - b_{ij}(x)) L_{\hat{F}(\tilde{x})} b^*_{jl}(\tilde{x}) u^*_l \right| \leqslant N_2 \|e\| + N_3, \tag{4.102}
$$

$$
\left| \sum_{j,l=1}^{m} \Big(a_{ij}(x, \xi, w_j) - b_{ij}(x) \Big) b^*_{jl}(\tilde{x}) \left(-\frac{1}{\varepsilon} \dot{h}_{M_1}(\hat{x}^i_{n_i+1}) g^i_{n_i+1}(e^i_1) \right. \right.
$$
$$
\left. \left. + L_{\hat{F}_i(\tilde{x}^i)} \mathrm{sat}_{M_2}(\phi_i(\tilde{x}^i - z^i)) - \sum_{s=1}^{n_i} z_{s+1} \frac{\partial \mathrm{sat}_{M_2} \circ \phi_i}{\partial y_s}(\tilde{x}^i - z^i) + \dot{z}^i_{n_i+1} \right) \right|
$$
$$
\leqslant \frac{N}{\varepsilon} \|e^i\| + N_4 \|e\| + N_5, \tag{4.103}
$$

其中,

$$
N = \Lambda^i_{n_i+1} \left(M_1 + \frac{1}{2} \right)
$$
$$
\times \max_{1 \leqslant i \leqslant m} \sup_{\|x\| \leqslant C_1 + (C_1^*+1)/(\min \lambda^i_{23})+1, \|\xi\| \leqslant C_4, \|w\| \leqslant C_3, \nu \in \mathbb{R}^n} \sum_{j,l=1}^{m} |a_{ij}(x, \xi, w) - b_{ij}(x)|
$$
$$
\times \left| b^*_{jl}(\nu) \right|
$$
$$
= \Lambda^i_{n_i+1} \left(M_1 + \frac{1}{2} \right) \vartheta. \tag{4.104}
$$

求 Lyapunov 函数 V_1 沿式 (4.94) 关于时间 t 的导数可得, 对任意的 $0 < \varepsilon < \min_{1 \leqslant i \leqslant m} (\lambda^i_{13} - N\beta^i_1)/((N_0 + N_2 + N_4) \max_{1 \leqslant i \leqslant m} \beta^i_1)$ 以及 $t \in [0, t_2]$, 都有

$$
\left. \frac{\mathrm{d}V_1(e)}{\mathrm{d}t} \right|_{(4.94)} \leqslant \sum_{i=1}^{m} \left\{ -\frac{1}{\varepsilon} W^i_1(e^i) + \beta^i_1 \|e^i\| \left(N_0 \|e\| + N_1 + N_2 \|e\| \right. \right.
$$
$$
\left. \left. + N_3 + N_5 + N_4 \|e\| + \frac{N}{\varepsilon} \|e^i\| \right) \right\},
$$
$$
\leqslant - \left(\frac{1}{\varepsilon} \min_{1 \leqslant i \leqslant m} (\lambda^i_{13} - N\beta^i_1) - (N_0 + N_2 + N_4) \max_{1 \leqslant i \leqslant m} (\beta^i_1) \right) \|e\|^2
$$

$$+ m \max \beta_1^i (N_1 + N_3 + N_5) \|e\|$$

$$\leqslant - \frac{V_1(e)}{\max\{\lambda_{12}^i\}} \left(\frac{1}{\varepsilon} \min_{1 \leqslant i \leqslant m} \left(\lambda_{13}^i - N\beta_1^i \right) - (N_0 + N_2 + N_4) \max_{1 \leqslant i \leqslant m} \left(\beta_1^i \right) \right)$$

$$+ \frac{m \max \beta_1^i (N_1 + N_3 + N_5)}{\sqrt{\lambda_{12}^i}} \sqrt{V_1(e)}. \tag{4.105}$$

由于对任意的 $0 < \varepsilon < \min_{1 \leqslant i \leqslant m} \left(\lambda_{13}^i - N\beta_1^i \right) / ((N_0 + N_2 + N_4) \max_{1 \leqslant i \leqslant m} \beta_1^i)$ 以及对任意的 $t \in [0, t_2]$, 有

$$\frac{\mathrm{d}}{\mathrm{d}t} \sqrt{V_1(e)} \leqslant - \left(\frac{\Pi_1}{\varepsilon} - \Pi_2 \right) \sqrt{V_1(e)} + \Pi_3, \tag{4.106}$$

其中,

$$\Pi_1 = \frac{\min \left(\lambda_{13}^i - N\beta_1^i \right)}{\max\{\lambda_{12}^i\}}, \quad \Pi_2 = \frac{(N_0 + N_2 + N_4) \max \left(\beta_1^i \right)}{\max\{\lambda_{12}^i\}},$$

$$\Pi_3 = \frac{m \max \beta_1^i (N_1 + N_3 + N_5)}{\sqrt{\lambda_{12}^i}}. \tag{4.107}$$

因此, 对任意的 $0 < \varepsilon < \min_{1 \leqslant i \leqslant m} \left(\lambda_{13}^i - N\beta_1^i \right) / ((N_0 + N_2 + N_4) \max_{1 \leqslant i \leqslant m} \beta_1^i)$ 以及 $t \in [0, t_2]$, 有

$$\|e\| \leqslant \frac{1}{\sqrt{\lambda_{11}^i}} \sqrt{V_1(e)}$$

$$\leqslant \frac{1}{\sqrt{\lambda_{11}^i}} \left[e^{(-\Pi_1/\varepsilon + \Pi_2)t} \sqrt{V_1(e(0))} + \Pi_3 \int_0^t e^{(-\Pi_1/\varepsilon + \Pi_2)(t-s)} \mathrm{d}s \right]. \tag{4.108}$$

令 $\varepsilon \to 0$, 则有对任意的 $t \in [t_1, t_2]$, 都有

$$e^{(-\Pi_1/\varepsilon + \Pi_2)t} \sqrt{V_1(e(0))}$$

$$\leqslant \frac{1}{\sqrt{\min\{\lambda_{11}^i\}}} e^{(-\Pi_1/\varepsilon + \Pi_2)t} \sum_{i=1}^{m} \left\| \left(\frac{e_{i1}}{\varepsilon^{n_i+1}}, \frac{e_{i2}}{\varepsilon^{n_i}}, \cdots, e_{i(n_i+1)} \right) \right\| \to 0. \tag{4.109}$$

由于对任意的 $\sigma \in \left(0, \min\{1/2, \lambda_{23}^i (C_1 + C_2)/(mN_6)\} \right)$, 因此存在 $\varepsilon_1 \in (0, 1)$ 使得对任意的 $\varepsilon \in (0, \varepsilon_1)$ 和 $t \in [t_1, t_2]$, $\|e\| \leqslant \sigma$. 这里 $N_6 = \max_{1 \leqslant i \leqslant m} \{\beta_2^i (1 + \hat{L}_i)\}$, $\hat{L}_i$ 是函数 ϕ_i 的 Lipschitz 常数.

注意到对任意的 $0 < \varepsilon < \varepsilon_1$ 以及 $t \in [t_1, t_2]$, $\eta \in \Omega_1$, $\|e\| \leqslant \sigma$,

$$\|\tilde{x}^i - z^i\| \leqslant \|x - \tilde{x}^i\| + \|x^i - z^i\| \leqslant (C_1^* + 1)/\min \lambda_{23}^i + 1,$$

$$|\phi_i(\tilde{x}^i - z^i)| \leqslant M_2,$$

$$
\begin{aligned}
|\hat{x}_{n_i+1}^i| &\leqslant |e_{n_i+1}^i| + |x_{n_i+1}^i| \\
&\leqslant |e_{n_i+1}^i| + \Big| f_i(x, \xi, w_i) + \sum_{j=1}^m (a_{ij}(x, \xi, w_i) - b_{ij}(x))u_i \Big| \\
&\leqslant |e_{n_i+1}^i| + |f_i(x, \xi, w_i)| + \vartheta(M_1 + M_2 + C_2) \\
&\leqslant 1 + M_2 + C_1 + |f_i(x, \xi, w_i)| + \vartheta M_1 \leqslant M_1.
\end{aligned}
\tag{4.110}
$$

因此对任意的 $t \in [t_1, t_2]$, 式 (4.88) 中的标称反馈控制 u_i^* 具有如下形式: $u_i^* = \hat{x}_{n_i+1}^i + \phi_i(\tilde{x}^i - z^i) + z_{n_i+1}^i$. 在式 (4.88) 中代入上述标称反馈控制 u_i^*, 并计算 Lyapunov 函数 V_2 沿式 (4.88) 关于时间 t 在区间 $[t_1, t_2]$ 的导数, 可得

$$
\begin{aligned}
\frac{\mathrm{d}}{\mathrm{d}t} V_2(\eta) &= \sum_{i=1}^m \big(-W_2^i(\eta^i(t)) + N_6 \sigma \|\eta^i\| \big) \\
&\leqslant -\min_{1 \leqslant i \leqslant m} \{\lambda_{23}^i\} \|\eta\|^2 + mN_6 \|e\| \|\eta\| < 0,
\end{aligned}
\tag{4.111}
$$

这与式 (4.93) 相矛盾. 因此引理 4.6 得证. $\qquad\square$

定理 4.5 的证明 由引理 4.6 可知, 对任意的 $\varepsilon \in (0, \varepsilon_1)$ 以及 $t \in (0, \infty)$ 都有 $\eta(t, \varepsilon) \in \Omega_1$. 因此式 (4.110) 对任意的 $t \in [0, \infty)$ 都成立, 故对任意的 $\varepsilon \in (0, \varepsilon_1)$ 和 $t \in [0, \infty)$ 总有式 (4.111) 和式 (4.105) 成立.

对任意的 $\sigma > 0$, 由式 (4.111) 可得存在 $\sigma_1 \in (0, \sigma/2)$ 使得如果 $\|e(t, \varepsilon)\| \leqslant \sigma_1$ 成立, 则 $\overline{\lim}_{t \to \infty} \|\eta(t, \varepsilon)\| \leqslant \sigma/2$. 由式 (4.105) 可知, 对任意的 $\tau > 0$ 以及上述 $\sigma_1 > 0$, 存在 $1 < \varepsilon_0 < \varepsilon_1$ 使得对任意的 $\varepsilon \in (0, \varepsilon_0)$, $t > \tau$ 都有 $\|x(t, \varepsilon) - \hat{x}(t, \varepsilon)\| \leqslant \sigma_1$. $\qquad\square$

4.2.2 自抗扰控制的全局收敛性

4.2.1 小节证明了自抗扰控制的一个半全局收敛性结果. 它的优点是通过对控制输入的饱和有效地避免了由扩张状态观测器中的高增益调整参数所带来的峰值现象. 然而, 饱和函数的设置依赖于系统的初始状态的界. 如果初始状态所在区域的界无法估计, 则需要全局的收敛性结果. 而与之相比较, 这里所付出额外的代价可能是出现峰值现象以及对系统的更为严格的条件.

假设 GA1 对任意的 $1 \leqslant i \leqslant m$, 所有 f_i 的偏导数在 $\mathbb{R}^{n+m}$ 上有界, 这里 $n = n_1 + \cdots + n_m$.

假设 GA2 对任意的 $1 \leqslant i, j \leqslant m$, $a_{ij}(x, \xi, w_i) = a_{ij}(w_i)$, 存在常量标称参数 b_{ij} 使得由 b_{ij} 作为第 i 行 j 列的矩阵是可逆的:

$$
\begin{pmatrix}
b_{11}^* & b_{12}^* & \cdots & b_{1m}^* \\
b_{21}^* & b_{22}^* & \cdots & b_{2m}^* \\
\vdots & \vdots & & \vdots \\
b_{m1}^* & b_{m2}^* & \cdots & b_{mm}^*
\end{pmatrix}
=
\begin{pmatrix}
b_{11} & b_{12} & \cdots & b_{1m} \\
b_{21} & b_{22} & \cdots & b_{2m} \\
\vdots & \vdots & & \vdots \\
b_{m1} & b_{m2} & \cdots & b_{mm}
\end{pmatrix}^{-1}.
$$

另外,

$$
\min\{\lambda_{13}^i\} - \sqrt{m} \sum_{i,k,l=1}^{m} \beta_1^i \sup_{t\in[0,\infty)} |a_{ik}(w_i(t)) - b_{ik}| b^* \Lambda_{n_l+1}^l > 0, \quad \forall\, t\in[0,\infty). \tag{4.112}
$$

假设 GA3　对于零动态, 存在常数 $K_1 > 0, K_2 > 0$ 使得 $\|F_0(x,\xi,w)\| \leqslant K_1 + K_2(\|x\| + \|w\|)$.

基于扩张状态观测器的输出反馈控制在这种情况下设计为

$$
\begin{cases}
u_i^* = \phi_i(\tilde{x}^i - z^i) + z_{(n_i+1)}^i - \hat{x}_{(n_i+1)}^i, \\
u_i = \sum_{j=1}^{m} b_{ij}^* u_j.
\end{cases} \tag{4.113}
$$

其中, $\hat{x}_{n_i+1}^i$ 用于补偿不确定性 $x_{n_i+1}^i = f_i(x,\xi,w_i) + \sum_{j=1}^{m}(a_{ij}(w_i) - b_{ij})u_j$, 而 $\phi_i(\tilde{x}^i + z_{n_1+1}^i)$ 的功能是保证输出跟踪.

在式 (4.80) 以及式 (4.113) 下, 由式 (4.74) 构成的闭环系统为

$$
\begin{cases}
\dot{x}^i = A_{n_i} x^i + B_{n_i}\left(f_i(x,w_i) + \sum_{k=1}^{m} a_{ik} u_k\right), \\
\dot{\hat{x}}^i = A_{n_i+1}\hat{x}^i + \begin{pmatrix} \varepsilon^{n_i-1} g_1^i(e_1^i) \\ \vdots \\ \frac{1}{\varepsilon} g_{n_i+1}^i(e_1^i) \end{pmatrix} + B_{n_i+1} u_i^*, \\
u_i = \sum_{k=1}^{m} b_{ik}^* u_k^*, \; u_i^* = \phi_i(\tilde{x}^i - z^i) + z_{(n_i+1)}^i - \hat{x}_{(n_i+1)}^i.
\end{cases} \tag{4.114}
$$

定理 4.7　假设 A1 ~ 假设 A3 和假设 GA1 ~ 假设 GA3 的所有条件都成立. 令 $x(t,\varepsilon)$, $\hat{x}(t,\varepsilon)$ 是式 (4.114) 依赖于 ε 的解, 那么存在 $\varepsilon_0 > 0$ 使得对任意的 $\varepsilon \in (0,\varepsilon_0)$, 存在一个依赖于 ε 和初始状态的常数 $t_\varepsilon > 0$ 使得对任意的 $t > t_\varepsilon$, 有

$$
|x_j^i(t,\varepsilon) - \hat{x}_j^i(t,\varepsilon)| \leqslant \Gamma_1 \varepsilon^{n_i+2-j}, \quad 1 \leqslant j \leqslant n_i+1, \quad 1 \leqslant i \leqslant m, \tag{4.115}
$$

以及

$$\|x_j^i - z_j^i\| \leqslant \Gamma_2 \varepsilon, \quad 1 \leqslant j \leqslant n_i, \quad 1 \leqslant i \leqslant m, \tag{4.116}$$

这里 Γ_1, Γ_2 是与 ε 和初始状态无关的常数. 然而, 它们依赖于 $\|z^i\|$ 和 $\|(w, \dot{w})\|$ 的上界.

证明 利用与式 (4.81) 相同的术语 η^i, e^i, 得到如下误差微分系统:

$$\begin{cases} \dot{\eta}^i = A_{n_i}\eta^i + B_{n_i}[\phi_i(\eta^i) + e_{n_i+1}^i + (\phi_i(\tilde{x}^i - z^i) - \phi_i(x^i - z^i))], \\ \varepsilon\dot{e}^i = A_{n_i+1}e^i + \varepsilon\bar{\Delta}_i B_{n_i+1} - \begin{pmatrix} g_1^i(e_1^i) \\ \vdots \\ g_{n_i+1}^i(e_1^i) \end{pmatrix}. \end{cases} \tag{4.117}$$

令

$$\begin{aligned} \bar{\Delta}_i &= \left.\frac{\mathrm{d}}{\mathrm{d}t}\right|_{(4.114)}^* \left[f_i(x, \xi, w_i) + \sum_{k=1}^m a_{ik}(w_i)u_k - u_i^* \right] \\ &= \left.\frac{\mathrm{d}}{\mathrm{d}t}\right|_{(4.114)}^* \left[f_i(x, \xi, w_i) + \sum_{k,l=1}^m (a_{ik}(w_i) - b_{ik}) \right. \\ &\quad \left. \times b_{kl}^* \left(\phi_l(\tilde{x}^l - z^l) + z_{n_l+1}^l - \hat{x}_{n_l+1}^l \right) \right]. \end{aligned} \tag{4.118}$$

通过直接计算可得

$$\begin{aligned} \bar{\Delta}_i &= \sum_{s=1}^m \sum_{j=1}^{n_s-1} x_{j+1}^s \frac{\partial f_i}{\partial x_j^s}(x, \xi, w_i) \\ &\quad + \sum_{s,k,l=1}^m b_{ik}b_{kl}^* \left(\phi_l(\tilde{x}^l - z^l) + z_{n_l+1}^l - \hat{x}_{n_l+1}^l \right) \frac{\partial f_i}{\partial x_{n_s}^s}(x, w_i) \\ &\quad + \dot{w}_i \frac{\partial f_i}{\partial w_i}(x, w_i) + L_{F_0(\xi)}f_i(x, \xi, w_i) \\ &\quad + \sum_{k,l=1}^m (a_{ik} - b_{ik})b_{kl}^* \left\{ \sum_{j=1}^{n_l} \left(\tilde{x}_{j+1}^l - z_{j+1}^l - \varepsilon^{n_l-j}g_j^l(e_1^l) \right) \frac{\partial \phi_l}{\partial y_j}(\tilde{x}^l - z^l) \right\} \\ &\quad + \sum_{k,l=1}^m (a_{ik} - b_{ik})b_{kl}^* \left\{ \dot{z}_{n_l+1}^l - \frac{1}{\varepsilon}g_{n_l+1}^l(e_1^l) \right\} \\ &\quad + \sum_{k,l=1}^m \dot{a}_{ik}(w_i)\dot{w}_i b_{kl}^* \left(\phi_l(\tilde{x}^l - z^l) + z_{n_l+1}^l - \hat{x}_{n_l+1}^l \right). \end{aligned} \tag{4.119}$$

由此可以推出

$$|\bar{\Delta}_i| \leqslant \Xi_0^i + \Xi_1^i \|e\| + \Xi_2^j \|\eta\| + \frac{\Xi^i}{\varepsilon} \|e\|,$$

$$\Xi^i = \sqrt{m} \sum_{k,l=1}^m \sup_{t \in [0,\infty} |a_{ik}(w_i(t)) - b_{ik}|b_{kl}^*|\Lambda_{n_l+1}^l, \tag{4.120}$$

这里 $\Xi_0^i, \Xi_1^i, \Xi_2^i$ 是与 ε 无关的常数.

对式 (4.117) 构造 Lyapunov 函数 $V: \mathbb{R}^{2n_1+\cdots+2n_m+m} \to \mathbb{R}$ 如下:

$$V(\eta^1, \cdots, \eta^m, e^1, \cdots, e^m) = \sum_{i=1}^m [V_1^i(e^i) + V_2^i(\eta^i)]. \tag{4.121}$$

Lyapunov 函数 V 沿式 (4.117) 关于时间 t 的导数为

$$\frac{\mathrm{d}V}{\mathrm{d}t}\bigg|_{(4.117)} = \sum_{i=1}^m \bigg\{ \frac{1}{\varepsilon} \bigg[\sum_{j=1}^{n_i} (e_{j+1}^i - g_j^i(e_1^i)) \frac{\partial V_1^i}{\partial e_j^i}(e^i)$$

$$- g_{n_i+1}^i(e_1^i) \frac{\partial V_1^i}{\partial e_{n+1}^i}(e^i) \bigg] + \bar{\Delta}_i \frac{\partial V_1^i}{\partial e_{n_i+1}^i}(e^i) + \sum_{j=1}^{n_i-1} \eta_{j+1}^i \frac{\partial V_2^i}{\partial \eta_j^i}(\eta^i)$$

$$+ \{\phi_i(\eta^i) + e_{n_i+1}^i + [\phi_i(\tilde{x}^i - z^i) - \phi_i(x^i - z^i)]\} \frac{\partial V_2^i}{\partial x_{n_i}^i}(\eta^i) \bigg\}. \tag{4.122}$$

由假设 A2 和假设 A3 可以推出

$$\frac{\mathrm{d}V}{\mathrm{d}t}\bigg|_{(4.117)} \leqslant \sum_{i=1}^m \bigg\{ -\frac{1}{\varepsilon} W_1^i(e^i) + \beta_1^i \|e^i\| \Big(\Xi_0^i + \Xi_1^i \|e\| + \Xi_2^i \|\eta\| + \frac{\Xi^i}{\varepsilon} \|e\| \Big)$$

$$- W_2^i(\eta^i) + \beta_2^i(L_i + 1)\|e^i\|\|\eta^i\| \bigg\}. \tag{4.123}$$

上式结合假设 A2 和假设 A3 可以推出

$$\frac{\mathrm{d}V}{\mathrm{d}t}\bigg|_{(4.117)} \leqslant \sum_{i=1}^m \bigg\{ -\frac{\lambda_{13}^i}{\varepsilon}\|e^i\|^2 + \beta_1^i \|e^i\| \Big(\Xi_0^i + \Xi_1^i \|e\| + \Xi_2^i \|\eta\| + \frac{\Xi^i}{\varepsilon} \|e\| \Big)$$

$$- \lambda_{23}^i \|\eta^i\|^2 + \beta_2^i(L_i + 1)\|e^i\|\|\eta^i\| \bigg\}$$

$$\leqslant - \bigg(\frac{1}{\varepsilon} \bigg(\min\{\lambda_{13}^i\} - \sum_{i=1}^m \beta_1^i \Xi^i \bigg) - \sum_{i=1}^m \beta_1^i \Xi_1^i \bigg) \|e\|^2$$

$$+ \bigg(\sum_{i=1}^m \beta_1^i \Xi_0^i \bigg) \|e\| - \min\{\lambda_{23}^i\}\|\eta\|^2 + \sum_{i=1}^m \beta_2^i(L_i + 1)\|e\|\|\eta\|. \tag{4.124}$$

为了书写方便, 记

$$\Pi_1 = \min\{\lambda_{13}^i\} - \sum_{i=1}^m \beta_1^i \Xi^i, \quad \Pi_2 = \sum_{i=1}^m \beta_1^i \Xi_1^i,$$

$$\Pi_3 = \sum_{i=1}^m \beta_1^i \Xi_0^i, \quad \Pi_4 = \sum_{i=1}^m \beta_2^i (L_i + 1), \quad \lambda = \min\{\lambda_{23}^i\}, \tag{4.125}$$

通过上述记号, 可将式 (4.124) 简化为

$$\left. \frac{dV}{dt} \right|_{(4.117)} \leqslant - \left(\frac{\Pi_1}{\varepsilon} - \Pi_2 \right) \|e\|^2 + \Pi_3 \|e\| - \lambda \|\eta\|^2 + \Pi_4 \|e\| \|\eta\|. \tag{4.126}$$

令 $\varepsilon_1 = \Pi_1/(2\Pi_2)$. 对任意的 $\varepsilon \in (0, \varepsilon_1)$, 有 $\Pi_2 = \Pi_1/(2\varepsilon_1) \leqslant \Pi_1/(2\varepsilon)$, 以及

$$\Pi_4 \|e\| \|\eta\| = \sqrt{\frac{\Pi_1}{4\varepsilon}} \|e\| \sqrt{\frac{4\varepsilon}{\Pi_1}} \Pi_2 \|\eta\| \leqslant \frac{\Pi_1}{4\varepsilon} \|e\|^2 + \frac{4\varepsilon \Pi_2^2}{\Pi_1} \|\eta\|^2. \tag{4.127}$$

因此, 在式 (4.126) 中, Lyapunov 函数 V 沿式 (4.117) 对时间 t 的导数进一步估计为

$$\left. \frac{dV}{dt} \right|_{(4.117)} \leqslant - \frac{\Pi_1}{4\varepsilon} \|e\|^2 + \Pi_3 \|e\| - \left(\lambda - 4\varepsilon \frac{\Pi_2^2}{\Pi_1} \right) \|\eta\|^2. \tag{4.128}$$

现在证明当 ε 充分小的时, 式 (4.117) 的解是有界的. 为了证明这一事实, 令

$$R = \max \left\{ 2, \frac{2\Pi_3}{\lambda} \right\}, \quad \varepsilon_0 = \min \left\{ 1, \varepsilon_1, \frac{\Pi_1}{4\Pi_3}, \frac{\lambda \Pi_1}{8\Pi_2^2} \right\}. \tag{4.129}$$

对任意的 $\varepsilon \in (0, \varepsilon_0)$ 以及 $\|e, \eta\| \geqslant R$, 在以下两种情况下考虑 Lyapunov 函数 V 沿式 (4.117) 关于时间 t 的导数.

情况 1 $\|e\| \geqslant R/2$. 在这种情况下, 由式 (4.129) 中 ε_0 的定义, 通过计算式 (4.128) 可得

$$\left. \frac{dV}{dt} \right|_{(4.117)} \leqslant - \frac{\Pi_1}{4\varepsilon} \|e\|^2 + \Pi_3 \|e\| \leqslant - \left(\frac{\Pi_1}{4\varepsilon} - \Pi_3 \right) \|e\|^2$$

$$\leqslant - \left(\frac{\Pi_1}{4\varepsilon} - \Pi_3 \right) < 0. \tag{4.130}$$

情况 2 $\|e\| < R/2$. 在这种情况下, 由 $\|\eta\| + \|e\| \geqslant \|(e, \eta)\|$ 可以推出 $\|\eta\| \geqslant \mathbb{R}/2$. 由式 (4.123) 和式 (4.129) 中 ε_0 的定义, 有

$$\left. \frac{dV}{dt} \right|_{(4.117)} \leqslant \Pi_3 \|e\| - \left(\lambda - 4\varepsilon \frac{\Pi_2^2}{\Pi_1} \right) \|\eta\|^2$$

$$\leqslant - \left(\lambda - 4\varepsilon \frac{\Pi_2^2}{\Pi_1} \right) R^2 + \Pi_3 R \leqslant - \left(\frac{\lambda}{2} R - \Pi_3 \right) R \leqslant 0. \tag{4.131}$$

由以上两种情况可得, 对任意的 $\varepsilon \in (0, \varepsilon_0)$, 存在一个依赖于 ε 与初始状态的常数 $\tau_\varepsilon > 0$, 使得对于任意的 $t \in (T_\varepsilon, \infty)$ 都有 $\|(e, \eta)\| \leqslant R$. 这与式 (4.119) 中 Δ_i 的定义相结合可知, 对于任意的 $t \in (T_\varepsilon, \infty)$, 都有 $|\bar{\Delta}_i| \leqslant M_i + (\Xi_i/\varepsilon)\|e\|$, 这里 M_i 是一个依赖于 R 的常数.

计算 Lyapunov 函数 V_1 沿式 (4.117) 关于时间 t 的导数可得, 对于任意的 $t > \tau_\varepsilon$, 都有

$$
\begin{aligned}
\frac{\mathrm{d}V_1}{\mathrm{d}t}\bigg|_{(4.117)} &= \frac{1}{\varepsilon}\sum_{i=1}^{m}\left\{\sum_{j=1}^{n_i}\left(e_{j+1}^i - g_j^i(e_1^i)\right)\frac{\partial V_1^i}{\partial e_j^i}(e^i)\right. \\
&\quad \left. + \left(\varepsilon\bar{\Delta}_i - g_{n_i+1}^i(e_1^i)\right)\frac{\partial V_1^i}{\partial e_{n_i+1}^i}(e^i)\right\} \\
&\leqslant -\frac{\Pi_1}{\varepsilon}\|e^i\|^2 + \sum_{i=1}^{m}M_i\beta_1^i\|e^i\| \\
&\leqslant -\frac{\Pi_1}{\varepsilon\max\{\lambda_{12}^i\}}V_1(e) + \frac{\displaystyle\sum_{i=1}^{m}M_i\beta_1^i}{\sqrt{\min\{\lambda_{11}^i\}}}\sqrt{V_1(e)}.
\end{aligned}
\tag{4.132}
$$

因此,

$$
\frac{\mathrm{d}}{\mathrm{d}t}\sqrt{V_1(e)}\bigg|_{(4.117)} \leqslant -\frac{\Pi_1}{2\varepsilon\max\{\lambda_{12}^i\}}\sqrt{V_1(e)} + \frac{\displaystyle\sum_{i=1}^{m}M_i\beta_1^i}{2\sqrt{\min\{\lambda_{11}^i\}}}
\tag{4.133}
$$

对于任意的 $t > \tau_\varepsilon$ 都成立.

由常微分方程的比较原理, 对于任意的 $t > \tau_\varepsilon$, 有

$$
\sqrt{V_1(e)} \leqslant e^{-\frac{\Pi_1}{2\varepsilon\max\{\lambda_{12}^i\}}(t-\tau_\varepsilon)} + \frac{\displaystyle\sum_{i=1}^{m}M_i\beta_1^i}{2\sqrt{\min\{\lambda_{11}^i\}}}\int_{\tau_\varepsilon}^{t}e^{-\frac{\Pi_1}{2\varepsilon\max\{\lambda_{12}^i\}}(t-s)}\mathrm{d}s.
\tag{4.134}
$$

因为不等号右边第一项满足

$$
\lim_{t\to\infty}e^{-\frac{\Pi_1}{2\varepsilon\max\{\lambda_{12}^i\}}(t-\tau_\varepsilon)} = 0,
$$

所以存在 $t_\varepsilon > 0$ 使得当 $t > t_\varepsilon$ 时

$$
\left|e^{-\frac{\Pi_1}{2\varepsilon\max\{\lambda_{12}^i\}}(t-\tau_\varepsilon)}\right| \leqslant \varepsilon.
$$

对于不等号右端第二项, 有

$$
\left|\int_{\tau_\varepsilon}^{t}e^{-\frac{\Pi_1}{2\varepsilon\max\{\lambda_{12}^i\}}(t-s)}\mathrm{d}s\right| \leqslant \frac{2\max\{\lambda_{12}^i\}}{\Pi_1}\varepsilon.
\tag{4.135}
$$

这与假设 A2 结合可推出存在常数 $\Gamma_1 > 0$ 使得

$$|e_j^i| \leqslant \sqrt{\frac{V_1(e)}{\min\{\lambda_{11}^i\}}} \leqslant \Gamma_1 \varepsilon, \quad t > t_\varepsilon. \tag{4.136}$$

再由式 (4.81) 可得式 (4.115).

计算 Lyapunov 函数 V_2 沿式 (4.117) 关于时间 t 的导数, 对于任意的 $t > t_\varepsilon$, 有

$$\begin{aligned}
\left.\frac{\mathrm{d}V_2}{\mathrm{d}t}\right|_{(4.117)} &= \sum_{i=1}^{m}\left\{\sum_{j=1}^{n_i-1} \eta_{j+1}^i \frac{\partial V_2^i}{\partial \eta_j^i}(\eta^i)\right. \\
&\quad \left. + \{\phi_i(\eta^i) + e_{n_i+1}^i + [\phi_i(\hat{x}^i - z^i) - \phi_i(x^i - z^i)]\}\frac{\partial V_2^i}{\partial x_{n_i}^i}(\eta^i)\right\} \\
&\leqslant \sum_{i=1}^{m}\left\{-W_2^i(\eta^i) + \beta_2^i(L_i+1)\|e^i\|\|\eta^i\|\right\} \\
&\leqslant \sum_{i=1}^{m}\left\{-W_2^i(\eta^i) + \beta_2^i(L_i+1)\Gamma_1\varepsilon\|\eta^i\|\right\}. \tag{4.137}
\end{aligned}$$

由假设 A3 可知, 对任意的 $t > t_\varepsilon$, 有

$$\left.\frac{\mathrm{d}V_2}{\mathrm{d}t}\right|_{(4.117)} \leqslant -\min\left\{\lambda_{23}^i/\lambda_{22}^i\right\} V_2(\eta) + \frac{\displaystyle\sum_{i=1}^{m}\beta_2^i(L_i+1)\Gamma_1\varepsilon}{\sqrt{\min\{\lambda_{21}^i\}}}\sqrt{V_2(\eta)}. \tag{4.138}$$

由此可以推出对任意的 $t > t_\varepsilon$, 有

$$\left.\frac{\mathrm{d}}{\mathrm{d}t}\sqrt{V_2(\eta)}\right|_{(4.117)} \leqslant -\frac{\min\left\{\lambda_{23}^i/\lambda_{22}^i\right\}}{2}\sqrt{V_2(\eta)} + \frac{\displaystyle\sum_{i=1}^{m}\beta_2^i(L_i+1)\Gamma_1\varepsilon}{2\sqrt{\min\{\lambda_{21}^i\}}}. \tag{4.139}$$

由常微分方程的比较原理, 对于任意的 $t > t_\varepsilon$,

$$\begin{aligned}
\sqrt{V_2(\eta)} &\leqslant e^{-\frac{\min\left\{\lambda_{23}^i/\lambda_{22}^i\right\}}{2}(t-t_\varepsilon)}\sqrt{V_2(\eta(t_\varepsilon))} \\
&\quad + \frac{\displaystyle\sum_{i=1}^{m}\beta_2^i(L_i+1)\Gamma_1\varepsilon}{2\sqrt{\min\{\lambda_{21}^i\}}}\int_{t_\varepsilon}^{t} e^{-\frac{\min\left\{\lambda_{23}^i/\lambda_{22}^i\right\}}{2}(t-s)}\mathrm{d}s. \tag{4.140}
\end{aligned}$$

由式 (4.81) 和假设 A3, 最终可得存在 $T_\varepsilon > t_\varepsilon$ 以及 $\Gamma_2 > 0$ 使得式 (4.116) 成立. □

4.2.3　只有外扰的自抗扰控制

本小节考虑一类特殊的自抗扰控制, 这里系统的模型函数是已知的, 但是含有未知的外部扰动. 也就是说, 对于任意的 $1 \leqslant i \leqslant m$, $f_i(x, \xi, w_i) = \tilde{f}_i(x) + \bar{f}(\xi, w_i)$, 这里 $\tilde{f}_i$ 的表达式是已知的. 不确定性来自于外部扰动、零动态和输入控制的放大系数的不匹配. 在这种情况下, 需试图尽量多地利用系统本身的信息去构造扩张状态观测器以及基于扩张状态观测器的输出反馈控制.

基于这样的想法, 对全部的系统观测输出 $y_i = x_1^i (i = 1, 2, \cdots, m)$, 设计如下修改型的扩张状态观测器用于估计 $x_j^i (j = 1, 2, \cdots, n_i)$ 以及 $x_{n_i+1}^i = \bar{f}_i(\xi, w_i) + \sum_{k=1}^m a_{ik}(w_i)u_i - u_i^*$:

$$\begin{cases} \dot{\hat{x}}_1^i = \hat{x}_2^i + \varepsilon^{n_i-1} g_1^i(e_1^i), \\ \dot{\hat{x}}_2^i = \hat{x}_3^i + \varepsilon^{n_i-2} g_2^i(e_1^i), \\ \vdots \\ \dot{\hat{x}}_{n_i}^i = \hat{x}_{n_i+1}^i + g_{n_i}^i(e_1^i) + \tilde{f}(\tilde{x}) + u_i^*, \\ \dot{\hat{x}}_{i,n_i+1} = \dfrac{1}{\varepsilon} g_{n_i+1}^i(e_1^i), i = 1, 2, \cdots, m, \end{cases} \quad (4.141)$$

同时基于扩张状态观测器的输出反馈控制设计为

$$\begin{cases} u_i^* = -\tilde{f}(\tilde{x}) + \phi_i(\tilde{x}^i - z^i) + z_{(n_i+1)}^i - \hat{x}_{(n_i+1)}^i, \\ u_i = \sum_{i=1}^m b_{ij}^* u_j, \end{cases} \quad (4.142)$$

这里 b_{ij}^* 的定义在 4.2.2 小节中由假设 GA2 中给出.

这样由式 (4.74)、式 (4.141) 和式 (4.142) 所构成的闭环系统是

$$\begin{cases} \dot{x}^i = A_{n_i} x^i + B_{n_i}\left(f_i(x, w_i) + \sum_{k=1}^m a_{ik}u_k\right), \\ \dot{\hat{x}}^i = A_{n_i+1}\hat{x}^i + \left(\varepsilon^{n_i-1}, \cdots, \dfrac{1}{\varepsilon}\right)\begin{pmatrix} g_1^i(e_1^i) \\ \vdots \\ g_{n_i+1}^i(e_1^i) \end{pmatrix}, \\ \qquad + B_{n_i}(\tilde{f}(\tilde{x}) + u_i^*) \\ u_i = \sum_{k=1}^m b_{ik}^* u_k^*, \\ u_i^* = -\tilde{f}(\tilde{x}) + \phi_i(\tilde{x}^i - z^i) + z_{(n_i+1)}^i - \hat{x}_{(n_i+1)}^i. \end{cases} \quad (4.143)$$

假设 A4　所有 $\tilde{f}_i, \bar{f}_i$ 关于其自变量的偏导数都是有界的, 它们绝对值的上界为 $\tilde{L}_i$.

定理 4.8 令 $x_j^i(t,\varepsilon)(1 \leqslant j \leqslant n_i, 1 \leqslant i \leqslant m)$ 以及 $\hat{x}_j^i(t,\varepsilon)(1 \leqslant i \leqslant n_i + 1, 1 \leqslant i \leqslant m)$ 是式 (4.143) 的解, $x_{n_i+1}^i = w_i + \sum_{k=1}^m a_{ik}(w_i)u_i - u_i^*$ 是扩张的状态. 假设 A1 ～ 假设 A4 和假设 GA3 的所有条件都成立. 另外, 假定假设 GA2 中的式 (4.112) 不再要求成立, 而是由如下不等式所替代:

$$\min\{\lambda_{13}^i\} - \sum_{i=1}^m \beta_1^i \tilde{L}_i - \sqrt{m} \sum_{i,k,l=1}^m \beta_1^i \sup_{t\in[0,\infty)} |a_{ik}(w_i(t)) - b_{ik}|b^* \Lambda_{n_l+1}^l > 0. \quad (4.144)$$

那么存在常数 $\varepsilon_0 > 0$ 使得对任意的 $\varepsilon \in (0, \varepsilon_0)$, 存在 $t_\varepsilon > 0$, 使得对任意的 $t > t_\varepsilon$, 都有

$$|x_j^i(t,\varepsilon) - \hat{x}_j^i(t,\varepsilon)| \leqslant \Gamma_1 \varepsilon^{n_i+2-j}, \quad 1 \leqslant j \leqslant n_i + 1, \quad 1 \leqslant i \leqslant m, \quad (4.145)$$

以及

$$|x_j^i(t,\varepsilon) - z_j^i(t,\varepsilon)| \leqslant \Gamma_2 \varepsilon, \quad i = 1, 2, \cdots, n, \quad (4.146)$$

这里 Γ_1, Γ_2 是与 ε 以及系统初始状态无关的常量 (但是它们依赖于 $\|z^i\|$ 和 $\|(w, \dot{w})\|$ 的上界).

证明 利用式 (4.81) 中的变量变换, 在这种情况下可得如下的误差微分系统:

$$\begin{cases} \dot{\eta}^i = A_{n_i}\eta^i + B_{n_i}[\phi_i(\tilde{x}^i - z^i) + e_{n_i+1}^i + \tilde{f}_i(x) - \tilde{f}(\tilde{x})], \\ \varepsilon \dot{e}^i = A_{n_i+1}e^i + B_{n_i}(\tilde{f}_i(x) - \tilde{f}(\tilde{x})) + \varepsilon \hbar_i B_{n_i+1} - \begin{pmatrix} g_1^i(e_1^i) \\ \vdots \\ g_{n_i+1}^i(e_1^i) \end{pmatrix}, \end{cases} \quad (4.147)$$

其中,

$$\hbar_i = \frac{\mathrm{d}}{\mathrm{d}t}\Big|_{(4.143)} \left[\bar{f}(\xi, w_i) + \sum_{k=1}^m a_{ik}(w_i)u_k - u_i^* \right]$$

$$= \frac{\mathrm{d}}{\mathrm{d}t}\Big|_{(4.143)} \left[\bar{f}(\xi, w_i) + \sum_{k,l=1}^m (a_{ik}(w_i) - b_{ik})b_{kl}^* \Big(\phi_l(\tilde{x}^l - z^l) \right.$$

$$\left. + z_{n_l+1}^l - \hat{x}_{n_l+1}^l \Big) \right]. \quad (4.148)$$

直接计算可得

$$\hbar_i = L_{F_0(\xi)}\bar{f}_i(\xi, w_i) + \dot{w}_i \frac{\partial \bar{f}_i}{\partial w_i}(\xi, w_i)$$

$$+ \sum_{k,l=1}^m (a_{ik}(w_i) - b_{ik})b_{kl}^* \left\{ \sum_{j=1}^{n_l} \Big(\tilde{x}_{j+1}^l - z_{j+1}^l - \varepsilon^{n_l-j}g_j^l(e_1^l) \Big) \frac{\partial \phi_l}{\partial y_j}(\tilde{x}^l - z^l) \right\}$$

$$+ \sum_{k,l=1}^{m} (a_{ik}(w_i) - b_{ik}) b_{kl}^* \left\{ \dot{z}_{n_l+1}^l - \frac{1}{\varepsilon} g_{n_l+1}^l(e_1^l) \right\}$$

$$+ \sum_{k,l=1}^{m} \dot{a}_{i,k} b_{kl}^* \left(\phi_l(\tilde{x}^l - z^l) + z_{n_l+1}^l - \hat{x}_{n_l+1}^l \right). \tag{4.149}$$

由此可得

$$|\hbar_i| \leqslant \Theta_0^i + \Theta_1^i \|e\| + \Theta_2^j \|\eta\| + \frac{\Theta^i}{\varepsilon} \|e\|,$$

$$\Theta^i = \sqrt{m} \sum_{k,l=1}^{m} \sup_{t \in [0,\infty)} |a_{ik}(w_i(t)) - b_{ik}| b_{kl}^* \Lambda_{n_l+1}^l, \tag{4.150}$$

其中, $\Theta_0^i, \Theta_1^i, \Theta_2^i$ 是与 ε 无关的常数.

计算 Lyapunov 函数 V 沿式 (4.147) 关于时间 t 的导数可得

$$\frac{dV}{dt}\bigg|_{(4.147)} = \sum_{i=1}^{m} \left\{ \frac{1}{\varepsilon} \left[\sum_{j=1}^{n_i} (e_{j+1}^i - g_j^i(e_1^i)) \frac{\partial V_1^i}{\partial e_j^i}(e^i) - g_{n_i+1}^i(e_1^i) \frac{\partial V_1^i}{\partial e_{n+1}^i}(e^i) \right. \right.$$

$$\left. + (\tilde{f}_i(x) - \tilde{f}_i(\tilde{x})) \frac{\partial V_1^i}{\partial V_{n_i}^i}(e^i) \right] + \hbar_i \frac{\partial V_1^i}{\partial e_{n_i+1}^i}(e^i) + \sum_{j=1}^{n_i-1} \eta_{j+1}^i \frac{\partial V_2^i}{\partial \eta_j^i}(\eta^i)$$

$$+ \left\{ \phi_i(\eta^i) + e_{n_i+1}^i + [\phi_i(\hat{x}^i - z^i) - \phi_i(x^i - z^i)] \right.$$

$$\left. \left. + (\tilde{f}_i(x) - \tilde{f}_i(\tilde{x})) \right\} \frac{\partial V_2^i}{\partial x_{n_i}^i}(\eta^i) \right\}. \tag{4.151}$$

由假设 A2 和假设 A3, 有

$$\frac{dV}{dt}\bigg|_{(4.147)} \leqslant \sum_{i=1}^{m} \left\{ -\frac{1}{\varepsilon} W_1^i(e^i) + \frac{\tilde{L}_i \beta_1^i}{\varepsilon} \|e\|^2 + \beta_1^i \|e^i\| \left(\Theta_0^i + \Theta_1^i \|e\| \right. \right.$$

$$\left. \left. + \Theta_2^i \|\eta\| + \frac{\Theta^i}{\varepsilon} \|e\| \right) - W_2^i(\eta^i) + \beta_2^i(L_i + \tilde{L}_i + 1) \|e\| \|\eta^i\| \right\}. \tag{4.152}$$

由上述不等式并结合假设 A2 和假设 A3, 有

$$\frac{dV}{dt}\bigg|_{(4.147)} \leqslant \sum_{i=1}^{m} \left\{ -\frac{\lambda_{13}^i}{\varepsilon} \|e^i\|^2 + \frac{\tilde{L}_i \beta_1^i}{\varepsilon} \|e\|^2 + \beta_1^i \|e^i\| \left(\Theta_0^i + \Theta_1^i \|e\| \right. \right.$$

$$\left. \left. + \Theta_2^i \|\eta\| + \frac{\Theta^i}{\varepsilon} \|e\| \right) - \lambda_{23}^i \|\eta^i\|^2 + \beta_2^i(L_i + \tilde{L}_i + 1) \|e\| \|\eta^i\| \right\}$$

$$\leqslant -\left(\frac{1}{\varepsilon} \left(\min\{\lambda_{13}^i\} - \sum_{i=1}^{m} \beta_1^i \Theta^i - \sum_{i=1}^{m} \beta_1^i \tilde{L}_i \right) - \sum_{i=1}^{m} \beta_1^i \Theta_1^i \right) \|e\|^2$$

$$+ \left(\sum_{i=1}^{m} \beta_1^i \Theta_0^i \right) \|e\| - \min\{\lambda_{23}^i\} \|\eta\|^2 + \sum_{i=1}^{m} \beta_2^i (L_i + \tilde{L}_i + 1) \|e\| \|\eta\|.$$

$$(4.153)$$

为了书写方便, 采用如下记号以简化式 (4.153):

$$\$_1 = \min\{\lambda_{13}^i\} - \sum_{i=1}^{m} \beta_1^i \Theta^i - \sum_{i=1}^{m} \beta_1^i \tilde{L}_i, \quad \$_2 = \sum_{i=1}^{m} \beta_1^i \Theta_1^i,$$

$$\$_3 = \sum_{i=1}^{m} \beta_1^i \Theta_0^i, \quad \$_4 = \sum_{i=1}^{m} \beta_2^i (L_i + \tilde{L}_i + 1), \quad \lambda = \min\{\lambda_{23}^i\},$$

$$(4.154)$$

这样, 式 (4.153) 被简化为

$$\left. \frac{\mathrm{d}V}{\mathrm{d}t} \right|_{(4.147)} \leqslant - \left(\frac{\$_1}{\varepsilon} - \$_2 \right) \|e\|^2 + \$_3 \|e\| - \lambda \|\eta\|^2 + \$_4 \|e\| \|\eta\|. \qquad (4.155)$$

容易看出式 (4.155) 和式 (4.126) 比较类似. 事实上, 如果令 $\Pi_i = \$_i$, 那么式 (4.155) 就是式 (4.126), 因此式 (4.147) 的有界性可以按定理 4.7 中相应的步骤获得. 即存在 $\varepsilon_0 > 0$ 使得对于任意的 $\varepsilon \in (0, \varepsilon_0)$, 存在 $\tau_\varepsilon > 0$, 使得对于任意的 $t \in (T_\varepsilon, \infty)$ 都有 $\|(e, \eta)\| \leqslant \bar{R}$. 这与式 (4.149) 相结合可以推出

$$|\hbar_i| \leqslant \bar{M}_i + (\Theta_i/\varepsilon) \|e\|, \quad \forall t \in (T_\varepsilon, \infty),$$

这里 $\bar{M}_i > 0$ 是依赖于 $\bar{R}$ 的常数.

计算 Lyapunov 函数 V_1 沿式 (4.147) 关于时间 t 的导数可得, 对于任意的 $t > \tau_\varepsilon$, 都有

$$\left. \frac{\mathrm{d}V_1}{\mathrm{d}t} \right|_{(4.147)} = \frac{1}{\varepsilon} \sum_{i=1}^{m} \left\{ \sum_{j=1}^{n_i} (e_{j+1}^i - g_j^i(e_1^i)) \frac{\partial V_1^i}{\partial e_j^i}(e^i) \right.$$

$$+ (\tilde{f}(x) - \tilde{f}(\tilde{x})) \frac{\partial V_1^i}{\partial e_{n_i}^i}(e^i) + (\varepsilon \bar{\Delta}_i - g_{n_i+1}^i(e_1^i)) \frac{\partial V_1^i}{\partial e_{n_i+1}^i}(e^i) \right\}$$

$$\leqslant - \frac{\Pi_1}{\varepsilon} \|e^i\|^2 + \sum_{i=1}^{m} \bar{M}_i \beta_1^i \|e^i\|$$

$$\leqslant - \frac{\Theta_1}{\varepsilon \max\{\lambda_{12}^i\}} V_1(e) + \frac{\sum_{i=1}^{m} \bar{M}_i \beta_1^i}{\sqrt{\min\{\lambda_{11}^i\}}} \sqrt{V_1(e)}. \qquad (4.156)$$

由此可以推出

$$\left. \frac{\mathrm{d}}{\mathrm{d}t} \sqrt{V_1(e)} \right|_{(4.147)} \leqslant - \frac{\Theta_1}{2\varepsilon \max\{\lambda_{12}^i\}} \sqrt{V_1(e)} + \frac{\sum_{i=1}^{m} \tilde{M}_i \beta_1^i}{2\sqrt{\min\{\lambda_{11}^i\}}}, \quad \forall t > \tau_\varepsilon. \qquad (4.157)$$

对以上不等式利用常微分方程的比较原理, 有

$$
\sqrt{V_1(e)} \leqslant \mathrm{e}^{-\frac{\Theta_1}{2\varepsilon \max\{\lambda_{12}^i\}}(t-\tau_\varepsilon)} + \frac{\sum\limits_{i=1}^{m} \tilde{M}_i \beta_1^i}{2\sqrt{\min\{\lambda_{11}^i\}}} \int_{\tau_\varepsilon}^{t} \mathrm{e}^{-\frac{\Theta_1}{2\varepsilon \max\{\lambda_{12}^i\}}(t-s)} \mathrm{d}s, \quad \forall\, t > \tau_\varepsilon.
$$
(4.158)

不等式 (4.158) 中不等号右边第一项满足

$$
\lim_{t\to\infty} \mathrm{e}^{-\frac{\Theta_1}{2\varepsilon \max\{\lambda_{12}^i\}}(t-\tau_\varepsilon)} = 0,
$$

因此存在与 ε 相关的常数 t_ε 使得对任意的 $t > t_\varepsilon$, 都有

$$
\left| \mathrm{e}^{-\frac{\Theta_1}{2\varepsilon \max\{\lambda_{12}^i\}}(t-\tau_\varepsilon)} \right| = 0.
$$

对于不等号右面第二项, 由于

$$
\left| \int_{\tau_\varepsilon}^{t} \mathrm{e}^{-\frac{\Theta_1}{2\varepsilon \max\{\lambda_{12}^i\}}(t-s)} \mathrm{d}s \right| \leqslant \frac{2\max\{x_{11}^i\}}{\Theta_1}\varepsilon,
$$
(4.159)

再由假设 A2 可以推出存在常数 $\Gamma_1 > 0$ 使得

$$
|e_j^i| \leqslant \sqrt{\frac{V_1(e)}{\min\{\lambda_{11}^i\}}} \leqslant \Gamma_1 \varepsilon, \quad \forall\, t > t_\varepsilon.
$$
(4.160)

再由式 (4.81), 推得式 (4.145) 成立.

最后, 令 Lyapunov 函数 $V_2 : \mathbb{R}^{n_1+n_2+\cdots+n_m} \to \mathbb{R}$ 的定义如下:

$$
V_2(\eta) = \sum_{i=1}^{m} V_2^i(\eta^i), \quad \eta = (\eta^1, \eta^2, \cdots, \eta_m), \quad \eta^i = (\eta_1^i, \eta_2^i, \cdots, \eta_{n_i}^i).
$$
(4.161)

计算 Lyapunov 函数 V_2 沿式 (4.147) 关于时间 t 的导数可得

$$
\begin{aligned}
\left.\frac{\mathrm{d}V_2}{\mathrm{d}t}\right|_{(4.147)} &= \sum_{i=1}^{m}\left\{\sum_{j=1}^{n_i-1} \eta_{j+1}^i \frac{\partial V_2^i}{\partial \eta_j^i}(\eta^i) + \left\{\varphi_i(\eta^i) + e_{n_i+1}^i \right.\right. \\
&\quad \left.\left. + (\tilde{f}_i(x) - \tilde{f}(\tilde{x})) + [\varphi_i(\hat{x}^i - z^i) - \varphi_i(x^i - z^i)]\right\}\frac{\partial V_2^i}{\partial x_{n_i}^i}(\eta^i)\right\} \\
&\leqslant \sum_{i=1}^{m}\left\{-W_2^i(\eta^i) + \beta_2^i(L_i + \tilde{L}_i + 1)\|e^i\|\|\eta^i\|\right\} \\
&\leqslant \sum_{i=1}^{m}\left\{-W_2^i(\eta^i) + \beta_2^i(L_i + \tilde{L}_i + 1)\Gamma_1\varepsilon\|\eta^i\|\right\}, \quad \forall t > t_\varepsilon.
\end{aligned}
$$
(4.162)

由假设 A3, 有对于任意的 $t > t_\varepsilon$, 都有

$$
\left.\frac{\mathrm{d}V_2}{\mathrm{d}t}\right|_{(4.147)} \leqslant -\min\left\{\lambda_{23}^i/\lambda_{22}^i\right\} V_2(\eta) + \frac{\sum\limits_{i=1}^{m}\beta_2^i(L_i + \tilde{L}_i + 1)\Gamma_1\varepsilon}{\sqrt{\min\{\lambda_{21}^i\}}}\sqrt{V_2(\eta)}.
$$
(4.163)

由此可推出对于任意的 $t > t_\varepsilon$, 都有

$$\frac{\mathrm{d}}{\mathrm{d}t}\sqrt{V_2(\eta)}\bigg|_{(4.147)} \leqslant -\frac{\min\{\lambda_{23}^i/\lambda_{22}^i\}}{2}\sqrt{V_2(\eta)}$$

$$+ \frac{\sum_{i=1}^{m}\beta_2^i(L_i + \tilde{L}_i + 1)\varGamma_1\varepsilon}{2\sqrt{\min\{\lambda_{21}^i\}}}. \tag{4.164}$$

再次利用常微分方程的比较原理可以证明对任意的 $t > t_\varepsilon$, 有

$$\sqrt{V_2(\eta)} \leqslant \mathrm{e}^{-\frac{\min\left\{\lambda_{23}^i/\lambda_{22}^i\right\}}{2}(t-t_\varepsilon)}\sqrt{V_2(\eta(t_\varepsilon))}$$

$$+ \frac{\sum_{i=1}^{m}\beta_2^i(L_i + \tilde{L}_i + 1)\varGamma_1\varepsilon}{2\sqrt{\min\{\lambda_{21}^i\}}}\int_{t_\varepsilon}^{t}\mathrm{e}^{-\frac{\min\left\{\lambda_{23}^i/\lambda_{22}^i\right\}}{2}(t-s)}\mathrm{d}s. \tag{4.165}$$

由于式 (4.81) 和假设 A3, 存在 $T_\varepsilon > t_\varepsilon$ 以及 $\varGamma_2 > 0$ 使得式 (4.146) 成立. 可以看出式 (4.157)、式 (4.164) 与式 (4.133)、式 (4.139) 非常类似. 利用相同的方法, 可以证明定理 4.8 成立. 这里略去具体细节. □

4.2.4 例子及其数值模拟

例 4.1 考虑如下多输入多输出系统:

$$\begin{cases} \dot{x}_1^1 = x_2^1, \quad \dot{x}_2^1 = f_1(x, \zeta, w_1) + a_{11}u_1 + a_{12}u_2, \\ \dot{x}_1^2 = x_2^2, \quad \dot{x}_2^2 = f_2(x, \zeta, w_2) + a_{21}u_1 + a_{22}u_2, \\ \dot{\zeta} = x_2^1 + x_1^2 + \sin\zeta + \sin t, \\ y_1 = x_1^1, y_2 = x_1^2, \end{cases} \tag{4.166}$$

其中, y_1, y_2 是观测输出; u_1, u_2 是控制输入.

$$\begin{cases} f_1(x_1^1, x_2^1, x_1^2, x_2^2, \zeta, w_1) = x_1^1 + x_1^2 + \zeta + \sin(x_2^1 + x_2^2)w_1, \\ f_2(x_1^1, x_2^1, x_1^2, x_2^2, \zeta, w_2) = x_2^1 + x_2^2 + \zeta + \cos(x_1^1 + x_1^2)w_2, \\ a_{11} = 1 + \dfrac{1}{10}\sin t, a_{12} = 1 + \dfrac{1}{10}\cos t, \\ a_{21} = 1 + \dfrac{1}{10}2^{-t}, a_{22} = -1, \end{cases} \tag{4.167}$$

其中, f_i 是未知函数.

假设外部扰动 w_1, w_2, 以及目标信号 v^1, v^2 分别是

$$w_1 = 1 + \sin t, \quad w_2 = 2^{-t}\cos t, \quad v^1 = \sin t, \quad v^2 = \cos t. \tag{4.168}$$

令 $\phi_1 = \phi_2 = \phi : \mathbb{R}^2 \to \mathbb{R}$ 定义为 $\phi(r_1, r_2) = -9r_1 - 6r_2$. 控制的目的是设计基于扩张状态观测器的输出反馈控制, 使得 $x_1^i - z_1^i$ 和 $x_2^i - z_2^i$ 当时间 t 趋近于无穷大时按如下全局渐近稳定系统收敛于 0 的方式收敛于 0.

$$\begin{cases} \dot{x}_1^* = x_2^*, \\ \dot{x}_2^* = \phi_i(x_1^*, x_2^*), \end{cases} \tag{4.169}$$

这里 z_1^i, z_2^i, z_3^i 是跟踪微分器 (4.3) 的解, 用于 v^i 及其导数的估计. 为简单起见, 对目标信号 v^1 和 v^2 使用相同的如下跟踪微分器:

$$\begin{cases} \dot{z}_1^i = z_2^i, \\ \dot{z}_2^i = z_3^i \\ \dot{z}_3^i = -\rho^3(z_1^i - v^i) - 3\rho^2 z_2^i - 3\rho z_3^i, \quad i = 1, 2. \end{cases} \tag{4.170}$$

由于式 (4.166) 的系统函数大部分是未知的, 扩张状态观测器的设计只依赖于系统本身非常有限的信息, 用于估计系统自身的状态和总扰动、系统未建模动态加上外部扰动以及控制放大参数的不匹配.

这里需要控制放大系数 a_{ij} 的标称参数 b_{ij}:

$$b_{11} = b_{12} = b_{13} = 1, \quad b_{22} = -1. \tag{4.171}$$

直接计算可得标称参数矩阵的逆矩阵为

$$\begin{pmatrix} b_{11}^* & b_{12}^* \\ b_{21}^* & b_{22}^* \end{pmatrix} = \begin{pmatrix} 1 & 1 \\ 1 & -1 \end{pmatrix}^{-1} = \begin{pmatrix} \dfrac{1}{2} & \dfrac{1}{2} \\ \dfrac{1}{2} & -\dfrac{1}{2} \end{pmatrix}. \tag{4.172}$$

由定理 4.7, 对式 (4.166) 设计非线性扩张状态观测器和标称控制如下:

$$\begin{cases} \dot{\hat{x}}_1^1 = \hat{x}_2^1 + \dfrac{6}{\varepsilon}(y_1 - \hat{x}_1^1) - \varepsilon\Phi\left(\dfrac{y_1 - \hat{x}_1^1}{\varepsilon^2}\right), \\ \dot{\hat{x}}_2^1 = \hat{x}_3^1 + \dfrac{11}{\varepsilon^2}(y_1 - \hat{x}_1^1) + u_1^*, \\ \dot{\hat{x}}_3^1 = \dfrac{6}{\varepsilon^3}(y_1 - \hat{x}_1^1), \\ \dot{\hat{x}}_1^2 = \hat{x}_2^2 + \dfrac{6}{\varepsilon}(y_2 - \hat{x}_1^2), \\ \dot{\hat{x}}_2^2 = \hat{x}_3^2 + \dfrac{11}{\varepsilon^2}(y_2 - \hat{x}_1^2) + u_2^*, \\ \dot{\hat{x}}_3^2 = \dfrac{6}{\varepsilon^3}(y_2 - \hat{x}_1^2), \end{cases} \tag{4.173}$$
$$u_1^* = \phi_1\left(\hat{x}_1^1 - z_1^1, \hat{x}_2^1 - z_2^1\right) + z_3^1 - \hat{x}_3^1,$$
$$u_2^* = \phi_2\left(\hat{x}_1^2 - z_1^2, \hat{x}_2^2 - z_2^2\right) + z_3^2 - \hat{x}_3^2,$$

这里 $\Phi: \mathbb{R} \to \mathbb{R}$ 定义如下:

$$\Phi(r) = \begin{cases} -\dfrac{1}{4}, & r \in \left(-\infty, -\dfrac{\pi}{2}\right), \\ \dfrac{1}{4}\sin r, & r \in \left(-\dfrac{\pi}{2}, \dfrac{\pi}{2}\right), \\ \dfrac{1}{4}, & r \in \left(\dfrac{\pi}{2}, -\infty\right). \end{cases} \tag{4.174}$$

在这里设计基于扩张状态观测器的输出反馈控制为

$$u_1 = \frac{1}{2}\left(u_1^* + u_2^*\right), \quad u_2 = \frac{1}{2}\left(u_1^* - u_2^*\right). \tag{4.175}$$

选取初始状态, 高增益调整参数以及积分步长分别如下:

$$x(0) = (0.5, 0.5, 1, 1), \quad \hat{x}(0) = (0, 0, 0, 0, 0, 0),$$
$$z(0) = (1, 1, 1, 1, 1, 1), \quad \rho = 50, \quad \varepsilon = 0.05, \quad h = 0.001,$$

这里 h 是积分步长. 利用欧拉折线法, 对系统式 (4.166) $\sim$ 式 (4.168) 在跟踪微分器式 (4.170)、参照系统式 (4.169)、扩张状态观测器式 (4.173) 以及输出反馈控制式 (4.175) 下构成的闭环系统的数值模拟结果描绘在图 4.1 中.

图 4.1(a), (b), (d) 和 (e) 说明, 对任意的 $i, j = 1, 2$, $\hat{x}_j^i$ 跟踪 x_j^i 的效果, z_j^i 跟踪 $(v^i)^{(j-1)}$ 的效果, 以及 x_j^i 跟踪 $(v^i)^{(j-1)}$ 的效果都是非常令人满意的. 另外, 由图 4.1(c) 和 (f) 可以看出, $\hat{x}_3^i$ 能够非常满意地跟踪扩张的状态, 总扰动 $x_3^i = f_i + a_{i1}u_1 + a_{i2}u_2 - u_i^*$.

通过对图 4.1(b) 和 (e) 中用曲线描绘的 x_2^1, x_2^2, 以及图 4.1(c) 和 (f) 中用曲线所描绘的 x_3^1, x_3^2 进行观察, 发现在初始时刻很短的时间内都出现了很明显的峰值现象.

为了克服这一现象, 根据定理 4.7 使用如下饱和的观测去替代前述 u_1^*, u_2^*:

$$\begin{aligned} u_1^* &= \mathrm{sat}_{20}\left(\phi_1\left(\hat{x}_1^1 - z_1^1, \hat{x}_2^1 - z_2^1\right)\right) + z_3^1 - \mathrm{sat}_{20}(\hat{x}_3^1), \\ u_2^* &= \mathrm{sat}_{20}\left(\phi_2\left(\hat{x}_1^2 - z_1^2, \hat{x}_2^2 - z_2^2\right)\right) + z_3^2 - \mathrm{sat}_{20}(\hat{x}_3^2). \end{aligned} \tag{4.176}$$

在例 4.2 中, 假定已知式 (4.177) 的系统函数已知, 而系统的不确定来自外部扰动和控制放大参数的不匹配, 因此应用定理 4.8 中的方案来设计自抗扰控制以尽可能多地利用系统已知的信息.

例 4.2 考虑如下多输入多输出系统:

$$\begin{cases} \dot{x}_1^1 = x_2^1, \dot{x}_2^1 = \tilde{f}_1(x) + w_1 + a_{11}u_1 + a_{12}u_2, \\ \dot{x}_1^2 = x_2^2, \dot{x}_2^2 = \tilde{f}_2(x) + w_2 + a_{21}u_1 + a_{22}u_2, \\ y_1 = x_1^1, y_2 = x_1^2, \end{cases} \tag{4.177}$$

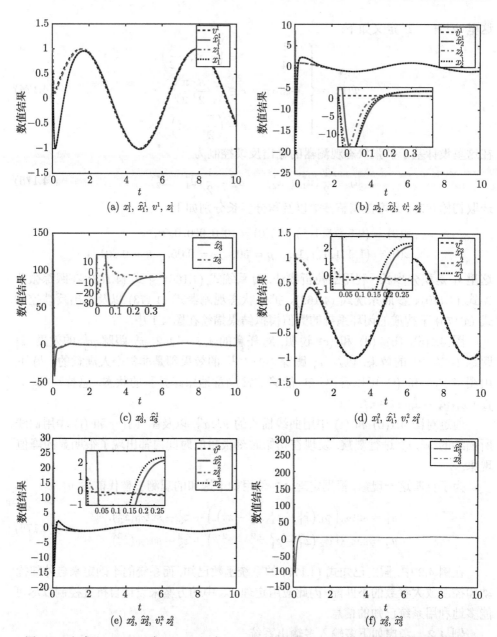

图 4.1　由式 (4.166) ～ 式 (4.170)、式 (4.173) 以及式 (4.175) 构成闭环系统的数值结果

其中, y_1, y_2 是观测输出; u_1, u_2 是控制输入; w_1, w_2 是外部扰动.

$$\tilde{f}_1(x_1^1, x_2^1, x_1^2, x_2^2) = \frac{1}{48}\left(x_1^1 + x_1^2 + \sin(x_2^1 + x_2^2)\right),$$
$$\tilde{f}_2(x_1^1, x_2^1, x_1^2, x_2^2,) = \frac{1}{48}\left(x_2^1 + x_2^2 + \cos(x_1^1 + x_1^2)\right),$$
$$f_1 = \tilde{f}_1 + w_1, f_2 = \tilde{f}_2 + w_2, \tag{4.178}$$
$$a_{11} = 1 + \frac{1}{100}\sin t, \quad a_{12} = 1 + \frac{1}{100}\cos t, \quad a_{21} = 1 + \frac{1}{100}2^{-t}, \quad a_{22} = -1.$$

与例 4.1 不同, 这里假设 $\tilde{f}_i$ 是已知的, 其表达式可以用于自抗扰控制的设计. 使用与例 4.1 的外部扰动 w_i 以及相同的目标信号 v^i. 另外, 参照系统和跟踪微分器也与例 4.1 中的参照系统和跟踪微分器相同.

令 b_{ij} 与 b_{ij}^* 如式 (4.171) 和式 (4.172) 所定义. 扩张状态观测器设计如下:

$$\begin{cases} \dot{\hat{x}}_1^i = \hat{x}_2^i + \dfrac{6}{\varepsilon}(y_i - \hat{x}_1^i), \\[2mm] \dot{\hat{x}}_2^i = \hat{x}_3^i + \dfrac{11}{\varepsilon^2}(y_i - \hat{x}_1^i) + \tilde{f}_i(\tilde{x}), i = 1, 2, \\[2mm] u_1^* = \phi_1\left(\hat{x}_1^1 - z_1^1, \hat{x}_2^1 - z_2^1\right) - \tilde{f}_1(\tilde{x}) + z_3^1 - \hat{x}_3^1, \\[2mm] u_2^* = \phi_2\left(\hat{x}_1^2 - z_1^2, \hat{x}_2^2 - z_2^2\right) - \tilde{f}_2(\tilde{x}) + z_3^2 - \hat{x}_3^2. \end{cases} \tag{4.179}$$

同时, 基于扩张状态观测器的输出反馈控制设计为

$$u_1 = \frac{1}{2}\left(u_1^* + u_2^*\right), \quad u_2 = \frac{1}{2}\left(u_1^* - u_2^*\right). \tag{4.180}$$

选取初始状态, 高增益调整参数和积分步长分别如下:

$$x(0) = (0.5, 0.5, 1, 1), \quad \hat{x}(0) = (0, 0, 0, 0, 0, 0), \quad z(0) = (1, 1, 1, 1, 1, 1),$$
$$\rho = 50, \quad \varepsilon = 0.05, \quad h = 0.001.$$

再次利用欧拉折线法, 由系统式 (4.177)、跟踪微分器式 (4.170)、扩张状态观测器式 (4.179) 以及基于扩张状态观测器的输出反馈控制式 (4.180) 构成闭环系统的数值模拟结果描绘在图 4.2 中.

图 4.2(a), (b), (d) 和 (e) 显示, 对所有 $i, j = 1, 2$, $\hat{x}_j^i$ 跟踪 x_j^i, z_j^i 跟踪 $(v^i)^{(j-1)}$, 以及 x_j^i 跟踪 $(v^i)^{(j-1)}$ 的结果都是非常令人满意的. 同时, 由图 4.2(c) 和 (f) 可以看出, $\hat{x}_3^i$ 也能很好地跟踪扩张的状态 $x_3^i = w_i + a_{i1}u_1 + a_{i2}u_2 - u_i^*$.

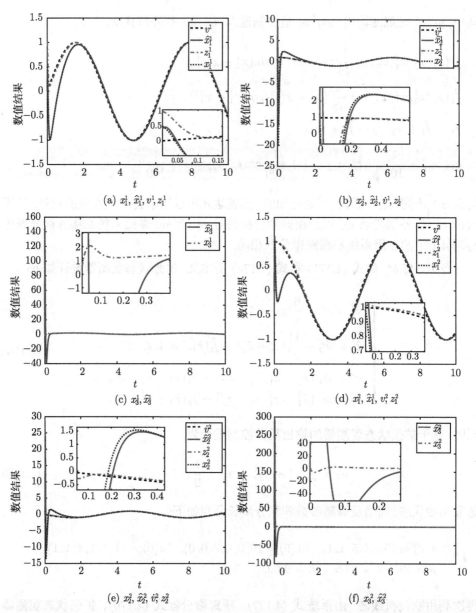

图 4.2　由式 (4.177)、式 (4.170)、式 (4.179) 以及式 (4.180) 构成闭环系统的数值结果

4.3　输出调节问题: ADRC vs IMP

内模原理 (internal model principle, IMP) 可以处理以下线性输出调节问题:

$$\begin{cases} \dot{x} = Ax + Bu + Pw, \\ \dot{w} = Sw, \\ e = Cx - Qw, \end{cases} \tag{4.181}$$

其中, x 是系统状态, w 是外部信号; B 是控制矩阵, C 是观测矩阵. 调节问题的控制目的是设置输出误差反馈控制, 使得误差 e 当 $t \to \infty$ 时趋近于 0, 同时所有的内系统是稳定的. 以下假设来自于文献 [165] 的命题 4.9.

命题 4.9 假设偶对 (A, B) 是可稳的,

$$(C, -Q), \quad \begin{pmatrix} A & P \\ 0 & S \end{pmatrix} \tag{4.182}$$

是可检测的, 那么调节问题可解当且仅当矩阵方程

$$\begin{aligned} \tilde{M}_1 S &= A\tilde{M}_1 + P + B\tilde{M}_2, \\ 0 &= C\tilde{M}_1 - Q, \end{aligned} \tag{4.183}$$

存在矩阵解 $\tilde{M}_1$ 和 $\tilde{M}_2$.

众所周知, 如果式 (4.181) 可解, 基于观测器的误差反馈控制 u 可构造为

$$u = \tilde{K}(\hat{x} - \tilde{M}_1 \hat{w}) + \tilde{M}_2 \hat{w}, \tag{4.184}$$

其中, $(\hat{x}, \hat{w})$ 是对内系统以及外系统状态 (x, w) 的观测:

$$\begin{pmatrix} \dot{\hat{x}} \\ \dot{\hat{w}} \end{pmatrix} = \begin{pmatrix} A & P \\ 0 & S \end{pmatrix} \begin{pmatrix} \hat{x} \\ \hat{w} \end{pmatrix} + \begin{pmatrix} \tilde{N}_1 \\ \tilde{N}_2 \end{pmatrix} (C\hat{x} - Q\hat{w} - e) + \begin{pmatrix} B \\ 0 \end{pmatrix} u. \tag{4.185}$$

令 $\tilde{x} = \hat{x} - x$, $\tilde{w} = \hat{w} - w$, 那么闭环系统为

$$\begin{cases} \dot{x} = (A + B\tilde{K})x + Pw - BK\tilde{M}_1 w + B\tilde{M}_2 w \\ \qquad + BK\tilde{x} + B(\tilde{M}_2 - K\tilde{M}_1)\tilde{w}, \\ \begin{pmatrix} \dot{\tilde{x}} \\ \dot{\tilde{w}} \end{pmatrix} = \begin{pmatrix} A + \tilde{N}_1 C & P - \tilde{N}_1 Q \\ \tilde{N}_2 C & S - \tilde{N}_2 Q \end{pmatrix} \begin{pmatrix} \tilde{x} \\ \tilde{w} \end{pmatrix}, \\ \dot{w} = Sw, \end{cases} \tag{4.186}$$

其中, $\tilde{K}$ 是使得 $A + B\tilde{K}$ 是 Hurwitz 的相应维数的矩阵; 矩阵 $\tilde{M}_1, \tilde{M}_2$ 满足矩阵方程式 (4.183). 矩阵 $\tilde{N}_1, \tilde{N}_2$ 的选取使得内系统稳定, 换言之,

$$\begin{pmatrix} A + \tilde{N}_1 C & P - \tilde{N}_1 Q \\ \tilde{N}_2 C & S - \tilde{N}_2 Q \end{pmatrix} \tag{4.187}$$

是 Hurwitz 的, 这与式 (4.182) 是等价的. 需要指出的是, 如果 w 是无界的, 那么式 (4.184) 也可能是无界的.

接下来指出自抗扰控制用另一种策略来解决输出调节问题. 考虑如下系统:

$$\begin{cases} \dot{x} = Ax + Bu + Pw, \\ e = y - Qw, y = Cx, \end{cases} \tag{4.188}$$

其中, $x \in \mathbb{R}^l, y, u, w \in \mathbb{R}^m$; A 是 $l \times l$ 矩阵, B 是 $l \times m$ 矩阵, P 是 $l \times m$ 矩阵. 与式 (4.181) 不同的是, 这里不需要外部扰动 w 的数学模型.

定义 4.2　式 (4.188) 可以由自抗扰控制解决是指存在输出反馈控制满足: 对于任意的 $\sigma > 0$, 存在 $t_0 > 0$ 使得对任意的 $t \geqslant t_0$ 有 $\|e\| \leqslant \sigma$. 同时, 所有内系统连同控制是有界的.

为使用自抗扰控制解决式 (4.188) 中的调节问题, 需要用跟踪微分器去估计每一个 $Q_i w$ 直到 $r_i + 2$ 阶的导数, 这里 Q_i 表示矩阵 Q 的第 i 行所成的行向量. 同时, 还需要通过观测输出 y 利用扩张状态观测器去估计系统的状态以及总扰动 (或外部扰动).

为简单起见, 以及方便与内模原理相比较, 而且由于内模原理的所有环节是线性的, 因此对所有的 $1 \leqslant i \leqslant m$, 本书也使用线性跟踪微分器 (跟踪微分器式 (4.76) 的一个特殊的例子):

$$\begin{aligned} \dot{z}^i(t) =& A_{r_i+2} z^i(t) + B_{r_i+2} \rho^{r_i+1} \left(d_{i1}(z_1^i - Q_i w), d_{i2} \frac{z_2^i}{\rho}, \cdots, \right. \\ & \left. d_{r_i+1} \frac{z_{i(r_i+2)}^i}{\rho^{r_i+1}} \right). \end{aligned} \tag{4.189}$$

同时, 也使用如下线性扩张状态观测器 (扩张状态观测器 (4.80) 的一个特殊的例子):

$$\dot{\hat{x}}^i = A_{r_i+2} \hat{x}^i + \begin{pmatrix} B_{r_i+1} \\ 0 \end{pmatrix} u_i^* + \begin{pmatrix} \dfrac{k_{i1}}{\varepsilon}(c_i x - \hat{x}_1^i) \\ \vdots \\ \dfrac{k_{i(r_i+2)}}{\varepsilon^{r_i+2}}(c_i x - \hat{x}_1^i) \end{pmatrix}. \tag{4.190}$$

另外, 基于扩张状态观测器的输出反馈控制 u^* 也选取如下线性的形式:

$$u_i^* = -\hat{x}_{r_i+2}^i + z_{r_i+2}^i + \sum_{j=1}^{r_i+1} h_{ij} \left(\hat{x}_j^i - z_j^i \right), \tag{4.191}$$

这里 d_{ij}, k_{ij}, h_{ij} 将在命题 4.10 中具体化.

命题 4.10 假设下述矩阵是 Hurwitz 的:

$$
D_i = \begin{pmatrix} 0 & \cdots & I_{r_i+1} \\ d_{i1} & \cdots & d_{i(r_i+2)} \end{pmatrix}, \quad
K_i = \begin{pmatrix} -k_{i1} & 1 & \cdots & 0 \\ \vdots & \vdots & & \vdots \\ -k_{i(r_i+2)} & 0 & \cdots & 0 \end{pmatrix}, \tag{4.192}
$$

$$
H_i = \begin{pmatrix} 0 & \cdots & I_{r_i} \\ h_{i1} & \cdots & h_{i(r_i+1)} \end{pmatrix}.
$$

假设外部扰动满足 $\|(w, \dot{w})\| < \infty$, 存在矩阵 P^f 使得 $P = BP^f$. 假设三元组 (A, B, C) 是可解偶的, 并且其相对度是 $\{r_1, r_2, \cdots, r_m\}$, 这与如下矩阵的逆是等价的:

$$
E = \begin{pmatrix} c_1 A^{r_1} B \\ c_2 A^{r_2} B \\ \vdots \\ c_m A^{r_m} B \end{pmatrix}, \tag{4.193}
$$

这里 c_i 是指矩阵 C 的第 i 行所成的行向量. 那么调节问题由自抗扰控制在基于扩张状态观测器的输出反馈控制 $u = E^{-1} u^*$ 下可解, 如果以下两个条件中至少有一个成立:

(1) $n = r_1 + r_2 + \cdots + r_m = l$ 且下述矩阵 T_1 是可逆的:

$$
T_1 = \begin{pmatrix} c_1 A \\ \vdots \\ c_1 A^{r_i} \\ \vdots \\ c_m A^{r_m} \end{pmatrix}_{n \times l}. \tag{4.194}
$$

(2) $n < l$ 且存在 $(l - n) \times l$ 矩阵 T_0 使下述矩阵 T_2 是可逆的:

$$
T_2 = \begin{pmatrix} T_1 \\ T_0 \end{pmatrix}_{l \times l}, \tag{4.195}
$$

同时, $T_0 A T_2^{-1} = \left(\tilde{A}_{(l-n) \times n}, \ \bar{A}_{(l-n) \times (l-n)} \right)$, 这里 $\bar{A}$ 是 Hurwitz 的, $T_0 B = 0$.

证明 由假设, 三元组 (A, B, C) 具有相对度 $\{r_1, \cdots, r_m\}$, 因此

$$
c_i A^k B = 0, \quad \forall \, 0 \leqslant k \leqslant r_i - 1, \quad c_i A^{r_i} B \neq 0. \tag{4.196}
$$

令

$$
\bar{x}_j^i = c_i A^{j-1} x, \quad j = 1, 2, \cdots, r_i + 1, \quad i = 1, 2, \cdots, m. \tag{4.197}
$$

对任意的 $i = 1, 2, \cdots, m$, 计算 $\bar{x}_j^i$ 的导数, 有

$$\dot{\bar{x}}_j^i = c_i A^j x + c_i A^{j-1} Bu + c_i A^{j-1} BP^f w = c_i A^j x = \bar{x}_{j+1}^i, \quad j = 1, 2, \cdots, r_i,$$
$$\dot{\bar{x}}_{r_i+1}^i = c_i A^{r_i+} x + c_i A^{r_i} Bu + c_i A^{r_i} Pw.$$

$$(4.198)$$

(1) $r_1 + r_2 + \cdots + r_m + m = l$. 在这种情况下, 通过坐标变换 $\bar{x} = T_1 x$, 式 (4.188) 可转化为

$$\begin{cases} \dot{\bar{x}}_1^i = \bar{x}_2^i, \\ \dot{\bar{x}}_2^i = \bar{x}_3^i, \\ \vdots \\ \dot{\bar{x}}_{r_i+1}^i = c_i A^{r_i} T_1^{-1} \bar{x} + c_i A^{r_i+1} Bu + c_i A^{r_i} Pw. \end{cases} \tag{4.199}$$

显然式 (4.199) 转化为式 (4.74) 的形式, 且没有零动态.

(2) $n < l$. 在这种情况下, 令 $\bar{x} = T_1 x$ 以及 $\xi = T_0 x$, 那么

$$\begin{cases} \dot{\bar{x}}_1^i = \bar{x}_2^i, \\ \dot{\bar{x}}_2^i = \bar{x}_3^i, \\ \vdots \\ \dot{\bar{x}}_{r_i+1}^i = c_i A^{r_i+1} T_2^{-1} \begin{pmatrix} \bar{x} \\ \xi \end{pmatrix} + c_i A^{r_i} Bu + c_i A^{r_i} Pw, \\ \dot{\xi} = T_0 A T_2^{-1} \begin{pmatrix} \bar{x} \\ \xi \end{pmatrix} = \bar{A}\xi + \tilde{A}\bar{x}, \end{cases} \tag{4.200}$$

同样也具有式 (4.74) 的形式.

考虑式 (4.200) 的零动态如下: $\dot{\xi} = \bar{A}\xi + \tilde{A}\bar{x}$. 由于假设 $\bar{A}$ 是 Hurwitz 的, 那么存在唯一的正定矩阵 $\hat{P}$ 是下述 Lyapunov 方程的解:

$$\hat{P}\bar{A} + \bar{P}^{\mathrm{T}}\hat{P} = -I,$$

这里 I 表示适当维数的单位矩阵. 可以证明零动态是输出状态稳定的. 事实上, 定义 Lyapunov 函数 $V_0 : \mathbb{R}^{l-n} \to \mathbb{R}$ 为 $V_0(\xi) = \langle \hat{P}\xi, \xi \rangle$, 令 $\chi(\bar{x}, w) = 2\lambda_{\max}(\bar{A}\tilde{A})\|\bar{x}\|^2$, 这里 $\lambda_{\max}(\hat{P}\tilde{A})$ 表示矩阵 $(\hat{P}\tilde{A})(\hat{P}\tilde{A})^{\mathrm{T}}$ 的最大特征值.

计算 Lyapunov 函数 V_0 沿零动态关于时间 t 的导数可得

$$\frac{\mathrm{d}V_0(\xi)}{\mathrm{d}t} = \xi^{\mathrm{T}} \bar{A}^{\mathrm{T}} \hat{P}\xi + \bar{x}^{\mathrm{T}} \tilde{A}^{\mathrm{T}} \hat{P}\xi + \xi^{\mathrm{T}} \hat{P} \bar{A}\xi + \xi^{\mathrm{T}} \hat{P} \tilde{A}\bar{x}$$
$$\leqslant -\|\xi\|^2 + 2\sqrt{\lambda_{\max}(\hat{P}\tilde{A})}\|\xi\|\|\bar{x}\|$$

$$\leqslant -\frac{1}{2}\|\xi\|^2 + \chi(\bar{x}).$$

因此, 零动态是输出状态稳定的.

由于式 (4.199) 或式 (4.200) 是线性系统, 所以系统函数都是 C^1 且全局 Lipschitz 连续的. 因此, 定理 4.7 中关于式 (4.199) 或式 (4.200) 自身的所有条件都满足. 同时, 由于矩阵 D_i, K_i, H_i 是 Hurwitz 的, 所有定理 4.7 中对式 (4.199) 和式 (4.200) 关于扩张状态观测器式 (4.190) 和输出状态反馈控制的条件都成立, 因此由定理 4.7 直接推出: 对于任意的 $\sigma > 0$, 存在 $\rho_0 > 0$, $\varepsilon_0 > 0$, 以及依赖于 ε 的常数 $t_\varepsilon > 0$, 使得对任意的 $\rho > \rho_0$, $\varepsilon \in (0, \varepsilon_0)$, $\|e\| < \sigma$ 对式 (4.199) 和式 (4.200) 都成立. 另外, 由于跟踪微分器、扩张状态观测器和反馈控制都是收敛的, 故式 (4.199) 和式 (4.200) 所有的内系统状态都是有界的. 定理的证明由式 (4.199) 和式 (4.200) 在两种不同情况下分别与式 (4.188) 的等价性可得. □

为了更直接地对内模原理和自抗扰控制进行比较, 给出如下一个具体的例子: 分别用内模原理和自抗扰控制来解决例 4.3 的调节问题.

例 4.3 考虑如下多输入多输出系统:

$$\begin{cases} \dot{x} = Ax + Bu + Pw, y = Cx, \\ \dot{w} = Sw, \\ e = y - Qw, \end{cases} \tag{4.201}$$

其中,

$$A = \begin{pmatrix} 0 & 1 & 0 \\ 1 & 1 & 1 \\ 1 & -1 & 1 \end{pmatrix}, \quad B = \begin{pmatrix} 0 & 0 \\ 1 & 1 \\ 1 & -1 \end{pmatrix}, \quad C = \begin{pmatrix} 1 & 0 & 0 \\ 0 & 0 & 1 \end{pmatrix},$$
$$\tag{4.202}$$
$$P = \begin{pmatrix} 0 & 0 \\ 1 & 0 \\ 0 & 1 \end{pmatrix}, \quad Q = \begin{pmatrix} 0 & 0 \\ 0 & 1 \end{pmatrix}, \quad S = \begin{pmatrix} 0 & 1 \\ -1 & 0 \end{pmatrix}.$$

直接计算可得下述矩阵 $\tilde{K}$ 使得矩阵 $A + B\tilde{K}$ 是 Hurwitz 的:

$$\tilde{K} = \begin{pmatrix} -5/2 & -4 & -2 \\ 5/2 & 4 & 2 \end{pmatrix}. \tag{4.203}$$

求解矩阵方程式 (4.187), 可以得到它的解为

$$\tilde{M}_1 = \begin{pmatrix} 0 & 0 \\ 0 & 0 \\ 0 & 1 \end{pmatrix}, \quad \tilde{M}_2 = \begin{pmatrix} -1 & -3/2 \\ 0 & 1/2 \end{pmatrix}. \tag{4.204}$$

另外, 如下矩阵 N_1, N_2 使得 (4.187) 所定义的矩阵是 Hurwitz 的.

$$\tilde{N}_1 = \begin{pmatrix} -7 & 0 \\ -22 & 0 \\ -53/5 & 0 \end{pmatrix}, \quad \tilde{N}_2 = \begin{pmatrix} -12/5 & 0 \\ 4/5 & 0 \end{pmatrix}. \tag{4.205}$$

选取系统的初始状态以及积分步长分别如下:

$$x(0) = (0,0,0), \quad \tilde{x}(0) = (0.1, 0.5, 0.5), \quad w(0) = (0,1), \quad \tilde{w}_1(0) = (1,0), \quad h = 0.001.$$

对于式 (4.201), 在由内模原理解决调节问题所得的闭环系统式 (4.186) 中所需要的矩阵已在式 (4.202) ∼ 式 (4.205) 中分别具体给出. 将式 (4.186) 的数值模拟结果描绘在图 4.3 中, 这是利用内模原理解决调节问题的整个过程.

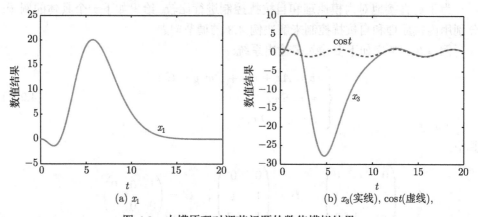

(a) x_1　　　　　　　　　　(b) x_3(实线), cost(虚线),

图 4.3　内模原理对调节问题的数值模拟结果

下面设计自抗扰控制用以解决式 (4.201) 的调节问题. 首先, 给出如下跟踪微分器去估计外系统观测输出 $Q_1 w$ 和 $Q_2 w$ 的导数, 这里 $Q = (Q_1, Q_2)^{\mathrm{T}}$.

$$\begin{cases} \dot{z}_1^1 = \dot{z}_2^1, \\ \dot{z}_2^1 = \dot{z}_3^1, \\ \dot{z}_3^1 = -\rho^3(z_1^1 - Q_1 w) - 3\rho^2 z_2^1 - 3\rho z_3^1, \\ \dot{z}_1^2 = z_2^2, \\ \dot{z}_2^2 = -2\rho^2(z_1^2 - Q_2 w) - \rho z_2^2. \end{cases} \tag{4.206}$$

由系统内系统观测输出的投射 $c_1 x, c_2 x$ 分别利用如下扩张状态观测器去估计系统的状态和扩张的状态, 其中 $(c_1, c_2)^{\mathrm{T}} = C$.

$$\begin{cases} \dot{\hat{x}}_1^1 = \hat{x}_2^1 + \dfrac{6}{\varepsilon}(c_1 x - \hat{x}_1^1), \\[2mm] \dot{\hat{x}}_2^1 = \hat{x}_3^1 + \dfrac{11}{\varepsilon^2}(c_1 x - \hat{x}_1^1) + u_1 + u_2, \\[2mm] \dot{\hat{x}}_3^1 = \dfrac{6}{\varepsilon^3}(c_1 x - \hat{x}_1^1), \\[2mm] \dot{\hat{x}}_1^2 = \hat{x}_2^2 + \dfrac{2}{\varepsilon}(c_2 x - \hat{x}_1^2) + u_1 - u_2, \\[2mm] \dot{\hat{x}}_2^2 = \dfrac{1}{\varepsilon^2}(c_2 x - \hat{x}_1^2). \end{cases} \tag{4.207}$$

基于扩张状态观测器的输出反馈控制设计为

$$\begin{cases} u_1^* = -9(\hat{x}_1^1 - z_1^1) - 6(\hat{x}_2^1 - z_2^1) + z_3^1 - \hat{x}_3^1, \\[2mm] u_2^* = -4(\hat{x}_1^2 - z_1^2) + z_2^2 - \hat{x}_2^2, \\[2mm] u_1 = \dfrac{u_1^* + u_2^*}{2}, u_2 = \dfrac{u_1^* - u_2^*}{2}. \end{cases} \tag{4.208}$$

对于式 (4.201) 由自抗扰控制方法所设计的跟踪微分器式 (4.206)、扩张状态观测器式 (4.207) 以及反馈控制式 (4.208) 所构成的闭环系统的数值模拟结果描绘在图 4.4 中, 其中, 初始状态 $x(0) = (0.5, 0.5, 0.5)$, $\hat{x}^1(0) = (0,0,0)$, $\hat{x}^2(0) = (0,0)$, $z^1(0) = (1,1,1)$, $z^2(0) = (1,1)$, 跟踪微分器和扩张状态观测器中的高增益调整参数分别为 $\rho = 50, \varepsilon = 0.005$, 积分步长 $h = 0.001$.

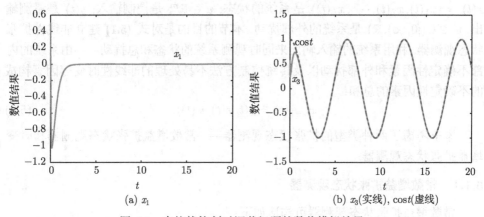

(a) x_1 (b) x_3(实线), cost(虚线)

图 4.4 自抗扰控制对调节问题的数值模拟结果

图 4.3 和图 4.4 见证了内模原理和自抗扰控制对例 4.3 调节问题的有效性. 同时, 比较图 4.3 和图 4.4 可以看出, 图 4.4 具有快速跟踪和较小超调的明显优点.

第5章　下三角非线性不确定系统的自抗扰控制

本章首先讨论一大类下三角非线性不确定系统的扩张状态观测器, 然后研究这类下三角非线性不确定系统基于扩张状态观测器的不确定性因素补偿控制——自抗扰控制. 本章的主要内容来自文献 [57] 和 [78].

5.1　下三角非线性不确定系统的扩张状态观测器

本节的研究对象是一大类可化为如下形式的非线性不确定系统:

$$\begin{cases} \dot{x}_1(t) = x_2(t) + g_1(u(t), x_1(t)), \\ \dot{x}_2(t) = x_3(t) + g_2(u(t), x_1(t), x_2(t)), \\ \quad\vdots \\ \dot{x}_n(t) = f(t, x(t), w(t)) + g_n(u(t), x(t)), \\ y(t) = x_1(t), \end{cases} \tag{5.1}$$

其中, $g_i \in C(\mathbb{R}^{i+m}, \mathbb{R})$ 是已知非线性函数; $f \in C(\mathbb{R}^{n+s+1}, \mathbb{R})$ 是未知非线性函数; $x(t) = (x_1(t), x_2(t), \cdots, x_n(t))$ 是系统的状态; $u \in \mathbb{R}^m$ 是控制输入; $y(t)$ 是量测输出, $w \in C([0, \infty), \mathbb{R})$ 是系统的外部扰动. 本节的目的是对式 (5.1) 建立非线性扩张状态观测器, 利用系统的输入输出来同时观测系统的状态和总扰动——由系统的内部不确定性因素和外部扰动以及传统控制方法不易处理的非线性时变等因素构成的不确定性因素的总和:

$$x_{n+1}(t) \triangleq f(t, x(t), w(t)). \tag{5.2}$$

本书考虑了两种类型的扩张状态观测器——常数增益扩张状态观测器和时变增益扩张状态观测器.

5.1.1　常数增益扩张状态观测器

常数增益扩张状态观测器可构造如下:

$$\begin{cases} \dot{\hat{x}}_1(t) = \hat{x}_2(t) + \dfrac{1}{r^{n-1}} h_1(r^n(y(t) - \hat{x}_1(t))) + g_1(u(t), \hat{x}_1(t)), \\ \quad\vdots \\ \dot{\hat{x}}_n(t) = \hat{x}_{n+1}(t) + h_n(r^n(y(t) - \hat{x}_1(t))) + g_n(u(t), \hat{x}_1(t), \cdots, \hat{x}_n(t)), \\ \dot{\hat{x}}_{n+1}(t) = r h_{n+1}(r^n(y(t) - \hat{x}_1(t))), \end{cases} \tag{5.3}$$

其中, r 是常数增益参数; $h_i \in C(\mathbb{R}, \mathbb{R})$, $i = 1, 2, \cdots, n + 1$ 是设计函数.

为证明式 (5.3) 的收敛性, 需要一些基本的假设. 假设 A1 和假设 A2 是式 (5.1) 中的非线性函数 $g_i(\cdot)$ 和 $f(\cdot)$ 应满足的条件.

假设 A1 $g_i : \mathbb{R}^{i+1} \to \mathbb{R}$ 满足

$$|g_i(u, \nu_1, \cdots, \nu_i) - g_i(u, \tilde{\nu}_1, \cdots, \tilde{\nu}_i)| \leqslant \Gamma(u) \|(\nu_1 - \tilde{\nu}_1, \cdots, \nu_i - \tilde{\nu}_i)\|^{\theta_i}, \quad \Gamma \in C(\mathbb{R}^m, \mathbb{R}), \tag{5.4}$$

其中, $\theta_i \in ((n-i)/(n+1-i), \ 1]$, $i = 1, 2, \cdots, n$.

式 (5.4) 意味着函数 $g_i(\cdot), i = 1, 2, \cdots, n$ 是 Hölder 连续的. 在已有关于下三角非线性系统观测器的研究中, 经常遇到的 Lipschitz 连续性条件是 Hölder 连续在所有幂指数 $\theta_i = 1$ 的特殊情况.

假设 A2   非线性函数 $f \in C^1(\mathbb{R}^{n+2}, \mathbb{R})$ 满足

$$|f(t, x, w)| + \left|\frac{\partial f(t, x, w)}{\partial t}\right| + \left|\frac{\partial f(t, x, w)}{\partial x_i}\right| + \left|\frac{\partial f(t, x, w)}{\partial w}\right| \leqslant \varpi_1(x) + \varpi_2(w),$$

其中, $i = 1, 2, \cdots, n$, $\varpi_1 \in C(\mathbb{R}^n, [0, \infty))$, $\varpi_2 \in C(\mathbb{R}, [0, \infty))$ 是两个已知的函数.

接下来的假设 A3 是关于控制输入 $u(t)$ 和外部扰动 $w(t)$ 的条件.

假设 A3 $\sup_{t \in [0, \infty)}(|w(t)| + |\dot{w}(t)| + \|u(t)\|) < \infty$.

如果扩张状态观测器仅仅用于系统的状态和不确定性因素的观测, 那么假设 A3 是合理的, 原因是实际控制系统的状态和输出总是有界的. 对基于扩张状态观测器的不确定因素补偿控制闭环系统, 系统状态的有界性还需进一步分析. 基于扩张状态观测器的不确定性因素补偿控制设计, 以及所构成的闭环控制系统的收敛性将在 5.1.2 小节详细分析.

假设 A4 是式 (5.3) 中的非线性函数 $h_i(\cdot)$ 所应满足的条件, 它是扩张状态观测器中非线性设计函数的选取原则.

假设 A4   所有 $h_i \in C(\mathbb{R}, \mathbb{R})$ 满足如下 Lyapunov 条件: 存在正数 $R, N > 0$, 以及连续的、径向无界的正定函数 $\mathcal{V}, \mathcal{W} \in C(\mathbb{R}^{n+1}, [0, \infty))$, 使得

(1) $\sum\limits_{i=1}^{n} (\nu_{i+1} - h_i(\nu_1)) \dfrac{\partial \mathcal{V}(\nu)}{\partial \nu_i} - h_{n+1}(\nu_1) \dfrac{\partial \mathcal{V}(\nu)}{\partial \nu_n} \leqslant -\mathcal{W}(\nu), \ \forall \nu = (\nu_1, \nu_2, \cdots, \nu_{n+1}) \in \mathbb{R}^{n+1}$;

(2) $\max\limits_{i=1, \cdots, n} \left\{ \|(\nu_1, \cdots, \nu_i)\|^{\theta_i} \left| \dfrac{\partial \mathcal{V}(\nu)}{\partial \nu_i} \right| \right\} \leqslant N\mathcal{W}(\nu), \ \left| \dfrac{\partial \mathcal{V}(\nu)}{\partial \nu_{n+1}} \right| \leqslant N\mathcal{W}(\nu), \ \nu \in \mathbb{R}^{n+1}, \|\nu\| \geqslant R$.

假设 A4 保证了系统

$$\dot{\nu}(t) = (\nu_2(t) - h_1(\nu_1(t)), \cdots, \nu_{n+1}(t) - h_n(\nu_1(t)), -h_{n+1}(\nu_1(t)))^{\mathrm{T}}, \quad \nu \in \mathbb{R}^{n+1}$$

的零平衡态是渐近稳定的.

定理 5.1　如果假设 A1 ～ 假设 A4 成立并且式 (5.1) 的解有界, 那么式 (5.3) 的状态随着增益参数和时间的增大收敛于式 (5.1) 的状态和总扰动, 即对任意的 $\sigma > 0$, 存在正数 $r_0 > 0$ 使得

$$|\hat{x}_i(t) - x_i(t)| < \sigma, \quad \forall t > t_r, \quad r > r_0, \quad i = 1, 2, \cdots, n+1, \tag{5.5}$$

这里 t_r 是一个依赖于 r 的正数.

证明　令

$$\eta_i(t) = r^{n+1-i}(x_i(t) - \hat{x}_i(t)), \quad i = 1, 2, \cdots, n+1, \quad \eta(t) = (\eta_1(t), \cdots, \eta_{n+1}(t))^{\mathrm{T}}, \tag{5.6}$$

其中, $x_i(t), i = 1, 2, \cdots, n$ 是式 (5.1) 的状态; $x_{n+1}(t)$ 是式 (5.1) 由外部扰动、系统未建模动态以及传统控制方法不易处理的非线性、时变等复杂不确定性因素构成的总扰动; $\hat{x}_i(t)$ 是式 (5.3) 的状态.

不难验证 $\eta_i(t)$ 满足如下的误差系统:

$$\begin{cases} \dot{\eta}_1(t) = r(\eta_2(t) - h_1(\eta_1(t))) + r^n(g_1(u(t), x_1(t)) - g_1(u(t), \hat{x}_1(t))), \\ \vdots \\ \dot{\eta}_n(t) = r(\eta_{n+1}(t) - h_n(\eta_1(t))) \\ \qquad\quad + r(g_n(u(t), x_1(t), \cdots, x_n(t)) - g_n(u(t), \hat{x}_1(t), \cdots, \hat{x}_n(t))), \\ \dot{\eta}_{n+1}(t) = -rh_{n+1}(\eta_1(t)) + \dot{x}_{n+1}(t). \end{cases} \tag{5.7}$$

由假设 A1, 将式 (5.6) 代入式 (5.7) 可得

$$r^{n+1-i}|g_i(u(t), x_1(t), \cdots, x_i(t)) - g_i(u(t), \hat{x}_1(t), \cdots, \hat{x}_i(t))|$$
$$\leqslant \Gamma(u(t))r^{n+1-i}\|\eta_1(t)/r^n, \cdots, \eta_i(t)/r^{n+1-i}\|^{\theta_i}$$
$$\leqslant \Gamma(u(t))r^{(n+1-i)(1-\theta_i)}\|\eta_1(t), \cdots, \eta_i(t)\|^{\theta_i}, \quad \forall r > 1. \tag{5.8}$$

再根据假设 A2, 有

$$|\dot{x}_{n+1}(t)| \leqslant (\varpi_1(x(t)) + \varpi_2(w(t)))\left(1 + \dot{w}(t) + \sum_{i=1}^{n-1} |x_{i+1}(t)|\right.$$
$$\left. + \sum_{i=1}^{n} |g_i(u(t), x_1(t), \cdots, x_i(t))| + \varpi_1(x(t)) + \varpi_2(w(t))\right). \tag{5.9}$$

令 $\mathcal{V} : \mathbb{R}^{n+1} \to \mathbb{R}$ 是满足假设 A4的 Lyapunov 函数. 求 Lyapunov 函数 $\mathcal{V}(\eta(t))$

沿式 (5.7) 关于时间 t 的导数可得

$$\left.\frac{\mathrm{d}\mathcal{V}(\eta(t))}{\mathrm{d}t}\right|_{(5.7)} = \sum_{i=1}^{n}\Big(r(\eta_{i+1}(t) - h_i(\eta_1(t))) + r^{n+1-i}[g_i(u(t),x_1(t),\cdots,x_i(t))$$
$$- g_i(u(t),\hat{x}_1(t),\cdots,\hat{x}_i(t))]\Big)\frac{\partial\mathcal{V}(\eta(t))}{\partial\eta_i}$$
$$+ (-rh_{n+1}(\eta_1(t)) + \dot{x}_{n+1}(t))\frac{\partial\mathcal{V}(\eta(t))}{\partial\eta_{n+1}}. \tag{5.10}$$

由假设 A4 的条件 (1), 式 (5.10) 可进一步化简为

$$\left.\frac{\mathrm{d}\mathcal{V}(\eta(t))}{\mathrm{d}t}\right|_{(5.7)} \leqslant -r\mathcal{W}(\eta(t)) + |\dot{x}_{n+1}(t)|\left|\frac{\partial\mathcal{V}(\eta(t))}{\partial\eta_{n+1}}\right|$$
$$+ \sum_{i=1}^{n}\Gamma(u(t))r^{(n+1-i)(1-\theta_i)}\|\eta_1(t),\cdots,\eta_i(t)\|^{\theta_i}\left|\frac{\partial\mathcal{V}(\eta(t))}{\partial\eta_i}\right|. \tag{5.11}$$

由假设 A2 和假设 A4, 有

$$\|(\eta_1(t),\cdots,\eta_i(t))\|^{\theta_i}\left|\frac{\partial\mathcal{V}(\eta(t))}{\partial\eta_i}\right| \leqslant N\mathcal{W}(\eta(t)),$$
$$\left|\frac{\partial\mathcal{V}(\eta(t))}{\partial\eta_{n+1}}\right| \leqslant N\mathcal{W}(\eta(t)), \quad \forall\,\|\eta(t)\| \geqslant R. \tag{5.12}$$

令

$$\Lambda = \max_{1\leqslant i\leqslant n}(n+1-i)(1-\theta_i), \quad N_{11} = \sup_{t\in[0,\infty)}nN\Gamma(u(t)),$$
$$N_{12} = N\sup_{t\in[0,\infty)}[\varpi_1(x(t)) + \varpi_2(w(t))]\Big(1 + \dot{w}(t) + \sum_{i=1}^{n-1}|x_{i+1}(t)| \tag{5.13}$$
$$+ \sum_{i=1}^{n}|g_i(u(t),x_1(t),\cdots,x_i(t))| + \varpi_1(x(t)) + \varpi_2(w(t))\Big).$$

由假设 A1 可得 $\Lambda \in (0,1)$. 由于 $w(t)$, $\dot{w}(t)$, $u(t)$ 以及 $x(t)$ 是有界的, 因此 $N_{11} < \infty$, $N_{12} < \infty$. 故如果 $\|\eta(t)\| \geqslant R$ 并且 $r > 1$, 那么

$$\left.\frac{\mathrm{d}\mathcal{V}(\eta(t))}{\mathrm{d}t}\right|_{(5.7)} \leqslant -\left(r - N_{11}r^\Lambda - N_{12}\right)\mathcal{W}(\eta(t)). \tag{5.14}$$

由于 $\mathcal{V}(\nu)$ 和 $\mathcal{W}(\nu)$ 是径向无界的正定函数, 故存在 $\mathcal{K}_\infty$ 函数使得 $\kappa_i : [0,\infty) \to [0,\infty)(i = 1,2,3,4)$ 使得

$$\kappa_1(\|\nu\|) \leqslant \mathcal{V}(\nu) \leqslant \kappa_2(\|\nu\|), \quad \kappa_3(\|\nu\|) \leqslant \mathcal{W}(\nu) \leqslant \kappa_4(\|\nu\|), \quad \forall\,\nu\in\mathbb{R}^{n+1}. \tag{5.15}$$

如果 $\mathcal{V}(\eta(r;t)) \geqslant \kappa_2(R)$, 那么 $\|\eta(t)\| \geqslant \kappa_2^{-1}(\mathcal{V}(\eta(r;t))) \geqslant R$ 并且 $\mathcal{W}(\eta(t)) \geqslant \kappa_3(\|\eta(t)\|) \geqslant \kappa_3(R)$.

令

$$r > r_1 \triangleq \max\left\{1, (3N_{11})^{1/(1-\Lambda)}, (N_{12}/N_{11})^{1/\Lambda}\right\},$$

那么 Lyapunov 函数 $\mathcal{V}$ 沿式 (5.7) 关于时间 t 的导数满足

$$\left.\frac{\mathrm{d}\mathcal{V}(\eta(t))}{\mathrm{d}t}\right|_{(5.7)} < -N_{11}\kappa_3(R)r^\Lambda < 0, \quad \forall r > r_0, \quad \|\eta(t)\| \geqslant R. \qquad (5.16)$$

因此, 对任意的 $r > r_1$, 存在与 r 相关的正数 t_{r_1} 使得 $\mathcal{V}(\eta(t)) \leqslant \kappa_2(R)$ 对所有的 $t > t_{r_1}$ 都成立.

求 Lyapunov 函数 $\mathcal{V}(\eta(t))$ 沿式 (5.7) 关于时间 t 的导数可得

$$\left.\frac{\mathrm{d}\mathcal{V}(\eta(t))}{\mathrm{d}t}\right|_{(5.7)} \leqslant -r\mathcal{W}(\eta(t)) + M_{11}r^\Lambda + M_{12}, \quad \forall r > N_0, \quad t > t_{r_1}, \qquad (5.17)$$

其中,

$$M_{11} = \sup_{t \in [0,\infty)} \Gamma(u(t)) \sum_{i=1}^n \sup_{\nu \in \{\nu \in \mathbb{R}^{n+1}: \mathcal{V}(\nu) \leqslant \kappa_2(R)\}} \|\nu\|^{\theta_i} \left\|\frac{\partial \mathcal{V}(\nu)}{\partial \nu}\right\|,$$

$$M_{12} = \frac{N_{12}}{N} \sup_{\nu \in \{\nu \in \mathbb{R}^{n+1}: \mathcal{V}(\nu) \leqslant \kappa_2(R)\}} \left|\frac{\partial \mathcal{V}(\nu)}{\partial \nu_{n+1}}\right|.$$

由 Lyapunov 函数 $\mathcal{V}(\nu)$ 的径向无界性可知, 集合 $\{\nu \in \mathbb{R}^{n+1}: \mathcal{V}(\nu) \leqslant \kappa_2(R)\} \subset \mathbb{R}^{n+1}$ 是有界的. 这与梯度向量 $\nabla \mathcal{V}(\nu)$ 的连续性相结合可得, $M_{11} < \infty$ 且 $M_{12} < \infty$.

对任意的 $\sigma > 0$, 由式 (5.15) 和式 (5.17) 可以推出, 如果

$$r > r_0 \triangleq \max\left\{r_1, \left(\frac{3M_{11}}{\kappa_3(\sigma)}\right)^{\frac{1}{1-\Lambda}}, \left(\frac{M_{12}}{M_{11}}\right)^{\frac{1}{\Lambda}}\right\},$$

并且 $\|\eta(t)\| \geqslant \sigma$, 那么 $\mathcal{W}(\eta(t)) \geqslant \kappa_3(\sigma)$. 因此,

$$\left.\frac{\mathrm{d}\mathcal{V}(\eta(t))}{\mathrm{d}t}\right|_{(5.7)} \leqslant -r\kappa_3(\sigma) + 2M_{11}r^\Lambda \leqslant -M_{11}r^\Lambda < 0. \qquad (5.18)$$

故存在与 r 相关的常数 $t_r > t_{r_1}$ 使得 $\|\eta(t)\| < \sigma$ 对所有的 $r > r_0$ 和 $t > t_r$ 都成立. 由式 (5.6) 可以最终得到

$$|x_i(t) - \hat{x}_i(t)| = \frac{|\eta_i(t)|}{r^{n+1-i}} \leqslant \sigma, \quad i = 1, 2, \cdots, n+1. \qquad (5.19)$$

□

粗略地讲, 总扰动导数变得越快, 在工程实践中增益 r 应该调得越大; 反之, 总扰动变得越慢, 增益 r 应该调得越小. 接下来考虑总扰动是外部扰动的特殊情况, 即 $f(t, x(t), w(t)) = w(t)$ 的特殊情况. 定理 5.2 显示如果 $\lim_{t \to \infty} \dot{w}(t) = 0$, 可以进一步得到扩张状态观测器观测误差的渐近收敛性.

定理 5.2　如果 $\lim_{t \to \infty} \dot{w}(t) = 0$, 假设 A1 和假设 A3 成立, 式 (5.3) 中的非线性函数 $h_i(\cdot)(i = 1, 2, \cdots, n+1)$ 满足假设 A4, 假设 A4 的条件 (2) 中第一个不等式在 $\mathbb{R}^{n+1}$ 上成立, 那么存在正数 $r_0 > 0$ 使得

$$\lim_{t \to \infty} |\hat{x}_i(t) - x_i(t)| = 0, \quad r > r_0, \quad i = 1, 2, \cdots, n+1, \quad x_{n+1}(t) = w(t). \quad (5.20)$$

证明　令 $\eta(t)$, $\eta_i(t)$, $i = 1, 2, \cdots, n+1$ 由式 (5.6) 给出. 容易验证 $\eta_i(t)$ 也满足式 (5.7), 这里 $x_{n+1}(t) = w(t)$. 令 $\mathcal{V}(\nu)$ 和 $\mathcal{W}(\nu)$ 是满足假设 A4 的 Lyapunov 函数. 求 Lyapunov 函数 $\mathcal{V}(\eta(t))$ 沿式 (5.7) 关于时间 t 的偏导数可得

$$\left. \frac{d\mathcal{V}(\eta(t))}{dt} \right|_{(5.7)} = \sum_{i=1}^{n} \Big(r(\eta_{i+1}(t) - h_i(\eta_1(t))) + r^{n+1-i}[g_i(u(t), x_1(t), \cdots, x_i(t))$$

$$- g_i(u(t), \hat{x}_1(t), \cdots, \hat{x}_i(t))] \Big) \frac{\partial \mathcal{V}(\eta(t))}{\partial \eta_i}$$

$$+ \big(-r h_{n+1}(\eta_1(t)) + \dot{w}(t) \big) \frac{\partial \mathcal{V}(\eta(t))}{\partial \eta_{n+1}}. \quad (5.21)$$

与定理 5.1 的证明相似, 可以证明存在 $r_1 > 0$ 和与 r 相关的常数 t_{r_1}, 使得对任意的 $r > r_1$ 以及 $t > t_{r_1}$ 都有 $\mathcal{V}(\eta(t)) \leqslant \kappa_2(R)$. 再根据假设 A4 可以证明 Lyapunov 函数 $\mathcal{V}(\eta(t))$ 沿式 (5.7) 关于时间 t 的导数满足

$$\left. \frac{d\mathcal{V}(\eta(t))}{dt} \right|_{(5.7)} \leqslant -(r - N_{21} r^{\Lambda}) \mathcal{W}(\eta(t)) + M|\dot{w}(t)|, \quad \forall t > t_{r_1}, \quad (5.22)$$

这里 Λ 在式 (5.13) 中给出, N_{21} 和 M 是与 r 无关的正数. 令 $r_0 = \max\{r_1, (2N_{21})^{1/(1-\Lambda)}\}$. 对任意给定的 $\sigma > 0$, 由于 $\lim_{t \to \infty} \dot{w}(t) = 0$, 故存在正数 $t_2 > t_{r_1}$ 使得 $|\dot{w}(t)| < (r/(4M)) \left(\kappa_3 \circ \kappa_2^{-1} \right)(\sigma)$ 对所有的 $t > t_2$ 都成立, 这里 $\kappa_2(\cdot)$ 和 $\kappa_3(\cdot)$ 是在式 (5.15) 中给出的 $\mathcal{K}_\infty$ 类函数. 因此, 如果 $\mathcal{V}(\eta(t)) \geqslant \sigma$, 那么

$$\left. \frac{d\mathcal{V}(\eta(t))}{dt} \right|_{(5.7)} \leqslant -\frac{r}{2} \mathcal{W}(\eta(t)) + M|\dot{w}(t)| \leqslant -\frac{r}{4} \left(\kappa_3 \circ \kappa_2^{-1} \right)(\sigma) < 0, \quad \forall t > t_2, \quad r > r_0.$$

$$(5.23)$$

因此存在正数 $t_3 > t_2$, 使得 $\mathcal{V}(\eta(t)) \leqslant \sigma$ 对所有的 $t > t_3$ 都成立. 换言之, $\lim_{t \to \infty} \mathcal{V}(\eta(t)) = 0$. 再根据式 (5.15) 可得 $\lim_{t \to \infty} \|\eta(t)\| = 0$. 因此,

$$\lim_{t \to \infty} |x_i(t) - \hat{x}_i(t)| = \lim_{t \to \infty} \frac{|\eta_i(t)|}{r^{n}+1-i} = 0, \quad i = 1, 2, \cdots, n+1. \qquad \square$$

接下来将根据定理 5.1 构造两类具体的扩张状态观测器. 第一类具体的扩张状态观测器是线性扩张状态观测器. 也就是说, 式 (5.3) 中的非线性函数 $h_i(\cdot)(i = 1, 2, \cdots, n+1)$ 选取为线形函数: $h_i(\nu) = \alpha_i \nu$, $\nu \in \mathbb{R}$, 这里 α_i 将在后面具体给出.

推论 5.3　令如下矩阵 E 是 Hurwitz 的:

$$E = \begin{pmatrix} -\alpha_1 & 1 & \cdots & 0 \\ \vdots & \vdots & & \vdots \\ -\alpha_n & 0 & \cdots & 1 \\ -\alpha_{n+1} & 0 & \cdots & 0 \end{pmatrix}, \tag{5.24}$$

并且假设 A3 和假设 A1 成立, 其中所有 $\theta_i = 1$. 那么, 如下结论成立:

(1) 如果 $f(\cdot)$ 完全未知, 式 (5.1) 的解全局有界并且假设 A2 成立, 那么式 (5.3) 的状态按式 (5.5) 收敛于式 (5.1) 的状态和总扰动 $x_{n+1}(t) = f(t, x(t), w(t))$. 另外, 存在正数 $r_0 > 0$ 使得

$$|x_i(t) - \hat{x}_i(t)| \leqslant D_1 \left(\frac{1}{r}\right)^{n+2-i}, \quad r > r_0, \quad t > t_r, \quad i = 1, 2, \cdots, n+1, \tag{5.25}$$

其中, t_r 是依赖于 r 的常数; D_1 是和增益参数 r 无关的常数.

(2) 如果 $f(t, x(t), w(t)) = w(t)$ 并且 $\lim_{t \to \infty} \dot{w}(t) = 0$, 那么式 (5.20) 对充分大的 $r_0 > 0$ 成立.

证明　因为结论 (2) 和结论 (1) 的证明类似, 因此只证明结论 (1). 令 P 是 Lyapunov 方程 $PE + E^T P = -I_{(n+1) \times (n+1)}$ 的正定矩阵解. 定义 Lyapunov 函数 $\mathcal{V}, \mathcal{W} : \mathbb{R}^{n+1} \to \mathbb{R}$ 如下:

$$\mathcal{V}(\nu) = \langle P\nu, \nu \rangle, \quad \mathcal{W}(\nu) = \langle \nu, \nu \rangle, \quad \forall\, \nu \in \mathbb{R}^{n+1}, \tag{5.26}$$

那么

$$\lambda_{\min}(P) \|\nu\|^2 \leqslant \mathcal{V}(\nu) \leqslant \lambda_{\max}(P) \|\nu\|^2, \tag{5.27}$$

$$\sum_{i=1}^{n} (\nu_{i+1} - \alpha_i \nu_1) \frac{\partial \mathcal{V}(\nu)}{\partial \nu_i} - \alpha_{n+1} \nu_1 \frac{\partial \mathcal{V}(\nu)}{\partial \nu_{n+1}} = -\nu^T \nu = -\|\nu\|^2 = -\mathcal{W}(\nu),$$

并且

$$\left\| \frac{\partial \mathcal{V}(\nu)}{\partial \nu} \right\| = \|2\nu^T P\| \leqslant 2\lambda_{\max}(P) \|\nu\|,$$

这里 $\lambda_{\max}(P)$ 和 $\lambda_{\min}(P)$ 分别是矩阵 P 的最大和最小特征值. 因此假设 A4满足. 从而收敛性结果可以从定理 5.1 和定理 5.2 直接推出.

接下来来证明误差估计式 (5.25). 由式 (5.26) 中所定义的 Lyapunov 函数和 $\theta_i = 1$, 有

$$\left.\frac{\mathrm{d}\mathcal{V}(\eta(t))}{\mathrm{d}t}\right|_{(5.7)} \leqslant -(\overline{M}_1 r)\mathcal{V}(\eta(t)) + \overline{M}_2 \sqrt{\mathcal{V}(\eta(t))}, \quad r > 4n\lambda_{\max}(P) \sup_{t\in[0,\infty)} \Gamma(u(t)),$$

$$(5.28)$$

其中, $\overline{M}_1 = 1/(2\lambda_{\max}(P))$; $M_2 = 2N_{12}\lambda_{\max}(P)/(N\sqrt{\lambda_{\min}(P)})$. 不难验证如果 $\mathcal{V}(\eta(t)) > (2\overline{M}_2/\overline{M}_1)^2 (1/r)^2$, 那么

$$\left.\frac{\mathrm{d}\mathcal{V}(\eta(t))}{\mathrm{d}t}\right|_{(5.7)} \leqslant -\frac{2\overline{M}_2^2}{\overline{M}_1 r} < 0. \tag{5.29}$$

因此存在与 r 相关的正数 $t_r > 0$ 使得 $\mathcal{V}(\eta(t)) \leqslant (2\overline{M}_2/\overline{M}_1)^2 (1/r)^2$ 对所有 $t > t_0$. 因此

$$\|\eta(t)\| \leqslant \sqrt{(1/\lambda_{\min}(P))\mathcal{V}(\eta(t))} \leqslant 2\overline{M}_2/(\overline{M}_1\lambda_{\min}(P))(1/r).$$

结合式 (5.6) 可得结论 (1) 成立. □

另一类扩张状态观测器是加权齐次扩张状态观测器, 即扩张状态观测器中的非线性函数 $h_i(\cdot)$ 选取为由式 (5.31) 所定义的加权齐次函数.

容易证明下面给出的由非线性函数 h_i 构成的向量场 $F(\nu)$ 是 $-d(d = 1 - \beta)$ 度关于权数 $\{r_i = (i-1)\beta - (i-2)\}_{i=1}^{n+1}$ 加权齐次的:

$$F(\nu) = (\nu_2 + \alpha_1 h_1(\nu), \nu_3 + \alpha_2 h_2(\nu), \cdots, \nu_{n+1} + \alpha_n h_n(\nu)\alpha_{n+1}(\nu), h_{n+1}(\nu))^{\mathrm{T}},$$

$$(5.30)$$

其中, $\nu = (\nu_1, \nu_2, \cdots, \nu_{n+1}) \in \mathbb{R}^{n+1}$, 且

$$h_i(\nu) = [\nu]^{i\beta - (i-1)} \triangleq \mathrm{sign}(\nu)|\nu|^{i\beta - (i-1)}, \quad \nu \in \mathbb{R}, \quad \beta \in (0,1). \tag{5.31}$$

推论 5.4 是关于由式 (5.31) 中定义的非线性函数所构成的加权齐次扩张状态观测器的收敛性的.

推论 5.4 假设 A1 和假设 A2 成立并且 $\theta_i \in (0,1]$, 同时由式 (5.24) 所定义的矩阵是 Hurwitz, 那么存在正数 $\beta^* \in (0,1)$ 使得对任意的 $\beta \in (\beta^*, 1)$, 如下结论成立:

(1) 如果式 (5.1) 的解全局有界, 那么由式 (5.31) 所定义的非线性函数 $h_i(\cdot)$ 所构成的加权齐次扩张状态观测器式 (5.3) 的状态在式 (5.20) 的意义下收敛到式 (5.1) 的状态和总扰动 $x_{n+1}(t) = f(t, x(t), w(t))$. 另外, 存在正数 $r_0 > 0$ 使得对任意的 $r > r_0, i \in \{1, 2, \cdots, n+1\}$,

$$\varlimsup_{t\to\infty}|x_i(t) - \hat{x}_i(t)| \leqslant D_2 \left(\frac{1}{r}\right)^{n+1-i+\frac{(i-1)\beta-(i-2)}{(n+1)\beta-n}(1-\Lambda)},$$

$$r > r_0, \quad t > r_r, \quad i = 1, 2, \cdots, n+1, \tag{5.32}$$

这里 $\Lambda = \max(n+1-i)(1-\theta_i)$, t_r 是依赖于 r 的常数, D_2 是与 r 无关的常数.

(2) 如果 $f(t, x(t), w(t)) = w(t)$, 并且 $\lim_{t\to\infty} \dot{w}(t) = 0$, 那么当 $r_0 > 0$ 充分大时式 (5.20) 成立.

注 如果在假设 A1 中 $\theta_i = 1$, 那么由非线性函数式 (5.31) 所构成的加权齐次扩张状态观测器式 (5.3) 的观测误差估计式为

$$|x_i(t) - \hat{x}_i(t)| \leqslant D_2 \left(\frac{1}{r} \right)^{n+1-i+\frac{(i-1)\beta-(i-2)}{(n+1)\beta-n}}.$$

由于 $(i-1)\beta - (i-2) > (n+1)\beta - n$, 则有

$$n + 1 - i + \frac{(i-1)\beta - (i-2)}{(n+1)\beta - n} > n + 2 - i,$$

与由式 (5.25) 所给出的线性扩张状态观测器的误差估计比较, 加权齐次扩张状态观测器对式 (5.1) 的状态和总扰动的观测更精确. 例如, 当 $n = 2$ 且 $\beta = 0.8$ 时, 利用加权齐次扩张状态观测器, 式 (5.1) 的总扰动 $x_3(t)$ 与加权齐次扩张状态观测器的观测值 $\hat{x}_3(t)$ 之间的误差不超过 $D_2/r^{3/2}$, 而系统的总扰动与线性扩张状态观测器的观测值之差的界是 D_1/r, 这里 D_1 和 D_2 是 r 无关的常数. 需要指出的是, 对于增益参数 r 而言, D_1/r 是最优的误差上界. 因此, 随着 r 的增大, 加权齐次非线性扩张状态观测器的观测精度将比线性扩张状态观测器的观测精度高很多.

推论 5.4 的证明 对于由式 (5.30) 所定义的向量场 $F(\nu)$, 存在正定的径向无界的 Lyapunov 函数 $\mathcal{V}(\nu)$ 使得 $\mathcal{V}(\nu)$ 度 $\gamma \geqslant \max\{d = 1 - \beta, r_i\}$ 关于权数 $\{r_i = (i-1)\beta - (i-2)\}_{i=1}^{n+1}$ 加权齐次, 且 $L_F \mathcal{V}(\nu)$ 是负定的. 由 $\mathcal{V}(\nu)$ 的加权齐性, 对任意的 λ, 有

$$\mathcal{V}(\lambda^{r_1}\nu_1, \lambda^{r_2}\nu_2, \cdots, \lambda^{r_{n+1}}\nu_{n+1}) = \lambda^\gamma \mathcal{V}(\nu_1, \nu_2, \cdots, \nu_{n+1}). \tag{5.33}$$

对式 (5.33) 关于 ν_i 求偏导数可得

$$\lambda^{r_i} \frac{\partial \mathcal{V}(\lambda^{r_i}\nu_1, \lambda^{r_2}\nu_2, \cdots, \lambda^{r_{n+1}}\nu_{n+1})}{\partial \nu_i} = \lambda^\gamma \frac{\partial \mathcal{V}(\lambda^{r_i}\nu_1, \lambda^{r_2}\nu_2, \cdots, \lambda^{r_{n+1}}\nu_{n+1})}{\partial \nu_i}. \tag{5.34}$$

根据加权齐次函数的定义, $\dfrac{\partial \mathcal{V}(\nu)}{\partial \nu_i}$ 是一个 $\gamma - r_i$ 度关于权数 $\{r_i\}_{i=1}^{n+1}$ 的加权齐次函数. 另外, Lyapunov 函数 $\mathcal{V}(\nu)$ 沿向量场 $F(\nu)$ 的李导数满足

$$L_F \mathcal{V}(\lambda^{r_1}\nu_1, \lambda^{r_2}\nu_2, \cdots, \lambda^{r_{n+1}}\nu_{n+1})$$

$$= \sum_{i=1}^{n+1} \frac{\partial \mathcal{V}(\lambda^{r_1}\nu_1, \lambda^{r_2}\nu_2, \cdots, \lambda^{r_{n+1}}\nu_{n+1})}{\partial \nu_i} F_i(\lambda^{r_1}\nu_1, \lambda^{r_2}\nu_2, \cdots, \lambda^{r_{n+1}}\nu_{n+1})$$

$$= \lambda^{\gamma-d} \sum_{i=1}^{n+1} \frac{\partial \mathcal{V}(\nu_1, \nu_2, \cdots, \nu_{n+1})}{\partial \nu_i} F_i(\nu_1, \nu_2, \cdots, \nu_{n+1})$$

$$= \lambda^{\gamma-d} L_F \mathcal{V}(\nu_1, \nu_2, \cdots, \nu_{n+1}). \tag{5.35}$$

因此, $L_F\mathcal{V}(\nu)$ 是一个 $\gamma - d$ 度关于权数 $\{r_i\}_{i=1}^{n+1}$ 的加权齐次函数. 因为 $|\nu_i|$ 作为 $(\nu_1, \nu_2, \cdots, \nu_{n+1})$ 的函数 r_i 度关于权数 $\{r_i\}_{i=1}^{n+1}$ 加权齐次的, 所以

$$\left|\frac{\partial\mathcal{V}(\nu)}{\partial\nu_i}\right| \leqslant b_1(\mathcal{V}(\nu))^{\frac{\gamma-r_i}{\gamma}}, \quad \nu \in \mathbb{R}^{n+1}, \quad i = 1, 2, \cdots, n+1. \tag{5.36}$$

$$L_F\mathcal{V}(\nu) \leqslant -b_2(\mathcal{V}(\nu))^{\frac{\gamma-d}{\gamma}}, \quad \forall\, \nu \in \mathbb{R}^{n+1}, \tag{5.37}$$

$$|\nu_i| \leqslant b_3(\mathcal{V}(\nu_1, \cdots, \nu_{n+1}))^{\frac{r_i}{\gamma}}, \quad i = 1, 2, \cdots, n+1, \tag{5.38}$$

其中, b_1, b_2 及 b_3 是正数. 令

$$\mathcal{W}(\nu) \triangleq b_2(\mathcal{V}(\nu))^{(\gamma-d)/(\gamma)}, \quad \nu \in \mathbb{R}^{n+1}.$$

由式 (5.37), 可得假设 A4 的条件 (1) 成立. 对正定的连续函数 $\mathcal{V}(\nu)$, 存在 $\mathcal{K}_\infty$ 函数 $\kappa_h(\cdot)$ 使得 $\kappa_h(\|\nu\|) \leqslant \mathcal{W}(\nu), \nu \in \mathbb{R}^{n+1}$. 令 $R = \kappa_h^{-1}(1)$, 对任意的 $\nu \in \mathbb{R}^{n+1}$, 如果 $\|\nu\| > R$, 那么 $\mathcal{V}(\nu) > 1$. 对 $\beta \geqslant \max\{n/(n+1), (i-1+\theta_i)/i\}$, 有 $\gamma - r_{n+1} \leqslant \gamma - d$ 和 $\gamma + \theta_i - r_i \leqslant \gamma - d$. 这与式 (5.36) 和式 (5.38) 相结合, 可以推出

$$\left|\frac{\partial\mathcal{V}(\nu)}{\partial\nu_{n+1}}\right| \leqslant b_1(\mathcal{V}(\nu))^{(\gamma-r_{n+1})/\gamma} \leqslant \frac{b_2}{b_1}\mathcal{W}(\nu), \quad \nu \in \mathbb{R}^{n+1}, \quad \|\nu\| > \mathbb{R}, \tag{5.39}$$

以及

$$\|(\nu_1, \cdots, \nu_i)\|^{\theta_i}\left\|\frac{\partial\mathcal{V}(\nu)}{\partial\nu_i}\right\| \leqslant (|\nu_1| + \cdots + |\nu_i|)^{\theta_i}\left\|\frac{\partial\mathcal{V}(\nu)}{\partial\nu_i}\right\|$$

$$\leqslant (ib_3)^{\theta_i}(\mathcal{V}(\nu))^{(\theta_i+\gamma-r_i)/\gamma}$$

$$\leqslant \frac{(ib_3)^{\theta_i}}{b_1}\mathcal{W}(\nu). \tag{5.40}$$

因此, 假设 A4 的所有条件都满足. 这里扩张状态观测器的收敛性可由定理 5.1 直接推出.

因为本推论的结论 (2) 的证明与结论 (1) 类似, 所以只需要证明式 (5.32) 成立. 根据式 (5.6) 定义的 $\eta(t)$, 以及前面所得到的扩张状态观测器的收敛性结果, 可得存在正数 $r_0 > 0$ 使得

$$\mathcal{V}(\eta(t)) < 1, \quad \forall\, t > t_{r_1}, \quad r > r_0, \tag{5.41}$$

这里 t_{r_1} 是一个和 r 有关的正数. 由式 (5.36) $\sim$ 式 (5.38), 有

$$\left.\frac{\mathrm{d}\mathcal{V}(\eta(t))}{\mathrm{d}t}\right|_{(5.7)} \leqslant -b_2 r(\mathcal{V}(\eta(t)))^{\frac{\gamma-d}{\gamma}} + \overline{N}_{11}(\mathcal{V}(\eta(t)))^{\frac{\gamma-r_{n+1}}{\gamma}}$$

$$+r^{\Lambda}\overline{N}_{12}\sum_{i=1}^{n}(\mathcal{V}(\eta(t)))^{\frac{\gamma+\theta_i r_i - r_i}{\gamma}}, \tag{5.42}$$

其中,

$$\overline{N}_{11} = b_1 N_{12}/N, \quad \overline{N}_{12} = nb_1 \sup_{t\in[0,\infty)} \Gamma(u(t)) \max_{i=1,\cdots,n} b_3^{\theta_i}.$$

令 $\beta^* = \max\{\beta_1^*, (n-\min\{\theta_1,\cdots,\theta_n\})/n, n/(n+1), (i-1+\theta_i)/i\}$. 由于 $\beta\in(\beta^*,1)$, $r_i = (i-1)\beta - (i-2)$, 因此 $r_{n+1}\geqslant 1-\min\{\theta_i\}\geqslant r_i(1-\theta_i)$, 并且 $(\gamma-r_{n+1})/\gamma\leqslant (\gamma+\theta_i r_i - r_i)/\gamma$. 假设 $r>r_0$, $t>t_{1r}$, 那么由式 (5.42) 可得

$$\left.\frac{\mathrm{d}\mathcal{V}(\eta(t))}{\mathrm{d}t}\right|_{(5.7)} \leqslant -rb_2(\mathcal{V}(\eta(t)))^{\frac{\gamma-d}{\gamma}} + r^{\Lambda}(\overline{N}_{11}+n\overline{N}_{12})(\mathcal{V}(\eta(t)))^{\frac{\gamma-r_{n+1}}{\gamma}}. \tag{5.43}$$

如果

$$\mathcal{V}(\eta(t)) \geqslant ((N_{11}+N_{12})/b_2)^{\gamma/(r_{n+1}-d)}(1/r)^{\frac{\gamma(1-\Lambda)}{r_{n+1}-d}},$$

那么

$$\left.\frac{\mathrm{d}\mathcal{V}(\eta(t))}{\mathrm{d}t}\right|_{(5.7)} \leqslant -r^{\Lambda}(\overline{N}_{11}+n\overline{N}_{12})(\mathcal{V}(\eta(t)))^{\frac{\gamma-r_{n+1}}{\gamma}} < 0.$$

因此存在 $t_r > t_{1r}$ 使得 $\mathcal{V}(\eta(t)) \leqslant ((N_{11}+N_{12})/b_2)^{\gamma/(r_{n+1}-d)}(1/r)^{\frac{\gamma(1-\Lambda)}{r_{n+1}-d}}$ 对所有的 $t>t_r$ 都成立. 误差估计式 (5.32) 可由式 (5.38) 直接推得. □

5.1.2　时变增益扩张状态观测器

前面讨论了常数增益扩张状态观测器. 一般来说, 常数增益扩张状态观测器当增益参数选取较大且系统初始状态和扩张状态观测器的初始状态之间的差异较大时会出现峰值问题. 为解决这一峰值问题以及得到对更一般的外部扰动的渐近观测, 本小节研究如下时变增益的扩张状态观测器:

$$\begin{cases} \dot{\hat{x}}_1(t) = \hat{x}_2(t) + \dfrac{1}{\varrho^{n-1}(t)}h_1(\varrho^n(t)(y(t)-\hat{x}_1(t))) + g_1(u(t),\hat{x}_1(t)), \\[2mm] \dot{\hat{x}}_2(t) = \hat{x}_3(t) + \dfrac{1}{\varrho^{n-2}(t)}h_2(\varrho^n(t)(y(t)-\hat{x}_1(t))) + g_2(u(t),\hat{x}_1(t),\hat{x}_2(t)), \\[2mm] \vdots \\[2mm] \dot{\hat{x}}_n(t) = \hat{x}_{n+1}(t) + h_n(\varrho^n(t)(y(t)-\hat{x}_1(t))) + g_n(u(t),\hat{x}_1(t),\cdots,\hat{x}_n(t)), \\[2mm] \dot{\hat{x}}_{n+1}(t) = \varrho(t)h_{n+1}(\varrho^n(t)(y(t)-\hat{x}_1(t))). \end{cases} \tag{5.44}$$

在式 (5.44) 中, 采用了随时间变化的时变增益 $r(t)$, 首先考虑的一类时变增益是如下从较小的初值缓慢增长到用于保证观测误差精度的最大值, 用以消除常数扩张状态观测器的峰值问题:

$$\varrho(t) = \begin{cases} e^{at}, & 0\leqslant t < \dfrac{1}{a}\ln r, \\[3mm] r, & t\geqslant \dfrac{1}{a}\ln r. \end{cases} \tag{5.45}$$

对采用了时变增益式 (5.45) 的非线性扩张状态观测器, 有如下的收敛性结果.

定理 5.5 令增益函数 $\varrho(t)$ 由式 (5.45) 给出, 假设 A1、假设 A3 和假设 A4 成立.

(1) 如果 $f(\cdot)$ 完全未知, 式 (5.1) 的解全局有界, 那么当假设 A2 成立时, 对任意的 $\sigma > 0$, 存在 $r_0 > 0$ 使得

$$|\hat{x}_i(t) - x_i(t)| < \sigma, \quad \forall\, t > t_r, \quad r > r_0, \quad i = 1, 2, \cdots, n+1. \tag{5.46}$$

其中, $\hat{x}_i(t)$ 是式 (5.44) 的状态; $x_i(t)$ 是式 (5.1) 的状态, $x_{n+1}(t)$ 是由式 (5.2) 所给出的系统的总扰动; t_r 是与 r 有关的常数.

(2) 如果 $f(t, x(t), w(t)) = w(t)$, $\lim_{t \to \infty} \dot{w}(t) = 0$, 并且假设 A4 的 (2) 在 $\mathbb{R}^{n+1}$ 上成立, 那么存在 $r_0 > 0$ 使得

$$\lim_{t \to \infty} |x_i(t) - \hat{x}_i(t)| = 0, \quad i = 1, 2, \cdots, n+1, \quad \forall\, r > r_0. \tag{5.47}$$

定理 5.5 可以用类似于定理 5.1 和定理 5.2 的方法证明, 这里略去了证明的细节.

注 分别在推论 5.3 中的线性扩张状态观测器和推论 5.4 中的加权齐次扩张状态观测器中利用由式 (5.45) 所给出的时变增益 $r(t)$ 来替换其中的常数增益 r, 可以得到这两个推论仍然成立.

定理 5.1 仅仅给出了一个当外部扰动的导数有界时的渐近收敛性结果, 适当选取的时变增益可去掉定理 5.1 中外部扰动的导数有界的限制, 并实现观测误差的渐近收敛性结果. 接下来, 将前面的假设 A3 放宽到如下的更宽松的假设 A3*.

假设 A2* 控制输入在 $\mathbb{R}^m$ 有界并且存在常数 b, B_1 和 B_2 使得 $|w(t)| + |\dot{w}(t)| \leqslant B_1 + B_2 \mathrm{e}^{bt}$.

同时, 假设 A2 由假设 A3* 替换.

假设 A3* 在式 (5.1) 中, 非线性函数 f 关于 $x_i (i = 1, \cdots, n)$ 和 w 的偏导数在 $\mathbb{R}^{n+2}$ 上有界, 并且存在函数 $\varpi \in C(\mathbb{R}^n, [0, \infty))$ 和常数 B_3 使得

$$|f(t, x, w)| + \left| \frac{\partial f(t, x, w)}{\partial t} \right| \leqslant \varpi(x) + B_3 |w|, \quad \forall\, (t, x, w) \in \mathbb{R}^{n+2}.$$

定理 5.6 假设式 (5.1) 中的已知非线性函数 $g_i(\cdot)$ 满足假设 A1, 控制输入 $u(t)$ 和外部扰动 $w(t)$ 满足假设 A2*. 令式 (5.44) 中的非线性函数 $h_i(\cdot)$ 满足假设 A4, 令 $\varrho(t) = \mathrm{e}^{at}$, $a > b$. 那么如下结论成立:

(1) 如果 $f(\cdot)$ 是完全未知的非线性函数满足先验条件 A2*, 式 (5.1) 是全局有界的, 那么

$$\lim_{t \to \infty} |x_i(t) - \hat{x}_i(t)| = 0, \quad i = 1, 2, \cdots, n+1, \tag{5.48}$$

其中, $\hat{x}_i(t)$ 是式 (5.44) 的状态; $x_i(t)$ 是式 (5.1) 的状态; $x_{n+1}(t) = f(t, x(t), w(t))$ 是系统的总扰动.

(2) 如果 $f(t, x(t), w(t)) = w(t)$, 那么

$$\lim_{t \to \infty} |x_i(t) - \hat{x}_i(t)| = 0, \quad i = 1, 2, \cdots, n+1, \tag{5.49}$$

其中, $\hat{x}_i(t)$ 是式 (5.44) 的状态; $x_i(t)$ 是式 (5.1) 的状态; $x_{n+1}(t) = w(t)$.

证明　只需要证明定理的结论 (1), 定理的结论 (2) 可用类似的方法证得. 令

$$\eta_i(t) = (\varrho(t))^{n+1-i}(x_i(t) - \hat{x}_i(t)), \quad i = 1, 2, \cdots, n+1, \quad \eta(t) = (\eta_1(t), \cdots, \eta_{n+1}(t))^{\mathrm{T}}. \tag{5.50}$$

直接计算可得 $\eta_i(t)$ 满足如下微分系统:

$$\begin{cases} \dot{\eta}_1(t) = \varrho(t)(\eta_2(t) - h_1(\eta_1(t))) + \dfrac{n\dot{\varrho}(t)}{\varrho(t)}\eta_1(t) \\ \qquad + (\varrho(t))^n(g_1(u(t), x_1(t)) - g_1(u(t), \hat{x}_1(t))), \\ \vdots \\ \dot{\eta}_n(t) = \varrho(t)(\eta_{n+1}(t) - h_n(\eta_1(t))) + \dfrac{\dot{\varrho}(t)}{\varrho(t)}\eta_n(t) \\ \qquad + \varrho(t)(g_n(u(t), x_1(t), \cdots, x_n(t)) - g_n(u(t), \hat{x}_1(t), \cdots, \hat{x}_n(t))), \\ \dot{\eta}_{n+1}(t) = -\varrho(t)h_{n+1}(\eta_1(t)) + \dfrac{\mathrm{d}}{\mathrm{d}t}f(t, x(t), w(t)). \end{cases} \tag{5.51}$$

由假设 A1 和式 (5.50), 有

$$(\varrho(t))^{n+1-i}|g_i(u(t), x_1(t), \cdots, x_i(t)) - g_i(u(t), \hat{x}_1(t), \cdots, \hat{x}_i(t))|$$

$$\leqslant \Gamma(u(t))(\varrho(t))^{(n+1-i)(1-\theta_i)}\|\eta_1(t), \cdots, \eta_i(t)\|^{\theta_i}. \tag{5.52}$$

由假设 A1、假设 A2*、假设 A3* 以及式 (5.1) 的解的有界性可得

$$\left|\frac{\mathrm{d}f(t, x(t), w(t))}{\mathrm{d}t}\right| \leqslant \left|\frac{\partial f(t, x(t), w(t))}{\partial t}\right| + \left|\dot{w}(t)\frac{\partial f(t, x(t), w(t))}{\partial w}\right|$$

$$+ \left|\sum_{i=1}^{n-1}(x_{i+1}(t) + g_i(u(t), x_1(t), \cdots, x_i(t)))\frac{\partial f(t, x(t), w(t))}{\partial x_i}\right|$$

$$+ \left|(f(t, x(t), w(t)) + g_n(u(t), x(t)))\frac{\partial f(t, x(t), w(t))}{\partial x_{n+1}}\right|$$

$$\leqslant \Pi_1 + \Pi_2 e^{bt}, \tag{5.53}$$

这里 Π_1 和 Π_2 为正数.

令 $\mathcal{V}(\eta)$ 是满足假设A4的 Lyapunov 函数. 求 $\mathcal{V}(\eta(t))$ 沿式 (5.51) 关于时间 t 的导数可得

$$\left.\frac{\mathrm{d}\mathcal{V}(\eta(t))}{\mathrm{d}t}\right|_{(5.51)} = \sum_{i=1}^n \left(\varrho(t)(\eta_{i+1} - h_i(\eta_1(t))) + \frac{(n+1-i)\dot{\varrho}(t)}{\varrho(t)}\eta_i(t)\right.$$

$$+ (\varrho(t))^{n+1-i}[g_i(u(t), x_1(t), \cdots, x_i(t))$$

$$- g_i(u(t), \hat{x}_1(t), \cdots, \hat{x}_i(t))]\Big)\frac{\partial \mathcal{V}(\eta(t))}{\partial \eta_i}$$

$$+ \Big(- \varrho(t) h_{n+1}(\eta_1(t)) + \frac{\mathrm{d}f(t, x(t), w(t))}{\mathrm{d}t}\Big)\frac{\partial \mathcal{V}(\eta(t))}{\partial \eta_{n+1}}. \tag{5.54}$$

如果 $\|\eta(t)\| \geqslant R$, 由假设 A4、式 (5.52) 和式 (5.53), 有

$$\frac{\mathrm{d}\mathcal{V}(\eta(t))}{\mathrm{d}t}\bigg|_{(5.51)} \leqslant -\Big(\varrho(t) - N_{11}(\varrho(t))^A - \frac{n(n+1)N}{2a} - \Pi_1 - \Pi_2 \mathrm{e}^{bt}\Big)\mathcal{W}(\eta(t)), \tag{5.55}$$

这里 N_{11} 和 A 由式 (5.13) 给出. 由于 $\varrho(t) = \mathrm{e}^{at}, a > b$, 故存在 $t_1 > 0$ 使得

$$\varrho(t) - N_{11}(\varrho(t))^A - \frac{n(n+1)N}{2a} - \Pi_1 - \Pi_2 \mathrm{e}^{bt} > 1, \quad \forall\, t > t_1.$$

因此, 存在 $t_2 > t_1$ 使下式成立:

$$\frac{\mathrm{d}\mathcal{V}(\eta(t))}{\mathrm{d}t}\bigg|_{(5.51)} \leqslant -\mathcal{W}(\eta(t)) \leqslant -\kappa_3(\|\eta(t)\|) \leqslant -\kappa_3(R) < 0, \quad \forall\, t > t_2. \tag{5.56}$$

由此推出存在 $t_3 > t_2$, 使得 $\|\eta(t)\| \leqslant R$ 对所有的 $t > t_3$ 都成立. 令

$$M_{31} = \sup_{t \in [0,\infty)} \Gamma(u(t)) \sum_{i=1}^{n} R^{\theta_i} \sup_{\|\nu\| \leqslant R} \bigg|\frac{\partial \mathcal{V}(\nu)}{\partial \nu_i}\bigg|, \quad M_{32} = \Pi_2 \sup_{\|\nu\| \leqslant R} \bigg|\frac{\partial \mathcal{V}(\nu)}{\partial \nu_{n+1}}\bigg|,$$

$$M_{33} = \Big(\frac{an(n+1)N}{2} + \Pi_1\Big) \sup_{\|\nu\| \leqslant R} \bigg\|\frac{\partial \mathcal{V}(\nu)}{\partial \nu}\bigg\|, \quad \nu = (\nu_1, \cdots, \nu_{n+1}) \in \mathbb{R}^{n+1}, \tag{5.57}$$

那么

$$\frac{\mathrm{d}\mathcal{V}(\eta(t))}{\mathrm{d}t}\bigg|_{(5.51)} \leqslant \mathrm{e}^{at}\Big(-\mathcal{W}(\eta(t)) + M_{31}\mathrm{e}^{(A-1)at} + M_{32}\mathrm{e}^{(b-a)t} + M_{33}\mathrm{e}^{-at}\Big), \quad \forall\, t > t_3. \tag{5.58}$$

另外, 由于对所有的 $\sigma > 0$,

$$\lim_{t \to \infty}\Big(M_{31}\mathrm{e}^{(A-1)at} + M_{32}\mathrm{e}^{(b-a)t} + M_{33}\mathrm{e}^{-at}\Big) = 0,$$

因此存在 $t_4 > t_3$ 使得

$$M_{31}\mathrm{e}^{(A-1)at} + M_{32}\mathrm{e}^{(b-a)t} + M_{33}\mathrm{e}^{-at} < \frac{1}{2}(\kappa_3 \circ \kappa_2^{-1})(\sigma), \quad \forall\, t > t_4,$$

这里 $\kappa_2(\cdot)$ 和 $\kappa_3(\cdot)$ 是由式 (5.15) 给出的 $\mathcal{K}_\infty$ 类函数. 因此, 对任意的 $t > t_4$, 如果 $\mathcal{V}(\eta(t)) > \sigma$, 那么

$$\frac{\mathrm{d}\mathcal{V}(\eta(t))}{\mathrm{d}t}\bigg|_{(5.51)} \leqslant -\frac{1}{2}(\kappa_3 \circ \kappa_2^{-1})(\sigma) < 0. \tag{5.59}$$

因此, 存在 $t_5 > t_4$ 使得 $\mathcal{V}(\eta(t)) < \sigma$ 对所有的 $t > t_5$ 都成立. 这等价于 $\lim_{t \to \infty} \mathcal{V}(\eta(t)) = 0$. 定理的结论 (1) 可由式 (5.15) 和式 (5.50) 直接推得. □

　　本小节最后将讨论常数增益扩张状态观测器可能出现的峰值问题. 为便于讨论, 假设式 (5.1) 中的非线性函数 $g_i(\cdot) = 0, i = 1, 2, \cdots, n$ 所考虑的扩张状态观测器是推论 5.3 所给出的线性扩张状态观测器, 线性扩张状态观测器中所给出的设计参数构成的由式 (5.24) 所定义的矩阵 E 是 Hurwitz 矩阵. 不妨假设矩阵 E 具有 $n + 1$ 个不同的负特征根 $\lambda_1, \cdots, \lambda_{n+1}$. 首先, 利用常数增益扩 $\varrho(t) \equiv r$, 可求得式 (5.3) 的解是

$$\hat{x}_i(t) = \frac{1}{r^{n+1-i}} \varepsilon_i(t) + x_i(t), \tag{5.60}$$

其中,

$$\begin{pmatrix} \varepsilon_1(t) \\ \varepsilon_2(t) \\ \vdots \\ \varepsilon_{n+1}(t) \end{pmatrix} = e^{-rEt} \begin{pmatrix} r^n(x_1(0) - \hat{x}_1(0)) \\ r^{n-1}(x_2(0) - \hat{x}_2(0)) \\ \vdots \\ x_{n+1}(0) - \hat{x}_{n+1}(0) \end{pmatrix} + \int_0^t e^{-rE(t-s)} \begin{pmatrix} 0 \\ 0 \\ \vdots \\ \dot{x}_{n+1}(s) \end{pmatrix} ds. \tag{5.61}$$

峰值问题主要是由 $\varepsilon(t) = (\varepsilon_1(t), \cdots, \varepsilon_{n+1}(t))$ 的非零初值和大的增益参数 r 所导致, 原因如下:

$$\varepsilon_i(t) = \sum_{j=1}^{n+1} \sum_{l=1}^{n+1} d_{ij}^l e^{rt\lambda_l} r^{n+1-i}(x_i(0) - \hat{x}_i(0)) + \sum_{l=1}^{n+1} \int_0^t \dot{x}_{n+1}(s) d_{i(n+1)}^l e^{rt\lambda_l} ds, \tag{5.62}$$

这里 d_{ij}^l 是由矩阵 E 所决定的常数. 容易看出峰值现象是在初始时刻 $t = 0$ 附近出现, 这是由于对任意的 $a > 0$, $\varepsilon_i(t) \to 0$ 当 $r \to \infty$ 时对任意的 $t \in [a, \infty)$ 一致地成立. 另外, 在初始时刻附近, $e^{rt\lambda_i}$ 充分接近 1. 这正是常数增益扩张状态观测器在初始时刻出现峰值的原因. 事实上, 扩张状态观测器的状态 $\hat{x}_2(t), \cdots, \hat{x}_{n+1}(t)$ 在初始时刻附近的最大值 (峰值) 分别是 $r, r^2, \cdots, r^n$ 的倍数. 增益参数 r 越大, 扩张状态观测器的峰值也就越大.

　　如果利用在初始时刻的值较小的时变增益, 那么 $\eta(t)$ 在初始时刻的值为

$$\left(\varrho(0)^n(x_1(0) - \hat{x}_1(0)), \varrho^{n-1}(0)(x_2(0) - \hat{x}_2(0)), \cdots, x_{n+1}(0) - \hat{x}_{n+1}(0) \right)^{\mathrm{T}}, \tag{5.63}$$

在初始时刻不会变得太大. 事实上, 如果 $\varrho(0) = 1$, 那么误差 $\eta(t)$ 在初始时刻的值为

$$\left((x_1(0) - \hat{x}_1(0)), (x_2(0) - \hat{x}_2(0)), \cdots, x_{n+1}(0) - \hat{x}_{n+1}(0) \right)^{\mathrm{T}}. \tag{5.64}$$

由于增益函数 $\varrho(t)$ 初始阶段的值较小, 那么 $\|\varepsilon(t)\|$ 将可能随增益函数的增大而增大, 然而 $\|\varepsilon(t)\|$ 在增益函数 $\varrho(t)$ 变到最大值之前停止增加. 事实上, 令 Lyapunov 函数 $\mathcal{V} : \mathbb{R}^{n+1} \to [0, \infty)$ 定义为 $\mathcal{V}(\nu) = \langle P\nu, \nu \rangle$, $\nu \in \mathbb{R}^{n+1}$, 时变增益函数 $\varrho(t)$ 由

式 (5.45) 所给出或者是其中的指数函数, 由定理 5.6 的证明可以得到 Lyapunov 函数 $\mathcal{V}(\eta(t))$ 沿式 (5.51) 关于时间 t 的导数满足

$$\left.\frac{\mathrm{d}\mathcal{V}(\eta(t))}{\mathrm{d}t}\right|_{(5.51)} \leqslant -(\varrho(t) - N_{12})\langle\eta(t), \eta(t)\rangle, \tag{5.65}$$

这里 N_{12} 是 "总扰动" 导数的上界, 它由式 (5.13) 所给出. 当 ϱ 增加到 N_{12} 时, Lyapunov 函数 $\mathcal{V}(\eta(t))$ 将停止增加. 这与

$$\|\varepsilon(t)\| \leqslant \frac{1}{\lambda_{\max}(P)}\mathcal{V}(\varepsilon(t)) \tag{5.66}$$

相结合可以推出, $\|\varepsilon(t)\|$ 将不再随着 $\varrho(t)$ 的进一步增加而增加. 如果 $N_{12} \leqslant 1$, 那么 $\mathcal{V}(\varepsilon(t))$ 从一开始就不再增加. 结合式 (5.66) 和式 (5.60) 可以推出, 时变增益扩张状态观测器的峰值将会小很多.

5.1.3 数值模拟

例 5.1 考虑如下不确定非线性系统:

$$\begin{cases} \dot{x}_1(t) = x_2(t) + g_1(u(t), x_1(t)), \\ \dot{x}_2(t) = f(t, x(t), w(t)) + g_2(u(t), x_1(t), x_2(t)), \end{cases} \tag{5.67}$$

其中, $x(t) = (x_1(t), x_2(t))$ 是系统的状态; $g_1(u(t), x_1(t)) = u(t)\sin x_1(t)$; $g_2(u(t), x_1(t), x_2(t)) = u(t)\sin x_2(t)$ 是已知的函数; $u(t) = 1 + \sin t$ 是控制输入 t; $y(t) = x_1(t)$ 是量测输出. 系统的总扰动 $x_3(t) \triangleq f(t, x(t), w(t))$ 是完全未知的.

由推论 5.3, 式 (5.67) 的线性扩张状态观测器可设计为

$$\begin{cases} \dot{\hat{x}}_1(t) = \hat{x}_2(t) + r\alpha_1((y(t) - \hat{x}_1(t))) + g_1(u(t), \hat{x}_1(t)), \\ \dot{\hat{x}}_2(t) = \hat{x}_3(t) + r^2\alpha_2((y(t) - \hat{x}_1(t))) + g_2(u(t), \hat{x}_1(t), \hat{x}_2(t)), \\ \dot{\hat{x}}_3(t) = r^3\alpha_{n+1}((y(t) - \hat{x}_1(t))), \end{cases} \tag{5.68}$$

这里 $\alpha_1 = \alpha_2 = 3, \alpha_3 = 1$. 在数值模拟中, 选取式 (5.67) 的外部扰动 $w(t)$ 和非线性函数 $f(t, x, w)$ 如下:

$$w(t) = \sin(2t + 1), \quad f(t, x, w) = \sin t - 2x_1 - 4x_2 + w + \cos(x_1 + x_2 + w).$$

容易验证假设 A1 $\sim$ 假设 A3 都满足. 因为式 (5.67) 的线性主部是

$$\begin{pmatrix} 0 & 1 \\ -2 & -4 \end{pmatrix},$$

而它是 Hurwitz 的, 且控制输入和外部扰动是有界的, 所以式 (5.67) 的解也是有界的. 由扩张状态观测器设计参数所构成的矩阵

$$E = \begin{pmatrix} -\alpha_1 & 1 & 0 \\ -\alpha_2 & 0 & 1 \\ -\alpha_3 & 0 & 0 \end{pmatrix} = \begin{pmatrix} -3 & 1 & 0 \\ -3 & 0 & 1 \\ -1 & 0 & 0 \end{pmatrix}$$

的三个特征值都等于 -1, 因此推论 5.3 的所有条件都被满足.

首先使用常数增益参数 $r = 10$, 利用欧拉法来做数值计算, 其中积分步长选取为 $\Delta t = 0.001$, 式 (5.67) 和式 (5.68) 的初始状态分别为 $(1,1)$ 和 $(0,0,0)$. 式 (5.68) 对式 (5.67) 的状态和总绕动的观测结果由图 5.1 给出.

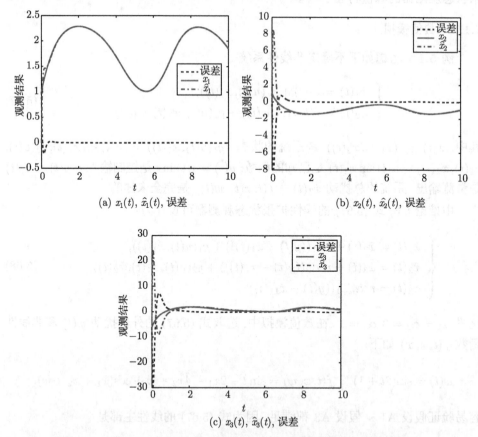

图 5.1　当 $r = 10$ 时, 式 (5.68) 对式 (5.67) 状态和总扰动的观测结果

根据推论 5.4, 式 (5.67) 的加权齐次扩张状态观测器可设计为

$$
\begin{cases}
\dot{\hat{x}}_1(t) = \hat{x}_2(t) + \dfrac{1}{r^{n-1}}[r^n(y(t) - \hat{x}_1(t))]^\beta + u(t)\sin\left([\hat{x}_1(t)]^{2/3}\right), \\[2mm]
\dot{\hat{x}}_2(t) = \hat{x}_3(t) + \dfrac{1}{r^{n-2}}[r^n(y(t) - \hat{x}_1(t))]^{2\beta-1} + u(t)\sin\left([\hat{x}_2(t)]^{1/2}\right), \\[2mm]
\dot{\hat{x}}_3(t) = r[r^2(y(t) - \hat{x}_1(t))]^{3\beta-2}.
\end{cases}
\tag{5.69}
$$

在上述加权齐次线性扩张状态观测器中选取设计参数 $\alpha_1 = 3, \alpha_2 = 3, \alpha_3 = 1,$ $\beta = 0.8,$ 增益参数仍然选取为 $r = 10.$ 式 (5.69) 对式 (5.67) 的状态和总扰动的观测结果由图 5.2 给出.

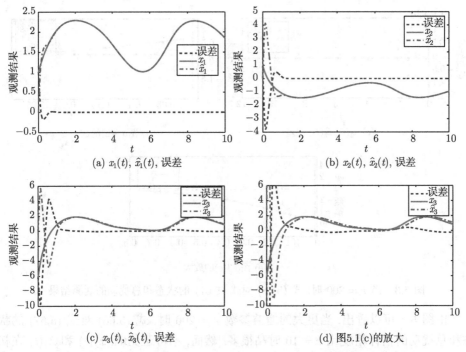

(a) $x_1(t)$, $\hat{x}_1(t)$, 误差

(b) $x_2(t)$, $\hat{x}_2(t)$, 误差

(c) $x_3(t)$, $\hat{x}_3(t)$, 误差

(d) 图5.1(c)的放大

图 5.2 当 $r = 10$ 时, 式 (5.69) 对式 (5.67) 的状态和总扰动的观测

由图 5.1 和图 5.2 可看出, 尽管增益参数 $r = 10$ 不是很大, 但式 (5.68) 和式 (5.69) 对式 (5.67) 的状态 $x_1(t), x_2(t)$ 以及总扰动 $x_3(t) \triangleq f(x_1(t), x_2(t), w(t)) = -2x_1(t) - 4x_2(t) + w(t) + \cos(x_1(t) + x_2(t) + w(t))$ 的估计都非常令人满意.

图 5.1 和图 5.2 相比较可以看出, 式 (5.69) 的状态 $\hat{x}_2(t)$ 与 $\hat{x}_3(t)$ 比对应的式 (5.68) 的状态 $\hat{x}_2(t)$ 与 $\hat{x}_3(t)$ 的峰值都小. 在图 5.2(d) 中, 将线性扩张状态观测器对总扰动的观测结果图 5.1(c) 放大到与加权齐次扩张状态观测器对总扰动的观测结果 (图 5.2(c)) 相同刻度, 与图 5.2(c) 比较, 可以看出, 加权齐次扩张状态观测

器在相同的参数下比线性扩张状态观测器的观测精度更高.

接下来选取更大的增益参数 $r = 200$, 与图 5.1 所用的其他参数相同. 式 (5.68) 对式 (5.67) 的状态和总扰动观测的数值结果由图 5.3 给出.

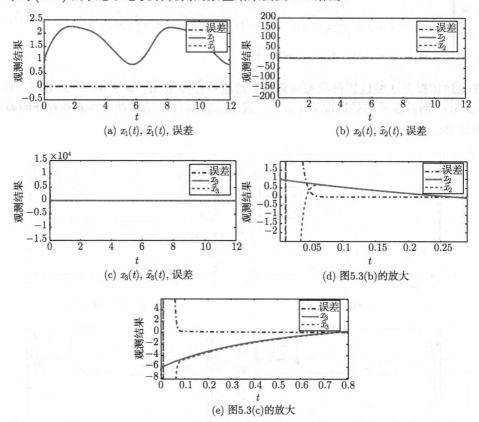

图 5.3　当 $r = 200$ 时, 式 (5.68) 对式 (5.67) 的状态和总扰动的观测结果

由图 5.3 可以看出, 当更大的增益参数 $r = 200$ 时, 式 (5.68) 对式 (5.67) 的状态和总扰动的估计精度比 $r = 10$ 时高很多. 然而, 不可避免地, $\hat{x}_2(t)$ 和 $\hat{x}_3(t)$ 在初始时刻附近出现了显著的峰化现象——$\hat{x}_2(t)$ 的峰值接近 200, 而 $\hat{x}_3(t)$ 的峰值甚至超过了 10^4.

接下来, 用式 (5.70) 对式 (5.67) 的状态和总扰动的估计进行数值模拟, 所使用的时变增益扩张状态观测器由式 (5.44) 给出, 其中, 设计函数 $h_i(\cdot)$ 的选取与式 (5.68) 中相应的设计函数相同.

$$\begin{cases} \dot{\hat{x}}_1(t) = \hat{x}_2(t) + \alpha_1 \varrho(t)((y(t) - \hat{x}_1(t))) + g_1(u(t), \hat{x}_1(t)), \\ \dot{\hat{x}}_2(t) = \hat{x}_3(t) + \alpha_2 \varrho^2(t)((y(t) - \hat{x}_1(t))) + g_2(u(t), \hat{x}_1(t), \hat{x}_2(t)), \\ \dot{\hat{x}}_3(t) = \alpha_3 \varrho^3(t)((y(t) - \hat{x}_1(t))), \end{cases} \quad (5.70)$$

其中,

$$\varrho(t) = \begin{cases} e^{2t}, & 0 \leqslant t < \frac{1}{2}\ln r, \\ 200, & t \geqslant \frac{1}{2}\ln r. \end{cases} \tag{5.71}$$

令 $r = 200$, 初始状态和积分步长与图 5.3 所使用的相同, 式 (5.70) 对式 (5.67) 的状态和总扰动的观测结果由图 5.4 给出.

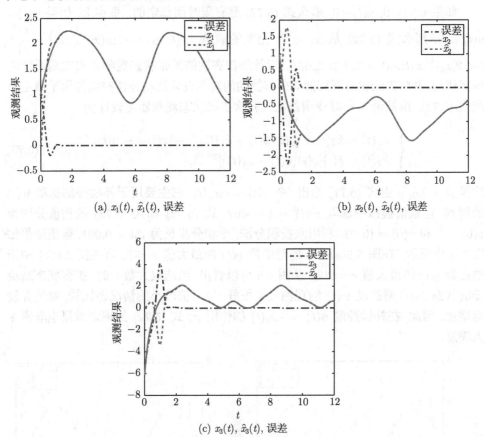

(a) $x_1(t)$, $\hat{x}_1(t)$, 误差

(b) $x_2(t)$, $\hat{x}_2(t)$, 误差

(c) $x_3(t)$, $\hat{x}_3(t)$, 误差

图 5.4 当 $r = 200$ 时, 式 (5.70) 对式 (5.67) 状态和总扰动的观测结果

图 5.4 显示, 式 (5.70) 的状态 $\hat{x}_1(t)$, $\hat{x}_2(t)$ 和 $\hat{x}_3(t)$ 对系统的状态 $x_1(t), x_2(t)$ 和总扰动 $x_3(t)$ 的观测精度令人满意, 同时峰值比常数增益扩张状态观测器小很多. 实际上, 时变增益扩张状态观测器 $\hat{x}_2(t)$ 的峰值不超过 2 (常数增益扩张状态观测器相应的峰值超过了 200), $\hat{x}_3(t)$ 的峰值不超过 4 (常数增益扩张状态观测器相应的峰值超过了 10^4). 这显示时变增益的扩张状态观测器具有显著的减小峰值的作用.

接下来, 用数值结果来验证扩张状态观测器对 Hölder 连续非线性系统的有效性. 这里不仅考虑扩张状态观测器的收敛性, 还考虑基于扩张状态观测器的扰动补偿控制闭环系统的稳定性.

例 5.2   考虑系统

$$\dot{x}(t) = -[x(t)]^{\frac{1}{2}} + w(t) + u(t), \tag{5.72}$$

其中, $u(t)$ 是控制输入; $w(t)$ 是外部扰动.

如果 $w(t) \equiv 0$, $u(t) \equiv 0$, 那么式 (5.72) 是有限时间稳定的. 事实上, 如果 $w(t) = u(t) \equiv 0$, 那么式 (5.72) 从 $x_0 \in \mathbb{R}$ 出发的解是: $x(t; x_0) = \text{sign}(x_0) \left| |x_0|^{\frac{1}{2}} - \dfrac{t}{2} \right|^2$, $t < 2|x_0|^{\frac{1}{2}}; x(t; x_0) = 0, t \geqslant 2|x_0|^{\frac{1}{2}}$. 设计加权齐次的扩张状态观测器去观测系统的外部扰动, 并将扩张状态观测器对外部扰动的观测设计扰动补偿控制器用于镇定系统式 (5.72). 由推论 5.4, 时变增益加权齐次扩张状态观测器可设计为

$$\begin{cases} \dot{\hat{x}}_1(t) = \hat{x}_2(t) + [\varrho(t)(y(t) - \hat{x}_1(t))]^{\beta} - [x(t)]^{\frac{1}{2}} + u(t), \\ \dot{\hat{x}}_2(t) = \varrho(t)[\varrho(t)(y(t) - \hat{x}_1(t))]^{2\beta - 1}, \end{cases} \tag{5.73}$$

这里 $\beta = 0.8$, ϱ 由式 (5.71) 给出. 令 $u(t) = -\hat{x}_2(t)$, 它主要用于补偿外部扰动 $w(t)$ 的影响. 在数值模拟中选取 $w(t) = 1 + \sin t$, 式 (5.72) 和式 (5.73) 的初值分别为 $x(0) = 1$ 和 $\hat{x}(0) = (0, 0)$. 利用欧拉积分法, 令积分步长为 $\Delta t = 0.001$, 数值结果如图 5.5 中所示. 在图 5.5(a) 中, 增益函数 $\varrho(t)$ 的最大值 $r = 5$, 而在图 5.5(b) 中增益函数 $\varrho(t)$ 的最大值 $r = 200$. 从图 5.5 可以看出, 当选取大数 r 时, 扩张状态观测器的状态 $\hat{x}_2(t)$ 对扰动 $w(t)$ 的观测效果很好, 与 r 值较小的情况做比较, 峰值并没有增加. 因此, 在补偿控制 $u(t) = -\hat{x}_2(t)$ 的作用下, 式 (5.72) 的镇定效果也非常令人满意.

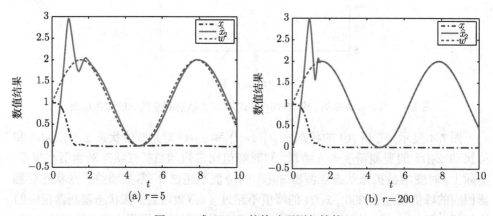

图 5.5   式 (5.72) 的扰动观测与补偿

需要强调的是, 对于常数增益的扩张状态观测器, 为提高观测精度, 扩张状态观测器的增益参数需要增大, 而随着增益参数的增大, 峰值也明显增大. 对于时变增益扩张状态观测器而言, 为提高观测的精度, 只需增大增益函数 $\varrho(t)$ 的最大值, 随着增益函数的最大值的增大, 时变增益的峰值并无明显变化, 仍然能够保持很小的峰值. 前面的数值结果再次见证了时变增益扩张状态观测器对于解决峰值问题的有效性.

5.2　下三角非线性不确定系统的自抗扰控制

本节考虑如下下三角不确定非线性系统的有限时间镇定:

$$
\begin{cases}
\dot{x}_1(t) = x_2(t) + \phi_1(x_1(t)), \\
\dot{x}_2(t) = x_3(t) + \phi_2(x_1(t), x_2(t)), \\
\vdots \\
\dot{x}_n(t) = f(t, x(t), \zeta(t), w(t)) + b(t, x(t), \zeta(t), w(t))u(t), \\
\dot{\zeta}(t) = f_0(t, x(t), \zeta(t), w(t)), \\
x(0) = (x_{10}, \cdots, x_{n0})^{\mathrm{T}}, \ \zeta(0) = (\zeta_{10}, \cdots, \zeta_{s0})^{\mathrm{T}},
\end{cases}
\tag{5.74}
$$

其中, $x(t) = (x_1(t), \cdots, x_n(t)) \in \mathbb{R}^n$ 与 $\zeta(t) \in \mathbb{R}^s$ 是系统的状态; 非线性函数 $\phi_i \in C(\mathbb{R}^i, \mathbb{R})$ 是已知的, 非线性函数 $f \in C(\mathbb{R}^{n+s+2}, \mathbb{R})$ 和 $f_0 \in C(\mathbb{R}^{n+2+s}, \mathbb{R})$ 是未知的, $y(t) = x_1(t)$ 是系统的量测输出, $u(t)$ 是控制输入, $w \in C([0, \infty), \mathbb{R})$ 是外部扰动; $b \in C(\mathbb{R}^{n+s+2}, \mathbb{R})$ 是具有某些不确定因素的控制放大函数. 假设存在 $b(\cdot)$ 的标称函数 $b_0 \in C(\mathbb{R}^{n+1}, \mathbb{R})$. 这里将设计扩张状态观测器观测式 (5.74) 的 x-子系统以及包含系统未建模动态和外部扰动的总扰动 $x_{n+1}(t)$, 总扰动的具体表达式如下:

$$
x_{n+1}(t) \triangleq f(t, x(t), \zeta(t), w(t)) + (b(t, x(t), \zeta(t), w(t)) - b_0(t, \hat{x}(t)))u(t), \tag{5.75}
$$

这里 $\hat{x}(t)$ 是对系统的状态 $x(t)$ 和总扰动的观测. 下面在扩张状态观测器的基础上设计用于式 (5.74) 的 x-子系统的反馈控制器.

对于式 (5.74), 将设计两类扩张状态观测器, 第一类是基于常数增益扩张状态观测器的饱和自抗扰镇定控制器. 尽管常数增益的扩张状态观测器可以带来峰值问题, 然而反馈设计中的饱和方法可以解决峰值对控制器的负面影响. 本节首先设计基于常数增益的饱和自抗扰镇定控制器, 在此基础上证明基于扩张状态观测器的闭环控制系统的稳定性. 尽管常数增益扩张状态观测的形式更简单、更容易设计, 但反馈控制设计中的饱和函数需要利用初始时刻的上界. 本节接下来设计不依赖于系统初始状态上界同时能够避免在控制器中出现峰值的控制器. 由于 5.1 节提出的时变增益扩张状态观测器可以非常有效地解决常数增益扩张状态观测器在初始时刻附近的峰值问题, 这为控制环节没有峰值且不利用系统初始状态上界的自抗扰镇定控制提供了依据. 本节第二类的自抗扰控制正是基于时变增益扩张状态观测器的总扰动补偿控制, 在这类设计中并不需要系统初始状态的上界信息, 同时也避免了峰值的影响.

5.2.1　基于常数增益扩张状态观测器的自抗扰控制

系统式 (5.74) 用于估计 x-子系统的状态与总扰动的常数增益扩张状态观测器设计如下:

$$
\begin{cases}
\dot{\hat{x}}_1(t) = \hat{x}_2(t) + \dfrac{1}{r^{n-1}}g_1(r^n(x_1(t) - \hat{x}_1(t))) + \phi_1(\hat{x}_1(t)), \\
\vdots \\
\dot{\hat{x}}_n(t) = \hat{x}_{n+1}(t) + g_n(r^n(x_1(t) - \hat{x}_1(t))) + b_0(t, \hat{x}_1(t), \cdots, \hat{x}_n(t))u(t), \\
\dot{\hat{x}}_{n+1}(t) = rg_{n+1}(r^n(x_1(t) - \hat{x}_1(t))),
\end{cases}
\tag{5.76}
$$

其中, $g_i \in C(\mathbb{R}, \mathbb{R})$ 是扩张状态观测器的设计函数, 后面将给出这类函数的设计原则和具体形式; $r \in \mathbb{R}^+$ 是常数增益参数. 扩张状态观测器的设计目的是通过适当选取非线性函数 $g_i(\cdot)$, 当增益参数 r 充分大时, 扩张状态观测器的状态 $\hat{x}_i(t)$ 可以任意地接近系统的状态 $x_i(t)$, $i = 1, 2, \cdots, n$ 和总扰动 $x_{n+1}(t)$.

基于扩张状态观测器 (5.76) 的饱和自抗扰镇定控制器可设计如下:

$$
u(t) = \frac{\rho u_0(\mathrm{sat}_{M_1}(\rho^{n-1}\hat{x}_1(t)), \mathrm{sat}_{M_2}(\rho^{n-2}\hat{x}_2(t)), \cdots, \mathrm{sat}_{M_n}(\hat{x}_n(t))) - \mathrm{sat}_{M_{n+1}}(\hat{x}_{n+1}(t))}{b_0(t, \hat{x}_1(t), \cdots, \hat{x}_n(t))},
\tag{5.77}
$$

其中, $\rho > 0$ 是常数; $\hat{x}_{n+1}(t)$ 是总扰动的观测用于补偿总扰动; 函数 $u_0: \mathbb{R}^n \to \mathbb{R}$ 的选取原则是使得如下系统渐近稳定:

$$
z^{(n)}(t) = u_0(z(t), \cdots, z^{(n-1)}(t)).
\tag{5.78}
$$

为克服控制中的峰值问题, 在控制设计中使用了如下定义的奇函数 $\mathrm{sat}_{M_i}: \mathbb{R} \to \mathbb{R}$, 该函数在区间 $t \in (-\infty, 0]$ 上的定义可由对称性得到:

$$
\mathrm{sat}_{M_i}(\tau) = \begin{cases}
\tau, & 0 \leqslant \tau \leqslant M_i, \\
-\dfrac{1}{2}\tau^2 + (M_i + 1)\tau - \dfrac{1}{2}M_i^2, & M_i < \tau \leqslant M_i + 1, \\
M_i + \dfrac{1}{2}, & \tau > M_i + 1,
\end{cases}
\tag{5.79}
$$

其中, $M_i(1 \leqslant i \leqslant n)$ 是依赖于系统初始状态的常数, 将在后面的式 (5.83) 中具体给出. 由式 (5.79) 容易验证对任意的 $\tau \in \mathbb{R}$, 都有 $|\mathrm{sat}_{M_i}(\tau)| \leqslant 1$.

为证明在基于扩张状态观测器的饱和自抗扰镇定控制器作用下构成的闭环控制系统的稳定性, 需要如下假设. 其中, 假设 A1 是关于非线性函数 $\phi_i(\cdot), i = 1, \cdots,$ $n - 1, f(\cdot), f_0(\cdot)$ 以及控制放大函数 $b(\cdot)$ 的假设.

假设 A1　(1) $|\phi_i(x_1, \cdots, x_i) - \phi_i(\hat{x}_1, \cdots, \hat{x}_i)| \leqslant L\|(x_1 - \hat{x}_1, \cdots, x_i - \hat{x}_i)\|$, $L > 0$, $\phi_i(0, \cdots, 0) = 0$;

(2) $f, b \in C^1(\mathbb{R}^{n+2+s}, \mathbb{R})$, $f_0 \in C^1(\mathbb{R}^{n+2+s}, \mathbb{R}^s)$, 存在连续函数 $\varpi \in C(\mathbb{R}^{n+2+s}, \mathbb{R})$ 使得

$$\max \Big\{ |f(t, x, \zeta, w)|, \|\nabla f(t, x, \zeta, w)\|, |b(t, x, \zeta, w)|, \|\nabla b(t, x, \zeta, w)\|, \|f_0(t, x, \zeta, w)\|,$$
$$\|\nabla f_0(t, x, \zeta, w)\| \Big\} \leqslant \varpi(x, \zeta, w), \quad \forall t \in \mathbb{R}, \quad x \in \mathbb{R}^n, \quad \zeta \in \mathbb{R}^s, \quad w \in \mathbb{R};$$

(3) 存在正定函数 $V_0, W_0 : \mathbb{R}^s \to \mathbb{R}$ 使得 $L_{f_0}V_0(\zeta) \leqslant -W_0(\zeta)$ 对所有的 $\zeta : \|\zeta\| > \chi(x, w)$ 都成立, 其中, $\chi(\cdot) : \mathbb{R}^{n+1} \to \mathbb{R}$ 是一类 $\mathcal{K}_\infty$ 函数, $L_{f_0}V_0(\zeta)$ 是 Lyapunov 函数 $V_0(\zeta)$ 沿向量场 $f_0(\zeta)$ 的李导数.

假设 A2 是式 (5.76) 中的非线性函数 $g_i(\cdot)$ 的选取原则.

假设 A2　$g_i \in C(\mathbb{R}, \mathbb{R})$, $|g_i(\tau)| \leqslant \Gamma_i|\tau|$ 对正数 $\Gamma_i > 0$ 和所有的 $\tau \in \mathbb{R}$ 都成立, 存在连续、正定、径向无界的 Lyapunov 函数 $\mathcal{V} : \mathbb{R}^{n+1} \to \mathbb{R}$ 使得

(1) $\|e\| \left\| \left(\dfrac{\partial \mathcal{V}(e)}{\partial e_1}, \cdots \dfrac{\partial \mathcal{V}(e)}{\partial e_{n+1}} \right) \right\| \leqslant c_2 \mathcal{V}(e)$, $\left| \dfrac{\partial \mathcal{V}(e)}{\partial e_{n+1}} \right| \leqslant c_3 \mathcal{V}^\theta(e)$, $0 < \theta < 1$;

(2) $\displaystyle\sum_{i=1}^n (e_{i+1} - g_i(e_1)) \dfrac{\partial \mathcal{V}(e)}{\partial \varepsilon_i} - g_{n+1}(e_1) \dfrac{\partial \mathcal{V}(e)}{\partial \varepsilon_{n+1}} \leqslant -c_1 \mathcal{V}(e)$, $e \in \mathbb{R}^{n+1}$, $c_1, c_2, c_3 > 0$;

(3) $\mathcal{V}(e) \leqslant \displaystyle\sum_{i=1}^n |e_i|^{\mu_i}$, $i = 1, 2, \cdots, n$, $\mu_i > 0$, $e = (e_1, e_2, \cdots, e_{n+1}) \in \mathbb{R}^{n+1}$.

假设 A3 是式 (5.77) 设计中非线性函数 $u_0(\cdot)$ 的选取原则.

假设 A3　$u_0 \in C^1(\mathbb{R}^n, \mathbb{R})$, $u_0(0, \cdots, 0) = 0$, 存在正定、径向无界的 Lyapunov 函数 $V \in C^1(\mathbb{R}^n, \mathbb{R})$ 和 $W \in C(\mathbb{R}^n, \mathbb{R})$ 使得

$$\sum_{i=1}^{n-1} \iota_{i+1} \frac{\partial V(\iota)}{\partial \iota_i} + u_0(\iota) \frac{\partial V(\iota)}{\partial \iota_n} \leqslant -W(\iota),$$

$$\sum_{i=1}^{n-1} \|\iota\| \left| \frac{\partial V(\iota)}{\partial \iota_i} \right| \leqslant c_4 W(\iota), \quad \forall \iota = (\iota_1, \cdots, \iota_n) \in \mathbb{R}^n.$$

令

$$\mathcal{A}_1 \triangleq \left\{ \nu \in \mathbb{R}^n : V(\nu) \leqslant \max_{\iota \in \mathbb{R}^n, \|\iota\| \leqslant d} V(\iota) + 1 \right\}, \tag{5.80}$$

这里 $d = \left(\sum_{i=1}^{n}(\rho^{n-i}\beta_i + 1)^2\right)^{1/2}$, β_i 是 $|x_{i0}|$ 的上界, 亦即 $\beta_i \geqslant |x_{i0}|$, 其中 x_{i0} 是初始状态 $x(0)$ 的第 i 个分量. Lyapunov 函数 $V(\cdot)$ 的正定性和径向无界性保证了集合 $\mathcal{A}_1$ 是 $\mathbb{R}^n$ 的一个紧集.

假设 A4 是要求标称函数 $b_0(\cdot)$ 充分接近控制放大函数 $b(\cdot)$.

假设 A4　$b_0 \in C^1(\mathbb{R}^{n+1}, \mathbb{R})$ 满足 $\inf_{(t,y)\in\mathbb{R}^{n+1}}|b_0(t,y)| > c_0 > 0$, 所有的 $b_0(\cdot)$ 的偏导数都是有界的, 另外,

$$\wedge \triangleq \sup_{t\in[0,\infty), x\in\mathcal{A}_1, w\in\mathcal{B}, \zeta\in\mathbb{C}} |b(t,x,\zeta,w) - b_0(t,x)| \leqslant \min\left\{\frac{c_0}{2}, \frac{c_0 c_1}{2c_2 \Gamma_{n+1}}\right\}, \quad (5.81)$$

这里 $\mathbb{C} \subset \mathbb{R}^s$ 是如下定义的紧集:

$$\mathbb{C} = \left\{ \varsigma \in \mathbb{R}^s : \|\varsigma\| \leqslant \max_{\nu\in\mathcal{A}_1, \tau\in\mathcal{B}} \chi(\nu, \tau) \right\}, \quad \mathcal{B} = [-B, B] \subset \mathbb{R}, \quad B > 0. \quad (5.82)$$

反馈设计 (5.77) 中的饱和函数所用到的正数 M_i 的选取满足下式:

$$M_i \geqslant \sup\left\{|\iota_i| : (\iota_1, \cdots, \iota_n) \in \mathcal{A}_1\right\}, \quad i = 1, \cdots, n, \quad M_{n+1} = \frac{c_0 B_1 + \wedge \rho B_2}{c_0 - \wedge}. \quad (5.83)$$

定理 5.7　令 ρ 是满足 $\rho \geqslant L + c_4 + c_4 L + 1$ 的常数. 假设 $w(t) \in \mathcal{B}$, $\dot{w}(t) \in \mathcal{B}$ 对所有的 $t \geqslant 0$ 都成立并且 $\zeta(0) \in \mathbb{C}$. 那么当假设 A1 $\sim$ 假设 A4 都成立时由式 (5.74)、式 (5.76) 及式 (5.77) 构成的如下反馈控制闭环系统具有如下的收敛性: 对任意的 $a > 0$, $\sigma > 0$, 存在常数 $r^* > 0$ 使得对所有的 $r > r^*$,

(1) $|x_i(t) - \hat{x}_i(t)| < \sigma$ 对任意的 $t \in [a, \infty)$ 一致成立, 即 $\lim_{r\to\infty}|x_i(t) - \hat{x}_i(t)| = 0$ 对任意的 $t \in [a, \infty)$ 一致成立, $1 \leqslant i \leqslant n+1$;

(2) $|x_j(t)| < \sigma$ $(1 \leqslant j \leqslant n)$ 对所有的 $t \in [t_r, \infty)$ 一致成立, 其中, t_r 是依赖于 r 的常数.

证明　令

$$\xi_i(t) = \rho^{n-i}x_i(t), \quad \eta_i(t) = r^{n+1-i}(x_i(t) - \hat{x}_i(t)). \quad (5.84)$$

直接计算可得

$$\begin{cases} \dot{\xi}_1(t) = \rho\xi_2(t) + \rho^{n-1}\phi_1(\xi_1(t)/\rho^{n-1}), \\ \dot{\xi}_2(t) = \rho\xi_3(t) + \rho^{n-2}\phi_2(\xi_1(t)/\rho^{n-1}, \xi_2(t)/\rho^{n-2}), \\ \vdots \\ \dot{\xi}_n(t) = \rho u_0(\text{sat}_{M_1}(\rho^{n-1}\hat{x}_1(t)), \cdots, \text{sat}_{M_n}(\hat{x}_n(t))) + x_{n+1}(t) - \text{sat}_{M_{n+1}}(\hat{x}_{n+1}(t)), \end{cases}$$
$$(5.85)$$

且

$$
\begin{cases}
\dot{\varepsilon}_1(t) = r(\varepsilon_2(t) - g_1(\varepsilon_1(t))) + r^n(\phi_1(x_1(t)) - \phi_1(\hat{x}_1(t))), \\
\vdots \\
\dot{\varepsilon}_{n-1}(t) = r(\varepsilon_n(t) - g_{n-1}(\varepsilon_1(t))) \\
\qquad\qquad + r^2(\phi_{n-1}(x_1(t), \cdots, x_{n-1}(t)) - \phi_{n-1}(\hat{x}_1(t), \cdots, \hat{x}_{n-1}(t))), \\
\dot{\varepsilon}_n(t) = r[(\varepsilon_{n+1}(t) - g_n(\varepsilon_1(t))) + (b_0(t, x(t)) - b_0(t, \hat{x}(t)))u], \\
\dot{\varepsilon}_{n+1}(t) = -r g_{n+1}(\varepsilon_1(t)) + \dot{x}_{n+1}(t).
\end{cases}
\tag{5.86}
$$

定义集合 $\mathcal{A}_2 \subset \mathbb{R}^n$ 如下:

$$
\mathcal{A}_2 \triangleq \left\{ \nu \in \mathbb{R}^n : V(\nu) \leqslant \max_{\iota \in \mathbb{R}^n, \|\iota\| \leqslant d} V(\iota) \right\},
\tag{5.87}
$$

这里常数 d 与式 (5.80) 中所使用的常数相同, 容易证明 $\mathcal{A}_2 \subset \mathcal{A}_1$. 剩下的证明通过下面三步完成.

步骤 1 存在常数 $r_0 > 0$ 使得 $\{\xi(t) : t \in [0, \infty)\} \subset \mathcal{A}_1$ 对所有的 $r > r_0$ 都成立.

由式 (5.84), 有 $\xi(0) = (\rho^n x_{10}, \rho^{n-1} x_{20}, \cdots, x_{n0})$, 再根据式 (5.87), $\xi(0) \in \mathcal{A}_2$. 因此存在 $T > 0$ 使得 $\xi(t) \in \mathcal{A}_2$ 对所有的 $t \in [0, T]$ 都成立, 也就是说, $\xi(t)$ 从 $\mathcal{A}_2$ 中可能的逸出时间大于 T. 令

$$
\begin{aligned}
B_1 &\triangleq \sup_{(t, x, \zeta, w) \in [0, \infty) \times \mathcal{A}_1 \times \mathbb{C} \times \mathcal{B}} \Big\{ |f(t, x, \zeta, w)|, |b(t, x, \zeta, w)|, \|\nabla b(t, x, \zeta, w), \\
&\qquad\qquad\qquad\qquad \|\nabla f(t, x, \zeta, w)\|, \|f_0(t, x, \zeta, w)\| \Big\}, \\
B_2 &\triangleq \sup_{|x_i| \leqslant M_i} \Big\{ |u_0(x_1, \cdots, x_n)|, \|\nabla u_0(x_1, \cdots, x_n)\| \Big\}, \\
B_3 &\triangleq \sup_{(t, x) \in \mathbb{R}^{n+1}} \Big\{ |b_0(t, x)|, \|\nabla b_0(t, x)\| \Big\}, \quad B_4 \triangleq \sup_{x \in \mathcal{A}_1} \|x\|.
\end{aligned}
\tag{5.88}
$$

由假设 A1, $B_i < +\infty$ $(i = 1, 2, 3, 4)$. 在 $\xi(t)$ 逸出 $\mathcal{A}_2$ 之前, $\xi(t) \in \mathcal{A}_2 \subset \mathcal{A}_1$. 注意到 $w(t) \in \mathcal{B}$, $\zeta(0) \in \mathbb{C}$ 以及 ζ-子系统的输入输出稳定性 (假设 A1), 如果 $\xi(t) \in \mathcal{A}_1$, 那么 $\zeta(t) \in \mathbb{C}$. 由于 $\rho > 1$, 那么由式 (5.84) 可知, 如果 $\xi \in \mathcal{A}_1$, 那么 $x \in \mathcal{A}_1$. 由式 (5.85) 和式 (5.88) 可知, 如果 $\xi \in \mathcal{A}_1$, 那么

$$
\begin{cases}
|\xi_n(t)| \leqslant (2B_1 + \rho B_2 + B_3 + M_{n+1})t + |x_{n0}|, \\
|\xi_i(t)| \leqslant \rho(L+1)B_4 t + \rho^{n+1-i} |x_{i0}|.
\end{cases}
\tag{5.89}
$$

令

$$
T = \min \left\{ \frac{1}{2B_1 + B_2 + \rho B_3 + M_{n+1}}, \frac{1}{(L+1)B_4} \right\}.
\tag{5.90}
$$

由式 (5.89) 和式 (5.90), 对任意的 $t \in [0, T]$,

$$|\xi_i(t)| \leqslant \rho^{n+1-i}|x_{i0}| + 1, \quad 1 \leqslant i \leqslant n.$$

因此

$$\{\xi(t) = (\xi_1(t), \cdots, \xi_n(t)) : t \in [0, T]\} \subset \mathcal{A}_2. \tag{5.91}$$

接下来用反证法证明步骤 1 的结论成立. 事实上, 如果步骤 1 的结论不成立, 由 $\xi(t)$ 的连续性以及式 (5.91), 可得存在 $t_2 > t_1 \geqslant T$ 使得下式成立:

$$\xi(t_1) \in \partial\mathcal{A}_2, \quad \xi(t_2) \in \partial\mathcal{A}_1, \quad \{\xi(t) : t \in (t_1, t_2)\} \in \mathcal{A}_1 - \mathcal{A}_2^\circ, \quad \{\xi(t) : t \in [0, t_2]\} \in \mathcal{A}_1. \tag{5.92}$$

求解总扰动 $x_{n+1}(t)$ 关于时间 t 的导数可得

$$
\begin{aligned}
\dot{x}_{n+1}(t) &= \frac{\mathrm{d}f(t, x(t), \zeta(t), w(t))}{\mathrm{d}t} + (b(t, x(t), \zeta(t), w(t)) - b_0(t, \hat{x}(t)))u(t) \\
&= \frac{\mathrm{d}f(t, x(t), \zeta(t), w(t))}{\mathrm{d}t}\bigg|_{(5.74)} + \left(\frac{\mathrm{d}b(t, x(t), \zeta(t), w(t))}{\mathrm{d}t}\bigg|_{(5.74)} \right. \\
&\quad \left. - \frac{\mathrm{d}b_0(t, x(t), \zeta(t), w(t))}{\mathrm{d}t}\bigg|_{(5.76)} \right) u(t) \\
&\quad + (b(t, x(t), \zeta(t), w(t)) - b_0(t, \hat{x}(t))) \frac{\mathrm{d}u(t, \hat{x}(t))}{\mathrm{d}t}\bigg|_{(5.76)}. \tag{5.93}
\end{aligned}
$$

另外, 计算 $f(\cdot)$ 沿式 (5.74) 关于时间 t 的导数可得

$$
\begin{aligned}
&\frac{\mathrm{d}f(t, x(t), \zeta(t), w(t))}{\mathrm{d}t}\bigg|_{(5.74)} \\
&= \frac{\partial f(t, x(t), \zeta(t), w(t))}{\partial t} + f_0(t, x(t), \zeta(t), w(t)) \cdot \frac{\partial f(t, x(t), \zeta(t), w(t))}{\partial \zeta} \\
&\quad + \sum_{i=1}^{n-1}(x_{i+1}(t) + \phi_i(x_1(t), \cdots, x_i(t)))\frac{\partial f(t, x(t), \zeta(t), w(t))}{\partial x_i} \\
&\quad + \dot{w}(t)\frac{\partial f(f(t, x(t), \zeta(t), w(t))}{\partial w} \\
&\quad + (f(t, x(t), \zeta(t), w(t)) + b(t, x(t), \zeta(t), w(t))u(t))\frac{\partial f(t, x(t), \zeta(t), w(t))}{\partial x_n}. \tag{5.94}
\end{aligned}
$$

由式 (5.92) 的最后一个表达式可知 $\xi(t) \in \mathcal{A}_1$ 对所有的 $t \in [0, t_2]$ 都成立. 这与 $w(t) \in \mathcal{B}$ 以及 $\zeta(0) \in \mathbb{C}$ 相结合, 可推出 $\{\zeta(t) : t \in [0, t_2]\} \subset \mathbb{C}$. 由式 (5.88) 可知对所有的 $t \in [0, t_2]$ 都有

$$\left| \frac{\mathrm{d}f(t, x(t), \zeta(t), w(t))}{\mathrm{d}t}\bigg|_{(5.74)} \right|$$

$$\leqslant B_1 \left(1 + B + 2B_1 + n(n-1)(L+1)B_4/2 + \frac{\rho B_2 + M_{n+1}}{c_0} \right). \tag{5.95}$$

类似地,

$$\left| \frac{\mathrm{d}b(t, x(t), \zeta(t), w(t))}{\mathrm{d}t} \bigg|_{(5.74)} \right|$$

$$\leqslant B_1 \left(1 + B + 2B_1 + n(n-1)(L+1)B_4/2 + \frac{\rho B_2 + M_{n+1}}{c_0} \right), \quad \forall\, t \in [0, t_2]. \tag{5.96}$$

直接计算可得

$$\frac{\mathrm{d}b_0(t, \hat{x}(t))}{\mathrm{d}t} \bigg|_{(5.76)}$$

$$= \frac{\partial b_0(t, \hat{x}(t))}{\partial t}$$

$$+ \sum_{i=1}^{n-1} \left(\hat{x}_{i+1}(t) + \frac{1}{r^{n-i}} g_i(\eta_1(t)) + \phi_i(\hat{x}_1(t), \cdots, \hat{x}_i(t)) \right) \frac{\partial b_0(t, \hat{x}(t))}{\partial \hat{x}_i}$$

$$+ (\hat{x}_{n+1}(t) + g_n(\eta_1(t)) + b_0(t, \hat{x}(t))u(t)) \frac{\partial b_0(t, \hat{x}(t))}{\partial \hat{x}_n}. \tag{5.97}$$

由假设 A1 和假设 A2 以及式 (5.88) 可知, 对所有的 $t \in [0, t_2]$,

$$\left| \frac{\mathrm{d}b_0(t, \hat{x}(t))}{\mathrm{d}t} \bigg|_{(5.76)} \right|$$

$$\leqslant B_3 \left(1 + B_1 + n(n-1)(1+L)B_4/2 + (\wedge + B_3)(\rho B_2 + M_{n+1})/c_0 \right.$$

$$\left. + |\eta_{n+1}(t)| + \Gamma_n\|\eta_1(t)\| + \sum_{i=1}^{n-1} \left(|\eta_{i+1}(t)| + L\|\eta_1(t), \cdots, \eta_i(t)\| + \frac{\Gamma_i}{r^{n-i}}|\eta_1(t)| \right) \right). \tag{5.98}$$

求 $u(\cdot)$ 沿式 (5.76) 关于时间 t 的导数可得

$$\frac{\mathrm{d}u(t, \hat{x}(t))}{\mathrm{d}t} \bigg|_{(5.76)}$$

$$= \frac{1}{b_0(t, \hat{x}(t))} \left(\sum_{i=1}^{n-1} \left(\hat{x}_{i+1}(t) + \frac{1}{r^{n-i}} g_i(\eta_1(t)) \right. \right.$$

$$\left. + \phi_i(\hat{x}_1(t), \cdots, \hat{x}_i(t)) \right) \frac{\mathrm{dsat}_{M_i}(\hat{x}_i(t))}{\mathrm{d}\hat{x}_i} \frac{\partial u_0(\mathrm{sat}_{M_1}(\hat{x}_1(t)), \cdots, \mathrm{sat}_{M_n}(\hat{x}_n(t)))}{\partial \hat{x}_i}$$

$$+ (\hat{x}_{n+1}(t) + g_n(\eta_1(t))$$

$$
\begin{aligned}
&+ b_0(t,\hat{x}(t))u(t)\frac{\mathrm{dsat}_{M_n}(\hat{x}_n(t))}{d\hat{x}_n}\frac{\partial u_0(\mathrm{sat}_{M_1}(\hat{x}_1(t)),\cdots,\mathrm{sat}_{M_n}(\hat{x}_n(t)))}{\partial \hat{x}_n}\\
&+ rg_{n+1}(r^n(x_1(t)-\hat{x}_1(t)))\frac{\mathrm{dsat}_{M_{n+1}}(\hat{x}_{n+1}(t))}{d\hat{x}_{n+1}}\\
&- \frac{\rho u_0(\mathrm{sat}_{M_1}(\rho^{n-1}\hat{x}_1(t)),\cdots,\mathrm{sat}_{M_n}(\hat{x}_n(t)))-\mathrm{sat}_{M_{n+1}}(\hat{x}_{n+1}(t))}{b_0^2(t,\hat{x}(t))}\frac{db_0(t,\hat{x}(t))}{dt}\bigg|_{(5.76)}.
\end{aligned}
\tag{5.99}
$$

类似于式 (5.98) 的证明, 有

$$
\begin{aligned}
&\left|\frac{\mathrm{d}u(t,\hat{x}(t))}{\mathrm{d}t}\bigg|_{(5.76)}\right|\\
&\leqslant \frac{B_2}{c_0}\bigg(1+B_1+n(n-1)(1+L)B_4/2+(\wedge+B_3)(\rho B_2+M_{n+1})/c_0\\
&\quad+|\eta_{n+1}(t)|+\Gamma_n\|\eta_1(t)\|+\sum_{i=1}^{n-1}\Big(|\eta_{i+1}(t)|+L\|\eta_1(t),\cdots,\eta_i(t)\|+\frac{\Gamma_i}{r^{n-i}}|\eta_1(t)|\Big)\bigg)\\
&\quad+\frac{\Gamma_{n+1}r}{c_0}|\eta_1(t)|+\frac{\rho B_2+M_{n+1}}{c_0^2}\left|\frac{db_0(t,\hat{x}(t))}{dt}\bigg|_{(5.76)}\right|,\quad \forall t\in[0,t_2].
\end{aligned}
\tag{5.100}
$$

由式 (5.93)、式 (5.95)、式 (5.96)、式 (5.98) 以及式 (5.100) 可推出, 存在依赖于 B_i,c_0,L,M_i,Γ_i 的正数 N_1 和 N_2 使得

$$
|\dot{x}_{n+1}(t)|\leqslant N_1+N_2\|\eta(t)\|+\frac{\Gamma_{n+1}\wedge r}{c_0}|\eta_1(t)|,\quad \forall t\in[0,t_2].
\tag{5.101}
$$

令 $\mathcal{V}(\cdot)$ 和 $\mathcal{W}(\cdot)$ 是满足假设A2的 Lyapunov 函数. Lyapunov 函数 $\mathcal{V}(\eta(t))$ 沿式 (5.86) 关于时间 t 的导数为

$$
\begin{aligned}
&\frac{\mathrm{d}\mathcal{V}(\eta(t))}{\mathrm{d}t}\bigg|_{(5.86)}\\
&=\sum_{i=1}^{n+1}\dot{\eta}_i(t)\frac{\partial\mathcal{V}(\eta(t))}{\partial\eta_i}\\
&=\sum_{i=1}^{n-1}\Big(r(\eta_{i+1}(t)-g_i(\eta_1(t)))+r^{n+1-i}(\phi_i(x_1(t),\cdots,x_i(t))\\
&\quad-\phi_i(\hat{x}_1(t),\cdots,\hat{x}_i(t)))\Big)\frac{\partial\mathcal{V}(\eta(t))}{\partial\eta_i}\\
&\quad+r[\eta_{n+1}(t)-g_n(\eta_1(t))+(b_0(t,x(t))-b_0(t,\hat{x}(t)))u]\frac{\partial\mathcal{V}(\eta(t))}{\partial\eta_n}\\
&\quad+(-rg_{n+1}(\varepsilon_1(t))+\dot{x}_{n+1}(t))\frac{\partial\mathcal{V}}{\partial\eta_{n+1}}(\eta(t)).
\end{aligned}
\tag{5.102}
$$

这与假设 A2 和式 (5.101) 相结合, 可推出

$$
\left.\frac{\mathrm{d}\mathcal{V}(\eta(t))}{\mathrm{d}t}\right|_{(5.86)} \leqslant -c_1 r \mathcal{V}(\eta(t)) + c_2 \left((n-1)L + N_2 + \frac{(\rho B_2 + M_{n+1})B_3}{c_0} \right) \mathcal{V}(\eta(t))
$$
$$
+ \frac{c_2 \Gamma_{n+1} \wedge r}{c_0} \mathcal{V}(\eta(t)) + c_2 c_3 N_1 \mathcal{V}^\theta(\eta(t)), \quad \forall\, t \in [0, t_2]. \tag{5.103}
$$

令 $r > 4c_2((n-1)L + N_2 + (\rho B_2 + M_{n+1})B_3/c_0)$. 由假设 A4可知

$$
\left.\frac{\mathrm{d}\mathcal{V}(\eta(t))}{\mathrm{d}t}\right|_{(5.86)} \leqslant -\frac{c_1 r}{4}\mathcal{V}(\eta(t)) + c_3 N_1 \mathcal{V}^\theta(\eta(t)), \quad \forall\, t \in [0, t_2]. \tag{5.104}
$$

另外, 如果 $\eta(t) \neq 0$, 那么

$$
\frac{\mathrm{d}}{\mathrm{d}t}\left(\mathcal{V}^{1-\theta}(\eta(t))\right) \leqslant -\frac{c_1(1-\theta)}{4}\mathcal{V}^{1-\theta}(\eta(t)) + c_3 N_1, \quad \forall\, t \in [0, t_2]. \tag{5.105}
$$

由比较原理可得

$$
\mathcal{V}^{1-\theta}(\eta(t)) \leqslant e^{-\frac{c_1(1-\theta)r}{4}t}\mathcal{V}^{1-\theta}(\eta(0)) + c_3 N_1 \int_0^t e^{-\frac{c_1(1-\theta)r}{4}(t-s)}\mathrm{d}s, \quad \forall\, t \in [0, t_2], \tag{5.106}
$$

其中,

$$
\eta(0) = \left(r^n(x_{10} - \hat{x}_{10}), r^{n-1}(x_{20} - \hat{x}_{20}), \cdots, x_{(n+1)0} - \hat{x}_{(n+1)0} \right), \tag{5.107}
$$

$(\hat{x}_{10}, \hat{x}_{20}, \cdots, \hat{x}_{(n+1)0})$ 是式 (5.76) 的初始状态. 由假设 A2, 有

$$
\left|\mathcal{V}^{1-\theta}(\eta(0))\right| \leqslant \left(\sum_{i=1}^n \left| r^{n+1-i}(x_{i0} - \hat{x}_{i0}) \right|^{\mu_i} \right)^{1-\theta}.
$$

注意到 $t_1 \geqslant T$, 对任意的 $t \in [t_1, t_2]$,

$$
e^{-\frac{c_1(1-\theta)r}{4}t}\mathcal{V}^{1-\theta}(\eta(0)) \leqslant e^{-\frac{c_1(1-\theta)r}{4}T} \left(\sum_{i=1}^n \left| r^{n+1-i}(x_{i0} - \hat{x}_{i0}) \right|^{\mu_i} \right)^{1-\theta} \to 0, \quad r \to \infty. \tag{5.108}
$$

由于 $\mathcal{V}(\cdot)$ 是连续、正定、径向无界的, 存在连续的 $\mathcal{K}_\infty$ 类函数 $\kappa : [0, \infty) \to [0, \infty)$ 使得 $\mathcal{V}(\eta) \geqslant \kappa(\|\eta\|)$ 对任意的 $\eta \in \mathbb{R}^{n+1}$ 都成立. 令

$$
\delta = \min\left\{ \frac{1}{2}, \frac{M_i}{2}, \frac{\min_{\nu \in \mathcal{A}_1} W(\nu)}{2\rho n B_2 + 3} \right\}. \tag{5.109}
$$

由式 (5.108), 存在 $r_1^* > 0$ 使得

$$
\left| e^{-\frac{c_1(1-\theta)r}{4}t}\mathcal{V}^{1-\theta}(\eta(0)) \right| \leqslant \frac{(\kappa(\delta))^{1-\theta}}{2}, \quad \forall r > r_1^*, \quad t \in [t_1, t_2]. \tag{5.110}
$$

不等式 (5.106) 右边第二项满足

$$\left| c_3 N_1 \int_0^t e^{-\frac{c_1(1-\theta)r}{4}(t-s)} \mathrm{d}s \right| \leqslant \frac{4 c_3 N_1}{c_1(1-\theta)r}. \tag{5.111}$$

根据式 (5.108) 和式 (5.111), 对任意的 $r > r_2^* \triangleq \max\{\rho, r_1^*, (8 c_3 N_1)/(c_1(1-\theta)(\kappa(\delta))^{1-\theta})\}$, $\mathcal{V}(\eta(t)) \leqslant \kappa(\delta)$ 对任意的 $t \in [t_1, t_2]$ 一致成立. 这与式 (5.84) 相结合, 可得

$$|\rho^{n-i} x_i(t) - \rho^{n-i} \hat{x}_i(t)|$$
$$\leqslant \|(\rho^{n-1}(x_1(t) - \hat{x}_1(t)), \cdots, x_n(t) - \hat{x}_n(t))\|$$
$$\leqslant \|(r^n(x_1(t) - \hat{x}_1(t)), \cdots, r(x_n(t) - \hat{x}_n(t)))\|$$
$$\leqslant \|\eta(t)\| \leqslant \delta, \quad \forall t \in [t_1, t_2], \quad r > r_2^*. \tag{5.112}$$

由式 (5.92) 可知, $|x_i(t)| \leqslant |\rho^{n-i} x_i(t)| = |\xi_i(t)| \leqslant M_i$ 对所有的 $t \in [t_1, t_2]$, $i = 1, 2, \cdots, n$ 都成立. 这与式 (5.75) 和假设 A4 结合, 可推出

$$|x_{n+1}(t)| \leqslant B_1 + \wedge \frac{\rho B_2 + M_{n+1}}{c_0} = M_{n+1}, \quad \forall t \in [t_1, t_2].$$

如果 $|\rho^{n-i} \hat{x}_i(t)| \leqslant M_i$, 那么 $\rho^{n-i} \hat{x}_i(t) - \mathrm{sat}_{M_i}(\rho^{n-i} \hat{x}_i(t)) = 0$, $i = 1, \cdots, n+1$. 如果 $|\rho^{n-i} \hat{x}_i(t)| > M_i$, 并且 $\rho^{n-i} \hat{x}_i(t) > 0$, $\delta \leqslant M_i/2$, 那么有 $\rho^{n-i} \hat{x}_i > M_i$. 因此

$$|\rho^{n-i} \hat{x}_i(t) - M_i| = \rho^{n-i} \hat{x}_i(t) - M_i \leqslant \rho^{n-i} \hat{x}_i(t) - \rho^{n-i} x_i(t) \leqslant \delta \leqslant \frac{1}{2}, \quad \forall t \in [t_1, t_2]. \tag{5.113}$$

这与式 (5.79) 相结合, 可推出

$$|\rho^{n-i} \hat{x}_i(t) - \mathrm{sat}_{M_i}(\rho^{n-i} \hat{x}_i(t))|$$
$$= \rho \hat{x}_i(t) + \frac{1}{2}(\rho \hat{x}_i)^2 - (M_i + 1)\rho \hat{x}_i + \frac{1}{2} M_i^2$$
$$= \frac{(\rho \hat{x}_i - M_i)^2}{2} < \frac{\delta^2}{2} < \delta, \quad \forall t \in [t_1, t_2]. \tag{5.114}$$

类似地, 当 $|\rho^{n-i} \hat{x}_i(t)| > M_i$ 且 $\rho^{n-i} \hat{x}_i(t) < 0$ 时, 式 (5.114) 仍然成立. 因此 $|\rho^{n-i} \hat{x}_i(t) - \mathrm{sat}_{M_i}(\rho^{n-i} \hat{x}_i(t))| \leqslant \delta$ 对任意的 $t \in [t_1, t_2]$ 都成立.

令 $V(\cdot)$ 和 $W(\cdot)$ 是满足假设 A3 的 Lyapunov 函数. 求 Lyapunov 函数 $V(\xi(t))$ 沿式 (5.85) 关于时间 t 的导数可得

$$\frac{\mathrm{d}V(\xi(t))}{\mathrm{d}t}\bigg|_{(5.85)}$$
$$= \sum_{i=1}^n \dot{\xi}_i(t) \frac{\partial V(\xi(t))}{\partial \xi_i}$$

$$= \sum_{i=1}^{n-1} \left(\rho \xi_{i+1}(t) + \rho^{n-i} \phi_i(\xi_1(t)/\rho^{n-1}, \cdots \xi_i(t)/\rho^{n-i}) \right) \frac{\partial V(\xi(t))}{\partial \xi_i}$$

$$+ \Big(\rho u_0(\mathrm{sat}_{M_1}(\rho^{n-1}\hat{x}_1(t)), \cdots, \mathrm{sat}_{M_n}(\hat{x}_n(t)))$$

$$+ x_{n+1}(t) - \mathrm{sat}_{M_1}(\hat{x}_{n+1}(t)) \Big) \frac{\partial V(\xi(t))}{\partial \xi_n}. \tag{5.115}$$

由假设 A1, 式 (5.112) 以及式 (5.114) 可得

$$|u_0(\mathrm{sat}_{M_1}(\rho^{n-1}\hat{x}_1(t)), \cdots, \mathrm{sat}_{M_n}(\hat{x}_n(t))) - u_0(\xi(t))|$$

$$\leqslant |u_0(\mathrm{sat}_{M_1}(\rho^{n-1}\hat{x}_1(t)), \cdots, \mathrm{sat}_{M_n}(\hat{x}_n(t))) - u_0(\rho^{n-1}\hat{x}_1(t), \cdots, \hat{x}_n(t))|$$

$$+ |u_0(\rho^{n-1}\hat{x}_1(t), \cdots, x_n(t)) - u_0(\rho^{n-1}x_1(t), \cdots, x_n(t))|$$

$$\leqslant 2nB_2\delta. \tag{5.116}$$

令 $N_3 = \sup_{\iota \in \mathcal{A}_1} \frac{\partial V(\iota)}{\partial \iota_n}$. 由假设 A3、式 (5.115)、式 (5.116) 以及式 (5.109) 可得

$$\frac{\mathrm{d}V(\xi(t))}{\mathrm{d}t}\bigg|_{(5.85)}$$

$$= \sum_{i=1}^{n} \dot{\xi}_i(t) \frac{\partial V(\xi(t))}{\partial \xi_i}$$

$$= \sum_{i=1}^{n-1} \left(\rho \xi_{i+1}(t) + \rho^{n-i} \phi_i(\xi_1(t)/\rho^{n-1}, \cdots \xi_i(t)/\rho^{n-i}) \right) \frac{\partial V(\xi(t))}{\partial \xi_i}$$

$$+ \Big(\rho u_0(\mathrm{sat}_{M_1}(\rho^{n-1}\hat{x}_1(t)), \cdots, \mathrm{sat}_{M_n}(\hat{x}_n(t))) + x_{n+1}(t)$$

$$- \mathrm{sat}_{M_1}(\hat{x}_{n+1}(t)) \Big) \frac{\partial V(\xi(t))}{\partial \xi_n}$$

$$\leqslant - \rho W(\xi(t)) + L \sum_{i=1}^{n-1} \|\xi(t)\| \left| \frac{\partial V(\xi(t))}{\partial x_i} \right| + 2(\rho nB_2+1)N_3\delta$$

$$\leqslant - W(\xi(t)) + 2(\rho nB_2+1)N_3\delta < 0, \quad \forall t \in [t_1, t_2]. \tag{5.117}$$

由此可知, $V(\xi(t))$ 当 $t \in [t_1, t_2]$ 随时间 t 的增大严格单调减少. 由式 (5.92)、式 (5.80) 以及式 (5.87) 有 $V(\xi(t_2)) = V(\xi(t_1)) + 1$, 这与前面的假设矛盾. 因此 $\{\xi(t) : t \in [0, \infty)\} \subset \mathcal{A}_1$ 对所有的 $r > r_2^*$ 都成立.

步骤 2　$\eta(t) \to 0$ 当 $r \to \infty$ 对任意的 $t \in [a, \infty)$ 一致成立.

由步骤 1 的结论, $\xi(t) \in \mathcal{A}_1$ 对所有的 $t \in [0, \infty)$ 和 $r > r_2^*$ 成立. 类似于式 (5.101), 可得

$$|\dot{x}_{n+1}(t)| \leqslant N_1 + N_2\|\eta(t)\| + \frac{\Gamma_{n+1} \wedge r}{c_0}|\eta_1(t)|, \quad \forall t \in [0, \infty), \quad r > r_2^*. \tag{5.118}$$

类似于式 (5.106), 由式 (5.118) 可以推得

$$
\mathcal{V}^{1-\theta}(\eta(t)) \leqslant e^{-\frac{c_1(1-\theta)r}{4}t}\mathcal{V}^{1-\theta}(\eta(0))
$$
$$
+ c_3 N_1 \int_0^t e^{-\frac{c_1(1-\theta)r}{4}(t-s)}\mathrm{d}s, \quad t \in [0,\infty), \quad r > r_2^*. \tag{5.119}
$$

由于对任意的 $a > 0, \sigma > 0$ 以及 $t \in [a,\infty)$ 都有

$$
e^{-\frac{c_1(1-\theta)r}{4}t}\mathcal{V}^{1-\theta}(\eta(0)) \leqslant e^{-\frac{c_1(1-\theta)r}{4}a}\mathcal{V}^{1-\theta}(\eta(0)) \to 0, \quad r \to \infty, \tag{5.120}
$$

因此存在正数 r_3^* 使得对任意的 $r > r_3^*$, $e^{-\frac{c_1(1-\theta)r}{4}t}\mathcal{V}^{1-\theta}(\eta(0)) < \frac{\sigma}{2}$ 对任意的 $t \in [a,\infty)$ 一致成立. 令

$$
r_4^* = \max\left\{r_2^*, r_3^*, \frac{8c_2 c_3 N_1}{c_1(1-\theta)\sigma^{1-\theta}}\right\}.
$$

由式 (5.119) 和式 (5.120), 当 $r > r_4^*$ 时, 不等式 $|x_i(t) - \hat{x}_i(t)| \leqslant \|\eta\| \leqslant \sigma$, 对任意的 $t \in [a,\infty)$ 一致成立. 这也意味着 $\lim_{r\to\infty}|x_i(t) - \hat{x}_i(t)| = 0$ 对任意的 $t \in [a,\infty)$ 一致成立.

　　步骤 3　$\xi(t) \to 0$ 当 $t \to \infty$ 和 $r \to \infty$.

　　对正定、径向无界的 Lyapunov 函数 $W(\cdot)$, 存在 $\mathcal{K}_\infty$ 类函数 $\varkappa : [0,\infty) \to [0,\infty)$ 使得 $\varkappa(\|\nu\|) \leqslant W(\nu)$ 对所有的 $\nu \in \mathbb{R}^n$ 都成立. 对所有的 $\sigma > 0$, 由步骤 2 的结论, 当 $r > r^*$ 时, 存在正数 $r^* > r_4^*$ 使得 $\|\eta(t)\| < \sigma_1 = \varkappa(\sigma)/(3(\rho nB_2 + 1)N_3)$ 对任意的 $t \in [a,\infty)$ 一致成立. 类似于式 (5.117), 有

$$
\left.\frac{\mathrm{d}V(\xi(t))}{\mathrm{d}t}\right|_{(5.85)} \leqslant -W(\xi(t)) + 2(\rho nB_2 + 1)N_3\sigma_1
$$
$$
\leqslant -\varkappa(\|\xi(t)\|) + 2(\rho nB_2 + 1)N_3\sigma_1, \quad \forall t \in [a,\infty). \tag{5.121}
$$

因此, 如果 $\|\xi(t)\| \geqslant \sigma$, 那么

$$
\left.\frac{\mathrm{d}V(\xi(t))}{\mathrm{d}t}\right|_{(5.85)} \leqslant -\varkappa(\sigma) + 2(\rho nB_2 + 1)N_3\sigma_1 = -\frac{1}{3}\varkappa(\sigma) < 0. \tag{5.122}
$$

因此, 存在依赖于 r 的常数 t_r 使得 $\|\xi(t)\| \leqslant \sigma$ 对所有的 $t \in [t_r,\infty)$ 都成立. 再由式 (5.84) 和 $\rho > 1$, 有 $|x_j(t)| < \sigma$ $(1 \leqslant j \leqslant n)$ 对任意的 $t \in [t_r,\infty)$ 一致成立. □

　　满足定理 5.7 条件的自抗扰控制设计首先是线性自抗扰控制, 即式 (5.76) 中的 $g_i(\cdot), i = 1, \cdots, n+1$ 和反馈控制中的非线性函数 $u_0(\cdot)$ 选取如下线性函数:

$$
g_i(\tau) = k_i\tau, \quad u_0(y_1,\cdots,y_n) = \alpha_1 y_1 + \cdots + \alpha_n y_n. \tag{5.123}
$$

定义矩阵 K 和 A 如下:

$$K = \begin{pmatrix} -k_1 & 1 & 0 & \cdots & 0 \\ -k_2 & 0 & 1 & \cdots & 0 \\ \vdots & \vdots & \vdots & & \vdots \\ -k_n & 0 & 0 & \cdots & 1 \\ -k_{n+1} & 0 & 0 & \cdots & 0 \end{pmatrix}_{(n+1)\times(n+1)} \quad A = \begin{pmatrix} 0 & 1 & 0 & \cdots & 0 \\ 0 & 0 & 1 & \cdots & 0 \\ \vdots & \vdots & \vdots & & \vdots \\ 0 & 0 & 0 & \cdots & 1 \\ \alpha_1 & \alpha_2 & 0 & \cdots & \alpha_n \end{pmatrix}_{n\times n}.$$

$$(5.124)$$

令 $\lambda_{\max}(P)$ 和 $\lambda_{\min}(P)$ 分别是矩阵 P 的最大特征值和最小特值, 矩阵 P 是 Lyapunov 方程 $PK + K^{\mathrm{T}}P = -I_{(n+1)\times(n+1)}$ 的唯一正定矩阵解.

推论 5.8 令 $\rho = L + 1$. 假设 $w(t) \in \mathcal{B}$ 且 $\dot{w}(t) \in \mathcal{B}$ 成立, 这里紧集 $\mathcal{B} \triangleq [-\mathcal{B}, \mathcal{B}] \subset \mathbb{R}$. 假设式 (5.124) 中定义的矩阵 K 和 A 是 Hurwitz 矩阵, 那么当假设 A1 和假设 A4 成立, 并且 $\Gamma_{n+1} = k_{n+1}$, $\theta = \dfrac{1}{2}$ 以及 $c_2 = \dfrac{2\lambda_{\max}(P)}{\lambda_{\min}(P)}$ 时, 由式 (5.74)、式 (5.76) 以及式 (5.77) 构成的闭环系统, 当设计函数选取为由式 (5.123) 所给出的线性函数时, 有如下的收敛性结果: 对任意的 $a > 0$, 存在 $r^* > 0$ 使得对任意的 $r > r^*$,

(1) $|x_i(t) - \hat{x}_i(t)| \leqslant \dfrac{\Delta_1}{r^{n+2-i}}$ 对任意的 $t \in [a, \infty)$ 都成立, 其中 $\Delta_1 > 0$ 是一个和 r 无关的常数, 即 $\lim_{r\to\infty} |x_i(t) - \hat{x}_i(t)| = 0$ 对任意的 $t \in [a, \infty)$ 一致成立, $1 \leqslant i \leqslant n + 1$;

(2) $|x_j(t)| < \dfrac{\Delta_2}{r}$ 对任意的 $t \in [t_r, \infty)$ 一致成立, 其中 $\Delta_2 > 0$ 是一个和 r 无关的常数, t_r 是依赖于 r 的常数.

证明 令 Lyapunov 函数 $\mathcal{V} : \mathbb{R}^{n+1} \to \mathbb{R}$ 和 $V, W : \mathbb{R}^n \to \mathbb{R}$ 定义为 $\mathcal{V}(\varepsilon) = \varepsilon^{\mathrm{T}} P \varepsilon$, $\varepsilon \in \mathbb{R}^{n+1}$, $V(\xi) = \xi^{\mathrm{T}} Q \xi$, $W(\xi) = \|\xi\|^2$, $\xi \in \mathbb{R}^2$, 令 Q 是 Lyapunov 方程 $QA + A^{\mathrm{T}}Q = -I_{n\times n}$ 的唯一矩阵解. 容易验证假设 A2 和假设 A3 均成立. 因此该推论可由定理 5.7 直接推出. $\qquad\square$

需要指出的, 是定理 5.7 所给出的收敛性结果是实用渐近收敛性结果. 在如下特殊的情况下可以得到渐近收敛性结果:

$$\lim_{t\to\infty} \dot{w}(t) = 0. \qquad (5.125)$$

为证明在这种情况下的收敛性, 还需要假设A1*.

假设 A1* 存在连续函数 $\phi_n(\cdot) : \mathbb{R}^n \to \mathbb{R}$, $\bar{f}(\cdot) : \mathbb{R}^n \to \mathbb{R}$ 和正数 $L_1 > 0$ 使得

$f(t, x, \zeta, w) = \phi_n(x) + \bar{f}(\zeta, w), \forall\, t \in [0, \infty), \quad x \in \mathbb{R}^n, \quad \zeta \in \mathbb{R}^s, \quad w \in \mathbb{R}$;

$\phi_i(\cdot), i = 1, 2, \cdots, n$ 和 $\bar{f}(\cdot)$ 是连续可微的, $\|\nabla\phi_i(x_1, \cdots, x_i)\| \leqslant L\|(x_1, \cdots, x_i)\|$, $\phi_i(0, \cdots, 0) = 0$, $\|\nabla\bar{f}(\zeta, w)\| \leqslant L$, $x \in \mathbb{R}^n, \zeta \in \mathbb{R}^s, w \in \mathbb{R}$;

$\|f_0(t, x, \zeta, w)\| \leqslant L\|x\|, \forall\, t \in [0, \infty), x \in \mathbb{R}^n, \zeta \in \mathbb{R}^s, w \in \mathbb{R}$;

$b(t, x, \zeta, w) \equiv b_0$, $b_0 \neq 0$ 是一个常数.

在这种情况下, 非线性函数 $\phi_i(\cdot)$ 是满足先验假设 A1* 的未知函数. 扩张状态观测器的设计并不依赖于非线性函数 $\phi_i(\cdot)$:

$$\begin{cases} \dot{\hat{x}}_1(t) = \hat{x}_2(t) + \dfrac{1}{\varrho^{n-1}} g_1(\varrho^n(x_1(t) - \hat{x}_1(t))), \\[2mm] \dot{\hat{x}}_2(t) = \hat{x}_3(t) + \dfrac{1}{\varrho^{n-2}} g_2(\varrho^n(x_1(t) - \hat{x}_1(t))), \\ \vdots \\ \dot{\hat{x}}_n(t) = \hat{x}_{n+1}(t) + g_n(\varrho^n(x_1(t) - \hat{x}_1(t))) + b_0 u(t), \\ \dot{\hat{x}}_{n+1}(t) = \varrho g_{n+1}(\varrho^n(x_1(t) - \hat{x}_1(t))), \end{cases} \tag{5.126}$$

这里非线性设计函数 $g_i(\cdot)$ 的选取应满足假设A2*.

假设 A2* 　$g_i \in C(\mathbb{R}, \mathbb{R})$, 存在连续、正定、径向无界的函数 $\mathcal{V}, \mathcal{W}: \mathbb{R}^{n+1} \to \mathbb{R}$ 使得

(1) $\displaystyle\sum_{i=1}^{n}(e_{i+1} - g_i(e_1))\dfrac{\partial \mathcal{V}(e)}{\partial e_i} - g_{n+1}(e_1)\dfrac{\partial \mathcal{V}(e)}{\partial e_{n+1}} \leqslant -\mathcal{W}(e)$;

(2) $\|e\|^2 + \|\nabla\mathcal{V}(e)\|^2 + \displaystyle\sum_{i=1}^{n+1}|g_i(e_1)|^2 \leqslant c_1\mathcal{W}(e)$, $\left|g_{n+1}(e_1)\dfrac{\partial \mathcal{V}(e)}{\partial e_{n+1}}\right| \leqslant \Gamma\mathcal{W}(e)$, $\forall\, e = (e_1, \cdots, e_{n+1})^{\mathrm{T}} \in \mathbb{R}^{n+1}$, $c_1 > 0$.

基于扩张状态观测器式 (5.126) 的反馈控制设计如下:

$$u(t) = \dfrac{u_0(\rho^{n\alpha}\hat{x}_1(t), \rho^{(n-1)\alpha}\hat{x}_2(t), \cdots, \varrho^{\alpha}\hat{x}_n(t)) - \hat{x}_{n+1}(t)}{b_0}, \tag{5.127}$$

其中, $\alpha \in (n/(n+1), 1)$; 非线性函数 $u_0: \mathbb{R}^n \to \mathbb{R}$ 选取为满足假设 A3* 的函数.

假设 A3* 　$u_0 \in C^1(\mathbb{R}^n, \mathbb{R})$, $\|\nabla u_0\| \leqslant L$, $u_0(0, \cdots, 0) = 0$, 存在径向无界、正定的函数 $V, W \in C^1(\mathbb{R}^n, \mathbb{R})$ 使得

(1) $\displaystyle\sum_{i=1}^{n-1} x_{i+1}\dfrac{\partial V(x)}{\partial x_i} + u_0(x)\dfrac{\partial V(x)}{\partial x_n} \leqslant -W(\xi)$;

(2) $\|\xi\|^2 + \|\nabla V(\xi)\|^2 \leqslant c_2 W(\xi)$, $c_2 > 0$, $\xi = (\xi_1, \cdots, \xi_n) \in \mathbb{R}^n$.

式 (5.126) 与式 (5.127) 中的增益参数 ϱ 满足假设A4*.

假设 A4*

$$\varrho \geqslant \max\left\{1, 2c_1 L + 4c_1 L^2, 4\left(nc_2 L + \dfrac{Lc_2}{2}\right)^{\frac{1}{\alpha}}, \left(\sqrt{c_1 c_2}(1 + nL)\right)^{\frac{2}{1-\alpha}}\right\}.$$

定理 5.9 如果 $\lim_{t\to\infty}\dot{w}(t)=0$, 且假设 A1*、假设 A2*、假设 A3* 和假设 A4* 都满足, 那么由式 (5.74)、式 (5.126) 和式 (5.127) 所构成的闭环控制系统在如下意义下收敛:

$$\lim_{t\to\infty}|x_i(t)-\hat{x}_i(t)|=0, \quad i=1,2,\cdots,n+1, \quad \lim_{t\to\infty}|x_j(t)|=0, \quad j=1,2,\cdots,n,$$

这里的总扰动定义为 $x_{n+1}(t)\triangleq\bar{f}(\zeta(t),w(t))$.

证明 令 $\varepsilon(t)=(\eta_1(t),\eta_2(t),\cdots,\eta_{n+1}(t))$ 和 $\xi(t)=(\xi_1(t),\xi_2(t),\cdots,\xi_n(t))$ 的定义如下:

$$\xi_i(t)=\varrho^{(n+1-i)\alpha}x_i(t), \quad i=1,2,\cdots,n,$$
$$\varepsilon_j(t)=\varrho^{n+j-1}(x_j(t)-\hat{x}_j(t)), \quad j=1,2,\cdots,n+1. \tag{5.128}$$

直接计算可得 $\xi_i(t)$ 和 $\eta_j(t)$ 满足如下系统:

$$\begin{cases} \dot{\xi}_1(t)=\rho^{\alpha}\xi_2(t)+\rho^{n\alpha}\phi_1(\xi_1(t)/\rho^{n\alpha}), \\ \dot{\xi}_2(t)=\rho^{\alpha}\xi_3(t)+\rho^{(n-1)\alpha}\phi_2(\xi_1(t)/\rho^{n\alpha},\xi_2(t)/\rho^{(n-1)\alpha}), \\ \vdots \\ \dot{\xi}_n(t)=\varrho^{\alpha}u_0(\rho^{n\alpha}\hat{x}_1(t),\cdots,\rho^{\alpha}\hat{x}_n(t)) \\ \qquad\quad +\varrho^{\alpha}\phi_n(\xi_1(t)/\rho^{n\alpha},\cdots,\xi_n(t)/\varrho^{\alpha})+\varrho^{\alpha}(x_{n+1}(t)-\hat{x}_{n+1}(t)) \end{cases} \tag{5.129}$$

和

$$\begin{cases} \dot{\varepsilon}_1(t)=\varrho(\varepsilon_2(t)-g_1(\varepsilon_1(t)))+\varrho^n\phi_1(\xi_1(t)/\rho^{n\alpha}), \\ \vdots \\ \dot{\varepsilon}_{n-1}(t)=\varrho(\varepsilon_n(t)-g_{n-1}(\varepsilon_1(t)))+\varrho^2\phi_{n-1}(\xi_1(t)/\rho^{n\alpha},\cdots,\xi_n(t)/\varrho^{2\alpha}), \\ \dot{\varepsilon}_n(t)=\varrho(\varepsilon_{n+1}(t)-g_n(\varepsilon_1(t)))+\varrho\phi_n(\xi_1(t)/\rho^{n\alpha},\cdots,\xi_n(t)/\varrho^{\alpha}), \\ \dot{\varepsilon}_{n+1}(t)=-\varrho g_{n+1}(\varepsilon_1(t))+\dot{x}_{n+1}(t). \end{cases} \tag{5.130}$$

令 $\mathcal{V}(\cdot)$, $\mathcal{W}(\cdot)$, $V(\cdot)$, 和 $W(\cdot)$ 是满足假设A2* 和假设 A3*的 Lyapunov 函数. 定义函数 $\mathfrak{V}$, $\mathfrak{W}:\mathbb{R}^{n+1}\to[0,\infty)$ 如下:

$$\mathfrak{V}(\xi,\varepsilon)=V(\xi)+\mathcal{V}(\varepsilon), \quad \mathfrak{W}(\xi,\varepsilon)=W(\xi)+\mathcal{W}(\varepsilon), \quad \xi\in\mathbb{R}^n, \quad \varepsilon\in\mathbb{R}^{n+1}. \tag{5.131}$$

求 $\mathfrak{V}1(\xi(t),\eta(t))$ 沿式 (5.129) 关于时间 t 的导数可得

$$\left.\frac{\mathrm{d}\mathfrak{V}(\xi(t),\eta(t))}{\mathrm{d}t}\right|_{(5.129),(5.130)}$$

$$=\sum_{i=1}^{n}\dot{\xi}_i(t)\frac{\partial V(\xi(t))}{\partial\xi_i}+\sum_{j=1}^{n+1}\dot{\varepsilon}_j(t)\frac{\partial\mathcal{V}(\xi(t))}{\partial\varepsilon_j(t)}$$

$$
= \sum_{i=1}^{n-1} \left(\varrho^\alpha \xi_{i+1}(t) + \varrho^{(n+1-i)\alpha} \phi_i \left(\frac{\xi_1(t)}{\varrho^{n\alpha}}, \cdots, \frac{\xi_i(t)}{\varrho^{(n+1-i)\alpha}} \right) \right) \frac{\partial V(\xi(t))}{\partial \xi_i}
$$

$$
+ \varrho^\alpha u_0(\xi_1(t), \cdots, \xi_n(t)) \frac{\partial V(\xi(t))}{\partial \xi_n} + \left(\varrho^\alpha \phi_n \left(\frac{\xi_1(t)}{\varrho^{n\alpha}}, \cdots, \frac{\xi_n(t)}{\varrho^\alpha} \right) + \varrho^\alpha \varepsilon_{n+1}(t) \right.
$$

$$
+ \left(u_0 \left(\varrho^{n\alpha} \hat{x}_1(t), \cdots, \varrho^\alpha \hat{x}_n(t) \right) - u_0 \left(\varrho^{n\alpha} x_1(t), \cdots, \varrho^\alpha x_n(t) \right) \right) \Bigg) \frac{\partial V(\xi(t))}{\partial \xi_n}
$$

$$
+ \sum_{i=1}^{n} \left(\varrho(\varepsilon_i(t) - g_i(\varepsilon_1(t))) + \varrho^{n+1-i} \phi_i \left(\frac{\xi_1(t)}{\varrho^{n\alpha}}, \cdots, \frac{\xi_i(t)}{\varrho^{(n+1-i)\alpha}} \right) \right) \frac{\partial \mathcal{V}(\xi(t))}{\partial \varepsilon_i}
$$

$$
- \varrho g_{n+1}(\varepsilon_1(t)) \frac{\partial \mathcal{V}(e(t))}{\partial \varepsilon_{n+1}}
$$

$$
+ \left(\dot{w}(t) \frac{\partial \bar{f}(\zeta(t), w(t))}{\partial w} + f_0(t, x(t), \zeta(t), w(t)) \cdot \frac{\partial f(\zeta(t), w(t))}{\partial \zeta} \right) \frac{\partial \mathcal{V}(\varepsilon(t))}{\partial \varepsilon_{n+1}}. \tag{5.132}
$$

由假设 A1*、假设 A2* 和假设 A3*, 进一步得到

$$
\left. \frac{\mathrm{d}\mathfrak{W}1(\xi(t), \eta(t))}{\mathrm{d}t} \right|_{(5.129),(5.130)}
$$

$$
\leqslant - \varrho^\alpha W(\xi(t)) - \varrho \mathcal{W}(\eta(t))
$$

$$
+ L \sum_{i=1}^{n} \|\xi(t)\| \left| \frac{\partial V(\xi(t))}{\partial \xi_i} \right| + L\|\eta(t)\| \left| \frac{\partial V}{\partial \xi_n}(\xi(t)) \right|
$$

$$
+ \rho^\alpha \|\eta(t)\| \left| \frac{\partial V(\xi(t))}{\partial \xi_n} \right| + L \sum_{i=1}^{n} \varrho^{(n+1-i)(1-\alpha)} \|\xi(t)\| \left| \frac{\partial \mathcal{V}(\varepsilon(t))}{\partial \eta_i} \right|
$$

$$
+ L^2 \|\eta(t)\| \left| \frac{\partial \mathcal{V}(\eta(t))}{\partial \varepsilon_{n+1}} \right| + L|\dot{w}(t)| \left| \frac{\partial \mathcal{V}}{\partial \varepsilon_{n+1}}(\xi(t)) \right|
$$

$$
\leqslant - \varrho^\alpha W(\xi(t)) - \rho \mathcal{W}(\varepsilon(t)) + N_1 W(\xi(t)) + N_2 \mathcal{W}(\varepsilon(t))
$$

$$
+ N_3 \varrho^\alpha \sqrt{W(\xi(t))} \sqrt{\mathcal{W}(\varepsilon(t))} + L|\dot{w}(t)| \left| \frac{\partial \mathcal{V}}{\partial \varepsilon_{n+1}}(\xi(t)) \right|
$$

$$
\leqslant - \frac{\varrho^\alpha}{2} W(\xi(t)) - \rho \mathcal{W}(\varepsilon(t)) + N_1 W(\xi(t)) + N_2 \mathcal{W}(\varepsilon(t))
$$

$$
+ \frac{N_3^2 \varrho^\alpha}{2} \mathfrak{W}1(\xi(t), \varepsilon(t))) + L|\dot{w}(t)| \left| \frac{\partial \mathcal{V}(\xi(t))}{\partial \varepsilon_{n+1}} \right|
$$

$$
\leqslant - \frac{\varrho^\alpha}{4} \mathfrak{W}1(\xi(t), \varepsilon(t)) + \sqrt{c_2} L|\dot{w}(t)| \sqrt{\mathfrak{W}1(\xi(t), \varepsilon(t))}, \tag{5.133}
$$

其中,

$$
N_1 = nc_2 L + \frac{Lc_2}{2}, \quad N_2 = \frac{c_1 L}{2} + c_1 L^2, \quad N_3 = \sqrt{c_1 c_2}(1 + nL).
$$

由式 (5.125), 存在 $t_1 > 0$ 使得 $|\dot{w}(t)| < \varrho^\alpha / (8\sqrt{c_2} L)$ 对所有的 $t > t_1$ 都成立. 对式 (5.131) 所定义的 $\mathfrak{V}1(\cdot)$ 和 $\mathfrak{W}1(\cdot)$, 存在 $\mathcal{K}_\infty$ 类函数 $\kappa_i(i = 1, 2) : [0, \infty) \to [0, \infty)$

使得

$$\kappa_1(\mathfrak{V}1(e)) \leqslant \mathfrak{W}1(e) \leqslant \kappa_2(\mathfrak{V}1(e)), \quad \forall\, e \in \mathbb{R}^{2n+1}. \tag{5.134}$$

这与式 (5.133) 相结合可得, 对任意的 $t > t_1$, 如果 $\mathfrak{V}1(\xi(t), \eta(t)) \geqslant \kappa_1^{-1}(1)$, 那么 $\mathfrak{W}1(\xi(t), \eta(t)) \geqslant 1$ 且

$$\left. \frac{\mathrm{d}\mathfrak{V}1(\xi(t), \varepsilon(t))}{\mathrm{d}t} \right|_{(5.129),(5.130)}$$

$$\leqslant -\frac{\varrho^\alpha}{4} \mathfrak{W}1(\xi(t), \varepsilon(t)) + \frac{\rho^\alpha}{8}\sqrt{\mathfrak{W}1(\xi(t), \varepsilon(t))} \leqslant -\frac{\varrho^\alpha}{8} < 0. \tag{5.135}$$

故存在 $t_2 > t_1$ 使得 $\mathfrak{V}1(\varepsilon(t)) \leqslant \kappa_1^{-1}(1)$ 和 $\mathfrak{W}1(\varepsilon(t)) \leqslant \kappa_2 \circ \kappa_1^{-1}(1)$ 对任意的 $t \in (t_2, \infty)$ 都成立.

对任意给定的 $\sigma > 0$, 由式 (5.125), 存在 $t_3 > t_2$ 使得 $|\dot{w}(t)| \leqslant \dfrac{\varrho^\alpha \kappa_1(\sigma)}{8L\sqrt{c_2}\kappa_2 \circ \kappa_1^{-1}(1)}$ 对所有的 $t_3 > t_2$ 都成立. 因此对任意的 $t > t_3$, 如果 $\mathfrak{V}1(\eta(t)) \geqslant \sigma$, 那么

$$\left. \frac{\mathrm{d}\mathfrak{V}1(\xi(t), \varepsilon(t))}{\mathrm{d}t} \right|_{(5.129),(5.130)}$$

$$\leqslant -\frac{\varrho^\alpha}{4} \mathfrak{W}1(\xi(t), \varepsilon(t)) + L\sqrt{c_2}\,\kappa_2 \circ \kappa_1^{-1}(1)|\dot{w}(t)| \leqslant -\frac{\varrho^\alpha \kappa_1(\sigma)}{8}. \tag{5.136}$$

故存在 $t_4 > t_3$ 使得 $\mathfrak{V}1(\varepsilon(t)) \leqslant \sigma$ 对任意的 $t > t_4$ 都成立, 即 $\lim_{t\to\infty} \mathfrak{V}1(\xi(t), \varepsilon(t)) = 0$. 由于 $\mathfrak{V}1(\cdot)$ 是连续、正定以及径向无界的, 因此存在 $\mathcal{K}_\infty$ 类函数 $\hat{\kappa}:$ $[0, \infty) \to [0, \infty)$ 使得 $\|(\xi(t), \varepsilon(t))\| \leqslant \hat{\kappa}(\mathfrak{V}1(\xi(t), \varepsilon(t)))$, 故 $\displaystyle\lim_{t\to\infty} \|(\xi(t), \varepsilon(t))\| = 0$. $\square$

和推论 5.8 类似可得, 线性的自抗扰控制设计满足定理 5.9 的相关条件.

5.2.2　基于时变增益扩张状态观测器的自抗扰控制

本小节所使用的时变增益扩张状态观测器 (5.74) 设计如下:

$$\begin{cases} \dot{\hat{x}}_1(t) = \hat{x}_2(t) + \dfrac{1}{\varrho^{n-1}(t)} g_1(\varrho^n(t)(x_1(t) - \hat{x}_1(t))) + \phi_1(\hat{x}_1(t)), \\[2mm] \dot{\hat{x}}_2(t) = \hat{x}_3(t) + \dfrac{1}{\varrho^{n-2}(t)} g_2(\varrho^n(x_1(t) - \hat{x}_1(t))) + \phi_2(\hat{x}_1(t), \hat{x}_2(t)), \\[2mm] \quad\vdots \\[2mm] \dot{\hat{x}}_n(t) = \hat{x}_{n+1}(t) + g_n(\varrho^n(t)(x_1(t) - \hat{x}_1(t))) + b_0 u(t), \\[2mm] \dot{\hat{x}}_{n+1}(t) = \varrho(t) g_{n+1}(\varrho^n(t)(x_1(t) - \hat{x}_1(t))), \end{cases} \tag{5.137}$$

其中, $g_i(\cdot)$ 是满足假设A2*的非线性函数; $\varrho \in C([0, \infty) \to \mathbb{R}^+)$ 是增益函数, 满足假设 A5. 简单地, 假设控制放大函数 $b(\cdot)$ 的标称值 b_0 是常数.

假设 A5　$\varrho \in C^1([0, \infty), [0, \infty))$, $\varrho(t) > 0$, $\dot{\varrho}(t) > a > 0$ 并且 $\left|\dfrac{\dot{\varrho}(t)}{\varrho(t)}\right| \leqslant M$ 对

任意的 $t \geqslant 0$ 都成立, 其中, $a > 0, M > 0$ 为常数.

基于时变增益扩张状态观测器式 (5.137) 的反馈控制设计如下:

$$u(t) = \frac{\rho u_0(\rho^{n-1}\hat{x}_1(t), \cdots, \hat{x}_n(t)) - \hat{x}_{n+1}(t)}{b_0}, \tag{5.138}$$

其中, $u_0(\cdot)$ 是满足假设 A3* 的非线性函数; $\hat{x}_i(t)$ 是时变增益扩张状态观测器 (5.137) 的状态; $\hat{x}_{n+1}(t)$ 是式 (5.139) 所定义的总扰动 $x_{n+1}(t)$ 的观测值并用于补偿该总扰动:

$$x_{n+1}(t) \triangleq f(t, x(t), \zeta(t), w) + (b(t, w) - b_0)u(t). \tag{5.139}$$

为证明收敛性, 需要关于式 (5.74) 的未知非线性函数 $f(\cdot), f_0(\cdot)$ 和已知函数 $\phi_i(\cdot)$ 的假设 A1**, 该假设略强于之前的假设 A1.

假设 A1　$|f(t, x, \zeta, w)| + \|f_0(t, x, \zeta, w)\| \leqslant L\|(x, w)\|$; $\|\nabla f(t, x, \zeta, w)\| \leqslant L\|w\|$, $\|\phi_i(x_1, \cdots, x_i) - \phi_i(\hat{x}_1, \cdots, \hat{x}_i)\| \leqslant L$, $L > 0$, $\phi_i(0, \cdots, 0) = 0$.

假设 A4** 控制放大函数 $b(\cdot)$ 和其标称参数 b_0 的假设.

假设 A4　$b(t, x, \zeta, w) = b(t, w)$, $|b(t, w)| + \|\nabla b(t, w)\| \leqslant L$, 其标称值 $b_0 \in \mathbb{R}$ 满足 $|b(t, w) - b_0| \leqslant \wedge \triangleq b_0/(2\Gamma)$ 对所有的 $(t, w) \in \mathbb{R}^2$ 都成立.

定理 5.10　令扩张状态观测器的增益函数 $\rho(t) > \dfrac{(nL+3)c_2}{2} + 1$. 假设外部扰动 $w(t)$ 及其导数 $\dot{w}(t)$ 有界, 假设 A1**、假设 A2*、假设 A3*、假设 A4** 和假设 A5 成立, 那么由式 (5.74)、式 (5.137) 和式 (5.138) 构成的闭环控制系统全局渐近稳定:

$$\lim_{t \to \infty} \|\varepsilon(t)\| = 0, \quad \lim_{t \to \infty} \|\xi(t)\| = 0. \tag{5.140}$$

证明　由假设 A1**、假设 A2* 和假设 A3*, 可得总扰动 $x_{n+1}(t)$ 满足

$$|\dot{x}_{n+1}(t)| \leqslant C\left(1 + \|\varepsilon(t)\| + \|\xi(t)\|\right) + \left|\frac{b(t, w(t)) - b_0}{b_0}\right| \varrho(t)|g_{n+1}(\varepsilon_1(t))|, \tag{5.141}$$

其中, C 是与 r 无关的常数. 令

$$\xi_i(t) = \rho^{n-i}x_i(t), \quad \eta_i = \varrho^{n+1-i}(t)(x_i(t) - \hat{x}_i(t)). \tag{5.142}$$

直接计算可得

$$\begin{cases} \dot{\xi}_1(t) = \rho\xi_2(t) + \rho^{n-1}\phi_1(\xi_1(t)/\rho^{n-1}), \\ \dot{\xi}_2(t) = \rho\xi_3(t) + \rho^{n-2}\phi_2(\xi_1(t)/\rho^{n-1}, \xi_2(t)/\rho^{n-2}), \\ \vdots \\ \dot{\xi}_n(t) = \rho u_0(\rho^{n-1}\hat{x}_1(t), \cdots, \hat{x}_n(t)) + x_{n+1}(t) - \hat{x}_{n+1}(t), \end{cases} \tag{5.143}$$

同时,

$$
\begin{cases}
\dot{\varepsilon}_1(t) = \varrho(t)(\varepsilon_2(t) - g_1(\varepsilon_1(t))) + \varrho^n(t)(\phi_1(x_1(t)) - \phi_1(\hat{x}_1(t))) + \dfrac{n\dot{\varrho}(t)}{\varrho(t)}\varepsilon_1(t), \\
\quad\vdots \\
\dot{\varepsilon}_{n-1}(t) = \varrho(t)(\varepsilon_n(t) - g_{n-1}(\varepsilon_1(t))) + \dfrac{(n-1)\dot{\varrho}(t)}{\varrho(t)}\varepsilon_2(t) \\
\qquad\qquad + \varrho^2(t)(\phi_{n-1}(x_1(t),\cdots,x_{n-1}(t)) - \phi_{n-1}(\hat{x}_1(t),\cdots,\hat{x}_{n-1}(t))), \\
\dot{\varepsilon}_n(t) = \varrho(t)(\varepsilon_{n+1}(t) - g_n(\varepsilon_1(t))) + \dfrac{\dot{\varrho}(t)}{\varrho(t)}\varepsilon_n(t), \\
\dot{\varepsilon}_{n+1}(t) = -\varrho(t)g_{n+1}(\varepsilon_1(t)) + \dot{x}_{n+1}(t).
\end{cases}
\tag{5.144}
$$

令 $\mathcal{V}(\cdot), \mathcal{W}(\cdot)$ 以及 $V(\cdot), W(\cdot)$ 分别是满足假设 A2* 和假设 A3* 的 Lyapunov 函数. 令 $\mathfrak{V}1, \mathfrak{W}1 : \mathbb{R}^{2n+1} \to [0,\infty)$ 的定义和式 (5.131) 相同. 求解 Lyapunov 函数 $\mathfrak{V}1(\xi(t),\eta(t))$ 沿式 (5.143) 关于时间 t 的导数可得

$$
\begin{aligned}
&\left.\frac{\mathrm{d}\mathfrak{V}1(\xi(t),\eta(t))}{\mathrm{d}t}\right|_{(5.143),(5.144)} \\
&= \sum_{i=1}^{n-1}\left(\varrho\xi_{i+1}(t) + \varrho^{n-i}\phi_i\left(\frac{\xi_1(t)}{\varrho^{n-1}},\cdots,\frac{\xi_i(t)}{\varrho^{(n-i)\alpha}}\right)\right)\frac{\partial V(\xi(t))}{\partial\xi_i} \\
&\quad + \varrho u_0(\xi_1(t),\cdots,\xi_n(t))\frac{\partial V(\xi(t))}{\partial\xi_n} + \varepsilon_{n+1}(t)\frac{\partial V(\xi(t))}{\partial\xi_n} \\
&\quad + \left(\rho u_0(\rho^{n-1}\hat{x}_1(t),\cdots,\hat{x}_n(t)) - \rho u_0(\rho^{n-1}x_1(t),\cdots,x_n(t))\right)\frac{\partial V(\xi(t))}{\partial\xi_n} \\
&\quad + \sum_{i=1}^{n-1}\Big(\varrho(t)(\eta_{i+1}(t) - g_i(\eta_1(t))) \\
&\qquad + \varrho^{n+1-i}(t)(\phi_i(x_1(t),\cdots,x_i(t)) - \phi_i(\hat{x}_1,\cdots,\hat{x}_i))\Big)\frac{\partial\mathcal{V}(\eta(t))}{\partial\eta_i} \\
&\quad + \sum_{i=1}^{n}\frac{(n+1-i)\dot{\varrho}(t)|\varepsilon_i(t)|}{\varrho(t)}\left|\frac{\partial\mathcal{V}(\varepsilon(t))}{\partial\varepsilon_i}\right| \\
&\quad + (\varrho(t)(\eta_{n+1}(t) - g_n(\eta_1(t)))\frac{\partial\mathcal{V}(\eta(t))}{\partial\eta_n} + (-\varrho(t)g_{n+1}(\varepsilon_1(t)) + \dot{x}_{n+1}(t))\frac{\partial\mathcal{V}(\eta(t))}{\partial\eta_{n+1}}.
\end{aligned}
\tag{5.145}
$$

由假设 A5, 存在 $t_1 > 0$ 使得 $\varrho(t) > \max\{\rho,\, 2(Cc_1 + C^2c_1 + nLc_1 + n(n+1)Mc_1)\}$ 对任意的 $t > t_1$ 都成立. 这与式 (5.145) 相结合可得

$$
\left.\frac{\mathrm{d}\mathfrak{V}1(\xi(t),\eta(t))}{\mathrm{d}t}\right|_{(5.143),(5.144)}
$$

$$\leqslant - \rho W(\xi(t)) - \varrho(t)\mathcal{W}(\varepsilon(t)) + \sum_{i=1}^{n-1} L\|\xi(t)\| \left|\frac{\partial V}{\partial \xi_i}(\xi(t))\right| + 2\|\varepsilon(t)\| \left|\frac{\partial \mathcal{V}(\xi(t))}{\partial \xi_n}\right|$$

$$+ \sum_{i=1}^{n-1} L\|\varepsilon(t)\| \left|\frac{\partial \mathcal{V}(\varepsilon(t))}{\partial \varepsilon_i}\right| + \varrho(t)|g_{n+1}(\varepsilon_1(t))| \left|\frac{b(t,w(t))-b_0}{b_0}\right| \left|\frac{\partial \mathcal{V}(\varepsilon(t))}{\partial \varepsilon_{n+1}}\right|$$

$$+ C \left(1 + \|\varepsilon(t)\| + \|\xi(t)\| + \sum_{i=1}^{n} |g_i(\varepsilon_1(t))|\right) \left|\frac{\partial \mathcal{V}(\varepsilon(t))}{\partial \varepsilon_{n+1}}\right|$$

$$+ M \sum_{i=1}^{n}(n+1-i)|\eta_i(t)| \left|\frac{\partial \mathcal{V}(\varepsilon(t))}{\partial \varepsilon_i}\right|$$

$$\leqslant - \rho W(\xi(t)) - \varrho(t)\mathcal{W}(\eta(t)) + \frac{nLc_2}{2}W(\xi(t)) + c_1\mathcal{W}(\eta(t)) + c_2 W(\xi(t))$$

$$+ \frac{nLc_1}{2}\mathcal{W}(\eta(t)) + \varrho(t)\frac{\wedge\Gamma}{b_0}\mathcal{W}(\eta(t))$$

$$+ C\sqrt{c_1}\sqrt{\mathcal{W}(\eta(t))} + Cc_1\mathcal{W}(\eta(t)) + \frac{C^2 c_1}{2}\mathcal{W}(\eta(t)) + \frac{c_2}{2}W(\xi(t))$$

$$\leqslant - \left(\rho - \frac{(nL+3)c_2}{2}\right) W(\xi(t)) + C\sqrt{c_1}\sqrt{\mathcal{W}(\varepsilon(t))}$$

$$- \left(\varrho(t) - \varrho(t)\frac{\wedge\Gamma}{b_0} + \frac{nL+2+2C+2C^2+n(n+1)M}{2}c_1\right) \mathcal{W}(\varepsilon(t))$$

$$\leqslant - W(\xi(t)) - \frac{\varrho(t)}{4}\mathcal{W}(\varepsilon(t)) + C\sqrt{c_1}\sqrt{\mathcal{W}(\varepsilon(t))}. \tag{5.146}$$

接下来将证明 $W(\xi(t)) + \mathcal{W}(\varepsilon(t))$ 是一致有界的. 事实上, 如果 $W(\xi(t)) + \mathcal{W}(\varepsilon(t)) > 16\max\{1, c_1 C^2\}$, 那么 $\mathcal{W}(\eta(t)) > 8\max\{1, c_1 C^2\}$, 或者 $\mathcal{W}(\eta(t)) \leqslant 8\max\{1, c_1 C^2\}$ 以及 $W(\xi(t)) > 8\max\{1, c_1 C^2\}$. 在第一种情况下, 对任意的 $t > t_1$, 都有

$$\left.\frac{\mathrm{d}\mathfrak{V}1(\xi(t),\eta(t))}{\mathrm{d}t}\right|_{(5.143),(5.144)}$$

$$\leqslant - \frac{\varrho(t)}{4}\mathcal{W}(\varepsilon(t)) + C\sqrt{c_1}\sqrt{\mathcal{W}(\varepsilon(t))}$$

$$\leqslant \sqrt{\mathcal{W}(\eta(t))} \left(-\frac{\sqrt{\mathcal{W}(\eta(t))}}{4} + C\sqrt{c_1}\right) \leqslant -C^2 c_1. \tag{5.147}$$

在第二种情况下,

$$\left.\frac{\mathrm{d}\mathfrak{V}1(\xi(t),\eta(t))}{\mathrm{d}t}\right|_{(5.143),(5.144)}$$

$$\leqslant - W(\xi(t)) + C\sqrt{c_1}\sqrt{\mathcal{W}(\varepsilon(t))}$$

$$\leqslant -(8-2\sqrt{2})C^2 c_1, \quad t > t_1. \tag{5.148}$$

因此, 存在正数 $t_2 > t_1$ 使得 $W(\xi(t)) + \mathcal{W}(\varepsilon(t)) \leqslant 16 \max\{1,\, c_1 C^2\}$ 对任意的 $t > t_2$ 都成立. 这与式 (5.141) 相结合, 可得

$$|\dot{x}_{n+1}(t)| \leqslant D + \frac{\Lambda}{b_0}\varrho(t)|g_{n+1}(\eta_1(t))|, \quad t > t_2, \quad D > 0. \tag{5.149}$$

求 Lyapunov 函数 $\mathcal{V}(\eta(t))$ 沿系统 (5.144) 关于时间 t 的导数可得

$$
\begin{aligned}
\left.\frac{\mathrm{d}\mathcal{V}(\varepsilon(t))}{\mathrm{d}t}\right|_{(5.144)} &\leqslant -\varrho(t)\mathcal{W}(\varepsilon(t)) + \left(D + \frac{\Lambda}{b_0}\varrho(t)|g_{n+1}(\eta_1(t))|\right)\left|\frac{\partial\mathcal{V}(\varepsilon(t))}{\partial\varepsilon_{n+1}}\right| \\
&\leqslant -\frac{\varrho(t)}{2}\mathcal{W}(\varepsilon(t)) + c_1 D\sqrt{\mathcal{W}(\varepsilon(t))}, \quad \forall\, t > t_2.
\end{aligned} \tag{5.150}
$$

对连续、正定、径向无界的 Lyapunov 函数 $\mathcal{V}(\cdot)$ 和 $\mathcal{W}(\cdot)$, 存在 $\mathcal{K}_\infty$ 类函数 $\kappa_{ij}(\cdot)$ $(i, j = 1, 2)$ 使得

$$\kappa_{11}(\|\nu\|) \leqslant \mathcal{V}(\nu) \leqslant \kappa_{12}(\|\nu\|), \quad \kappa_{21}(\|\nu\|) \leqslant \mathcal{W}(\nu) \leqslant \kappa_{22}(\|\nu\|), \quad \nu \in \mathbb{R}^{n+1}. \tag{5.151}$$

由假设A5, 对任意的 $\sigma > 0$, 存在正数 $t_3 > t_2$ 使得 $\varrho(t) > 4c_1 D(\kappa_{21} \circ \kappa_{12}^{-1} \circ \kappa_{11}(\sigma))^{-1/2}$. 这与式 (5.150) 和式 (5.151) 相结合可推出: 如果 $\mathcal{V}(\eta(t)) > \sigma$, 那么

$$
\left.\frac{\mathrm{d}\mathcal{V}(\eta(t))}{\mathrm{d}t}\right|_{(5.143),(5.144)} \leqslant -c_1 D\sqrt{\eta(t)} \leqslant -c_1 D(\kappa_{21} \circ \kappa_{12}^{-1} \circ \kappa_{11}(\sigma))^{-1/2} < 0. \tag{5.152}
$$

因此, 存在 $t_4 > t_3$ 使得 $\mathcal{V}(\eta(t)) \leqslant \kappa_1(\sigma)$ 对任意的 $t > t_4$ 都成立, 进而

$$\|\varepsilon(t)\| \leqslant \kappa_{11}^{-1}(\mathcal{V}(\eta(t))) \leqslant \sigma, \quad \forall\, t \in [t_4, \infty). \tag{5.153}$$

因此, $\lim_{t \to \infty} \|\eta(t)\| = 0$.

求 Lyapunov 函数 $V(\xi(t))$ 沿式 (5.143) 关于时间 t 的导数可得

$$
\left.\frac{\mathrm{d}V(\xi(t))}{\mathrm{d}t}\right|_{(5.143)} \leqslant -W(\xi(t)) + c_2\|\varepsilon(t)\|\sqrt{W(\xi(t))}, \quad \forall\, t > t_3. \tag{5.154}
$$

由 Lyapunov 函数 $V(\cdot)$ 和 $W(\cdot)$ 的正定性和径向无界性可得, 存在 $\mathcal{K}_\infty$ 类函数 $\tilde{\kappa}_{ij}(\cdot)$, $i, j = 1, 2$ 使得

$$\tilde{\kappa}_{11}(\|\nu\|) \leqslant V(\nu) \leqslant \tilde{\kappa}_{12}(\|\nu\|), \quad \tilde{\kappa}_{21} \leqslant W(\nu) \leqslant \tilde{\kappa}_{22}(\|\nu\|), \quad \nu \in \mathbb{R}^n. \tag{5.155}$$

利用类似于式 (5.153) 的证明, 可证明存在正数 $t_4 > t_3$ 使得

$$\|\eta(t)\| \leqslant \sqrt{(\tilde{\kappa}_{21} \circ \tilde{\kappa}_{12}^{-1} \circ \tilde{\kappa}_{11})(\sigma)/(2c_2)}, \quad \forall\, t > t_4.$$

这与式 (5.153) 相结合可推出, 如果 $V(\xi(t)) \geqslant \tilde{\kappa}_{11}(\sigma)$, 那么

$$
\left.\frac{\mathrm{d}V(\xi(t))}{\mathrm{d}t}\right|_{(5.143)} \leqslant -\frac{(\tilde{\kappa}_{21} \circ \tilde{\kappa}_{12}^{-1} \circ \tilde{\kappa}_{11})(\sigma)}{2c_2}, \quad \forall t > t_4. \tag{5.156}
$$

因此, 存在常数 $t_5 > 0$ 使得 $V(\xi(t)) \leqslant \tilde{\kappa}_{11}(\sigma)$ 对任意的 $t > t_5$ 成立. 由式 (5.155) 可知 $\|\xi(t)\| \leqslant \tilde{\kappa}_{11}^{-1}(V(\xi(t))) \leqslant \sigma$ 对任意的 $t > t_5$ 都成立. 从而 $\lim_{t \to \infty} \|\xi(t)\| = 0$. 定理的结论可由式 (5.142) 推出. □

5.3　数 值 模 拟

本节用数值模拟展示主要结果.

例 5.3　考虑如下系统:

$$\begin{cases} \dot{x}_1(t) = x_2(t) + \sin(x_1(t)), \\ \dot{x}_2(t) = f(t, x_1, x_2, \zeta(t), w(t)) + b(t, x_1(t), x_2(t), \zeta(t), w(t))u(t), \\ \dot{\zeta}(t) = f_0(t, x_1, x_2, \zeta(t), w(t)), \end{cases} \tag{5.157}$$

其中, $f, f_0 \in C(\mathbb{R}^5, \mathbb{R})$ 是未知的非线性函数; $w(t)$ 是外部扰动.

根据推论 5.8, 首先设计线性扩张状态观测器用于观测系统的状态 $x_1(t), x_2(t)$ 和总扰动 $x_3(t) \triangleq f(t, x_1(t), x_2(t), \zeta(t), w(t)) + (b(t, x_1(t), x_2(t), \zeta(t), w(t)) - b_0)u(t)$, 其中, b_0 是控制放大函数 $b(\cdot)$ 的标称参数. 线性扩张状态观测器设计具体如下:

$$\begin{cases} \dot{\hat{x}}_1(t) = \hat{x}_2(t) + 6r(x_1(t) - \hat{x}_1(t)) + \sin \hat{x}_1(t), \\ \dot{\hat{x}}_2(t) = \hat{x}_3(t) + 11r^2(x_1(t) - \hat{x}_1(t)), \\ \dot{\hat{x}}_3(t) = 6r^3(x_1(t) - \hat{x}_1(t)), \end{cases} \tag{5.158}$$

基于式 (5.158) 的用于镇定 x-子系统的反馈控制 $u(t)$ 设计如下:

$$u(t) = \frac{-8\mathrm{sat}_{10}(\hat{x}_1(t)) - 4\mathrm{sat}_{10}(\hat{x}_2(t)) - \mathrm{sat}_{10}(\hat{x}_3(t))}{b_0}. \tag{5.159}$$

非线性函数 $f(\cdot), f_0(\cdot)$ 和外部扰动 $w(t)$ 是未知的, 在扩张状态观测器和反馈设计中没有使用相关的信息. 在数值模拟中所使用的非线性函数是

$$\begin{cases} f(t, x_1, x_2, \zeta, w) = te^{-t} + x_1^2 + \sin x_2 + \cos \zeta + w, \\ f_0(t, x_1, x_2, \zeta, w) = -(x_1^2 + w^2)\zeta, w(t) = \sin(2t + 1). \end{cases} \tag{5.160}$$

控制放大函数为

$$b(t, x_1, x_2, \zeta, w) = 2 + \frac{1}{10}\sin(t + x_1 + x_2 + w). \tag{5.161}$$

控制放大函数 $b(\cdot)$ 的标称参数为 $b_0 = 2$, 在扩张状态观测器中选取增益参数 $r = 200$, 在数值模拟中利用欧拉折线法选取积分步长 $h = 0.001$, 数值模拟结果在图 5.6 中给出, 图 5.6(b) 和 (c) 在图 5.7 中进行了放大. 由图 5.6(a) 和 (b), 图 5.7(a) 和 (b) 可以看出, 镇定效果很好, 图 5.6(c) 显示, 扩张状态观测器对系统的状态和总扰动的最终观测精度是令人满意的. 但是, $\hat{x}_2(t)$ 和 $\hat{x}_3(t)$ 都出现了显著的峰值, 后

者的峰值接近 2.5×10^4. 但是, 控制设计中的饱和方法使得控制量适中不超过 10, 如图 5.7(c) 所示. 同时, 系统的状态 $x_1(t)$ 和 $x_2(t)$ 也没有出现显著的峰值.

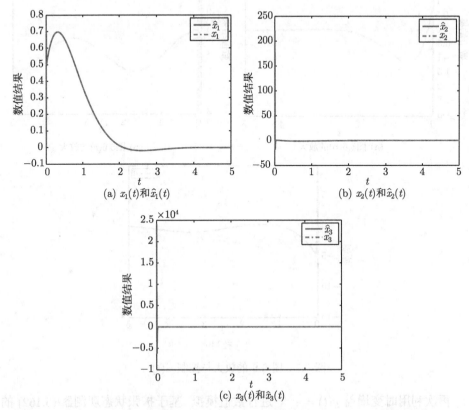

(a) $x_1(t)$和$\hat{x}_1(t)$

(b) $x_2(t)$和$\hat{x}_2(t)$

(c) $x_3(t)$和$\hat{x}_3(t)$

图 5.6　式 (5.157) 在基于式 (5.158) 的反馈控制式 (5.159) 下的数值结果

其次设计时变增益扩张状态观测器如下:

$$
\begin{cases}
\hat{x}_1(t) = \hat{x}_2(t) + 6\varrho(t)(x_1(t) - \hat{x}_1(t)) + \dfrac{1}{\varrho(t)}\Phi\left(\dfrac{x_1(t) - \hat{x}_1(t)}{\varrho^2(t)}\right) + \sin\hat{x}_1(t), \\
\hat{x}_2(t) = \hat{x}_3(t) + 11\varrho^2(t)(x_1(t) - \hat{x}_1(t)), \\
\hat{x}_3(t) = 6\varrho^3(t)(x_1(t) - \hat{x}_1(t)),
\end{cases}
\tag{5.162}
$$

这里非线性函数 $\Phi: \mathbb{R} \to \mathbb{R}$ 定义如下:

$$
\Phi(\tau) =
\begin{cases}
\dfrac{1}{4\pi}, & \tau > \pi/2, \\[2mm]
\dfrac{\sin\tau}{4\pi}, & -\pi/2 \leqslant \tau \leqslant \pi/2, \\[2mm]
-\dfrac{1}{4\pi}, & \tau < -\pi/2.
\end{cases}
\tag{5.163}
$$

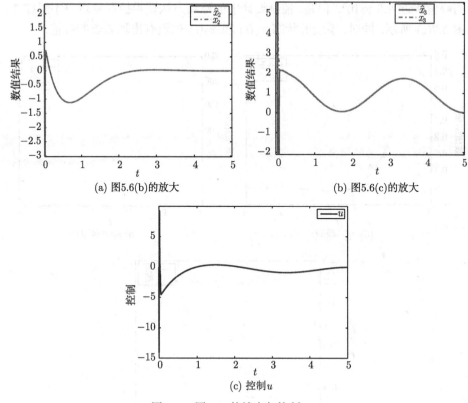

(a) 图5.6(b)的放大　　　　　　　　　　(b) 图5.6(c)的放大

(c) 控制 u

图 5.7　图 5.6 的放大与控制 $u(t)$

再次利用时变增益 $\varrho(t) = e^{0.6t}$ 进行数值模拟. 基于扩张状态观测器 (5.162) 的反馈控制 $u(t)$ 设计如下:

$$u(t) = \frac{-8\hat{x}_1(t) - 4\hat{x}_1(t) - \hat{x}_3(t)}{b_0}. \tag{5.164}$$

在接下来的数值模拟中选取如下非线性函数:

$$
\begin{aligned}
&f(t, x_1, x_2, \zeta, w) = te^{-t} + \sin x_2 + \cos \zeta + w, \\
&f_0(t, x_1, x_2, \zeta, w) = -\sin(\zeta(t))|x_1(t)|, \quad w(t) = \sin(2t + 1).
\end{aligned}
\tag{5.165}
$$

利用和图 5.6 中所使用的其他参数相同的参数做数值模拟, 数值模拟结果在图 5.8 中给出. 由图 5.8 可以看出, 扩张状态观测器对系统的状态和总扰动的估计以及镇定的最终误差都是非常令人满意的, 同时不同于常数增益扩张状态观测器, 扩张状态观测器的误差 $\hat{x}_2(t)$ 和 $\hat{x}_3(t)$ 并没有出现峰值.

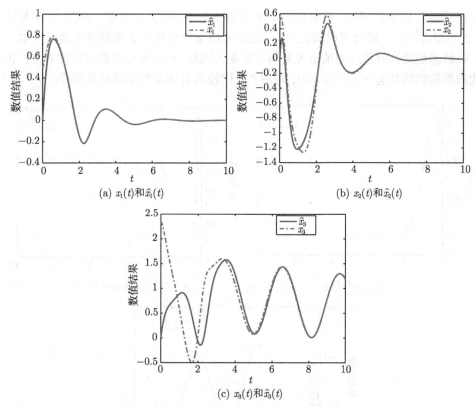

图 5.8　式 (5.157) 在基于式 (5.162) 的反馈控制式 (5.164) 下的数值结果

一般地, 大的增益参数需要小的积分步长, 因此在实际应用中的时变增益应该是从较小的初值开始逐步增大到设定值后能够保证观测的精度后不再增加. 在接下来的数值模拟中, 选用如下的增益函数:

$$
\begin{cases}
\varrho(0) = 1, \\
\dot{\varrho}(t) = 5\varrho(t), \varrho(t) < 200, \\
\dot{\varrho}(t) = 0, \varrho(t) \geqslant 200,
\end{cases}
\tag{5.166}
$$

也就是说, 当 $t \in [0, \ln 200/5]$ 时 $\varrho(t) = e^{5t}$, $\varrho(t) = 200$ 对任意的 $t > \ln 200/5$. 令其他参数和图 5.8 中所使用的参数相同, 新的数值模拟结果由图 5.9 给出. 由图 5.9 可看出, 这种镇定效果和对系统的状态以及总扰动的观测令人满意, 同时扩张状态观测器的状态 $\hat{x}_2(t)$ 和 $\hat{x}_3(t)$ 也没有明显的峰值.

最后用基于常数增益的饱和反馈控制对具有式 (5.165) 的非线性不确定系统式 (5.157) 进行数值模拟. 令反馈设计为式 (5.159), 其中, $\hat{x}_i(t)$ 是常数增益扩张状态观测器式 (5.162) 状态, 常数增益为 $\varrho \equiv 200$, 其他的设计函数和参数与图 5.9 所使用的函数和参数相同. 数值模拟结果由图 5.10 和图 5.11 给出. 由图 5.10 和图 5.11 可以看出, 一段过渡时间之后, 无论是常数增益扩张状态观测器还是时变增益扩张状态观测器对系统的镇定效果都非常令人满意, 同时也可以看出常数增益扩张状态观测器的状态 $\hat{x}_2(t)$ 和 $\hat{x}_3(t)$ 与图 5.9 比较具有非常明显的峰化现象.

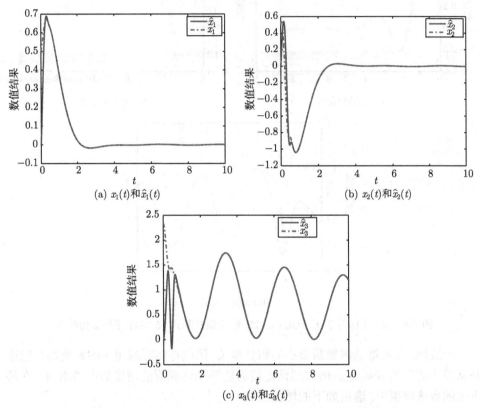

(a) $x_1(t)$和$\hat{x}_1(t)$

(b) $x_2(t)$和$\hat{x}_2(t)$

(c) $x_3(t)$和$\hat{x}_3(t)$

图 5.9　式 (5.157) 在基于式 (5.162) 的反馈控制下的数值结果

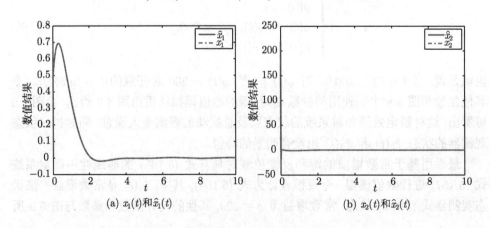

(a) $x_1(t)$和$\hat{x}_1(t)$

(b) $x_2(t)$和$\hat{x}_2(t)$

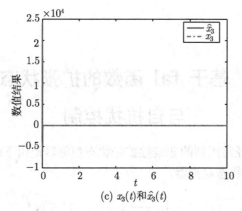

(c) $x_3(t)$和$\hat{x}_3(t)$

图 5.10 基于常数增益式 (5.162) 的反馈控制对具有式 (5.165) 的系统式 (5.157) 的镇定

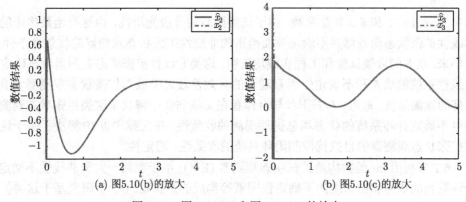

(a) 图5.10(b)的放大　　　　　　(b) 图5.10(c)的放大

图 5.11 图 5.10(b) 和图 5.10(c) 的放大

第6章 基于 fal 函数的扩张状态观测器与自抗扰控制

在工程实践中, 经常用到的非线性扩张状态观测器是由下述非线性函数 fal 函数构成的非线性扩张状态观测器:

$$
\mathrm{fal}(\tau) = \begin{cases} \dfrac{\tau}{\delta^{1-\alpha}}, & |\tau| \leqslant \delta, \\ |\tau|^{\alpha}\mathrm{sign}(\tau), & |\tau| > \delta, \end{cases} \tag{6.1}
$$

其中, $0 < \alpha < 1$ 和 $\delta > 0$ 是常数. 由于这类函数的分段光滑性, 由这类函数构成的非线性扩张状态观测器并不满足前面给出的非线性扩张状态观测器的收敛性条件. 近年来, 众多的数值试验和工程实践均表明, 这类非线性扩张状态观测器对不确定非线性系统的状态和不确定性因素观测的有效性较之于线形扩张状态观测器具有更好的观测品质. 最近, 本书作者与合作者在文献 [56] 中解决了这类扩张状态观测器对不确定开环系统的状态和总扰动观测的收敛性, 在文献 [79] 中解决了基于这类扩张状态观测器的自抗扰控制闭环系统的收敛性、稳定性.

6.1 节利用 fal 函数构造扩张状态观测器 (ESO) 用于观测一大类非线性不确定开环系统的状态和由系统的不确定性因素等构成的总扰动. 6.2 节研究基于这类扩张状态观测器的不确定性因素补偿反馈控制闭环系统的收敛性、稳定性. 本章的主要内容来自文献 [56] 和 [79].

6.1 基于 fal 函数的非线性扩张状态观测器

本节研究由非线性函数式 (6.1) 构成的非线性扩张状态观测器及其对一大类非线性开环系统的收敛性. 事实上, 非线性函数 $\mathrm{fal}(\tau)$ 可以看作是在线性函数 $\varphi_1(\tau) = \dfrac{\tau}{\delta^{1-\alpha}}$ $(|\tau| \leqslant \delta)$ 与非线性函数 $\varphi_2(\tau) = |\tau|^{\alpha}\mathrm{sign}(\tau)$ $(|\tau| > \delta)$ 构成的分段光滑函数, 因此由它所构成的扩张状态观测器也是在线性扩张状态观测器和加权齐次非线性扩张状态观测器之间切换而构成的非线性切换扩张状态观测器.

由函数 $\mathrm{fal}(\tau)$ 的图像 (图 6.1) 容易看出, 在其自变量 τ 增大并趋于 $+\infty$ 的过程中, $\mathrm{fal}(\tau)$ 当 $\tau > \delta$ 时的增长速度慢于当 $\tau \in [0, \delta)$ 时的增长速度. 它导致由非线性函数 $\mathrm{fal}(\tau)$ 构成的扩张状态观测器较之于线性扩张状态观测器在提高观测精度的同时具有更小的峰值, 且在存在量测噪声的情况下的观测品质更好.

为便于讨论，本章只讨论 fal 函数中 $\delta = 1$ 的情况，$\delta \neq 1$ 时也可以得到类似的结果. 本节所考虑的系统是一大类可化为如下形式的不确定非线性系统:

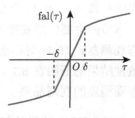

图 6.1 fal 函数的图像

$$
\begin{cases}
\dot{x}_1(t) = x_2(t) + \phi_1(t, u(t), x_1(t)), \\
\vdots \\
\dot{x}_n(t) = f(t, x(t), w(t)) + \phi_n(t, u(t), x(t)), \\
y(t) = x_1(t),
\end{cases}
\tag{6.2}
$$

其中, $x(t) = (x_1(t), \cdots, x_n(t)) \in \mathbb{R}^n$ 是系统状态; $\phi_i \in C(\mathbb{R}^{i+2}, \mathbb{R})$ 是已知非线性函数; $f \in C(\mathbb{R}^{n+2}, \mathbb{R})$ 是未知非线性函数; $y(t) = x_1(t)$ 是系统的量测输出; $u(t)$ 是系统的控制输入; $w(t)$ 是外部扰动. 将系统中的复杂非线性、时变、不确定性因素的总和定义为总扰动，并将其作为系统扩张的状态 x_{n+1}, 即

$$
x_{n+1}(t) \triangleq f(t, x(t), w(t)). \tag{6.3}
$$

许多实际控制问题可由式 (6.2) 来描述, 这类系统当 $\phi_i(\cdot) \equiv 0(i = 1, 2, \cdots, n)$ 时的特殊情况就是自抗扰控制的标准型.

对于非线性不确定系统式 (6.2), 扩张状态观测器的设计如下:

$$
\begin{cases}
\dot{\hat{x}}_1(t; r) = \hat{x}_2(t; r) + \dfrac{k_1}{r^{n-1}} \mathscr{G}_1(r^n(x_1(t) - \hat{x}_1(t; r))) + \phi_1(t, u(t), x_1(t)), \\
\vdots \\
\dot{\hat{x}}_n(t; r) = \hat{x}_{n+1}(t; r) + k_n \mathscr{G}_n(r^n(x_1(t; r) - \hat{x}_1(t; r))) \\
\qquad\qquad + \phi_n(t, u(t), x_1(t), \hat{x}_2(t; r), \cdots, \hat{x}_n(t; r)), \\
\dot{\hat{x}}_{n+1}(t; r) = r k_{n+1} \mathscr{G}_{n+1}(r^n(x_1(t) - \hat{x}_1(t; r))),
\end{cases}
\tag{6.4}
$$

其中, r 是用于调节精度的增益常数; 设计常数 $k_i, i = 1, 2, \cdots, n+1$ 的选取使得由它们构成的下述矩阵是 Hurwitz 的:

$$
K =
\begin{pmatrix}
-k_1 & 1 & 0 & \cdots & 0 \\
-k_2 & 0 & 1 & \cdots & 0 \\
\vdots & \vdots & \vdots & & \vdots \\
-k_n & 0 & 0 & \cdots & 1 \\
-k_{n+1} & 0 & 0 & \cdots & 0
\end{pmatrix}_{(n+1) \times (n+1)},
\tag{6.5}
$$

非线性函数 $\{\mathscr{G}_i\}_{i=1}^n$ 如式 (6.1) 所定义, 具体化如下:

$$
\mathscr{G}_i(\tau) =
\begin{cases}
\tau, & |\tau| \leqslant 1, \\
[\tau]^{\theta_i} = |\tau|^{\theta_i} \mathrm{sign}(\tau), & |\tau| > 1,
\end{cases}
\quad i = 1, 2, \cdots, n+1,
\tag{6.6}
$$

这里的正数 $\theta_i \in (0,1)$ 将在后面的定理 6.1 中明确给出.

本节的主要结果安排如下: 6.1.1 小节给出由式 (6.6) 的非线性函数构成的扩张状态观测器式 (6.4) 对不确定非线性开环系统的状态和总扰动观测的收敛性. 这一收敛性结果的证明在 6.1.2 小节给出. 6.1.3 小节利用数值方法研究了不同类型扩张状态观测器的观测品质.

6.1.1　fal-ESO 的设计与主要结果

本小节给出由非线性函数式 (6.6) 所构成的扩张状态观测器式 (6.4) 对非线性不确定系统式 (6.2) 的状态和不确定性因素观测的收敛性. 首先需要如下假设.

假设 A1　外部扰动 $w(t)$ 及其导数 $\dot{w}(t)$、控制输入 $u(t)$ 以及系统 (6.2) 的解均有界. 存在连续函数 $\tilde{f}: \mathbb{R}^{n+1} \to \mathbb{R}$ 使得未知系统函数 $f \in C^1(\mathbb{R}^{n+2}, \mathbb{R})$ 满足

$$|f(t,\xi)| + \left|\frac{\partial f(t,\xi)}{\partial t}\right| \leqslant \tilde{f}(\xi), \quad \forall\, t \in [0,\infty), \quad \xi \in \mathbb{R}^{n+1}.$$

存在连续有界函数 $\mathcal{L} \in C(\mathbb{R}^2, \mathbb{R})$ 和连续函数 $\tilde{\phi}_i \in \mathbb{C}(\mathbb{R}^i, \mathbb{R})$ 使得已知非线性系统函数 $\phi_i \in C(\mathbb{R}^{i+2}, \mathbb{R})$ 满足

$$\begin{cases} |\phi_i(t,u,\nu_1,\nu_2,\cdots,\nu_i) - \phi_i(t,u,\nu_1,\tilde{\nu}_2,\cdots,\tilde{\nu}_i)| \leqslant \mathcal{L}(t,u)\|(\nu_2 - \tilde{\nu}_2,\cdots,\nu_i - \tilde{\nu}_i)\|^{\alpha_i}, \\ |\phi_i(t,u,\nu_1,\cdots,\nu_i)| \leqslant \tilde{\phi}_i(\nu_1,\cdots,\nu_i), \alpha_i \in (0,1], \nu_i, \tilde{\nu}_i \in \mathbb{R}, i = 1,2,\cdots, m. \end{cases}$$
$$(6.7)$$

注　需要指出的是, 本节主要关注的是基于 fal 的非线性扩张状态观测器对不确定开环系统的状态和不确定性因素观测的收敛性. 为了观测和状态有关的不确定性因素, 假设系统的状态也是有界的. 如果 "总扰动" 和系统的状态无关, 那么系统状态的有界性假设并不需要, 详情可见推论 6.2 和推论 6.3. 本书将在 6.2 节讨论由非线性函数 fal 构成的非线性扩张状态观测器在不确定性因素补偿反馈控制闭环系统中的收敛性和闭环系统的收敛性、稳定性.

令

$$\alpha = \max_{1 \leqslant i \leqslant n}(n+1-i)(1-\alpha_i), \quad \alpha^* = \min_{1 \leqslant i \leqslant n} \alpha_i. \tag{6.8}$$

主要结果由定理 6.1 给出.

定理 6.1　假设式 (6.2) 中, $\alpha_i \in (0,1]$, $\alpha < 1$, 并且假设 A1 成立. 令式 (6.4) 中, $\theta_i = i\theta - (i-1)$, $i = 1,2,\cdots,n+1$, 那么存在常数 $\theta^* \in (n/(n+1),1)$ 和 $r^* > 0$, 使得对任意的 $\theta \in [\theta^*,1)$, $r > r^*$ 以及式 (6.2) 的初始状态 $(x_{10}, x_{20}, \cdots, x_{n0})$ 和扩张状态观测器的初始状态 $(\hat{x}_{10}, \hat{x}_{20}, \cdots, \hat{x}_{n0}, \hat{x}_{(n+1)0})$ 都有

$$|x_i(t) - \hat{x}_i(t;r)| \leqslant \Gamma r^{-(p-i)}, \quad \forall t > t_r, \quad i = 1,2,\cdots,n+1, \tag{6.9}$$

其中, $p = n + 1 + \dfrac{1}{(1-\alpha)(2-\alpha^*)}$; 常数 $t_r > 0$ 是依赖于 r 且满足 $\lim_{r \to \infty} t_r = 0$ 的常数; $x_{n+1}(t)$ 是由式 (6.3) 定义的总扰动; Γ 是与 r 无关的常数, 将在后面式 (6.85) 中具体给出.

需要指出的是, 式 (6.4) 中的非线性函数 $\mathscr{G}_i(\tau)$ 在其中起到了类似于饱和函数的作用. 由此带来的优点在后面进行讨论.

由式 (6.9) 可以看出, 式 (6.4) 的状态和式 (6.2) 的状态与总扰动之间的误差可以随着 r 的增大而任意小. 事实上, 由式 (6.9) 和 $\lim_{r \to \infty} t_r = 0$ 可以推出 $T > 0$, 且

$$\lim_{r \to \infty} \sup_{t \in [T, \infty)} |x_i(t) - \hat{x}_i(t; r)| = 0, \quad \forall\, i = 1, 2, \cdots, n+1. \tag{6.10}$$

作为定理 6.1 的直接推论, 当总扰动是常数 $f(\cdot) = \bar{d} \in \mathbb{R}$ 时, 可以得到如下的渐近收敛性结果.

推论 6.2 假设式 (6.2) 中的非线性函数满足式 (6.7) 且 $\alpha_i \in (0,1]$, $\alpha < 1$, $f(\cdot) = \bar{d}$. 令式 (6.4) 中的设计参数为 $\theta_i = i\theta - (i-1)$, $i = 1, 2, \cdots, n+1$, 那么存在 $\theta^* \in (0,1)$ 以及 $r^* > 0$, 使得对任意的 $\theta \in [\theta^*, 1)$, $r > r^*$, 式 (6.2) 的初始状态 $(x_1, x_2, \cdots, x_n)$ 和式 (6.4) 的状态 $(\hat{x}_1, \hat{x}_2, \cdots, \hat{x}_n, \hat{x}_{(n+1)})$ 的观测误差满足:

(1) 如果 $\alpha^* < 1$, 那么

$$|x_i(t) - \hat{x}_i(t, r)| < \tilde{\Gamma} r^{-p+i}, \quad \forall\, t > t_r, \quad i = 1, 2, \cdots, n+1, \tag{6.11}$$

其中, $p = n + 1 + \dfrac{1}{(1-\alpha)(1-\alpha^*)}$, $t_r > 0$ 是依赖于 r 并满足 $\lim_{t \to \infty} t_r = 0$ 的常数, $x_{n+1}(t) = \bar{d}$, $\tilde{\Gamma}$ 由式 (6.90) 给出;

(2) 如果 $\alpha^* = 1$, 那么

$$\lim_{t \to \infty} |x_i(t) - \hat{x}_i(t, r)| = 0, \quad i = 1, 2, \cdots, n+1, \quad x_{n+1}(t) = \bar{d}, \tag{6.12}$$

其中, α 和 α^* 由式 (6.8) 给出.

如果系统中没有不确定性因素, 即 $f(\cdot) \equiv 0$, 那么只需考虑如下的扩张状态观测器:

$$\begin{cases} \dot{\hat{x}}_1(t; r) = \hat{x}_2(t; r) + \dfrac{k_1}{r^{n-1}} \mathscr{G}_1(r^n(x_1(t) - \hat{x}_1(t; r))) + \phi_1(t, u(t), x_1(t)), \\[2mm] \dot{\hat{x}}_2(t; r) = \hat{x}_3(t; r) + \dfrac{k_2}{r^{n-2}} \mathscr{G}_2(r^n(x_1(t) - \hat{x}_1(t; r))) + \phi_2(t, u(t), x_1(t), \hat{x}_2(t; r)), \\[2mm] \quad \vdots \\[2mm] \dot{\hat{x}}_n(t; r) = k_n \mathscr{G}_n(r^n(x_1(t) - \hat{x}_1(t; r))) + \phi_n(t, u(t), x_1(t), \hat{x}_2(t; r), \cdots, \hat{x}_n(t; r)). \end{cases}$$
$$\tag{6.13}$$

其收敛性由推论 6.3 给出.

推论 6.3 假设式 (6.2) 中 ϕ_i 满足式 (6.7), 其中 $\alpha_i \in (0,1]$, $\alpha < 1$. 令式 (6.13) 中 $\theta_i = i\theta - (i-1)$, $i = 1,2,\cdots,n$, 那么存在 $\theta^* \in (0,1)$ 和 $r^* > 0$, 使得对任意的 $\theta \in [\theta^*,1)$, $r > r^*$, 式 (6.2) 的初始状态 $(x_1,x_2,\cdots,x_n)$ 和扩张状态观测式 (6.13) 的初始状态 $(\hat{x}_1,\hat{x}_2,\cdots,\hat{x}_n)$ 的观测误差满足:

(1) 如果 $\alpha^* < 1$, 那么

$$|x_i(t) - \hat{x}_i(t,r)| < \hat{\Gamma}r^{-p+i}, \quad \forall t > t_r, \quad i = 1,2,\cdots,n, \tag{6.14}$$

其中, $p = n + \dfrac{1}{(1-\alpha)(1-\alpha^*)}$, t_r 是依赖于 r 且满足 $\lim_{t\to\infty} t_r = 0$ 的常数, $\hat{\Gamma}$ 是与 r 无关的常数;

(2) 如果 $\alpha^* = 1$, 那么

$$\lim_{t\to\infty} |x_i(t) - \hat{x}_i(t,r)| = 0, \quad i = 1,2,\cdots,n, \tag{6.15}$$

其中, α 和 α^* 的定义由式 (6.8) 给出.

6.1.2 fal-ESO 的收敛性证明

定理 6.1 证明的困难在于, 由于非线性函数 $\mathscr{G}_i(\cdot)$ 的作用, 这类非线性扩张状态观测器在超平面

$$\{(z_1,z_2,\cdots,z_{n+1}) \in \mathbb{R}^{n+1} | \ z_1 = 1\} \tag{6.16}$$

或

$$\{(z_1,z_2,\cdots,z_{n+1}) \in \mathbb{R}^{n+1} | \ z_1 = -1\} \tag{6.17}$$

上切换, 由于系统的不确定性因素以及复杂的非线性、时变等因素的影响, 很难确定切换的次数和时间. 最近克服了这一难题, 证明了这类非线性扩张状态观测器的收敛性, 证明的主要步骤如下:

(1) 令

$$\eta_i(t;r) = r^{n+1-i}(x_i(t) - \hat{x}_i(t;r)), \quad i = 1,2,\cdots,n+1 \tag{6.18}$$

是由系统式 (6.2) 的总扰动和扩张状态观测器式 (6.4) 之间的误差构成的变量. 直接计算可得 $\eta(t;r) = (\eta_1(t;r),\eta_2(t;r),\cdots,\eta_{n+1}(t;r))$, 并满足如下方程:

$$\frac{\mathrm{d}\eta(t;r)}{\mathrm{d}t} = r\mathscr{G}(\eta(t;r)) + \Phi(t;r), \tag{6.19}$$

其中, $\mathscr{G}(\cdot)$ 由式 (6.6) 给出,

$$\Phi(t;r) = (\Phi_1(t;r),\cdots,\Phi_i(t;r),\cdots,\Phi_n(t;r),\Phi_{n+1}(t;r))^{\mathrm{T}}$$

$$= \begin{pmatrix} r^n(\phi_1(t,u(t),x_1(t)) - \phi_1(t,u(t),x_1(t))) \\ \vdots \\ r^{n+1-i}(\phi_i(t,u(t),x_1(t),\cdots,x_i(t)) - \phi_i(t,u(t),x_1(t),\hat{x}_2(t;r),\cdots,\hat{x}_i(t;r))) \\ \vdots \\ r(\phi_n(t,u(t),x_1(t),\cdots,x_n(t)) - \phi_n(t,u(t),x_1(t),\hat{x}_2(t;r),\hat{x}_n(t;r))) \\ \dot{x}_{n+1}(t) \end{pmatrix}.$$

$$(6.20)$$

(2) 根据加权齐次向量场和线性向量场分别构造加权齐次 Lyapunov 函数 $V_\theta(\cdot)$ 和二次型 Lyapunov 函数 $V_L(\cdot)$.

(3) 相继分析 Lyapunov 函数 $V_\theta(\cdot)$ 和 $V_L(\cdot)$ 沿式 (6.19) 关于时间 t 的导数, 证明式 (6.19) 的解在一段时间之后进入并保持在一个位于前述两个超平面之间的紧集之中.

(4) 分析 Lyapunov 函数 $V_L(\cdot)$ 沿式 (6.19) 关于时间 t 的导数, 证明扩张状态观测器的收敛性.

接下来给出一个向量场和两个辅助系统. 令

$$F(z) = \begin{pmatrix} F_1(z) \\ F_2(z) \\ \vdots \\ F_n(z) \\ F_{n+1}(z) \end{pmatrix} = \begin{pmatrix} z_2 - k_1[z_1]^{\theta_1} \\ z_3 - k_2[z_1]^{\theta_2} \\ \vdots \\ z_{n+1} - k_n[z_1]^{\theta_n} \\ -k_{n+1}[z_1]^{\theta_{n+1}} \end{pmatrix}, \quad \mathscr{G}(z) = \begin{pmatrix} z_2 - k_1\mathscr{G}_1(z_1) \\ z_3 - k_2\mathscr{G}_2(z_1) \\ \vdots \\ z_{n+1} - k_n\mathscr{G}_n(z_1) \\ -k_{n+1}\mathscr{G}_{n+1}(z_1) \end{pmatrix} \quad (6.21)$$

且

$$\dot{z}(t) = F(z(t)), \quad z = (z_1, z_2, \cdots, z_{n+1})^{\mathrm{T}} \in \mathbb{R}^{n+1}. \quad (6.22)$$

接下来证明式 (6.22) 是 $d = \theta - 1$ 度关于权数 $\{r_i = (i-1)\theta - (i-2)\}_{i=1}^{n+1}$ 齐次的. 对任意的 $\lambda > 0$ 和 $z = (z_1, z_2, \cdots, z_{n+1})^{\mathrm{T}} \in \mathbb{R}^{n+1}$,

$$\begin{aligned} &F_i(\lambda^{r_1}z_1, \lambda^{r_2}z_2, \cdots, \lambda^{r_{n+1}}z_{n+1}) \\ &= \lambda^{r_{i+1}}z_{i+1} - k_i[\lambda^{r_1}z_1]^{\theta_i} = \lambda^{d+r_i}(z_{i+1} - k_i[z_1]^{\theta_i}) \\ &= \lambda^{d+r_i}F_i(z_1, z_2, \cdots, z_{n+1}), \quad i = 1, 2, \cdots, n, \end{aligned} \quad (6.23)$$

$$\begin{aligned} &F_{n+1}(\lambda^{r_1}z_1, \lambda^{r_2}z_2, \cdots, \lambda^{r_{n+1}}z_{n+1}) \\ &= -k_{n+1}[\lambda^{r_1}z_1]^{\theta_{n+1}} = \lambda^{d+r_{n+1}}(-k_{n+1}[z_1]^{\theta_{n+1}}) \\ &= \lambda^{d+r_{n+1}}F_{n+1}(z_1, z_2, \cdots, z_{n+1}). \end{aligned} \quad (6.24)$$

这意味着 $F_i(z)(i = 1, 2, \cdots, n + 1)$ 是 $d + r_i$ 度关于权数 $\{r_i\}_{i=1}^{n+1}$ 加权齐次的. 因此, 向量场 $F(z)$ 和式 (6.22) 是 d 度关于权数 $\{r_i\}_{i=1}^{n+1}$ 加权齐次的.

令式 (6.5) 所定义的矩阵 K 是 Hurwitz 的, 那么存在正定. 径向无界的 Lyapunov 函数 $V_\theta : \mathbb{R}^{n+1} \to \mathbb{R}$, 该 Lyapunov 函数是 γ-度关于权数 $\{r_i\}_{i=1}^{n+1}$ 加权齐次的. 同时, $V_\theta(z)$ 沿向量场 $F(z)$ 的李导数是负定的.

由 $V_\theta(\cdot)$ 的加权齐次性可知

$$\frac{\partial V_\theta(\lambda^{r_1} z_1, \lambda^{r_2} z_2, \cdots, \lambda^{r_{n+1}} z_{n+1})}{\partial \lambda^{r_i} z_i} = \lambda^{\gamma - r_i} \frac{\partial V_\theta(z)}{\partial z_i}, \quad i = 1, 2, \cdots, n+1, \quad (6.25)$$

故 $V_\theta(z)$ 沿向量场 $F(z)$ 的李导数满足

$$(L_F V_\theta)(\lambda^{r_1} z_1, \lambda^{r_2} z_2, \cdots, \lambda^{r_{n+1}} z_{n+1})$$
$$= \sum_{i=1}^{n+1} F_i(\lambda^{r_1} z_1, \lambda^{r_2} z_2, \cdots, \lambda^{r_{n+1}} z_{n+1}) \frac{\partial V_\theta(\lambda^{r_1} z_1, \lambda^{r_2} z_2, \cdots, \lambda^{r_{n+1}} z_{n+1})}{\partial \lambda^{r_i} z_i}$$
$$= \lambda^{\gamma + d} \sum_{i=1}^{n+1} F_i(z) \frac{\partial V_\theta(z)}{\partial z_i} = \lambda^{\gamma + d} (L_F V_\theta)(z). \quad (6.26)$$

式 (6.25) 和式 (6.26) 意味着 $L_F(V_\theta(z))$ 和 $\dfrac{\partial V_\theta(z)}{\partial z_i}$ 也是加权齐次函数. 令 $\chi_i(z_1, z_2, \cdots, z_{(n+1)}) = |z_i|$. 对任意的 $\lambda > 0$, 容易得到 $\chi_i(\lambda^{r_1} z_1, \lambda^{r_2} z_2, \cdots, \lambda^{r_{n+1}} z_{n+1}) = \lambda^{r_i} |z_i| = \lambda^{r_i} \chi_i(z_1, z_2, \cdots, z_{n+1})$. 因此 $\chi_i(z_1, z_2, \cdots, z_{(n+1)}) = |z_i|$ 是 r_i 度关于权数 $\{r_i\}_{i=1}^{n+1}$ 的加权齐次函数.

考虑到 $\dfrac{\partial V_\theta(z)}{\partial z_i}$, $L_F V_\theta(z)$ 和 $|z_i|$ 的加权齐次性, 有

$$\left| \frac{\partial V_\theta(z)}{\partial z_i} \right| \leqslant B_1 (V_\theta(z))^{\frac{\gamma - r_i}{\gamma}}, \quad (L_F(V_\theta))(z) \leqslant -B_2 (V_\theta(z))^{\frac{\gamma + d}{\gamma}},$$
$$|z_i| \leqslant B_3 (V_\theta(z))^{\frac{r_i}{\gamma}}, \quad z \in \mathbb{R}^{n+1}, \quad B_i > 1. \quad (6.27)$$

令

$$V_L(z) = z^{\mathrm{T}} P z, \quad z \in \mathbb{R}^{n+1}, \quad (6.28)$$

$$V_{\max}(z) = \max_{\theta \in [\theta_1^*, 1]} V_\theta(z), \quad V_{\min}(z) = \min_{\theta \in [\theta_1^*, 1]} V_\theta(z), \quad z \in \mathbb{R}^{n+1}. \quad (6.29)$$

由 $V_\theta(z)$ 的连续性可知 $V_{\max}(z)$ 和 $V_{\min}(z)$ 也是连续、正定、径向无界的函数. 因此存在 $\mathcal{K}_\infty$ 类函数 $\kappa_{\theta i}, \kappa_i, \tilde{\kappa}_i (i = 1, 2) : [0, \infty) \to [0, \infty)$ 使得

$$\kappa_{\theta 1}(\|z\|) \leqslant V_\theta(z) \leqslant \kappa_{\theta 2}(\|z\|), \quad \kappa_1(\|z\|) \leqslant V_{\max}(z) \leqslant \kappa_2(\|z\|),$$
$$\tilde{\kappa}_1(\|z\|) \leqslant V_{\min}(z) \leqslant \tilde{\kappa}_2(\|z\|), \quad \forall z \in \mathbb{R}^{n+1}. \quad (6.30)$$

另外, Lyapunov 函数 $V_L(z)$ 满足

$$\lambda_{\min}(P)\|z\|^2 \leqslant V_L(z) \leqslant \lambda_{\max}(P)\|z\|^2. \tag{6.31}$$

以上是关于所构造的 Lyapunov 函数的性质的讨论. 接下来估计由式 (6.20) 所定义的 $\Phi(t;r)$ 的范数的上界. 利用 $\underline{e_i}$ 表示 i-维向量 $\underline{e_i} = (e_1, e_2, \cdots, e_i)$, $e_i \in \mathbb{R}$, $i \in \mathbb{N}^+$. 对依赖于系统状态的由式 (6.3) 所定义的总扰动, 有

$$\dot{x}_{n+1}(t) = \frac{\partial f(t,x(t),w(t))}{\partial t} + \sum_{i=1}^{n-1} \frac{\partial f(t,x(t),w(t))}{\partial x_i}(x_{i+1}(t) + \phi_i(t,u(t),\underline{x_i(t)}))$$
$$+ \frac{\partial f(t,x(t),w(t))}{\partial x_n}(f(t,x(t),w(t)) + \phi_n(t,u(t),x(t))).$$

由假设 A1, 存在正数 M_1 使得 $|\dot{x}_{n+1}(t)| \leqslant M_1$.

再次利用假设 A1 可得存在正数 $M_2 > 0$, 使得 $|\mathcal{L}(t,u(t))| \leqslant M_2$ 对所有的 $t \in [0,\infty)$ 都成立. 因此对任意的 $r > 1$,

$$r^{n+1-i}|\phi_i(t,u(t),x_1(t),x_2(t),\cdots,x_i(t)) - \phi_i(t,u(t),x_1(t),\hat{x}_2(t;r),\cdots,\hat{x}_i(t;r))|$$
$$\leqslant M_2 r^{n+1-i} \left\| \frac{\eta_2(t;r)}{r^{n-1}}, \cdots, \frac{\eta_i(t;r)}{r^{n+1-i}} \right\|^{\alpha_i}$$
$$\leqslant M_2 r^{(n+1-i)(1-\alpha_i)} \left\| \frac{\eta_2(t;r)}{r^{i-2}}, \cdots, \eta_i(t;r) \right\|^{\alpha_i}$$
$$\leqslant M_2 r^{(n+1-i)(1-\alpha_i)} \|\underline{\eta_i(t;r)}\|^{\alpha_i}, \quad i = 1,2,\cdots,n. \tag{6.32}$$

这与式 (6.20) 相结合可得

$$\|\Phi(t;r)\| \leqslant M_1 + M_2 \sum_{i=1}^{n} r^{(n+1-i)(1-\alpha_i)} \|\eta(t;r)\|^{\alpha_i}. \tag{6.33}$$

接下来估计 $\|F(\cdot) - \mathscr{G}(\cdot)\|$ 的上界. 由 $\mathscr{G}_i$ 的定义式 (6.6), 对任意的 $e = (e_1, e_2, \cdots, e_{n+1}) \in \mathbb{R}^{n+1}$, 如果 $|e_1| > 1$, 那么 $\mathscr{G}(e) = F(e)$, 并且当 $|e_1| \leqslant 1$ 时,

$$\|\mathscr{G}(e) - F(e)\| = \left\| \begin{pmatrix} k_1(e_1 - [e_1]^{\theta_1}) \\ \vdots \\ k_{n+1}(e_1 - [e_1]^{\theta_{n+1}}) \end{pmatrix} \right\| \leqslant \max_{1 \leqslant i \leqslant n+1, |e_1| \leqslant 1} |e_1 - [e_1]^{\theta_i}| \, \|\underline{k_{n+1}}\|, \tag{6.34}$$

其中, $F(e)$ 和 $\mathscr{G}(e)$ 的定义在式 (6.21) 中给出. 因此, 式 (6.34) 在 $\mathbb{R}^{n+1}$ 上成立.

为进一步分析, 不需求解 $\psi(\tau) = \tau^{\vartheta} - \tau$ 在 $[0,1]$ 上的最大值. 由于 $\psi'(\tau) = \vartheta\tau^{\vartheta-1} - 1$, 从而 $\psi'(\tau) > 0$ 对所有的 $\tau \in \left(0, \vartheta^{\frac{1}{1-\vartheta}}\right)$ 都成立, 并且 $\psi'(\tau) < 0$ 对任意的 $\tau \in \left(\vartheta^{\frac{1}{1-\vartheta}}, 1\right)$ 成立. 因此

$$\max_{\tau \in [0,1]} \psi(\tau) \triangleq \psi_{\max} = \psi\left(\vartheta^{\frac{1}{1-\vartheta}}\right) = \vartheta^{\frac{1}{1-\vartheta}}\left(\frac{1}{\vartheta} - 1\right). \tag{6.35}$$

由于 $\lim_{\vartheta \to 1}(1/\vartheta - 1) = 0$, 有

$$\lim_{\vartheta \to 1} \ln \vartheta^{\frac{1}{1-\vartheta}} = \lim_{\vartheta \to 1} \frac{\ln \vartheta}{1 - \vartheta} = \lim_{\vartheta \to 1} \frac{(\ln \vartheta)'}{(1 - \vartheta)'} = -1, \tag{6.36}$$

因此

$$\lim_{\vartheta \to 1} \psi_{\max}(\vartheta) = e^{\lim_{\vartheta \to 1} \ln \vartheta^{\frac{1}{1-\vartheta}}} \lim_{\vartheta \to 1} \left(\frac{1}{\vartheta} - 1 \right) = e^{-1} \times 0 = 0, \tag{6.37}$$

这与 $\lim_{\theta \to 1} \theta_i = 1$ 相结合, 可推出

$$\lim_{\theta \to 1} \max_{\tau \in [0,1]} \left| [\tau]^{\theta_i} - \tau \right| = \lim_{\theta \to 1} \max_{\tau \in [0,1]} \left(\tau^{\theta_i} - \tau \right) = 0. \tag{6.38}$$

令 $s = -\tau$, 那么 $s \in [-1, 0]$ 对所有的 $\tau \in [0, 1]$ 都成立. 由式 (6.38), 有

$$\lim_{\theta \to 1} \max_{s \in [-1,0]} \left| [s]^{\theta_i} - s \right| = \lim_{\theta \to 1} \max_{\tau \in [0,1]} \left| \tau - \tau^{\theta_i} \right| = 0. \tag{6.39}$$

结合式 (6.38) 和式 (6.39) 可推出

$$\lim_{\theta \to 1} \max_{\tau \in [-1,1]} \left| [\tau]^{\theta_i} - \tau \right| = 0. \tag{6.40}$$

由式 (6.40), 对

$$\tilde{\delta}_1 = \frac{B_2}{2B_1(n+1)\|k_{n+1}\|}, \tag{6.41}$$

存在 $\theta_2^* \in [\theta_1^*, 1)$ 使得对任意的 $\theta \in [\theta_2^*, 1)$ 都有

$$\max_{1 \leqslant i \leqslant n+1, |e_1| \leqslant 1} \left| e_1 - [e_1]^{\theta_i} \right| < \tilde{\delta}_1. \tag{6.42}$$

接下来构造辅助加权齐次函数 $\Psi : \mathbb{R}^{n+1} \to \mathbb{R}$ 用以估计 $V_\theta(\eta(0, r))$ 的上界:

$$\Psi(z_1, z_2, \cdots, z_{n+1}) = |z_1|^{\frac{\gamma}{r_1}} + |z_2|^{\frac{\gamma}{r_2}} + \cdots + |z_{n+1}|^{\frac{\gamma}{r_{n+1}}}. \tag{6.43}$$

容易验证 $\Psi(z)$ 是正定、γ 度关于权数 $\{r_i\}_{i=1}^{n+1}$ 加权齐次的, 且权数与 Lyapunov 函数 $V_\theta(z) = V(\theta, z)$ 的权数相同. 因此存在常数 $c_1 > 0$ 使得 $V_\theta(e) \leqslant c_1 \Psi(e)$ 对所有的 $e \in \mathbb{R}^{n+1}$ 都成立, 并且

$$
\begin{aligned}
& V_\theta(\eta(0; r)) \\
&= V_\theta \left(r^n(x_1(0) - \hat{x}_1(0)), \ r^{n-1}(x_2(0) - \hat{x}_2(0)), \ \cdots, \ x_{n+1}(0) - \hat{x}_{n+1}(0) \right) \\
&\leqslant c_1 \psi \left(r^n(x_1(0) - \hat{x}_1(0)), \ r^{n-1}(x_2(0) - \hat{x}_2(0)), \ \cdots, \ x_{n+1}(0) - \hat{x}_{n+1}(0) \right) \\
&= c_1 \sum_{i=1}^{n+1} |r^{n+1-i}(x_i(0) - \hat{x}_i(0))|^{\frac{\gamma}{r_i}} \\
&= c_1 \sum_{i=1}^{n+1} |x_1(0) - \hat{x}_1(0)|^{\frac{\gamma}{r_i}} r^{\frac{(n+1-i)\gamma}{r_i}}.
\end{aligned}
$$

$$\tag{6.44}$$

对任意的 $\theta > (n-1)/n$, $n\theta \geqslant n-1$, 由于

$$(n+1-i)i\theta - (n-i)(i-1)\theta = (n-i)i\theta - (n-i)(i-1)\theta + i\theta = n\theta,$$

$$(n+1-i)(i-1) - (n-i)(i-2) = (n-i)(i-1) - (n-i)(i-2) + (i-1) = n-1,$$

有

$$(n+1-i)i\theta - (n-i)(i-1)\theta \geqslant (n+1-i)(i-1) - (n-i)(i-2).$$

这意味着

$$(n+1-i)(i\theta - (i-1)) \geqslant (n-i)((i-1)\theta - (i-2)).$$

这与 $r_i = (i-1)\theta - (i-2)$ 相结合, 可推出

$$\frac{n+1-i}{r_i} \geqslant \frac{n-i}{r_{i+1}}, \quad i=1,2,\cdots,n.$$

因此对任意的 $r \geqslant 1$, 有

$$V_\theta(\eta(0;r)) \leqslant Ar^{\frac{n\gamma}{r_1}} = Ar^{n\gamma}, \quad A = c_1 \sum_{i=1}^{n+1} |x_1(0) - \hat{x}_1(0)|^{\frac{\gamma}{r_i}}. \tag{6.45}$$

令

$$\mathscr{D}_1 = \left\{ e = (e_1, e_2, \cdots, e_{n+1}) \in \mathbb{R}^{n+1} \,\middle|\, V_\theta(e) \leqslant Ar^{n\gamma} \right\}, \tag{6.46}$$

$$\mathscr{D}_2 = \left\{ (e_1, e_2, \cdots, e_{n+1}) \in \mathbb{R}^{n+1} \,\middle|\, V_{\min}(e) \leqslant \max\{\tilde{\kappa}_2(1), 1\} \right\}, \tag{6.47}$$

$$\mathscr{D}_3 = \left\{ (e_1, e_2, \cdots, e_{n+1}) \in \mathbb{R}^{n+1} \,\middle|\, V_L(e) \leqslant \min\left\{1, \frac{\lambda_{\min}(P)}{2}\right\} \right\}, \tag{6.48}$$

其中, Lyapunov 函数 $V_L(e)$ 由式 (6.28) 给出, Lyapunov 函数 $V_{\min}(e)$ 由式 (6.29) 定义. 由此可见 $\mathscr{D}_3 \subset \mathcal{U}(1/2) \subset \mathcal{U}(1) \subset \mathscr{D}_2$, $\mathcal{U}(\rho) = \{e \in \mathbb{R}^{n+1} | \|e\| \leqslant \rho\}$, $\rho > 0$. 同时由式 (6.45) 容易看出 $\eta(0;r) \in \mathscr{D}_1$. 因为 $\lim_{r\to\infty} \mathscr{D}_1 = \mathbb{R}^{n+1}$ 与 $\mathscr{D}_2$ 是与 r 无关的紧集, 所以存在 $r_1^* > 0$ 使得 $\mathscr{D}_2 \subset \mathscr{D}_1$ 并且 $\mathscr{D}_2 \neq \mathscr{D}_1$ 对所有的 $r > r_1^*$ 都成立. 令 $\eta(t;r)$ 由式 (6.18) 定义. 根据式 (6.19), 有

$$\dot{\eta}(t;r) = r\mathscr{G}(\eta(t;r)) + \Phi(t;r) = rF(\eta(t;r)) + r(\mathscr{G}(\eta(t;r)) - F(\eta(t;r))) + \Phi(t;r), \tag{6.49}$$

其中, $\Phi(t;r)$ 由式 (6.20) 给出.

定理 6.1 的证明主要是基于式 (6.49) 状态的最终一致有界性: 系统的状态最终进入由式 (6.48) 定义的紧集 $\mathscr{D}_3$ 并停留在该紧集中.

命题 6.4 假设 $\eta(t;r)$ 是式 (6.49) 的解, 那么存在 $\hat{r}^* > 1$ 使得

$$\eta(t;r) \in \mathscr{D}_3, \quad \forall\, r > \hat{r}^*, \quad t > t_{2r}, \tag{6.50}$$

这里 t_{2r} 是依赖于 r 的常数并且当 $r \to \infty$ 时 $t_{2r} \to 0$.

证明 令 $V_\theta(z) = V(\theta, z)$. 求解 $V_\theta(\eta(t;r))$ 沿式 (6.49) 关于时间 t 的导数可得

$$\frac{\mathrm{d}V_\theta(\eta(t;r))}{\mathrm{d}t}\bigg|_{(6.49)} = r(L_F(V_\theta))(\eta(t;r)) + rL_{(\mathscr{G}-F)}V_\theta(\eta(t;r)) + \sum_{i=1}^{n+1}\frac{\partial V_\theta}{\partial \eta_i}(\eta(t;r))\Phi_i(t;r). \tag{6.51}$$

由式 (6.26), 有

$$(L_F(V_\theta))(\eta(t;r)) \leqslant -B_2(V_\theta(\eta(t;r)))^{\frac{\gamma+d}{\gamma}}, \tag{6.52}$$

$$L_{(\mathscr{G}-F)}V_\theta(\eta(t;r)) \leqslant \|\mathscr{G}(\eta(t;r)) - F(\eta(t;r))\| \sum_{i=1}^{n+1}\left|\frac{\partial V_\theta(\eta(t;r))}{\partial \eta_i}\right|$$
$$\leqslant \tilde{\delta}_1\|\underline{k_{n+1}}\|B_1 \sum_{i=1}^{n+1}(V_\theta(\eta(t;r)))^{\frac{\gamma-r_i}{\gamma}}. \tag{6.53}$$

这与式 (6.20)、式 (6.32) 和式 (6.26) 相结合, 可得

$$\sum_{i=1}^{n+1}\frac{\partial V_\theta}{\partial \eta_i}(\eta(t;r))\Phi_i(t;r)$$
$$\leqslant M_2 r^\alpha \sum_{i=1}^{n}\left|\frac{\partial V_\theta}{\partial \eta_i}(\eta(t;r))\right|\|\eta_i(t;r)\|^{\alpha_i} + M_1\left|\frac{\partial V_\theta}{\partial \eta_{n+1}}\eta(t;r)\right|$$
$$\leqslant B_1 B_3 M_2 r^\alpha \sum_{i=1}^{n}(V_\theta(\eta(t;r)))^{\frac{\gamma+\alpha_i r_i - r_i}{\gamma}} + B_1 M_1(V_\theta(\eta(t;r)))^{\frac{\gamma-r_{n+1}}{\gamma}}. \tag{6.54}$$

再由式 (6.51)~ 式 (6.54) 可推出

$$\frac{\mathrm{d}V_\theta(\eta(t;r))}{\mathrm{d}t}\bigg|_{(6.49)} \leqslant -rB_2(V_\theta(\eta(t;r)))^{\frac{\gamma+d}{\gamma}} + r\tilde{\delta}_1\|\underline{k_{n+1}}\|B_1 \sum_{i=1}^{n+1}V_\theta(\eta(t;r))^{\frac{\gamma-r_i}{\gamma}}$$
$$+ B_1 M_2 r^\alpha \sum_{i=1}^{n}(V_\theta(\eta(t;r)))^{\frac{\gamma+\alpha_i r_i - r_i}{\gamma}} + B_1 M_1(V_\theta(\eta(t;r)))^{\frac{\gamma-r_{n+1}}{\gamma}}. \tag{6.55}$$

接下来的证明分三种情况进行讨论.

情况 1 对任意的 $i=1,2,\cdots,n$, $\alpha_i < 1$ 并且 $\alpha = \max(n+1-i)(1-\alpha_i) < 1$.

对任意的 $\theta \in \left(\dfrac{i-1}{i}, 1\right)$, 容易验证 $1 - \theta \leqslant (i-1)\theta - (i-2) = r_i$, 因此

$$\frac{\gamma - 1 + \theta}{\gamma} \geqslant \frac{\gamma - r_i}{\gamma}. \tag{6.56}$$

对任意的 $\theta \in \left(\dfrac{1 + (1-\alpha_i)(i-2)}{1 + (1-\alpha_i)(i-1)}, 1\right)$, 可证明 $1 - \theta \leqslant (1-\alpha_i)((i-1)\theta - (i-2)) = (1-\alpha_i)r_i$. 由此可得

$$\frac{\gamma - 1 + \theta}{\gamma} \geqslant \frac{\gamma + (\alpha_i - 1)r_i}{\gamma}. \tag{6.57}$$

由 $\mathscr{D}_2$ 的定义可得 $V_\theta(e) \geqslant V_{\min}(e) \geqslant 1$ 对任意的 $e \in \mathscr{D}_1 - \mathscr{D}_2$ 都成立. 这与式 (6.55)~ 式 (6.57) 相结合可推出, 如果 $\eta(t; r) \in \mathscr{D}_1 - \mathscr{D}_2$, 那么

$$\left.\frac{\mathrm{d}V_\theta(\eta(t;r))}{\mathrm{d}t}\right|_{(6.49)} \leqslant -(rB_2 - r\tilde{\delta}_1 nB_1\|k_{n+1}\| - B_1M_1 \\ -(nB_1B_3M_2)r^\alpha)(V_\theta(\eta(t;r)))^{\frac{\gamma+d}{\gamma}}. \tag{6.58}$$

令

$$r_2^* = \max\left\{\frac{8B_1M_1}{B_2}, \left(\frac{8nB_1B_3M_2}{B_2}\right)^{\frac{1}{1-\alpha}}\right\}.$$

由式 (6.55) 和式 (6.58) 可知, 对任意的 $\theta \in [\theta_2^*, 1)$ 以及 $r > r_2^*$, 都有

$$\left.\frac{\mathrm{d}V_\theta(\eta(t;r))}{\mathrm{d}t}\right|_{(6.49)}$$
$$\leqslant -\left(rB_2 - \frac{rB_2}{2} - \frac{rB_2}{8} - \frac{rB_2}{8}\right)(V_\theta(\eta(t;r)))^{\frac{\gamma+d}{\gamma}}$$
$$\leqslant -\frac{r}{4}(V_\theta(\eta(t;r)))^{\frac{\gamma+d}{\gamma}}$$
$$\leqslant -\frac{r}{4}\min_{e \in \mathscr{D}_1 - \mathscr{D}_2}(V_\theta(e))^{\frac{\gamma+d}{\gamma}} < 0. \tag{6.59}$$

情况 2 $\alpha_1 = \alpha_2 = \cdots = \alpha_n = 1$.

在这种情况下可证明

$$\left.\frac{\mathrm{d}V_\theta(\eta(t;r))}{\mathrm{d}t}\right|_{(6.49)} \leqslant -rB_2(V_\theta(\eta(t;r)))^{\frac{\gamma+d}{\gamma}} + r\tilde{\delta}_1 B_1\|k_{n+1}\|\sum_{i=1}^{n+1}(V_\theta(\eta(t;r)))^{\frac{\gamma-r_i}{\gamma}} \\ + nB_1B_3M_2V_\theta(\eta(t;r)) + B_1M_1(V_\theta(\eta(t;r)))^{\frac{\gamma-r_{n+1}}{\gamma}}. \tag{6.60}$$

与情况 1 中的相关证明类似, 如果 $\eta(t;r) \in \mathscr{D}_1 - \mathscr{D}_2$, 那么

$$
\left. \frac{\mathrm{d}V_\theta(\eta(t;r))}{\mathrm{d}t} \right|_{(6.49)} \leqslant - (rB_2 + r\tilde{\delta}_1 nB_1 \|k_{n+1}\| + B_1 M_1)(V_\theta(\eta(t;r)))^{\frac{\gamma+d}{\gamma}}
$$

$$
+ nB_1 B_3 M_2 V_\theta(\eta(t;r)). \tag{6.61}
$$

对任意的 $r > r_2^*$, 有

$$
\frac{\mathrm{d}V_\theta(\eta(t;r))}{\mathrm{d}t} \leqslant - \frac{3r}{8}(V_\theta(\eta(t;r)))^{\frac{\gamma+d}{\gamma}} + nB_1 B_3 M_2 V_\theta(\eta(t;r)). \tag{6.62}
$$

对任意的 $e = (e_1, e_2, \cdots, e_{n+1})^{\mathrm{T}} \in \mathscr{D}_1$, 由式 (6.46) 可得 $V_\theta(e) \leqslant Ar^{n\gamma}$.

令

$$
\theta^* = \max\left\{\theta_2^*, \ \frac{n-1}{n}\right\}, \quad r_3^* = \max\left\{r_2^*, \ \left(\frac{8nB_1 B_3 M_2 A^{(1-\theta)/\gamma}}{B_2}\right)^{\frac{1}{n\theta - (n-1)}}\right\}. \tag{6.63}
$$

对任意的 $\theta \in (\theta^*, 1)$, 有 $1 - n(1-\theta) = n\theta - (n-1) > 0$. 对任意的 $r > r_3^*$, 直接计算可得 $B_2 r^{1-n(1-\theta)} > 8nB_1 B_3 M_2 A^{(1-\theta)/\gamma}$. 这与 $V_\theta(e) \leqslant Ar^{n\gamma}$, $\forall\, e \in \mathscr{D}_1$ 相结合可推出, 如果 $\eta(t;r) \in \mathscr{D}_1$, 那么

$$
B_2 r > 8nB_1 B_3 M_2 A^{\frac{1-\theta}{\gamma}} r^{n(1-\theta)}
$$

$$
= 8nB_1 B_3 M_2 \left(Ar^{n\gamma}\right)^{\frac{1-\theta}{\gamma}}
$$

$$
\geqslant 8nB_1 B_3 M_2 (V_\theta(t;r))^{\frac{1-\theta}{\gamma}}. \tag{6.64}
$$

由于 $d = \theta - 1$, 可以证明

$$
\frac{rB_2}{8}(V_\theta(t;r))^{\frac{\gamma+d}{\gamma}} \geqslant nB_1 B_3 M_2 V_\theta(t;r). \tag{6.65}
$$

这与式 (6.62) 相结合可得, 如果 $\eta(t;r) \in \mathscr{D}_1 - \mathscr{D}_2$, 那么式 (6.59) 对任意的 $r > r_3^*$ 都成立.

情况 3　$\alpha_{i_1} = \alpha_{i_2} = \cdots = \alpha_{i_m} = 1$, $\alpha_{i_j} \in (0,1)$, $j = m+1, \cdots, n$.

在这种情况下, 与情况 1、情况 2 的相关证明类似, 可以证明存在 $r_4^* > 0$ 使得式 (6.59) 对任意的 $\eta(t;r) \in \mathscr{D}_1 - \mathscr{D}_2$ 以及 $r > r_4^*$ 都成立.

令 $r_5^* = \max\{r_3^*, r_4^*\}$. 利用类似的方法, 可证明如果 $r > r_5^*$, 那么式 (6.59) 对任意的 $\eta(t;r) \in \mathscr{D}_1 - \mathscr{D}_2$ 都成立, 无论 $\alpha_i < 1$ 或者 $\alpha_i = 1$, 还是部分大于 1、部分小于 1.

令

$$
\mathscr{F} = \left\{e = (e_1, e_2, \cdots, e_{n+1}) \in \mathbb{R}^{n+1} \,\middle|\, V_\theta(e) \leqslant \kappa_{2\theta} \circ \tilde{\kappa}_1^{-1}(\max\{\tilde{\kappa}_2(1),\ 1\})\right\}. \tag{6.66}
$$

因为对任意的 $e \in \mathscr{D}_2$, 都有

$$V_\theta(e) \leqslant \kappa_{2\theta}(\|e\|) \leqslant \kappa_{2\theta}(\tilde{\kappa}_1^{-1}(V_{\min}(e))) \leqslant \kappa_{2\theta} \circ \tilde{\kappa}_1^{-1}(\max\{\tilde{\kappa}_2(1),\, 1\}),$$

所以 $\mathscr{D}_2 \subset \mathscr{F}$. 不失一般性地, 令 $\mathscr{F} \subset \mathscr{D}_1$.

由式 (6.59) 可知, 对任意的 $\theta \in [\theta_2^*, 1)$ 以及 $r > r^*$, 函数 $V_\theta(\eta(t; r))$ 当 $\eta(t; r) \in \mathscr{D}_1 - \mathscr{D}_2$ 随时间的增大而严格减小. 因此存在 $t_{1r} > 0$ 使得 $\{\eta(t; r) | \, t > t_{1r}\} \subset \mathscr{F}$. 接下来给出 t_{1r} 的估计. 令 $\zeta(t)$ 是如下初值问题的非负解:

$$\dot{\zeta}(t) = -\frac{r}{4}(\zeta(t))^{\frac{\gamma+d}{\gamma}}, \quad \zeta(0) = V_\theta(\eta(0; r)).$$

求解上述微分方程初值问题可得

$$\zeta = \begin{cases} \left(-\dfrac{|d|r}{4\gamma}t + (\zeta(0))^{\frac{|d|}{\gamma}}\right)^{\frac{\gamma}{|d|}}, & t \leqslant \dfrac{4\gamma}{|d|} \dfrac{(\zeta(0))^{\frac{|d|}{\gamma}}}{r}, \\ 0, & t > \dfrac{4\gamma}{|d|} \dfrac{(\zeta(0))^{\frac{|d|}{\gamma}}}{r}. \end{cases} \tag{6.67}$$

由式 (6.59) 并利用常微分方程比较原理, 有

$$t_{1r} \leqslant \frac{4\gamma}{|d|} r(\zeta(0))^{\frac{|d|}{\gamma}} = \frac{4\gamma}{|d|} \frac{(V_\theta(\eta(0; r)))^{\frac{|d|}{\gamma}}}{r} \leqslant \frac{4\gamma}{1-\theta} A^{\frac{1-\theta}{\gamma}} \left(\frac{1}{r}\right)^{n\theta-(n-1)}. \tag{6.68}$$

令

$$\tau^* = \max_{e \in \mathscr{F}} |e_1| < \infty, \quad \tilde{\delta}_2 = \frac{\min\limits_{e \in \mathscr{F}} \|e\|}{4\lambda_{\max}(P)\|\underline{k_{n+1}}\| \max\limits_{e \in \mathscr{F}} \|e\|}. \tag{6.69}$$

对任意的 $\tau \in [-\tau^*, \tau^*]$ 和 $1 \leqslant i \leqslant n+1$, 因为 $|\mathscr{G}_i(\tau) - \tau|$ 关于 θ 连续, 所以函数 $\max_{i=1,\cdots,n+1,\tau\in[-\tau^*,\tau^*]} |\mathscr{G}_i(\tau) - \tau|$ 也是 θ 的连续函数. 考虑到当 $\theta = 1$ 时 $\max_{i=1,\cdots,n+1,\tau\in[-\tau^*,\tau^*]} |\mathscr{G}_i(\tau) - \tau| = 0$, 可推出存在 $\theta_3^* \in [\theta_2^*, 1)$, 使得对任意的 $\theta \in [\theta_3^*, 1)$, 都有

$$\max_{i=1,\cdots,n+1,\tau\in[-\tau^*,\tau^*]} |\mathscr{G}_i(\tau) - \tau| < \tilde{\delta}_2. \tag{6.70}$$

接下来, 求由式 (6.28) 所定义的函数 $V_L(\eta(t; r))$ 沿式 (6.49) 的解当 $\eta(t; r) \in \mathscr{F}$

时关于时间 t 的导数可得

$$
\begin{aligned}
\left.\frac{\mathrm{d}V_L(\eta(t;r))}{\mathrm{d}t}\right|_{(6.49)} &= \dot{\eta}^{\mathrm{T}}(t;r)P\eta(t;r) + \eta^{\mathrm{T}}(t;r)P\dot{\eta}(t;r) \\
&= r(\eta^{\mathrm{T}}(t;r)K^{\mathrm{T}}P\eta(t;r) + \eta^{\mathrm{T}}(t;r)PK\eta(t;r)) \\
&\quad + r(\mathscr{G}(\eta(t;r)) - K\eta(t;r))^{\mathrm{T}}P\eta(t;r) \\
&\quad + \eta^{\mathrm{T}}(t;r)P(\mathscr{G}(\eta(t;r)) - K\eta(t;r)) \\
&\quad + (\varPhi^{\mathrm{T}}(t;r)P\eta(t;r) + \eta^{\mathrm{T}}(t;r)P\varPhi(t;r)) \\
&\leqslant -r\|\eta(t;r)\|^2 + 2r\lambda_{\max}(P)\|\mathscr{G}(\eta(t;r)) - K\eta(t;r)\|\|\eta(t;r)\| \\
&\quad + 2\lambda_{\max}(P)\|\varPhi(t;r)\|\|\eta(t;r)\|.
\end{aligned}
\tag{6.71}
$$

这与式 (6.33) 和式 (6.71) 相结合可得, 对任意的 $\theta \in [\theta_3^*, 1)$, $r > r_5^*$ 以及 $t > t_{1r}$, 如果 $\eta(t;r) \in \mathscr{F} - \mathscr{D}_3$, 那么

$$
\begin{aligned}
\left.\frac{\mathrm{d}V_L(\eta(t;r))}{\mathrm{d}t}\right|_{(6.49)} &\leqslant -r\|\eta(t;r)\|^2 + 2r\tilde{\delta}_2\lambda_{\max}(P)\|\underline{k_{n+1}}\|\|\eta(t;r)\| \\
&\quad + 2\lambda_{\max}(P)\|\eta(t;r)\|\left(M_1 + M_2 r^\alpha \sum_{i=1}^{n}\|\eta(t;r)\|^{\alpha_i}\right) \\
&\leqslant -r\min_{e\in\mathscr{F}-\mathscr{D}_3}\|e\|^2 + 2r\tilde{\delta}_2\lambda_{\max}(P)\|\underline{k_{n+1}}\|\max_{e\in\mathscr{F}-\mathscr{D}_3}\|e\| \\
&\quad + 2M_1\lambda_{\max}(P)\max_{e\in\mathscr{F}-\mathscr{D}_3}\|e\| \\
&\quad + 2r^\alpha M_2\lambda_{\max}(P)\max_{e\in\mathscr{F}-\mathscr{D}_3}\sum_{i=1}^{n}\|e\|^{\alpha_i+1},
\end{aligned}
\tag{6.72}
$$

这里 α 由式 (6.8) 给出. 令

$$
r_6^* = \max\left\{ r_5^*, \frac{16M_1\lambda_{\max}(P)\max\limits_{e\in\mathscr{F}-\mathscr{D}_3}\|e\|}{\min\limits_{e\in\mathscr{F}-\mathscr{D}_3}\|e\|}, \right.
$$
$$
\left. \left(\frac{16M_2\lambda_{\max}(P)\max\limits_{e\in\mathscr{F}-\mathscr{D}_3}\sum\limits_{i=1}^{n}\|e\|^{\alpha_i+1}}{\min\limits_{e\in\mathscr{F}-\mathscr{D}_3}\|e\|^2}\right)^{\frac{1}{1-\alpha}} \right\}.
\tag{6.73}
$$

考虑到式 (6.70), 对任意的 $\theta \in [\theta_3^*, 1)$, $r > r_6^*$ 以及 $t > t_{1r}$, 如果 $\eta(t;r) \in \mathscr{F} - \mathscr{D}_3$, 那么 Lyapunov 函数 $V_L(\eta(t;r))$ 沿式 (6.49) 关于时间 t 的导数满足

$$
\begin{aligned}
\left.\frac{\mathrm{d}V_L(\eta(t;r))}{\mathrm{d}t}\right|_{(6.49)} &\leqslant -r\min_{e\in\mathscr{F}-\mathscr{D}_3}\|e\|^2 + \frac{r}{2}\min_{e\in\mathscr{F}-\mathscr{D}_3}\|e\|^2 + \frac{r}{4}\min_{e\in\mathscr{F}-\mathscr{D}_3}\|e\|^2 \\
&< -\frac{r}{4}\min_{e\in\mathscr{F}-\mathscr{D}_3}\|e\|^2 < 0.
\end{aligned}
\tag{6.74}
$$

再由 $\mathscr{F}$ 的定义式 (6.66) 可知, 存在

$$t_{2r} = t_{1r} + \frac{4\kappa_{2\theta} \circ \tilde{\kappa}_1^{-1}(\max\{\tilde{\kappa}_2(1),\ 1\})}{\min\limits_{e\in\mathscr{F}-\mathscr{D}_3}\|e\|^2}\frac{1}{r}$$

使得 $\{\eta(t;r)|\ t > t_{2r}\} \subset \mathscr{D}_3$ 对任意的 $\theta \in [\theta_3^*, 1)$ 和 $r > r_6^*$ 都成立. 由式 (6.68) 有

$$\lim_{r\to\infty} t_{2r} \leqslant \lim_{t\to\infty}\left(\frac{4\gamma}{1-\theta}A^{\frac{1-\theta}{\gamma}}\left(\frac{1}{r}\right)^{n\theta-(n-1)} + \frac{4\kappa_{2\theta}\circ\tilde{\kappa}_1^{-1}(\max\{\tilde{\kappa}_2(1),\ 1\})}{\min\limits_{e\in\mathscr{F}-\mathscr{D}_3}\|e\|^2}\frac{1}{r}\right) = 0.$$
$$(6.75)$$
$\square$

定理 6.1 的证明　根据 $\mathscr{D}_3$ 的定义, 有

$$|e_1| \leqslant \|e\| \leqslant \frac{V_L(e)}{\lambda_{\min}(P)} \leqslant 1/2 < 1, \quad \forall\, e = (e_1,\cdots,e_{n+1}) \in \mathscr{D}_3. \qquad (6.76)$$

这与 $\mathscr{G}_i$ 的定义相结合可得 $\mathscr{G}_i(e) = e$ 对任意的 $e \in \mathscr{D}_3$ 及 $i = 1,2,\cdots,n+1$ 都成立, 因此 $G(e) = Ke$ 对任意的 $e \in \mathscr{D}_3$ 都成立. 故对任意的 $\theta \in [\theta_3^*,1)$, $r > r_6^*$ 以及 $t > t_{2r}$, 式 (6.49) 可化为

$$\dot{\eta}(t;r) = rK\eta(t;r) + \varPhi(t;r). \qquad (6.77)$$

求 Lyapunov 函数 $V_L(\eta(t;r))$ 沿式 (6.77) 关于时间 t 的导数可得

$$\left.\frac{\mathrm{d}V_L(\eta(t;r))}{\mathrm{d}t}\right|_{(6.77)}$$
$$\leqslant -r\|\eta(t;r)\|^2$$
$$+2\lambda_{\max}(P)\|\eta(t;r)\|\left(M_1 + M_2\sum_{i=1}^{n} r^{(n+1-i)(1-\alpha_i)}\|\eta(t;r)\|^{\alpha_i}\right). \qquad (6.78)$$

由式 (6.8) 以及关于 α 和 α^* 的假设, 有 $0 \leqslant (n+1-i)(1-\alpha_i) \leqslant \alpha < 1$, $0 < \alpha^* \leqslant \alpha_i \leqslant 1$, 这里 $i = 1,2,\cdots,n$. 因此对任意的 $r > 1$ 和 $i \in \{1,2,\cdots,m\}$ 都有 $r^{(n+1-i)(1-\alpha_i)} \leqslant r^{\alpha}$. 由命题 6.4, 对任意的 $t > t_{2r}$, 都有 $\eta(t;r) \in \mathscr{D}_3$. 再由式 (6.48) 可知 $\|\eta(t;r)\| < 1$. 因此 $\|\eta(t;r)\| \leqslant \|\eta(t;r)\|^{\alpha^*}$ 且 $\|\eta(t;r)\|^{\alpha_i} \leqslant \|\eta(t;r)\|^{\alpha^*}$,

$i = 1, 2, \cdots, n.$ 故

$$\left.\frac{\mathrm{d}V_L(\eta(t;r))}{\mathrm{d}t}\right|_{(6.77)}$$

$$\leqslant -r\|\eta(t;r)\|^2 + 2\lambda_{\max}(P)\left(M_1\|\eta(t;r)\| + M_2\sum_{i=1}^{n} r^{(n+1-i)(1-\alpha_i)}\|\eta(t;r)\|^{\alpha_i}\right)$$

$$\leqslant -r\|\eta(t;r)\|^2 + 2\lambda_{\max}(P)\left(M_1 r^\alpha\|\eta(t;r)\|^{\alpha^*} + M_2\sum_{i=1}^{n} r^\alpha\|\eta(t;r)\|^{\alpha^*}\right)$$

$$\leqslant -r\|\eta(t;r)\|^2 + 2r^\alpha(M_1 + nM_2)\lambda_{\max}(P)\|\eta(t;r)\|^{\alpha^*}$$

$$\leqslant -\frac{r}{\lambda_{\max}(P)}V_L(\eta(t;r)) + \frac{2r^\alpha(M_1 + nM_2)\lambda_{\max}(P)}{(\lambda_{\min}(P))^{\alpha^*/2}}V_L^{\frac{\alpha^*}{2}}(\eta(t;r)). \tag{6.79}$$

如果

$$V_L(\eta(t;r)) > \left(\frac{4(M_1 + nM_2)(\lambda_{\max}(P))^2}{(\lambda_{\min}(P))^{\alpha^*/2}}\right)^{\frac{2}{2-\alpha^*}}\left(\frac{1}{r}\right)^{\frac{2}{(1-\alpha)(2-\alpha^*)}}, \tag{6.80}$$

那么

$$\left.\frac{\mathrm{d}V_L(\eta(t;r))}{\mathrm{d}t}\right|_{(6.77)} < -\frac{r}{2\lambda_{\max}(P)}V_L(\eta(t;r)).$$

由常微分方程比较原理可得

$$V_L(\eta(t;r)) \leqslant \exp\left(-\frac{r}{2\lambda_{\max}(P)}(t-t_{2r})\right)V_L(t_{2r};r), \quad \forall\, t > t_{2r},$$

　　由命题 3.1, $\eta(t;r) \in \mathscr{D}_3$ 对任意的 $t > t_{2r}$ 都成立, 故 $V_L(\eta(t;r)) \leqslant 1$. 因此, 如果 $V_L(\eta(t;r))$ 满足式 (6.80), 那么

$$V_L(\eta(t;r)) \leqslant \exp\left(-\frac{r}{2\lambda_{\max}(P)}(t-t_{2r})\right) \leqslant \exp\left(-\frac{r^{1/2}}{2\lambda_{\max}(P)}\right), \quad t > t_r = t_{2r} + \frac{1}{r^{1/2}}. \tag{6.81}$$

由于

$$\lim_{r \to \infty} r^{\frac{2}{(1-\alpha)(2-\alpha^*)}}\exp\left(-\frac{r^{1/2}}{2\lambda_{\max}(P)}\right) = 0, \tag{6.82}$$

所以存在 $r_7^* > r_6^*$ 使得对任意的 $\theta \in [\theta_3^*, 1)$, $r > r_7^*$ 以及 $t > t_r$ 都有

$$V_L(\eta(t;r)) \leqslant e^{-\frac{r^{1/2}}{2\lambda_{\max}(P)}} \leqslant \left(\frac{4(M_1 + nM_2)(\lambda_{\max}(P))^2}{(\lambda_{\min}(P))^{\alpha^*/2}}\right)^{\frac{2}{2-\alpha^*}}\left(\frac{1}{r}\right)^{\frac{2}{(1-\alpha)(2-\alpha^*)}}, \tag{6.83}$$

进而

$$\|\eta(t;r)\| \leqslant \left(\frac{V_L(\eta(t;r))}{\lambda_{\min}(P)}\right)^{1/2} \leqslant \Gamma\left(\frac{1}{r}\right)^{\frac{1}{(1-\alpha)(2-\alpha^*)}}, \tag{6.84}$$

其中,

$$\Gamma = \frac{1}{\sqrt{\lambda_{\min}(P)}} \left(\frac{4(M_1 + nM_2)(\lambda_{\max}(P))^2}{(\lambda_{\min}(P))^{\alpha^*/2}} \right)^{\frac{1}{2-\alpha^*}}. \tag{6.85}$$

故过渡时间 t_r 满足

$$\lim_{r\to\infty} t_r \leqslant \lim_{r\to\infty} \left(\frac{4\gamma}{1-\theta} A^{\frac{1-\theta}{\gamma}} \left(\frac{1}{r} \right)^{n\theta-(n-1)} + \frac{4\kappa_{2\theta} \circ \tilde{\kappa}_1^{-1}(\max\{\tilde{\kappa}_2(1),\ 1\})}{\min_{e\in\mathscr{F}-\mathscr{D}_3} \|e\|^2} \frac{1}{r} + \frac{1}{r^{1/2}} \right) = 0. \tag{6.86}$$

定理 6.1 由式 (6.84)、式 (6.18) 以及式 (6.86) 直接证得. $\qquad\square$

推论 6.2 的证明   令 $\eta(t;r) = (\eta_1(t;r),\cdots,\eta_{n+1}(t;r))$, 其中 $\eta_i(t;r)$ 由式 (6.18) 给出, 这里 $x_{n+1}(t) = \bar{d}$. 令 Lyapunov 函数 $V_L(z)$ 由式 (6.28) 给出, 仍然可以证明式 (6.49) 成立. 与式 (6.78) 在定理 6.1 的证明类似, 可证明存在 $\theta^* \in (0,1)$, $r_1^* > 1$ 以及 $t_{1r} > 0$ $(\lim_{r\to\infty} t_{1r} = 0)$ 使得 $V_L(\eta(t;r)) < 1$ 对任意的 $\theta \in [\theta^*,1)$, $r > r_1^*$ 以及 $t > t_{1r}$ 都成立. 因此 Lyapunov 函数 $V_L(\eta(t;r))$ 沿式 (6.49) 关于时间 t 的导数满足

$$\begin{aligned} \left. \frac{dV_L(\eta(t;r))}{dt} \right|_{(6.77)} &\leqslant -r\|\eta(t;r)\|^2 + 2M_2\lambda_{\max}(P) \sum_{i=1}^{n} r^{(n+1-i)(1-\alpha_i)} \|\eta(t;r)\|^{1+\alpha_i} \\ &\leqslant -r\|\eta(t;r)\|^2 + 2r^\alpha nM_2\lambda_{\max}(P)\|\eta(t;r)\|^{1+\alpha^*} \\ &\leqslant -\frac{r}{\lambda_{\max}(P)} V_L(\eta(t;r)) + \frac{2r^\alpha nM_2\lambda_{\max}(P)}{\sqrt{(\lambda_{\min}(P))^{1+\alpha^*}}} V_L^{\frac{1+\alpha^*}{2}}(\eta(t;r)). \end{aligned} \tag{6.87}$$

如果 $\alpha^* < 1$ 并且

$$V_L(\eta(t;r)) > \left(\frac{4nM_2\lambda_{\max}(P)^2}{\sqrt{\lambda_{\min}(P)^{1+\alpha^*}}} \right)^{\frac{2}{1+\alpha^*}} \left(\frac{1}{r} \right)^{\frac{2}{(1-\alpha)(1-\alpha^*)}}, \tag{6.88}$$

那么

$$\left. \frac{dV_L(\eta(t;r))}{dt} \right|_{(6.77)} \leqslant -\frac{r}{2\lambda_{\max}(P)} V_L(\eta(t;r)).$$

由常微分方程的比较原理可得

$$\begin{aligned} V_L(\eta(t;r)) &\leqslant \exp\left(-\frac{r}{2\lambda_{\max}(P)}(t - t_{1r}) \right) V_L(t_{1r};r) \\ &\leqslant \exp\left(-\frac{r^{1/2}}{2\lambda_{\max}(P)} \right), \quad t > t_r = t_{1r} + \frac{1}{r^{1/2}}. \end{aligned}$$

由式 (6.82), 存在常数 $r^* > r_1^*$ 使得对任意的 $r > r^*$ 都有

$$V_L(\eta(t;r)) \leqslant \exp\left(-\frac{r^{1/2}}{2\lambda_{\max}(P)}\right) \leqslant \left(\frac{4nM_2(\lambda_{\max}(P))^2}{\sqrt{\lambda_{\min}(P)^{1+\alpha^*}}}\right)^{\frac{2}{1+\alpha^*}} \left(\frac{1}{r}\right)^{\frac{2}{(1-\alpha)(1-\alpha^*)}}.$$

$$(6.89)$$

因此

$$\|\eta(t;r)\| \leqslant \frac{\sqrt{V_L(\eta(t;r))}}{\sqrt{\lambda_{\min}(P)}} \leqslant \tilde{\Gamma}\left(\frac{1}{r}\right)^{\frac{1}{(1-\alpha)(1-\alpha^*)}}, \quad \tilde{\Gamma} = \frac{(4nM_2(\lambda_{\max}(P))^2)^{\frac{1}{1+\alpha^*}}}{\lambda_{\min}(P)}.$$

$$(6.90)$$

如果 $\alpha_i^* = 1$, 那么 $\alpha = 0$, 进而

$$\begin{aligned}
\frac{\mathrm{d}V_L(\eta(t;r))}{\mathrm{d}t}\bigg|_{(6.77)} &\leqslant -r\|\eta(t;r)\|^2 + 2M_2\lambda_{\max}(P)\sum_{i=1}^{n}\|\eta(t;r)\|^2 \\
&\leqslant -(r - 2nM_2\lambda_{\max}(P))\|\eta(t;r)\|^2 \\
&\leqslant -\frac{(r - 2nM_2\lambda_{\max}(P))}{\lambda_{\max}(P)}V_L(\eta(t;r)) < 0.
\end{aligned}$$

$$(6.91)$$

故 $\lim_{t\to\infty}\|\eta(t;r)\| = 0$. □

推论 6.3 的证明　令

$$\tilde{\eta}(t;r) = (\tilde{\eta}_1(t;r), \cdots, \tilde{\eta}_n(t;r))^{\mathrm{T}}, \quad \tilde{\eta}_i(t;r) = r^{n+1-i}(x_i(t) - \hat{x}_i(t;r)), \quad i = 1, 2, \cdots, n.$$

直接计算可得

$$\dot{\tilde{\eta}}(t;r) = r\tilde{\mathscr{G}}(\tilde{\eta}(t;r)) + \tilde{\Phi}(t;r),$$

$$(6.92)$$

其中,

$$\tilde{\mathscr{G}}(e) = \left(e_2 - k_1\mathscr{G}_1(e_1), \quad e_3 - k_2\mathscr{G}_2(e_1), \quad \cdots, \quad -k_n\mathscr{G}_n(e_1)\right)^{\mathrm{T}}, \quad e \in \mathbb{R}^n,$$

$$\tilde{\Phi}(t;r) = \begin{pmatrix} r^n(\phi_1(t,u(t),x_1(t)) - \phi_1(t,u(t),x_1(t))) \\ \vdots \\ r^{n+1-i}(\phi_i(t,u(t),x_1(t),\cdots,x_i(t)) - \phi_i(t,u(t),x_1(t),\cdots,\hat{x}_i(t;r))) \\ \vdots \\ r(\phi_n(\phi_n(t,u(t),x_1(t),\cdots,x_n(t)) - \phi_i(t,u(t),x_1(t),\cdots,\hat{x}_n(t;r))) \end{pmatrix}.$$

$$(6.93)$$

类似于定理 6.1 的证明, 有

$$\|\tilde{\Phi}(t;r)\| \leqslant M_2\sum_{i=1}^{n} r^{(n+1-i)(1-\alpha_i)}\|\eta(t)\|^{\alpha_i}.$$

$$(6.94)$$

剩余的证明与推论 6.2 对应部分的证明类似, 这里略去相关的细节. □

6.1.3 数值模拟

例 6.1 考虑如下不确定性系统:

$$\begin{cases} \dot{x}_1(t) = x_2(t) + \phi_1(t, u(t), x_1(t)), \\ \dot{x}_2(t) = f(t, x(t), w(t)) + \phi_2(t, u(t), x_1(t), x_2(t)), \end{cases} \quad (6.95)$$

其中, $\phi_1(t, u, x_1) = (1 + \sin t) \sin x_1$; $\phi_2(t, u, x_1, x_2) = (1 + \sin(t)) \sin x_2 - 4x_2 + u$ 是已知函数; $u(t)$ 是控制输入; $y(t) = x_1(t)$ 是量测输出. 总扰动 $x_3(t) \triangleq f(t, x(t), w(t))$ 是未知的, $w(t)$ 是外部扰动.

在数值模拟中, 式 (6.95) 中外部扰动 $w(t)$ 和总扰动 $f(\cdot)$ 选取为

$$w(t) = \sin(2t + 1), \quad f(t, x, w) = \sin t + w + \cos(x_1 + x_2 + w).$$

令控制输入 $u(t) = -2y(t)$. 在这种情况下, 式 (6.95) 满足假设 A1, 这是由于式 (6.95) 的线性主部对应的矩阵是如下的 Hurwitz 矩阵:

$$\begin{pmatrix} 0 & 1 \\ -2 & -4 \end{pmatrix}.$$

因为总扰动是有界的, 所以式 (6.95) 的解也是有界的.

根据定理 6.1, 基于非线性函数 $\mathscr{G}_i(\cdot)$ 的非线性扩张状态观测器为

$$\begin{cases} \dot{\hat{x}}_1(t; r) = \hat{x}_2(t; r) + \dfrac{k_1}{r} \mathscr{G}_1(r^2(x_1(t) - \hat{x}_1(t; r))) + (1 + \sin t) \sin(x_1(t)), \\ \dot{\hat{x}}_2(t; r) = \hat{x}_3(t; r) + k_2 \mathscr{G}_2(r^2(x_1(t) - \hat{x}_1(t; r))) \\ \qquad\qquad + (1 + \sin t) \sin(\hat{x}_2(t; r)) - 4\hat{x}_2(t; r) + u, \\ \dot{\hat{x}}_3(t; r) = r k_{n+1} \mathscr{G}_3(r^2(x_1(t) - \hat{x}_1(t; r))), \end{cases} \quad (6.96)$$

这里非线性函数 $\mathscr{G}_i(\cdot)$ 由式 (6.6) 给出, 矩阵

$$K = \begin{pmatrix} -3 & 1 & 0 \\ -3 & 0 & 1 \\ -1 & 0 & 0 \end{pmatrix}$$

的三个特征值都等于 -1, 因此它是 Hurwitz 的.

令 $\theta = 0.7$, 从而 $\theta_1 = 0.7, \theta_2 = 0.4, \theta_3 = 0.1$. 用欧拉积分法求解微分方程进行数值模拟, 这里选取积分步长为 0.001, 系统的初始状态为 $(1, 1)$, 扩张状态观测器的初始状态为 $(0, 0, 0)$, 增益参数 $r = 50$, 数值模拟结果由图 6.2 给出. 由图 6.2 可以看出, 这类扩张状态观测器的观测结果是非常令人满意的.

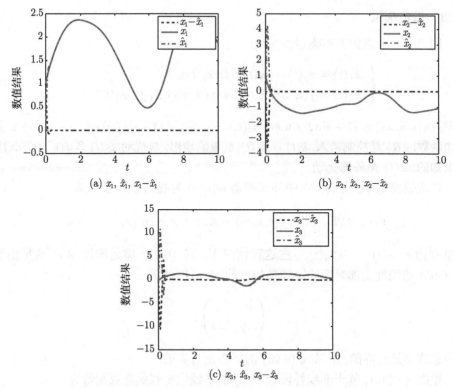

图 6.2　式 (6.96) 对式 (6.95) 状态和总扰动的数值模拟结果

　　作为比较, 接下来利用线性扩张状态观测器进行数值模拟. 用于观测系统式 (6.95) 状态和总扰动的线性扩张状态观测器设计为

$$
\begin{cases}
\dot{\hat{x}}_1(t;r) = \hat{x}_2(t;r) + rk_1(x_1(t) - \hat{x}_1(t;r)) + (1 + \sin t)\sin(x_1(t)), \\
\dot{\hat{x}}_2(t;r) = \hat{x}_3(t;r) + r^2 k_2 r^{n-2}(x_1(t) - \hat{x}_1(t;r)) \\
\qquad\qquad + (1 + \sin t)\sin(\hat{x}_2(t;r)) - 4\hat{x}_2(t;r) + u(t), \\
\dot{\hat{x}}_3(t;r) = r^3 k_{n+1}(x_1(t) - \hat{x}_1(t;r)).
\end{cases}
\tag{6.97}
$$

利用与图 5.1 相同的增益参数 $r = 50$, 数值模拟结果如图 6.3 中所示. 通过对图 6.2 和图 6.3 的对比可以发现, 非线性扩张状态观测器式 (6.96) 峰值明显小于线性扩张状态观测器式 (6.97) 的峰值. 还可以看出, 非线性扩张状态观测器式 (6.96) 对总扰动 $\hat{x}_3(t; 50)$ 的峰值不超过 10, 而线性扩张状态观测器式 (6.97) 对总扰动 $\hat{x}_3(t; 50)$ 的峰值接近 600.

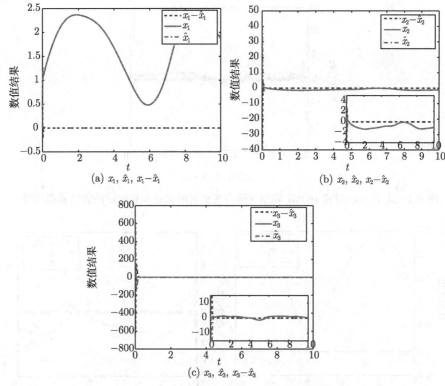

图 6.3 式 (6.97) 对式 (6.95) 的状态和总扰动的数值模拟结果

接下来利用数值结果考察在存在较小量测噪声的情况下扩张状态观测器的表现. 假设系统的输出 $y(t)$ 受到噪声 $0.002\mathcal{N}(t)$ 的污染, 其中, $\mathcal{N}(t)$ 是标准的高斯噪声, 由 Matlab 命令 "randn" 生成. 选取与图 6.2 相同的参数和函数, 在这种情况下的数值模拟结果由图 6.4 给出; 利用和图 6.4 相同的参数和函数, 线性扩张状态观测器式 (6.97) 对系统的输出受噪声干扰时的数值模拟结果在图 6.5 中给出.

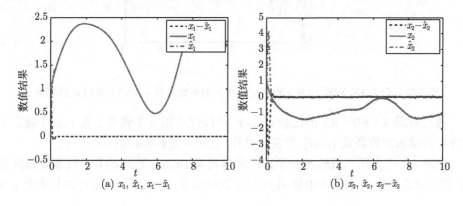

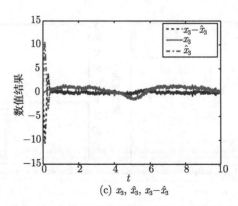

(c) x_3, $\hat{x}_3$, $x_3 - \hat{x}_3$

图 6.4   式 (6.96) 对式 (6.95) 输出受噪声污染时的状态和总扰动的数值模拟结果

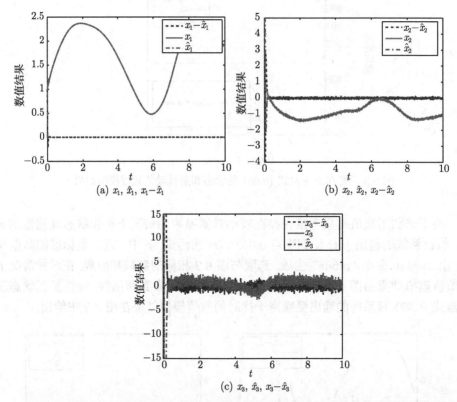

(a) x_1, $\hat{x}_1$, $x_1 - \hat{x}_1$ (b) x_2, $\hat{x}_2$, $x_2 - \hat{x}_2$

(c) x_3, $\hat{x}_3$, $x_3 - \hat{x}_3$

图 6.5   式 (6.97) 对式 (6.95) 输出受噪声影响时状态和总扰动的数值模拟结果

通过对图 6.4 和图 6.5 的比较可发现, 非线性扩张状态观测器式 (6.96) 较之于线性扩张状态观测器式 (6.97) 的表现更好, 受噪声的影响相对更小一些.

定理 6.1 考虑的非线性扩张状态观测器对具 Hölder 连续的非线性系统依然有效. 接下来在系统式 (6.95) 中使用 Hölder 连续而非 Lipschitz 连续的如下非线性函

数 $\phi_1(\cdot)$ 和 $\phi_2(\cdot)$ 进行数值仿真:

$$\phi_1(u, x_1) = u\sin\left([x_1(t)]^{2/3}\right), \quad \phi_2(u, x_1, x_2) = u\sin\left([x_2(t)]^{1/2}\right). \quad (6.98)$$

令增益参数 $r = 10$, $u(t) = 1 + \sin(t)$, 其他的参数与函数与图 6.2 中所使用的参数和函数相同. 在这种情况下, 非线性扩张状态观测器式 (6.96) 对系统状态和总扰动观测的数值结果在图 6.6 中给出. 由图 6.6 可以看出, 本节研究的非线性扩张状态观测器对具有 Hölder 连续的非线性系统的状态与总扰动的数值模拟结果仍然是有效的.

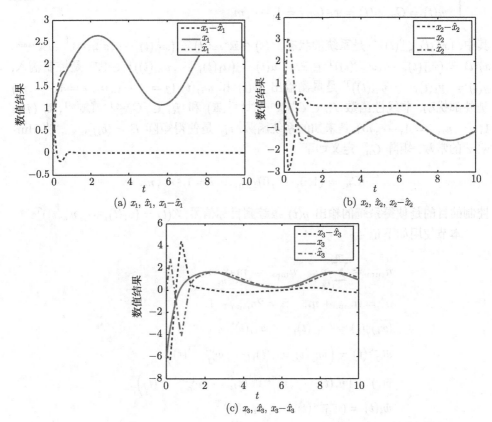

图 6.6　fal-ESO 对具有式 (6.98) 的非线性系统式 (6.95) 状态与总扰动的数值模拟结果

6.2　基于 fal-ESO 的自抗扰控制

本节针对如下多输入多输出非线性不确定系统研究基于 fal-ESO 的不确定性

因素补偿控制——自抗扰控制:

$$
\begin{cases}
\dot{x}_{i1}(t) = x_{i2}(t) + f_{i1}(x_{i1}(t), w_{i1}(t)), \\
\dot{x}_{i2}(t) = x_{i3}(t) + f_{i2}(x_{i1}(t), x_{i2}(t), w_{i2}(t)), \\
\vdots \\
\dot{x}_{i(n_i-1)}(t) = x_{in_i}(t) + f_{i(n_i-1)}(x_{i1}(t), \cdots, x_{i(n_i-1)}(t), w_{i(n_i-1)}(t)), \\
\dot{x}_{in_i}(t) = f_{in_i}(x(t), \zeta(t), w_{in_i}(t)) + \sum_{j=1}^{m} b_{ij} u_j(t), \\
\dot{\zeta}(t) = F_0(x(t), \zeta(t), w(t)), \\
y_i(t) = C_{n_i} x_i(t) = x_{i1}(t), i = 1, \cdots, m,
\end{cases}
\tag{6.99}
$$

其中, $\left(x^{\mathrm{T}}(t), \zeta^{\mathrm{T}}(t)\right)^{\mathrm{T}}$ 是系统的状态, $\zeta(t) \in \mathbb{R}^s$, $x(t) = \left(x_1^{\mathrm{T}}(t), \cdots, x_m^{\mathrm{T}}(t)\right)^{\mathrm{T}} \in \mathbb{R}^{n_{\mathrm{sum}}}$, $x_i(t) = (x_{i1}(t), \cdots, x_{in_i}(t))^{\mathrm{T}} \in \mathbb{R}^{n_i}$; $u(t) = (u_1(t), \cdots, u_m(t))^{\mathrm{T}} \in \mathbb{R}^m$ 是控制输入, $y(t) = (y_1(t), \cdots, y_m(t))^{\mathrm{T}}$ 是量测输出, $w(t)$ 和 $w_{ij}(t)$ $(j = 1, \cdots, n_i, i = 1, \cdots, m)$ 是外部扰动. 非线性函数 $F_0 \in C^1(\mathbb{R}^{n_{\mathrm{sum}}+s+1}, \mathbb{R})$ 和 $f_{ij} \in C^{n_i+1-j}(\mathbb{R}^{j+1}, \mathbb{R})$ $(j = 1, \cdots, n_i, i = 1, \cdots, m)$ 是未知的系统函数, b_{ij} 是使得矩阵 $B = (b_{ij})_{m \times m}$ 的 Hurwitz 的常数. 矩阵 C_{n_i} 定义如下:

$$
C_{n_i} = (1, 0, \cdots, 0)_{1 \times n_i}, \quad i = 1, \cdots, m.
$$

控制的目的是使得系统的输出 $y(t)$ 跟踪到目标信号 $\mathscr{V}(t) = (v_1(t), \cdots, v_m(t))^{\mathrm{T}}$.

本节使用如下记号:

$$
\begin{aligned}
& n_{\mathrm{sum}} = \sum_{i=1}^{m} n_i, \quad n_{\max} = \max_{1 \leqslant i \leqslant m} n_i, \\
& n^* = n_{\mathrm{sum}} + m, \quad \tilde{n} = 2 n_{\mathrm{sum}} + 1, \\
& \overline{(x_i)}_j(t) = (x_{i1}(t), \cdots, x_{ij}(t)), \\
& \overline{w_{ij}}^k(t) = \left(w_{ij}(t), \dot{w}_{ij}(t), \cdots, w_{ij}^{(k-1)}(t)\right), \\
& \tilde{v}(t) = \left(v_1(t), \cdots, v_1^{(n_1-1)}(t), \cdots, v_m^{(n_m-1)}(t)\right), \\
& \tilde{w}_i(t) = (\overline{w_{i1}}^{n_i}(t), \cdots, w_{in_i}(t))^{\mathrm{T}}, \\
& \tilde{w}(t) = \left(\tilde{w}_1^{\mathrm{T}}(t), \cdots, \tilde{w}_m^{\mathrm{T}}(t)\right)^{\mathrm{T}}, \\
& \hat{v}(t) = (\tilde{v}^{\mathrm{T}}(t), \dot{\tilde{v}}^{\mathrm{T}}(t))^{\mathrm{T}}, \quad \hat{w}(t) = (\tilde{w}^{\mathrm{T}}(t), \dot{\tilde{w}}^{\mathrm{T}}(t), w(t))^{\mathrm{T}}.
\end{aligned}
$$

6.2.1 控制器的设计与主要结果

定义跟踪误差

$$
e_{i1}(t) = y_i(t) - v_i(t), \quad i = 1, \cdots, m,
\tag{6.100}
$$

那么 $e_{i1}(t)$ 满足

$$\dot{e}_{i1}(t) = x_{i2}(t) - \dot{v}_i(t) + f_{i1}(x_{i1}(t), w_{i1}(t)). \tag{6.101}$$

令

$$e_{i2}(t) = x_{i2}(t) - \dot{v}_i(t) + f_{i1}(x_{i1}(t), w_{i1}(t)), \tag{6.102}$$

则 $\dot{e}_{i1}(t) = e_{i2}(t)$, 同时

$$\dot{e}_{i2}(t) = x_{i3}(t) - \ddot{v}_i(t) + \phi_{i2}(x_{i1}(t), x_{i2}(t), w_{i1}(t), \dot{w}_{i1}(t), w_{i2}(t)), \tag{6.103}$$

其中,

$$
\begin{aligned}
&\phi_{i2}(x_{i1}(t), x_{i2}(t), w_{i1}(t), \dot{w}_{i1}(t), w_{i2}(t)) \\
&= f_{i2}(x_{i1}(t), x_{i2}(t), w_{i2}(t)) \\
&\quad + \frac{\partial f_{i1}(x_{i1}(t), w_{i1}(t))}{\partial x_{i1}}(x_{i2}(t) + f_{i1}(x_{i1}(t), w_{i1}(t))) \\
&\quad + \frac{\partial f_{i1}(x_{i1}(t), w_{i1}(t))}{\partial w_{i1}}\dot{w}_{i1}(t).
\end{aligned} \tag{6.104}
$$

对 $j = 3, \cdots, n_i$, $i = 1, 2, \cdots, m$, 令

$$e_{ij}(t) = x_{ij}(t) - v_i^{(j-1)}(t) + \phi_{ij}\left(\overline{(x_i)}_j(t), \overline{w_{i1}}^j(t), \cdots, w_{ij}(t)\right), \tag{6.105}$$

这里 $\phi_{ij}(\cdot) = f_{ij}(\cdot) + \tilde{\phi}_{ij}(\cdot) - v^{(j)}(t)$, 同时

$$
\begin{aligned}
&\tilde{\phi}_{ij}\left(\overline{(x_i)}_j(t), \overline{w_{i1}}^j(t), \cdots, w_{ij}(t)\right) \\
&= \sum_{k=1}^{j-1} \frac{\partial \phi_{i(j-1)}\left(\overline{(x_i)}_{j-1}(t), \overline{w_{i1}}^{j-1}(t), \cdots, w_{i(j-1)}(t)\right)}{\partial x_{ik}} \\
&\quad \cdot \left(x_{i(k+1)}(t) + f_{ik}\left(\overline{(x_i)}_k(t), w_{i(k)}(t)\right)\right) \\
&\quad + \sum_{k=1}^{j-1}\sum_{h=0}^{j-1-k} w_{ik}^{(h+1)}(t) \frac{\partial \phi_{i(j-1)}\left(\overline{(x_i)}_{j-1}(t), \overline{w_{i1}}^{j-1}(t), \cdots, w_{i(j-1)}(t)\right)}{\partial w_{ik}^{(h)}}.
\end{aligned} \tag{6.106}
$$

令

$$
\begin{aligned}
\Phi_i(e(t), \tilde{v}(t), \zeta(t), \tilde{w}_i(t)) &= \phi_{in_i}\left(x(t), \zeta(t), \tilde{w}_i(t), v^{(j)}(t)\right) \\
&= \phi_{in_i}\left(e(t) + \tilde{v}(t), \zeta(t), \tilde{w}_i(t), v^{(j)}(t)\right),
\end{aligned} \tag{6.107}
$$

那么 $\dot{e}_{ij}(t) = e_{i(j+1)}(t)$, $j = 1, \cdots, n_i - 1$, 并且

$$\dot{e}_{in_i}(t) = \Phi_i(e(t), \tilde{v}(t), \zeta(t), \tilde{w}_i(t)) + \sum_{j=1}^{m} b_{ij}u_j(t). \tag{6.108}$$

设定

$$e_i(t) = (e_{i1}(t), \cdots, e_{in_i}(t))^{\mathrm{T}}, \quad e(t) = (e_1^{\mathrm{T}}(t), \cdots, e_m^{\mathrm{T}}(t))^{\mathrm{T}}, \tag{6.109}$$

因此可得如下的 e-系统:

$$\begin{cases} \dot{e}_i(t) = A_{n_i} e_i(t) + B_{n_i}\Big[\varPhi_i(e(t), \tilde{v}(t), \zeta(t), \tilde{w}_i(t)) \\ \qquad\qquad + \displaystyle\sum_{j=1}^{m} b_{ij} u_j(t)\Big], \ \ i = 1, 2, \cdots, m, \\ \dot{\zeta}(t) = F_0(e(t) + \tilde{v}(t), \zeta(t), w(t)), \\ y_e(t) = (e_{11}(t), \cdots, e_{m1}(t))^{\mathrm{T}}, \end{cases} \tag{6.110}$$

其中,

$$A_{n_i} = \begin{pmatrix} 0 & I_{(n_i-1)\times(n_i-1)} \\ 0 & 0 \end{pmatrix}, \tag{6.111}$$
$$B_{n_i} = (0, \cdots, 0, 1)^{\mathrm{T}},$$

其中, $I_{(n_i-1)\times(n_i-1)}$ 是 $(n_i - 1)$ 阶单位矩阵. 因此, 式 (6.99) 的输出跟踪问题转化为式 (6.110) 的系统镇定问题.

此时可用的信息只有量测的输出误差 $y_e(t) = (e_{11}(t), \cdots, e_{m1}(t))$. 接下来利用量测的输出误差 $y_e(t)$ 来构造基于 fal 函数的扩张状态观测器 (fal-ESO) 系统的其余状态 $(e_{i2}(t), \cdots, e_{in_i}(t))$, $1 \leqslant i \leqslant m$ 和如下定义的总扰动:

$$e_{i(n_i+1)}(t) \triangleq \varPhi_i(e(t), \tilde{v}(t), \zeta(t), \tilde{w}_i(t)), \quad i = 1, 2, \cdots, m. \tag{6.112}$$

fal-ESO 的设计如下:

$$\dot{\hat{e}}_i(t; r) = A_{n_i+1} \hat{e}_i(t; r) + \begin{pmatrix} \dfrac{k_{i1}}{r^{n_i-1}} g_1(r^{n_i}(e_{i1}(t) - \hat{e}_{i1}(t; r))) \\ \dfrac{k_{i2}}{r^{n_i-2}} g_2(r^{n_i}(e_{i1}(t) - \hat{e}_{i1}(t; r))) \\ \vdots \\ k_{i(n+1)} r g_{n_i+1}(r^{n_i}(e_{i1}(t) - \hat{e}_{i1}(t; r))) \end{pmatrix}^{\mathrm{T}}, \tag{6.113}$$

$$i = 1, 2, \cdots, m,$$

这里 $\hat{e}_i(t; r) = (\hat{e}_{i1}(t; r), \cdots, \hat{e}_{i(n_i+1)}(t; r)) \in \mathbb{R}^{n_i+1}$,

$$g_j(\tau) = \mathrm{fal}(\tau, \theta_j, 1), \quad 1 \leqslant j \leqslant n_{\max}, \tag{6.114}$$

常数 k_{ij} 的选取使得以下矩阵都是 Hurwitz 的:

$$K_i = \begin{pmatrix} k_{i1} & 1 & 0 & \cdots & 0 \\ k_{i2} & 0 & 1 & \cdots & 0 \\ \vdots & \vdots & \vdots & & \vdots \\ k_{in_i} & 0 & 0 & \cdots & 1 \\ k_{i(n_i+1)} & 0 & 0 & \cdots & 0 \end{pmatrix}, \quad i = 1, 2, \cdots, m. \quad (6.115)$$

对于上述设计的扩张状态观测器, 期望是对任意的 $2 \leqslant j \leqslant n_i + 1, 1 \leqslant i \leqslant m$, 扩张状态观测器的状态 $\hat{e}_{ij}(t;r)$ 可随增益参数 r 的增大而充分接近系统的状态 $e_{ij}(t)$ 和总扰动 $\hat{e}_{i(n_i+1)}(t;r)$.

基于 fal-ESO 的反馈控制设计如下:

$$\begin{cases} u_i^*(t;r) = \mathrm{sat}_{M_i} \left(\alpha_i^{\mathrm{T}} \bar{e}_i(t;r) - \hat{e}_{i(n_i+1)}(t;r) \right), \\ u(t;r) = B^{-1} u^*(t) = B^{-1}(u_1^*(t;r), \cdots, u_m^*(t;r))^{\mathrm{T}}, \end{cases} \quad (6.116)$$

其中, $B = (b_{ij})_{m \times m}$,

$$\begin{aligned} \bar{e}_i(t;r) &= (\hat{e}_{i1}(t;r), \cdots, \hat{e}_{in_i}(t;r))^{\mathrm{T}} \in \mathbb{R}^{n_i}, \\ \alpha_i &= (\alpha_{i1}, \cdots, \alpha_{in_i})^{\mathrm{T}} \in \mathbb{R}^{n_i}, \quad i = 1, 2, \cdots, m, \end{aligned} \quad (6.117)$$

$$\mathrm{sat}_{M_i}(\tau) = \begin{cases} \tau, & |\tau| \leqslant M_i, \\ M_i \mathrm{sign}(\tau), & |\tau| > M_i. \end{cases} \quad (6.118)$$

常数 α_{ij} 的选取使得下述矩阵是 Hurwitz 的:

$$\tilde{A}_{n_i} = A_{n_i} + B_{n_i} \alpha_i^{\mathrm{T}} = \begin{pmatrix} 0 & 1 & 0 & \cdots & 0 \\ 0 & 0 & 1 & \cdots & 0 \\ \vdots & \vdots & \vdots & & \vdots \\ \alpha_{i1} & \alpha_{i2} & \alpha_{i3} & \cdots & \alpha_{in_i} \end{pmatrix}, \quad i = 1, \cdots, m, \quad (6.119)$$

饱和函数中的常数 M_i 将在式 (6.133) 中给出.

为避免可能的混淆并强调闭环系统的解关于增益 r, 此后将反馈控制表示为 $u(t;r)$. 在反馈控制式 (6.116) 中, $-\hat{e}_{i(n_i+1)}(t;r)$ 用于补偿总扰动 $e_{i(n_i+1)}(t) = \Phi_i(\cdot)$. 在反馈控制 $u(t;r)$ 的作用下, 有 $\sum_{j=1}^{m} b_{ij} u_j(t;r) = u_j^*(t;r)$. 这导致系统 (6.110) 的状态 $e(t)$ 和 $\zeta(t)$ 也是依赖于增益参数 r. 接下来采用 $e(t;r)$ 和 $\zeta(t;r)$ 系统 (6.110) 在反馈控制 $u(t;r)$ 下的状态. 令

$$\tilde{F}_0(e(t;r), \tilde{v}(t), \zeta(t;r), w(t)) = F_0(e(t;r) + \tilde{v}(t), \zeta(t;r), w(t)), \quad (6.120)$$

那么式 (6.110) 在反馈控制式 (6.116) 作用下的闭环系统为

$$
\begin{cases}
\dot{e}_i(t;r) = A_{n_i} e_i(t;r) + B_{n_i} \Big[e_{i(n_i+1)}(t;r) \\
\qquad\quad + \mathrm{sat}_{M_i} \left(\alpha_i^{\mathrm{T}} \bar{e}_i(t;r) - \hat{e}_{i(n_i+1)}(t;r) \right) \Big], \\
\dot{\hat{e}}_i(t;r) = A_{n_i+1} \hat{e}_i(t;r) \\
\qquad + \begin{pmatrix}
\dfrac{k_{i1}}{r^{n_i-1}} g_1(r^{n_i}(e_{i1}(t;r) - \hat{e}_{i1}(t;r))) \\
\dfrac{k_{i2}}{r^{n_i-2}} g_2(r^{n_i}(e_{i1}(t;r) - \hat{e}_{i1}(t;r))) \\
\vdots \\
k_{i(n+1)} r g_{n_i+1}(r^{n_i}(e_{i1}(t;r) - \hat{e}_{i1}(t;r)))
\end{pmatrix}, \\
i = 1, 2, \cdots, m, \\
\dot{\zeta}(t;r) = \tilde{F}_0(e(t;r), \tilde{v}(t), \zeta(t), w(t)).
\end{cases}
\tag{6.121}
$$

下述 Lyapunov 函数有助于给出反馈控制式 (6.116) 中常数 M_i:

$$
V(z) = \sum_{i=1}^m V_i(z_i), \quad V_i(z_i) = z_i^{\mathrm{T}} P_i z_i,
\tag{6.122}
$$

这里 $z = (z_1^{\mathrm{T}}, \cdots, z_m^{\mathrm{T}})^{\mathrm{T}} \in \mathbb{R}^{n_{\mathrm{sum}}}$, $z_i \in \mathbb{R}^{n_i}$, P_i 是如下 Lyapunov 函数的正定矩阵解:

$$
\tilde{A}_i^{\mathrm{T}} P_i + P_i \tilde{A}_i = -I_{n_i \times n_i}.
\tag{6.123}
$$

矩阵 $\tilde{A}_{n_i}$ 由式 (6.119) 给出. 可验证

$$
\bar{\lambda}_{\min} \|z\|^2 \leqslant V(z) \leqslant \bar{\lambda}_{\max} \|z\|^2,
\tag{6.124}
$$

其中,

$$
\bar{\lambda}_{\min} = \min_{1 \leqslant i \leqslant m} \lambda_{\min}(P_i), \quad \bar{\lambda}_{\max} = \max_{1 \leqslant i \leqslant m} \lambda_{\max}(P_i),
\tag{6.125}
$$

$\lambda_{\min}(\cdot)$ 和 $\lambda_{\max}(\cdot)$ 分别表示某矩阵的最大特征值和最小特征值. 定义紧集

$$
\begin{aligned}
\mathcal{A}_1 &= \left\{ z \in \mathbb{R}^{n_{\mathrm{sum}}} \,\middle|\, V(z) \leqslant R^* \right\}, \\
\mathcal{A}_2 &= \left\{ z \in \mathbb{R}^{n_{\mathrm{sum}}} \,\middle|\, V(z) \leqslant R^* + 1 \right\},
\end{aligned}
\tag{6.126}
$$

其中, $R^* = \sup_{z \in \mathcal{H}} V(z)$, $z = (z_1^{\mathrm{T}}, \cdots, z_m^{\mathrm{T}})^{\mathrm{T}} \in \mathbb{R}^{n_{\mathrm{sum}}}$, 并且 $z_i = (z_{i1}, \cdots, z_{in_i})^{\mathrm{T}} \in \mathbb{R}^{n_i}$. 令 $\mathcal{H}$ 是 n_{sum} 维欧氏空间的紧集定义如下:

$$
\mathcal{H} = \{ z \in \mathbb{R}^{\mathrm{sum}} \,\big|\, |z_{ij}| \leqslant \beta_{ij} + 1 \},
\tag{6.127}
$$

这里 $\beta_{ij} > 0$ 是式 (6.121) 初始值绝对值 $|e_{ij}(0)|$ 的上界. 容易验证 $\mathcal{H} \subset \mathcal{A}_1 \subset \mathcal{A}_2$.

假设 A1 假设存在常数 $\tilde{M}_1, \tilde{M}_2 > 0$ 使得

$$\sup_{t \in [0,\infty)} \|\hat{v}(t)\| \leqslant \tilde{M}_1, \quad \sup_{t \in [0,\infty)} \|\hat{w}(t)\| \leqslant \tilde{M}_2. \tag{6.128}$$

假设 A2 存在 $V_0 : \mathbb{R}^s \to \mathbb{R}$ 以及 $\mathcal{K}_\infty$ 类函数 $\chi : \mathbb{R}^{\tilde{n}} \to \mathbb{R}$, 使得如果 $V_0(\nu) \geqslant \chi(z, \eta, \mu)$, 那么 $L_{\tilde{F}_0(z, \eta,, \nu, \mu)} V_0(\nu) \leqslant 0$, 并且

$$V_0(\zeta(0)) \leqslant \sup_{(z,\eta,\mu) \in \mathcal{C}_1} \chi(z, \eta, \mu), \tag{6.129}$$

其中,

$$\mathcal{C}_1 = \mathcal{A}_2 \times \mathcal{U}_{n_{\text{sum}}}(\tilde{M}_1) \times \mathcal{U}_1(\tilde{M}_2), \tag{6.130}$$

令

$$\mathcal{B} = \left\{ \nu \in \mathbb{R}^s \,\middle|\, V_0(\zeta) \leqslant \sup_{(z,\eta,\mu) \in \mathcal{C}_1} \chi(z, \eta, \mu) \right\}, \tag{6.131}$$

并且

$$\mathcal{C}_2 = \mathcal{A}_2 \times \mathcal{U}_{n_{\text{sum}}}(\tilde{M}_1) \times \mathcal{B} \times \mathcal{U}_1(\tilde{M}_2), \tag{6.132}$$

其中, $\mathcal{U}_k(R)$ 是欧氏空间 $\mathbb{R}^k$ 中以原点为中心、半径为 R 的闭球面.

在式 (6.121) 中, 常数 M_i 的选取如下:

$$\begin{aligned} M_{i1} &= \sum_{j=1}^{n_i} |\alpha_{ij}|(\tilde{\beta}_{ij} + 1), \quad \tilde{\beta}_{ij} = \sup_{z \in \mathcal{A}_2} |z_{ij}|, \\ M_{i2} &= \sup_{(z,\xi,\eta,\mu) \in \mathcal{C}_2} \Phi_i(z, \xi, \eta, \mu) + 1, \quad M_i = M_{i1} + M_{i2}. \end{aligned} \tag{6.133}$$

接下来给出本节的主要结果, 即定理 6.5.

定理 6.5 在式 (6.113) 中, 令 $\theta_j = j\theta - (j-1)$, $j = 1, 2, \cdots, n_{\max} + 1$. 假定假设 A1 和假设 A2 成立, 如果常数 α_{ij} 的选取使得在式 (6.119) 中定义的矩阵 $\tilde{A}_{n_i}$ 是 Hurwitz 的, 那么存在常数 $\theta^* \in (0, 1)$ 以及 $r^* > 1$ 使得对任意的 $\theta \in (\theta^*, 1)$ 和 $r \in (r^*, \infty)$, 都有

$$\left|\hat{e}_{ij}(t; r) - e_{ij}(t; r)\right| \leqslant \Gamma_1 (1/r)^{n_i + 2 - j}, \quad \forall t > t_r \tag{6.134}$$

成立, 这里 t_r 是依赖于 r 的常数并满足 $\lim_{t \to \infty} t_r = 0$, 同时

$$\left|e_{ij}(t; r)\right| \leqslant \Gamma_2/r \tag{6.135}$$

对任意的 $t > \bar{t}_r$ 都成立, 其中 $\bar{t}_r$ 是依赖于 r 的常数, Γ_1 和 Γ_2 是与 r 无关的常数.

由定理 6.5 和式 (6.100) 可得, $|x_{i1}(t;r) - v_i(t)| \leqslant \Gamma_2/r$. 另外, 对任意的 $\tau > 0$, $\lim_{r\to\infty} |\hat{e}_{ij}(t;r) - e_{ij}(t;r)| = 0$ 对 $[\tau, \infty)$ 一致成立, 且 $\lim_{r\to\infty} \lim_{t\to\infty} |x_{i1}(t;r) - v_i(t)| = 0$.

需要指出的是, 增益参数 r 需要根据总扰动的变化快慢来确定: 总扰动变化得越快, 增益参数 r 应被调得越大. 如果总扰动 $e_{i(n_i+1)}(t;r)$ 是常数, 那么存在常数 $\hat{r} > 1$ 使得对任意的 $r > \hat{r}$ 都有 $\lim_{t\to\infty} |\hat{e}_{ij}(t;r) - e_{ij}(t;r)| = 0$, 且 $\lim_{t\to\infty} |x_{i1}(t;r) - v_i(t)| = 0$.

6.2.2 主要结果的证明

首先给出定理证明的主要步骤: 第一, 证明式 (6.121) 的解 $(e(t;r), \zeta(t;r))$ 当 $t \in [0, T]$ 时属于与 r 无关的一个紧集, 这里 T 也是与 r 无关的常数; 第二, 针对式 (6.121) 构造 Lyapunov 函数; 第三, 构造与误差系统有关的加权齐次系统, 并针对该加权齐次系统, 构造加权齐次 Lyapunov 函数; 第四, 证明误差系统的一致有界性以及观测误差 $e_{ij}(t;r)$–$\hat{e}_{ij}(t;r)$ 的收敛性; 第五, 利用第四的结果最终证明定理 6.5.

步骤 1   误差系统的解在区间 $[0, T]$ 上的有界性.

在这一部分, 将证明存在与 r 无关的常数 $T > 0$ 使得对于任意的 $t \in [0, T]$, 式 (6.121) 的解位于紧集 $\mathcal{A}_1 \times \mathcal{B}$, 这里紧集 $\mathcal{A}_1, \mathcal{B}$ 是与 r 无关的, 其定义在式 (6.126) 和式 (6.131) 中给出,

引理 6.6   令 $T = 1/(\bar{M}_1 + 2\bar{M}_2)$ 以及

$$\bar{M}_1 = \max_{1\leqslant j\leqslant n_i,\, 1\leqslant i\leqslant m} \tilde{\beta}_{ij}, \quad \bar{M}_2 = \max_{1\leqslant i\leqslant m} M_i, \tag{6.136}$$

这里 $\tilde{\beta}_{ij}$ 和 M_i 的定义在式 (6.133) 中给出, 那么对任意的 $r > 1$,

$$\{e(t;r) | t \in [0, T]\} \subset \mathcal{A}_1, \quad \{\zeta(t;r) | t \in [0, T]\} \subset \mathcal{B}, \tag{6.137}$$

这里 $\mathcal{A}_1, \mathcal{B}$ 分别由式 (6.126) 和式 (6.131) 给出.

证明   由 $\mathcal{A}_1$ 和 $\mathcal{B}$ 的定义可知, 与 r 无关的初始状态满足 $e(0) \in \mathcal{A}_1, \zeta(0) \in \mathcal{B}$.

接下来, 说明误差系统的解 $(e(t;r), \zeta(t;r))$ 可能从紧集 $\mathcal{A}_1 \times \mathcal{B}$ 溢出的时间大于与 r 无关的常数 T. 事实上, 由假设 A1, 对任意的 $t \in [0, \infty)$, 都有

$$\tilde{v}(t) \in \mathcal{U}_{n_{\text{sum}}}(\tilde{M}_1), \quad w(t) \in \mathcal{U}_1(\tilde{M}_2). \tag{6.138}$$

如果对任意的 $r > 1$, $\{e(t;r) | t \in [0, T]\} \subset \mathcal{A}_1$, 那么对任意的 $r > 1$ 以及 $t \in [0, T]$,

$$(e(t;r), \tilde{v}(t), \tilde{w}(t)) \in \mathcal{C}_1, \tag{6.139}$$

这里 $\mathcal{C}_1$ 的定义在式 (6.130) 中给出. 这与假设 A2 和式 (6.131) 相结合, 可推出

$$\{\zeta(t;r) | t \in [0, T]\} \subset \mathcal{B}, \quad \forall\, r > 1. \tag{6.140}$$

因此, 只需要证明 $\{e(t;r)|t \in [0,T]\} \subset \mathcal{A}_1$ 对任意的 $r > 1$ 都成立.

下面用反证法来证明这一结论. 如果上述结论不成立, 那么存在常数 $r^* > 1$ 和 $T^* \in (0,T]$ 使得

$$e(T^*, r^*) \in \partial\mathcal{A}_1, \quad \{e(t, r^*)|\ t \in [0, T^*]\} \subset \mathcal{A}_1. \tag{6.141}$$

因此, 对任意的 $t \in [0, T^*]$ 都有

$$(e(t; r^*), \tilde{v}(t), \tilde{w}(t)) \in \mathcal{C}_1, \tag{6.142}$$

故

$$\{\zeta(t; r^*)|t \in [0, T^*]\} \subset \mathcal{B}. \tag{6.143}$$

容易证明对任意的 $t \in [0, T^*]$ 都有

$$\begin{aligned}
&|\Phi_i(e(t; r^*), \tilde{v}(t), \zeta(t; r^*), \tilde{w}_i(t))| \leqslant M_{i2} < \bar{M}_2, \\
&|e_{ij}(t; r^*)| \leqslant \tilde{\beta}_{ij} \leqslant \bar{M}_1, \quad 1 \leqslant j \leqslant n_i, \quad 1 \leqslant i \leqslant m,
\end{aligned} \tag{6.144}$$

这里 $\bar{M}_1$ 和 $\bar{M}_2$ 在式 (6.136) 中给出, M_{i2} 和 $\tilde{\beta}_{ij}$ 在式 (6.133) 中给出. 这与式 (6.121) 相结合, 可以推出对任意的 $t \in [0, T^*]$, 使得

$$\begin{aligned}
|e_{in_i}(T^*; r^*)| \leqslant & |\Phi_i(e(t; r^*), \tilde{v}(t), \zeta(t; r^*), \tilde{w}_i(t))|T^* \\
& + \left|\mathrm{sat}_{M_i}\left(\alpha_i^{\mathrm{T}} \hat{e}_i(t; r^*) - \hat{e}_{i(n_i+1)}(t; r^*)\right)\right| T^* + |e_{in_i}(0)| \\
\leqslant & \beta_{in_i} + (2\bar{M}_2)/(\bar{M}_1 + 2\bar{M}_2) \\
< & \beta_{in_i} + 1,
\end{aligned} \tag{6.145}$$

同时,

$$\begin{aligned}
|e_{ij}(T^*; r^*)| \leqslant & |e_{ij}(0)| + |e_{i(j+1)}(t; r^*)|T^* \\
\leqslant & \beta_{ij} + \bar{M}_1/(\bar{M}_1 + 2\bar{M}_2) \\
< & \beta_{ij} + 1.
\end{aligned} \tag{6.146}$$

由式 (6.145)、式 (6.146) 以及式 (6.127), 有

$$e(T^*; r^*)| \in \mathcal{H}^\circ \subset \mathcal{A}_1^\circ. \tag{6.147}$$

这与 $e(T^*; r^*) \in \partial\mathcal{A}_1$ 相矛盾, 这完成了引理的证明. $\qquad\square$

步骤 2　Lyapunov 函数和不等式的构造.
令

$$F_i(\tilde{z}_i) = \left(F_{i1}(\tilde{z}_i), \cdots, F_{in_i}(\tilde{z}_i), F_{i(n_i+1)}(\tilde{z}_i)\right)^{\mathrm{T}} = \begin{pmatrix} \tilde{z}_{i2} - k_{i1}[\tilde{z}_{i1}]^{\theta_1} \\ \vdots \\ \tilde{z}_{i(n_i+1)} - k_{in_i}[\tilde{z}_{i1}]^{\theta_{n_i}} \\ -k_{i(n_i+1)}[\tilde{z}_{i1}]^{\theta_{n_i+1}} \end{pmatrix},$$

$$F(\tilde{z}) = \left((F_i(\tilde{z}))^{\mathrm{T}}, \cdots, (F_m(\tilde{z}_m))^{\mathrm{T}}\right)^{\mathrm{T}}, \quad \tilde{z} = \left(\tilde{z}_1^{\mathrm{T}}, \cdots, \tilde{z}_m^{\mathrm{T}}\right) \in \mathbb{R}^{n^*}, \tag{6.148}$$

考虑系统

$$\dot{\tilde{z}}_i(t) = F_i(\tilde{z}_i(t)), \quad \tilde{z}_i \in \mathbb{R}^{n_i+1}, \quad i = 1, \cdots, m. \tag{6.149}$$

可以证明 $F_i(\cdot)$ 是 $d = \theta - 1$ 度关于权数 $\{r_j = (j-1)\theta - (j-2)\}_{j=1}^{n_i+1}$ 的加权齐次函数.

由于式 (6.115) 所定义的矩阵 K_i 是 Hurwitz 的, 那么存在 $\theta_1^* \in (n_{\max}/(n_{\max}+1), 1)$ 使得对任意的 $\theta \in (\theta_1^*, 1)$, 系统 $\dot{\tilde{z}}_i(t) = F_i(\tilde{z}_i(t))$ 是有限时间稳定的. 对所有的 $1 \leqslant i \leqslant m$, 存在正定的 $\gamma > 1$ 度关于权数 $\{r_j\}_{j=1}^{n_i+1}$ 加权齐次的 Lyapunov 函数 $V_{i\theta} : \mathbb{R}^{n_i+1} \to \mathbb{R}$, 使得该 Lyapunov 函数沿向量场 $F_i(\tilde{z})$ 的李导数是负定的. 同时, $L_{F_i}(V_{i\theta})(\tilde{z}_i)$ 和 $\dfrac{\partial V_{i\theta}(\tilde{z}_i)}{\partial \tilde{z}_{ij}}$ 也是加权齐次的函数. 令

$$\varpi_{ij}(\tilde{z}_{i1}, \tilde{z}_{i2}, \cdots, \tilde{z}_{i(n_i+1)}) = |\tilde{z}_{ij}|. \tag{6.150}$$

对任意的 $\lambda > 0$, 都有

$$\varpi_{ij}(\lambda^{r_1}\tilde{z}_{i1}, \lambda^{r_2}\tilde{z}_{i2}, \cdots, \lambda^{r_{n_i+1}}\tilde{z}_{n_i+1})$$
$$= \lambda^{r_j}|\tilde{z}_{ij}| = \lambda^{r_j}\varpi_{ij}(\tilde{z}_{i1}, \tilde{z}_{i2}, \cdots, \tilde{z}_{i(n_i+1)}). \tag{6.151}$$

因此 $\varpi_{ij}(\cdot)$ 是 r_j 度关于权数 $\{r_j\}_{j=1}^{n_i+1}$ 的加权齐次函数.

因为函数 $\dfrac{\partial V_{i\theta}(\tilde{z}_i)}{\partial \tilde{z}_{ij}}$, $L_{F_i}V_{i\theta}(\tilde{z}_i)$ 和 $|\tilde{z}_{ij}|$ 的加权齐次性, 所以

$$\left|\frac{\partial V_{i\theta}(\tilde{z}_i)}{\partial \tilde{z}_{ij}}\right| \leqslant \bar{B}_1(V_{i\theta}(\tilde{z}_i))^{\frac{\gamma-r_j}{\gamma}},$$
$$L_{F_i}V_{i\theta}(\tilde{z}_i) \leqslant -\bar{B}_2(V_{i\theta}(\tilde{z}_i))^{\frac{\gamma+d}{\gamma}}, \tag{6.152}$$
$$|\tilde{z}_{ij}| \leqslant \bar{B}_3(V_{i\theta}(\tilde{z}))^{\frac{r_j}{\gamma}}, \quad \tilde{z}_i \in \mathbb{R}^{n_i+1}, \quad \bar{B}_1, \bar{B}_2, \bar{B}_3 > 0.$$

令

$$V_\theta(\tilde{z}_1, \cdots, \tilde{z}_m) = \sum_{i=1}^m V_{i\theta}(\tilde{z}_i), \quad \tilde{z}_i \in \mathbb{R}^{n_i+1}, \tag{6.153}$$

$$\tilde{V}_L(\tilde{z}) = \sum_{i=1}^{m} \tilde{V}_{iL}(\tilde{z}_i), \quad \tilde{V}_{iL}(\tilde{z}_i) = \tilde{z}_i^{\mathrm{T}} \tilde{P}_i \tilde{z}_i,$$
$$\tilde{z} = (\tilde{z}_1^{\mathrm{T}}, \cdots, \tilde{z}_m^{\mathrm{T}})^{\mathrm{T}} \in \mathbb{R}^{n^*}, \quad \tilde{z}_i \in \mathbb{R}^i, \tag{6.154}$$

这里 $\tilde{P}_i$ 是以下 Lyapunov 方程的正定矩阵的解:

$$K_i^{\mathrm{T}} \tilde{P}_i + \tilde{P} K_i = -I_{(n_i+1) \times (n_i+1)}. \tag{6.155}$$

容易验证 $\tilde{V}_L(\tilde{z})$ 是连续正定的. 另外, 对任意的 $\tilde{z} \in \mathbb{R}^{n^*}$, 都有

$$\lambda_{\min} \|\tilde{z}\|^2 \leqslant \tilde{V}_L(\tilde{z}) \leqslant \lambda_{\max} \|\tilde{z}\|^2, \tag{6.156}$$

其中,

$$\lambda_{\min} = \min_{1 \leqslant i \leqslant m} \lambda_{\min}(\tilde{P}_i), \quad \lambda_{\max} = \max_{1 \leqslant i \leqslant m} \lambda_{\max}(\tilde{P}_i). \tag{6.157}$$

步骤 3 误差系统的有界性.

回到式 (6.121) 构造新的变量:

$$\tilde{e}_{ij}(t;r) = r^{n_i+1-j}(e_{ij}(t;r) - \hat{e}_{ij}(t;r)), \tag{6.158}$$

对任意的 $j = 1, 2, \cdots, n_i + 1,\ i = 1, \cdots, m,$ 令

$$\tilde{e}_i(t;r) = (\tilde{e}_{i1}(t,r), \cdots, \tilde{e}_{i(n_i+1)}(t;r))^{\mathrm{T}},$$
$$\tilde{e}(t;r) = ((\tilde{e}_1(t;r))^{\mathrm{T}}, \cdots, (\tilde{e}_m(t;r))^{\mathrm{T}})^{\mathrm{T}}. \tag{6.159}$$

直接计算可得 $\tilde{e}(t;r)$ 满足如下误差系统:

$$\frac{\mathrm{d}\tilde{e}(t;r)}{\mathrm{d}t} = rG(\tilde{e}(t;r)) + \left((B_{n_1+1}\Delta_1(t;r))^{\mathrm{T}}, \cdots, (B_{n_m+1}\Delta_m(t;r))^{\mathrm{T}}\right)^{\mathrm{T}}, \tag{6.160}$$

其中,

$$G_i(\tilde{z}_i) = (G_{i1}(\tilde{z}_i), \cdots, G_{in_i}(\tilde{z}_i), G_{i(n_i+1)}(\tilde{z}_i))^{\mathrm{T}}$$
$$= \begin{pmatrix} \tilde{z}_{i2} - k_{i1}g_1(\tilde{z}_{i1}) \\ \vdots \\ \tilde{z}_{i(n_i+1)} - k_{in_i}g_n(\tilde{z}_{i1}) \\ -k_{i(n_i+1)}g_{n_i+1}(\tilde{z}_{i1}) \end{pmatrix},$$
$$G(\tilde{z}) = ((G_1(\tilde{z}_1))^{\mathrm{T}}, \cdots, (G_m(\tilde{z}_m))^{\mathrm{T}})^{\mathrm{T}},$$
$$\tilde{z} = (\tilde{z}_1^{\mathrm{T}}, \cdots, \tilde{z}_m^{\mathrm{T}})^{\mathrm{T}}, \quad \tilde{z}_i \in \mathbb{R}^{n_i+1}, \quad i = 1, \cdots, m. \tag{6.161}$$

由式 (6.160), 有

$$
\begin{aligned}
\dot{\tilde{e}}(t;r) =& rF(\tilde{e}(t;r)) + r(G(\tilde{e}(t;r)) - F(\tilde{e}(t;r))) \\
& + \left((B_{n_1+1}\Delta_1(t;r))^{\mathrm{T}}, \cdots, (B_{n_m+1}\Delta_m(t;r))^{\mathrm{T}} \right)^{\mathrm{T}},
\end{aligned}
\tag{6.162}
$$

这里 $\Delta_i(t;r)$ 是 $e_{i(n_i+1)}(t;r)$ 总扰动关于时间 t 的导数, 将在后面的式 (6.180) 中给出其明确的表达式.

接下来估计 $\|F(\cdot) - G(\cdot)\|$ 的界. 根据 $F(\cdot)$ 的定义 (式 (6.148)) 和 $G(\cdot)$ 的定义 (式 (6.161)). 对任意的 $\tilde{z}_i = (\tilde{z}_{i1}, \cdots, \tilde{z}_{i(n_i+1)}) \in \mathbb{R}^{n_i+1}$, 如果 $|\tilde{z}_{i1}| > 1$, 那么 $G_i(\tilde{z}) = F_i(\tilde{z})$, 且当 $|\tilde{z}_{i1}| \leqslant 1$ 时,

$$
\begin{aligned}
& |G_{ij}(\tilde{z}_i) - F_{ij}(\tilde{z}_i)| = k_{ij}(\tilde{z}_{i1} - [\tilde{z}_{i1}]^{\theta_j}), \\
& j = 1, 2, \cdots, n_i, \quad i = 1, 2, \cdots, m.
\end{aligned}
\tag{6.163}
$$

假定 θ_j 满足定理 6.5, 可以证明

$$
\lim_{\theta \to 1} \theta_j = \lim_{\theta \to 1}(j\theta - (j-1)) = 1, \quad j = 1, \cdots, n_i+1, \quad i = 1, \cdots, m.
\tag{6.164}
$$

这导致

$$
\lim_{\theta \to 1} \max_{\tau \in [-1,1]} \left| [\tau]^{\theta_i} - \tau \right| = 0.
\tag{6.165}
$$

令

$$
\tilde{\delta}_1 = \bar{B}_2 \left/ \left(2\bar{B}_1 \sum_{i=1}^{m} \sum_{j=1}^{n_i+1} |k_{ij}| \right) \right..
\tag{6.166}
$$

根据式 (6.165), 存在 $\theta_2^* \in [\theta_1^*, 1)$ 使得对任意的 $\theta \in [\theta_2^*, 1)$,

$$
\max_{1 \leqslant i \leqslant n_{\max}+1, |\tau| \leqslant 1} \left| \tau - [\tau]^{\theta_i} \right| < \tilde{\delta}_1.
\tag{6.167}
$$

定义

$$
V_{\min}(\tilde{z}) = \min_{\theta \in [\theta_2^*, 1]} V_\theta(\tilde{z}), \quad \tilde{z} \in \mathbb{R}^{n^*}.
\tag{6.168}
$$

根据 Lyapunov 函数 $V_\theta(\cdot)$ 和 $V_{\min}(\cdot)$ 的连续性、正定性、径向无界性, 存在 $\mathcal{K}_\infty$ 类函数 $\kappa_j(j=1,2): [0,\infty) \to [0,\infty)$, 使得对任意的 $\tilde{z} \in \mathbb{R}^{n^*}$ 都有

$$
\kappa_1(\|\tilde{z}\|) \leqslant V_{\min}(\tilde{z}) \leqslant \kappa_2(\|\tilde{z}\|).
\tag{6.169}
$$

下面构造加权齐次的辅助函数 $\Upsilon_i : \mathbb{R}^{n_i+1} \to \mathbb{R}(i=1,2,\cdots,m)$ 用于估计式 (6.160) 的初始状态的上界:

$$
\Upsilon(\tilde{z}_{i1}, \cdots, \tilde{z}_{i(n_i+1)}) = |\tilde{z}_{i1}|^{\frac{\gamma}{r_1}} + \cdots + |z_{i(n_i+1)}|^{\frac{\gamma}{r_{n_i+1}}}.
\tag{6.170}
$$

可以证明函数 $\Upsilon_i(\tilde{z}_i)$ 正定的, 并且是 γ 度关于权数 $\{r_j\}_{j=1}^{n_i+1}$ 的加权齐次函数. 因此存在 $c_1 > 0$ 使得 $V_{i\theta}(\tilde{z}_i) \leqslant c_1 \Upsilon_i(\tilde{z}_i)$ 对任意的 $\tilde{z}_i \in \mathbb{R}^{n_i+1}$ 的都成立. 这与式 (6.158) 和式 (6.170) 相结合, 可推出

$$
\begin{aligned}
& V_{i\theta}(\tilde{e}_i(0;r)) \\
&= V_{i\theta}\left(r^{n_i}(e_{i1}(0) - \hat{e}_{i1}(0)), \cdots, e_{i(n_i+1)}(0) - \hat{e}_{i(n_i+1)}(0)\right) \\
&\leqslant c_1 \Upsilon_i\left(r^{n_i}(e_{i1}(0) - \hat{e}_{i1}(0)), \cdots, e_{i(n_i+1)}(0) - \hat{e}_{i(n_i+1)}(0)\right) \\
&= c_1 \sum_{j=1}^{n_i+1} |e_{ij}(0) - \hat{e}_{ij}(0)|^{\frac{\gamma}{r_j}} r^{\frac{(n_i+1-j)\gamma}{r_j}},
\end{aligned} \tag{6.171}
$$

这里 $e_{ij}(0)$ 和 $\hat{e}_{ij}(0)$ $(j = 1, 2, \cdots, n_i+1,\ i = 1, 2, \cdots, m)$ 是与 r 无关的闭环系统式 (6.121) 的初始状态.

对任意的 $\theta > n_{\max}/(n_{\max}+1)$, 有

$$
\theta > \frac{n_{\max}}{n_{\max}+1} > \frac{n_{\max}-1}{n_{\max}} \geqslant \frac{n_i-1}{n_i}, \tag{6.172}
$$

因此 $n_i\theta \geqslant n_i - 1$. 直接计算可得

$$
\begin{aligned}
& (n_i + 1 - j)j\theta - (n_i - j)(j-1)\theta \\
&\geqslant (n_i + 1 - j)(j-1) - (n_i - j)(j-2),
\end{aligned} \tag{6.173}
$$

这意味着

$$
(n_i + 1 - j)(j\theta - (j-1)) \geqslant (n_i - j)((j-1)\theta - (j-2)).
$$

这与 $r_j = (j-1)\theta - (j-2)$ 的定义相结合, 可得

$$
n_i \geqslant \frac{n_i - (j-1)}{r_j} \geqslant \frac{n_i - j}{r_{j+1}}, \quad j = 2, \cdots, n_i - 1,
$$

因此对任意的 $r \geqslant 1$, 都有

$$
r^{\frac{(n_i+1-j)\gamma}{r_j}} \leqslant r^{n_i\gamma} \leqslant r^{n_{\max}\gamma}, \quad i = 2, \cdots, m. \tag{6.174}
$$

故对任意的 $r \geqslant 1$, 有

$$
V_\theta(\tilde{e}(0;r)) \leqslant A r^{n_{\max}\gamma}, \quad A = c_1 \sum_{i=1}^m \sum_{j=1}^{n_i} |e_{ij}(0) - \hat{e}_{ij}(0)|^{\frac{\gamma}{r_j}}. \tag{6.175}
$$

令

$$
\mathscr{C}_{r\theta} = \left\{ \tilde{z} \in \mathbb{R}^{n^*} \,\middle|\, V_\theta(\tilde{z}) \leqslant A r^{n_{\max}\gamma} \right\}. \tag{6.176}
$$

容易看出对任意的 $r > 1$ 都有 $\tilde{e}(0; r) \in \mathscr{C}_{r\theta}$. 定义

$$\mathscr{D}_2 = \left\{ \tilde{z} \in \mathbb{R}^{n^*} | V_{\min}(\tilde{z}) \leqslant 1 \right\},$$
$$\mathscr{D}_3 = \left\{ \tilde{z} \in \mathbb{R}^{n^*} | \tilde{V}_L(\tilde{z}) \leqslant \bar{b} \right\}, \tag{6.177}$$

这里 $\bar{b} = \min \left\{ \lambda_{\min} \kappa_2^{-1}(1/2), \lambda_{\min}/4 \right\}$, $\lambda_{\min}$ 由式 (6.157) 给出. 对任意的 $\tilde{z} \in \mathscr{D}_3$ 都有

$$V_{\min}(\tilde{z}) \leqslant \kappa_2(\|\tilde{z}\|) \leqslant \kappa_2(\bar{b}/\lambda_{\min}) \leqslant 1/2 < 1, \tag{6.178}$$

从而 $\mathscr{D}_3 \subset \mathscr{D}_2$, $\mathscr{D}_2 - \mathscr{D}_3 \neq \varnothing$. 另外对任意的 $\tilde{z} \in \mathscr{D}_3$, 都有

$$|\tilde{z}_{i1}| \leqslant \|\tilde{z}\| \leqslant \sqrt{\tilde{V}_L(\tilde{z})/\lambda_{\min}} \leqslant 1/2 < 1. \tag{6.179}$$

步骤 4　误差系统解的最终一致有界性.

首先, 讨论总扰动的导数

$$
\begin{aligned}
\Delta_i(t; r) = \dot{e}_{i(n_i+1)}(t; r) &= \frac{\mathrm{d}\Phi_i(e(t; r), \tilde{v}(t), \zeta(t; r), \tilde{w}_i(t))}{\mathrm{d}t} \\
&= \sum_{i=1}^m \nabla_{e_i} \Phi_i(e(t; r), \tilde{v}(t), \zeta(t; r), \tilde{w}_i(t)) \\
&\quad \cdot \bigg(A_{n_i} e_i(t; r) + B_{n_i} \bigg[\Phi_i(e(t; r), \tilde{v}(t), \zeta(t; r), \tilde{w}_i(t)) \\
&\quad + \mathrm{sat}_{M_i} \bigg(\sum_{j=1}^{n_i} \alpha_{ij} \hat{e}_{ij}(t; r) - \hat{e}_{i(n_i+1)}(t; r) \bigg) \bigg] \bigg) \\
&\quad + \nabla_{\tilde{v}} \Phi_i(e(t; r), \tilde{v}(t), \zeta(t; r), \tilde{w}_i(t)) \dot{\tilde{v}}(t) \\
&\quad + \nabla_\zeta \Phi_i(e(t; r), \tilde{v}(t), \zeta(t; r), \tilde{w}_i(t)) \\
&\quad \cdot \tilde{F}_0(e(t; r), \tilde{v}(t), \zeta(t), w(t)) \\
&\quad + \nabla_{\tilde{w}_i} \Phi_i(e(t; r), \tilde{v}(t), \zeta(t; r), \tilde{w}_i(t)) \dot{\tilde{w}}_i(t), \tag{6.180}
\end{aligned}
$$

其中, $\nabla_{e_i}\Phi_i(\cdot)$, $\nabla_{\tilde{v}}\Phi_i(\cdot)$, $\nabla_\zeta\Phi_i(\cdot)$ 和 $\nabla_{\tilde{w}}\Phi_i(\cdot)$ 分别表示 $\Phi_i(\cdot)$ 分别关于其自变量 $e_i(t; r)$, $\tilde{v}(t)$, $\zeta(t; r)$ 和 $\tilde{w}(t)$ 的梯度向量. 由 $F_0(\cdot)$ 和 $f_{ij}(\cdot)$ 的光滑性以及闭环系统式 (6.121) 的解的连续性可知, 对任意的 $r > 1$, $\Delta_i(t; r)$ 是关于 t 连续的.

然后, 说明如果 $\Delta_i(t; r)$ 在有限区间 $[0, \bar{T}](\bar{T} > 0)$ 或无限区间 $[0, \infty)$ 内有界, 且其上确界是与 r 无关的常数, 那么存在 $t_r > 0$ 使得对任意的 $t > t_r$, 观测误差 $e_{ij}(t; r) - \hat{e}_{ij}(t; r)$ 满足命题 6.7.

命题 6.7　(1) 对任意的 $r > 1$ 和 $i = 1, \cdots, m$, 如果式 (6.180) 中所定义的 $\Delta_i(t; r)$ 在区间 $[0, \bar{T}]$ 有界, 并且其上界是与 r 无关的常数, 那么存在 $\theta^* > 0$ 和

$r^* > 1$ 使得对任意的 $\theta \in (\theta^*, 1)$ 和 $r > r^*$, 都有

$$|e_{ij}(t;r) - \hat{e}_{ij}(t;r)| \leqslant \Gamma (1/r)^{n_i+2-j}, \quad \forall \, t \in (t_r, \bar{T}), \tag{6.181}$$

其中, Γ 是一个与 r 无关的常数; $t_r \in (0, \bar{T})$ 是与 r 有关的常数, 且 $\lim_{r\to\infty} t_r = 0$.

(2) 对任意的 $r > 1$ 和 $i = 1, \cdots, m$, 如果 $\Delta_i(t;r)$ 在区间 $[0, \infty)$ 上有界, 并且上界是与 r 无关的常数, 那么存在常数 $\theta^* > 0$ 以及 $r^* > 1$ 使得对任意的 $\theta \in (\theta^*, 1)$, $r > r^*$,

$$|e_{ij}(t;r) - \hat{e}_{ij}(t;r)| \leqslant \Gamma (1/r)^{n_i+2-j}, \quad \forall \, t \in (t_r, \infty), \tag{6.182}$$

其中, Γ 是一个与 r 无关的常数; $t_r > 0$ 是依赖于 r 常数且 $\lim_{r\to\infty} t_r = 0$.

引理 6.8 对任意的 $r > 1$ 和 $i = 1, \cdots, m$, 如果式 (6.180) 中所定义的 $\Delta_i(t;r)$ 在区间 $[0, \bar{T}]$ 上是有界的, 并且其上界是不依赖于 r 的常数, 那么对任意的 $\theta \in (\theta_2^*, 1)$ 存在常数 $r_2^* > r_1^*$, 使得对任意的 $r > r_2^*$, 都有

$$\{\tilde{e}(t;r) \mid t \in [t_{1r}, \bar{T})\} \subset \mathscr{D}_2, \tag{6.183}$$

其中, $t_{1r} \in (0, \bar{T})$ 是依赖于 r 的常数且满足 $\lim_{r\to\infty} t_{1r} = 0$; $\tilde{e}(t;r)$ 的定义在式 (6.159) 中给出.

证明 令

$$\mathscr{D}_{\theta 2} = \{\tilde{z} \in \mathbb{R}^{n^*} \mid V_\theta(\tilde{z}) \leqslant 1\}. \tag{6.184}$$

由 $V_{\min}(\tilde{z})$ 的定义式 (6.168), $\mathscr{D}_{\theta 2} \subset \mathscr{D}_2$, 这里 $\mathscr{D}_2$ 由式 (6.177) 给出. 求 Lyapunov 函数 $V_\theta(\tilde{e}(t;r))$ 沿式 (6.162) 关于时间 t 的导数, 有

$$\left.\frac{dV_\theta(\tilde{e}(t;r))}{dt}\right|_{(6.162)} = \sum_{i=1}^{m} \Delta_i(t;r) \frac{\partial V_{i\theta}(\tilde{e}_i(t;r))}{\partial \tilde{e}_{i(n_i+1)}}$$
$$+ r \sum_{i=1}^{m} \left(L_{F_i} V_{i\theta}(\tilde{e}_i(t;r)) + L_{(G_i-F_i)} V_{i\theta}(\tilde{e}_i(t;r)) \right). \tag{6.185}$$

由式 (6.152), 有

$$L_{F_i} V_{i\theta}(\tilde{e}_i(t;r)) \leqslant -\bar{B}_2 (V_{i\theta}(\tilde{e}_i(t;r)))^{\frac{\gamma+d}{\gamma}}. \tag{6.186}$$

由于对于 $\tilde{\lambda}_i > 0$, $i = 1, 2, \cdots, m$,

$$\tilde{\lambda}_1^\theta + \cdots + \tilde{\lambda}_m^\theta \geqslant (\tilde{\lambda}_1 + \cdots + \tilde{\lambda}_m)^\theta, \quad \forall \, \theta \in (0, 1)$$

成立, 因此再根据式 (6.185) 和式 (6.186) 可得

$$\sum_{i=1}^{m} L_{F_i} V_{i\theta}(\tilde{e}_i(t;r)) \leqslant -B_2 (V_\theta(\tilde{e}(t;r)))^{\frac{\gamma+d}{\gamma}}. \tag{6.187}$$

再利用式 (6.152), 并结合式 (6.163) 和式 (6.166), 有

$$
\sum_{i=1}^{m} |L_{(G_i-F_i)} V_\theta(\tilde{e}(t;r))|
$$

$$
\leqslant \bar{B}_1 \tilde{\delta}_1 \sum_{i=1}^{m} \sum_{j=1}^{n_i+1} |k_{ij}| \left(V_{i\theta}(\tilde{e}_i(t;r))\right)^{\frac{\gamma-r_j}{\gamma}}
$$

$$
\leqslant \bar{B}_1 \tilde{\delta}_1 \sum_{i=1}^{m} \sum_{j=1}^{n_i+1} |k_{ij}| \left(V_\theta(\tilde{e}(t;r))\right)^{\frac{\gamma-r_j}{\gamma}}. \tag{6.188}
$$

由式 (6.184), 如果 $\tilde{e}(t;r) \in \mathscr{D}_{\theta 2}^c = \mathbb{R}^{n^*} - \mathscr{D}_{\theta 2}$, 那么 $V_\theta(\tilde{e}(t;r)) > 1$. 对任意的 $\theta \in (n_{\max}/(n_{\max}+1),1)$, 有

$$
\theta > \frac{n_{\max}}{n_{\max}+1} > \frac{n_i}{n_i+1}, \tag{6.189}
$$

因此 $(n_i+1)\theta > n_i$, 且

$$
\begin{aligned}
& r_j > r_{n_i+1} = n_i\theta - (n_i-1) > 1-\theta = -d, \\
& j=1,\cdots,n_i, \quad i=1,2,\cdots,m.
\end{aligned} \tag{6.190}
$$

这与式 (6.188) 相结合, 可得

$$
\begin{aligned}
& \sum_{i=1}^{m} |L_{(G_i-F_i)} V_\theta(\tilde{e}(t;r))| \leqslant \tilde{B}_1 \tilde{\delta}_1 \left(V_\theta(\tilde{e}(t;r))\right)^{\frac{\gamma+d}{\gamma}}, \\
& \left|\sum_{i=1}^{m} \Delta_i(t;r) \frac{\partial V_{i\theta}(\tilde{e}_i(t;r))}{\partial \tilde{e}_{i(n_i+1)}}\right| \leqslant \tilde{B}_2 \left(V_\theta(\tilde{e}(t;r))\right)^{\frac{\gamma+d}{\gamma}},
\end{aligned} \tag{6.191}
$$

其中,

$$
\begin{aligned}
& \tilde{B}_1 = \bar{B}_1 \sum_{i=1}^{m} \sum_{j=1}^{n_i+1} |k_{ij}|, \quad \tilde{B}_2 = \sum_{i=1}^{m} \bar{B}_1 \tilde{M}_i, \\
& \tilde{M}_i = \sup_{t\in[0,\bar{T}]} |\Delta_i(t;r)|.
\end{aligned} \tag{6.192}
$$

注意到式 (6.185)、式 (6.187)、式 (6.191) 以及式 (6.166), Lyapunov 函数 $V_\theta(\tilde{e}(t;r))$ 当 $\tilde{e}(t;r) \in \mathscr{D}_{\theta 2}^c$ 时满足

$$
\left.\frac{dV_\theta(\tilde{e}(t;r))}{dt}\right|_{(6.162)} \leqslant -\left(\frac{B_2 r}{2} + \tilde{B}_2\right) \left(V_\theta(\tilde{e}(t;r))\right)^{\frac{\gamma+d}{\gamma}}. \tag{6.193}
$$

令 $r_2^* = \max\{r_1^*, 4\tilde{B}_2/B_2\}$. 对任意的 $r > r_2^*$, 如果 $\tilde{e}(t;r) \in \mathscr{D}_{\theta 2}^c$, 那么

$$
\left.\frac{dV_\theta(\tilde{e}(t;r))}{dt}\right|_{(6.162)} \leqslant -\frac{B_2 r}{4} (V_\theta(\tilde{e}(t;r)))^{\frac{\gamma+d}{\gamma}}. \tag{6.194}
$$

这与 $\tilde{e}(0;r) \in \mathscr{C}_{r\theta}$ 相结合可得, 对任意的 $t \in [0,\infty)$ 都有 $\tilde{e}(t;r) \in \mathscr{C}_{r\theta}$. 不失一般性地, 假设 $\tilde{e}(0;r) \in \mathscr{C}_{r\theta} - \mathscr{D}_{\theta 2}$. 不等式 (6.194) 意味着存在与 r 相关的常数 $t_{1r} > 0$ 使得

$$\{\tilde{e}(t;r)|t \in [0,t_{1r}]\} \subset \mathscr{C}_{r\theta} - \mathscr{D}_{\theta 2}, \quad \{\tilde{e}(t;r)|t \in [t_{1r}, \bar{T}]\} \subset \mathscr{D}_{\theta 2}. \tag{6.195}$$

通过构造辅助系统来估计 t_{1r}. 令 $\psi(t)$ 是满足如下方程的非负函数:

$$\dot{\psi}(t) = -\frac{\bar{B}_2 r}{4}(\psi(t))^{\frac{\gamma+d}{\gamma}}, \quad \psi(0) = V_\theta(\tilde{e}(0;r)).$$

求解上述微分方程可得

$$\psi(t) = \begin{cases} \left(-\dfrac{\bar{B}_2|d|r}{4\gamma}t + (\psi(0))^{\frac{|d|}{\gamma}}\right)^{\frac{\gamma}{|d|}}, & t \leqslant \dfrac{4\gamma}{\bar{B}_2|d|}\dfrac{(\psi(0))^{\frac{|d|}{\gamma}}}{r}, \\ 0, & t > \dfrac{4\gamma}{\bar{B}_2|d|}\dfrac{(\psi(0))^{\frac{|d|}{\gamma}}}{r}. \end{cases} \tag{6.196}$$

利用常微分方程的比较原理, 有 $V_\theta(\tilde{e}(0;r)) \leqslant \psi(t)$ 对任意的 $t \in [0,t_{1r}]$ 都成立. 这与式 (6.195) 和式 (6.196) 相结合, 可得

$$t_{1r} \leqslant \frac{4\gamma}{\bar{B}_2|d|}r(\psi(0))^{\frac{|d|}{\gamma}} = \frac{4\gamma}{\bar{B}_2|d|}\frac{(V_\theta(\tilde{e}(0;r)))^{\frac{|d|}{\gamma}}}{r}. \tag{6.197}$$

因为 $\tilde{e}(0;r) \in \mathscr{C}_{r\theta}$, 所以

$$t_{1r} \leqslant \frac{4\gamma}{B_2(1-\theta)}A^{\frac{1-\theta}{\gamma}}(1/r)^{n_{\max}\theta-(n_{\max}-1)}. \tag{6.198}$$

考虑到 $\theta \in (\theta_2^*, 1)$ 以及 $n_{\max}\theta - (n_{\max}-1) > 0$, 有 $\lim_{r\to\infty} t_{1r} = 0$. 因此得到 $\mathscr{D}_{\theta 2} \subset \mathscr{D}_2$ 以及式 (6.195). □

引理 6.9 对任意的 $r > 1$ 和 $i = 1, \cdots, m$, 如果 $\Delta_i(t;r)$(其定义由式 (6.180) 给出) 是有界的, 且其上界是与 r 无关的常数, 那么存在常数 $\theta_3^* \in [\theta_2^*, 1)$ 和 $r_3^* > r_2^*$, 以及与 r 相关并满足 $\lim_{r\to\infty} t_{2r} = 0$ 的常数 $t_{2r} \in (t_{1r}, \bar{T})$, 使得对任意的 $r > r_3^*$ 都有

$$\{\tilde{e}(t;r)|\, t \in [t_{2r}, \infty)\} \subset \mathscr{D}_3, \tag{6.199}$$

这里 $\tilde{e}(t;r)$ 的定义由式 (6.159) 给出, $\mathscr{D}_3$ 的定义在式 (6.177) 中给出.

证明 令

$$\tau^* = \max_{1\leqslant i\leqslant m}\max_{\tilde{z}\in\mathscr{D}_2-\mathscr{D}_3^\circ}|\tilde{z}_{i1}|, \tag{6.200}$$

这里 $\tilde{z} = (\tilde{z}_{11}, \cdots, \tilde{z}_{1(n_1+1)}, \cdots, \tilde{z}_{m(n_m+1)})^{\mathrm{T}} \in \mathbb{R}^{n^*}$. 再令

$$\tilde{\delta}_2 = \tilde{B}_3/(2\tilde{B}_4), \quad \tilde{B}_3 = \min_{\tilde{z}\in\mathscr{D}_2-\mathscr{D}_3^\circ}\|\tilde{z}\|^2,$$

$$\tilde{B}_4 = \max\left\{1, \max_{\tilde{z}\in\mathscr{D}_2-\mathscr{D}_3^\circ}\sum_{i=1}^{m}\sum_{j=1}^{n_i+1}\left|k_{ij}\frac{\partial\tilde{V}_{iL}(\tilde{z})}{\partial\tilde{z}_{ij}}\right|\right\}. \tag{6.201}$$

容易看出 $\tilde{B}_3 > 0$ 并且 $\tilde{\delta}_2 > 0$. 对任意的 $\tau \in [-\tau^*, \tau^*]$, 由于 $|g_j(\tau) - \tau|$ 关于 θ 连续, 并且 $|g_j(\tau) - \tau| = 0$ 当 $\theta = 1$ 时对任意的 $j = 1, 2, \cdots, n_{\max} + 1$ 成立, 因而存在 $\theta_3^* \in [\theta_2^*, 1)$ 使得对任意的 $\theta \in [\theta_3^*, 1)$, 都有

$$\max_{j=1,\cdots,n_{\max}+1} \max_{\tau \in [-\tau^*, \tau^*]} |g_j(\tau) - \tau| < \tilde{\delta}_2. \tag{6.202}$$

求 Lyapunov 函数 $\tilde{V}_L(\tilde{e}(t; r))$ 沿式 (6.162) 关于时间 t 当 $\tilde{e}(t; r) \in \mathscr{D}_2 - \mathscr{D}_3^\circ$ 时的导数, 可得

$$
\begin{aligned}
\frac{\mathrm{d}\tilde{V}_L(\tilde{e}(t; r))}{\mathrm{d}t}\bigg|_{(6.162)} &= \sum_{i=1}^{m} r(\tilde{e}_i^{\mathrm{T}}(t; r) K_i^{\mathrm{T}} \tilde{P}_i \tilde{e}_i(t; r) + \tilde{e}_i^{\mathrm{T}}(t; r) \tilde{P}_i K_i \tilde{e}_i(t; r)) \\
&\quad + r \sum_{i=1}^{m} \sum_{j=1}^{n_i+1} k_{ij} \left([\tilde{e}_{i1}(t; r)]^{\theta_j} - \tilde{e}_{i1}(t; r) \right) \frac{\partial \tilde{V}_{iL}(\tilde{e}_i(t; r))}{\partial \tilde{e}_{ij}} \\
&\quad + \sum_{i=1}^{m} \Delta_i(t; r) \frac{\partial \tilde{V}_{iL}(\tilde{e}_i(t; r))}{\partial \tilde{e}_{i(n_i+1)}},
\end{aligned}
\tag{6.203}
$$

这里 $\tilde{V}_L(\cdot)$ 和 $\tilde{V}_{iL}(\cdot)$ 在式 (6.154) 中定义. 由式 (6.200) 和式 (6.202) 可知, 对任意的 $\theta \in (\theta_3^*, 1)$, 都有

$$\left| [\tilde{e}_{i1}(t; r)]^{\theta_j} - \tilde{e}_{i1}(t; r) \right| \leqslant \tilde{\delta}_2, \quad \forall \, \tilde{e}(t; r) \in \mathscr{D}_2 - \mathscr{D}_3^\circ. \tag{6.204}$$

因此, 如果 $\tilde{e}(t; r) \in \mathscr{D}_2 - \mathscr{D}_3^\circ$, 那么

$$\frac{\mathrm{d}\tilde{V}_L(\tilde{e}(t; r))}{\mathrm{d}t}\bigg|_{(6.162)} \leqslant -r\tilde{B}_3 + r\tilde{\delta}_2 \tilde{B}_4 + \tilde{B}_5, \tag{6.205}$$

这里 $\tilde{\delta}_2$, $\tilde{B}_3$ 以及 $\tilde{B}_4$ 的定义在式 (6.201) 中给出, 且

$$\tilde{B}_5 = \sup_{\tilde{z} \in \mathscr{D}_2 - \mathscr{D}_3^\circ} \sum_{i=1}^{m} \tilde{M}_i \left| \frac{\partial \tilde{V}_{iL}(\tilde{z})}{\partial \tilde{z}_{i(n_i+1)}} \right|, \quad \tilde{M}_i = \sup_{t \in [0, \tilde{T}]} |\Delta_i(t; r)|.$$

这与式 (6.201) 相结合, 可得

$$\frac{\mathrm{d}\tilde{V}_L(\tilde{e}(t; r))}{\mathrm{d}t}\bigg|_{(6.162)} \leqslant -\frac{r}{2}\tilde{B}_3 + \tilde{B}_5. \tag{6.206}$$

令 $r_4^* = \max\left\{ r_3^*, \ 4\tilde{B}_5/\tilde{B}_3 \right\}$. 对任意的 $r > r_4^*$, 如果 $\tilde{e}(t; r) \in \mathscr{D}_2 - \mathscr{D}_3^\circ$, 那么

$$\frac{\mathrm{d}\tilde{V}_L(\tilde{e}(t; r))}{\mathrm{d}t}\bigg|_{(6.162)} \leqslant -\frac{r}{4}\tilde{B}_3. \tag{6.207}$$

令

$$t_{2r} = t_{1r} + \frac{4 \max\limits_{\tilde{z} \in \mathscr{D}_2 - \mathscr{D}_3} \tilde{V}_L(\tilde{z})}{\tilde{B}_3} \frac{1}{r}. \tag{6.208}$$

由式 (6.207) 和式 (6.208), 可得

$$\{\tilde{e}(t;r) \mid t \in (t_{2r}, \infty)\} \subset \mathscr{D}_3. \tag{6.209}$$

定理证明完成. □

命题 6.7 的证明 由式 (6.179), 有

$$|\tilde{z}_{i1}| < 1, \quad \forall\, \tilde{z} = (\tilde{z}_{11}, \cdots, \tilde{z}_{1(n_1+1)}, \cdots, \tilde{z}_{m(n_m+1)}) \in \mathscr{D}_3. \tag{6.210}$$

由式 (6.100)、式 (6.114) 以及引理 6.9, 有

$$g_j(r^{n_i}(e_{i1}(t;r) - \hat{e}_{i1}(t;r))) = g_j(\tilde{e}_{i1}(t,r)) = \tilde{e}_{i1}(t,r), \tag{6.211}$$

对于任意的 $t \in (t_{2r}, \bar{T}]$ 都成立. 与引理 6.9 相结合可得, 对任意的 $t \in (t_{2r}, T]$, 式 (6.160) 关于时间 t 的导数具有如下形式:

$$\frac{\mathrm{d}\tilde{e}(t;r)}{\mathrm{d}t} = r\left((K_1\tilde{e}_1(t;r))^{\mathrm{T}}, \cdots, (K_m\tilde{e}_m(t;r))^{\mathrm{T}}\right)^{\mathrm{T}}$$
$$+ \left(\left(B_{n_1+1}\Delta_1(t;r)\right)^{\mathrm{T}}, \cdots, \left(B_{n_m+1}\Delta_m(t;r)\right)^{\mathrm{T}}\right)^{\mathrm{T}}. \tag{6.212}$$

由式 (6.154), 有

$$\lambda_{\min}(\tilde{P}_i)\|\tilde{z}_i\|^2 \leqslant \tilde{V}_{iL}(\tilde{z}) \leqslant \lambda_{\max}(\tilde{P}_i)\|\tilde{z}_i\|^2,$$
$$\left|\frac{\partial \tilde{V}_{iL}(\tilde{z})}{\partial \tilde{z}_{ij}}\right| \leqslant 2\lambda_{\max}(\tilde{P}_i)\|\tilde{z}_i\|, \quad \tilde{z}_i \in \mathbb{R}^{n_i+1}.$$

求 Lyapunov 函数 $\tilde{V}_L(\cdot)$ 沿式 (6.212) 关于时间 t 的导数可得, 对任意的 $t \in (t_{2r}, \bar{T}]$, 都有

$$\frac{\mathrm{d}\tilde{V}_L(\tilde{e}(t;r))}{\mathrm{d}t}\bigg|_{(6.212)}$$

$$= \sum_{i=1}^{m} r\left(\tilde{e}_i^{\mathrm{T}}(t;r)K_i^{\mathrm{T}}\tilde{P}_i\tilde{e}_i(t;r) + \tilde{e}_i^{\mathrm{T}}(t;r)\tilde{P}_iK_i\tilde{e}_i(t;r)\right)$$

$$+ \sum_{i=1}^{m} \Delta_i(t;r)\frac{\partial \tilde{V}_{iL}(\tilde{e}_i(t;r))}{\partial \tilde{e}_{i(n_i+1)}}$$

$$\leqslant -r\sum_{i=1}^{m}\|\tilde{e}_i(t;r)\|^2 + 2\sum_{i=1}^{m}\tilde{M}_i\lambda_{\max}(\tilde{P}_i)\|\tilde{e}_i(t;r)\|$$

$$\leqslant -r\sum_{i=1}^{m}\frac{1}{\lambda_{\max}(\tilde{P}_i)}\tilde{V}_{iL}(\tilde{e}_i(t;r)) + 2\sum_{i=1}^{m}\frac{\tilde{M}_i\lambda_{\max}(\tilde{P}_i)}{\sqrt{\lambda_{\min}(\tilde{P}_i)}}\sqrt{\tilde{V}_{iL}(\tilde{e}_i(t;r))}$$

$$\leqslant -r\tilde{B}_6\tilde{V}_L(\tilde{e}(t;r)) + \tilde{B}_7\sqrt{\tilde{V}_L(\tilde{e}(t;r))}, \tag{6.213}$$

其中,

$$\tilde{B}_6 = \min_{1 \leqslant i \leqslant m} \left\{ \frac{1}{\lambda_{\max}(\tilde{P}_i)} \right\}, \quad \tilde{B}_7 = 2 \sum_{i=1}^m \frac{\tilde{M}_i \lambda_{\max}(\tilde{P}_i)}{\sqrt{\lambda_{\min}(\tilde{P}_i)}}. \tag{6.214}$$

如果

$$V_L(\tilde{e}(t;r)) > 4\tilde{B}_7^2/(\tilde{B}_6^2 r^2), \tag{6.215}$$

那么

$$\sqrt{V_L(\tilde{e}(t;r))} > 2\tilde{B}_7/(\tilde{B}_6 r), \tag{6.216}$$

进而

$$\frac{\tilde{B}_6 r}{2} V_L(\tilde{e}(t;r)) > \tilde{B}_7 \sqrt{V_L(\tilde{e}(t;r))}. \tag{6.217}$$

这与式 (6.213) 相结合可得, 如果式 (6.215) 成立, 那么

$$\left. \frac{\mathrm{d}V_L(\tilde{e}(t;r))}{\mathrm{d}t} \right|_{(6.214)} < -\frac{\tilde{B}_6 r}{2} V_L(\tilde{e}(t;r)), \quad t \in (t_{2r}, \bar{T}]. \tag{6.218}$$

由常微分方程的比较原理可得, 对与任意的 $t > t_{2r}$, 如果式 (6.215) 成立, 那么

$$V_L(\tilde{e}(t;r)) \leqslant \exp\left(-\tilde{B}_2 r(t - t_{2r})/2\right) V_L(t_{2r}; r). \tag{6.219}$$

由于对于任意的 $t \in (t_{2r}, \bar{T}]$, $\tilde{e}(t;r) \in \mathscr{D}_3$ 总成立, 故可得 $V_L(\tilde{e}(t;r)) \leqslant 1$ 对任意的 $t \in (t_{2r}, \bar{T}]$ 都成立. 对任意的 $t \in (t_{2r}, \bar{T}]$, 如果 $V_L(\tilde{e}(t;r))$ 满足式 (6.215), 那么

$$V_L(\tilde{e}(t;r)) \leqslant \exp\left(-\tilde{B}_6 r(t - t_{2r})/2\right). \tag{6.220}$$

令 $t_r = t_{2r} + r^{-1/2}$, 考虑到 $\lim_{r \to \infty} t_{2r} = 0$, 容易得到 $\lim_{r \to \infty} t_r = 0$. 因此存在 $r_5^* > r_4^*$ 使得对任意的 $r > r_5^*$ 都有 $t_r < \bar{T}$. 根据式 (6.220) 可得

$$V_L(\tilde{e}(t;r)) \leqslant \exp\left(-\tilde{B}_6 r^{1/2}/2\right), \quad \forall\, t \in (t_r, \bar{T}]. \tag{6.221}$$

考虑到

$$\lim_{r \to \infty} r^2 \exp\left(-\tilde{B}_6 r^{1/2}/2\right) = 0, \tag{6.222}$$

存在 $r_6^* \geqslant r_5^*$, 使得对任意的 $\theta \in [\theta_3^*, 1)$, $r > r_6^*$ 以及 $t \in (t_r, \bar{T}]$, 都有

$$r^2 \exp\left(-\tilde{B}_6 r^{1/2}/2\right) \leqslant 4\tilde{B}_7^2/\tilde{B}_6^2. \tag{6.223}$$

这与式 (6.221) 相结合, 可得

$$V_L(\tilde{e}(t;r)) \leqslant 4\tilde{B}_7^2/(\tilde{B}_6^2 r^2), \quad \forall\, t > t_r. \tag{6.224}$$

根据式 (6.156), 对于任意的 $t > t_r$,

$$\|\tilde{e}(t;r)\| \leqslant (V_L(\tilde{e}(t;r))/\lambda_{\min})^{1/2} \leqslant \Gamma/r, \tag{6.225}$$

这里 $\Gamma = (2\tilde{B}_7)/(\tilde{B}_6\sqrt{\lambda_{\min}})$. 命题 6.7 可由式 (6.225) 和式 (6.158) 直接推得.   □

命题 6.10   存在 $r^* > 1$ 使得对任意的 $\theta \in (\theta^*, 1)$ 以及 $r > r^*$, 式 (6.121) 的解满足

$$\{e(t;r)|\ t \in [0,\infty)\} \subset \mathcal{A}_2, \quad \{\zeta(t;r)|\ t \in [0,\infty)\} \subset \mathcal{B}, \tag{6.226}$$

这里 $\mathcal{A}_2$ 在式 (6.126) 中给出, 紧集 $\mathcal{B}$ 在式 (6.131) 中给出.

证明   由引理 6.6, 对任意的 $r > 1$ 都有

$$\{e(t;r)|\ t \in [0,T]\} \subset \mathcal{A}_1 \subset \mathcal{A}_2^{\circ}. \tag{6.227}$$

如果对任意的 $t \in [0,\infty)$ 都有 $e(t;r) \in \mathcal{A}_2$, 那么由假设 A2, $\{\zeta(t;r)|\ t \in [0,\infty)\} \subset \mathcal{B}$. 因此只需证明存在常数 $r^* > 1$, 使得对任意的 $r > r^*$ 都有 $\{e(t;r)|\ t \in [0,\infty)\} \subset \mathcal{A}_2$. 在此, 利用反证法来证明这一结论. 对任意的 $r > 1$, 存在 $T_{2r} > T_{1r} > T$ 使得

$$\begin{aligned} &e(T_{1r};r) \in \partial\mathcal{A}_1, \quad e(T_{2r};r) \in \partial\mathcal{A}_2, \\ &\{e(t;r)|t \in [T_{1r}, T_{2r}]\} \subset \mathcal{A}_2 - \mathcal{A}_1^{\circ}, \\ &\{e(t;r)|t \in [0, T_{2r}]\} \subset \mathcal{A}_2. \end{aligned} \tag{6.228}$$

这与假设 A1 和引理 6.6 相结合, 可得

$$(e(t;r), \tilde{v}(t), \zeta(t,r), \tilde{w}(t)) \in \mathcal{C}_2, \quad \forall\, t \in [0, T_{2r}], \tag{6.229}$$

这里 $\mathcal{C}_2$ 的定义在式 (6.132) 中给出.

由 $\Delta_i(t;r)$ 的连续性和式 (6.229) 可知, 存在与 r 无关的常数 $\hat{M} > 0$, 使得 $|\Delta_i(t;r)| \leqslant \hat{M}$ 对任意的 $t \in [0, T_{2r}]$ 都成立. 令

$$\hat{\delta}_1 = \min\left\{1, \min_{z \in \mathcal{A}_2 - \mathcal{A}_1^{\circ}} \|z\|/N\right\}, \tag{6.230}$$

其中,

$$N = 2 \max_{1 \leqslant i \leqslant m} \lambda_{\max}(P_i) \left(\sum_{i=1}^{n_i} |\alpha_i| + 1\right). \tag{6.231}$$

由 6.7 可知, 存在 $r^* > 1$ 使得

$$|e_{ij}(t;r) - \hat{e}_{ij}(t;r)| \leqslant \hat{\delta}_1, \quad \forall\, r > r^*, \quad t \in [T, T_2], \tag{6.232}$$

这里 $\hat{\delta}_1$ 由式 (6.230) 给出. 因此, 对任意的 $1 \leqslant j \leqslant n_i$ 都有

$$|\hat{e}_{ij}(t;r)| \leqslant |e_{ij}(t;r)| + \hat{\delta}_1 \leqslant \tilde{\beta}_{ij} + 1, \tag{6.233}$$

$$|\hat{e}_{i(n_i+1)}(t;r)| \leqslant |e_{i(n_i+1)}(t;r)| + 1 \leqslant M_{i2}, \tag{6.234}$$

这里 $\tilde{\beta}_{ij}$ 和 M_{i2} 由式 (6.133) 给出. 由式 (6.112)、式 (6.133)、式 (6.228)、式 (6.133) 以及式 (6.134), 对任意的 $t \in [T, T_{2r}]$ 都有

$$\left| \alpha_i^{\mathrm{T}} \hat{e}_i(t;r) - \hat{e}_{i(n_i+1)}(t;r) \right| \leqslant M_i. \tag{6.235}$$

这意味着在式 (6.121) 中,

$$\mathrm{sat}_{M_i}\left(\alpha_i^{\mathrm{T}} \bar{e}_i(t;r) - \hat{e}_{i(n_i+1)}(t;r) \right) = \alpha_i^{\mathrm{T}} \bar{e}_{ij}(t;r) - \hat{e}_{i(n_i+1)}(t;r). \tag{6.236}$$

因此闭环控制系统式 (6.121) 的 e-子系统当 $t \in [0, T_r]$ 时可重写为

$$
\begin{aligned}
\dot{e}_i(t;r) =& A_{n_i} e_i(t;r) + B_{n_i} \Big[e_{i(n_i+1)}(t;r) \\
& + \alpha_i^{\mathrm{T}} \bar{e}_i(t;r) - \hat{e}_{i(n_i+1)}(t;r) \Big] \\
=& \Big(A_{n_i} + B_{n_i} \alpha_i^{\mathrm{T}} \Big) e_i(t;r) \\
& + B_{n_i} \Big[e_{i(n_i+1)}(t;r) - \hat{e}_{i(n_i+1)}(t;r) \\
& + \alpha_i^{\mathrm{T}} (\bar{e}_i(t;r) - e_i(t;r)) \Big] \\
=& \tilde{A}_{n_i} e_i(t;r) + B_{n_i} \Big[e_{i(n_i+1)}(t;r) - \hat{e}_{i(n_i+1)}(t;r) \\
& + \alpha_i^{\mathrm{T}} (\bar{e}_i(t;r) - e_i(t;r)) \Big],
\end{aligned}
\tag{6.237}
$$

其对任意的 $t \in [T, T_{2r}]$, $i = 1, 2, \cdots, m$ 都成立.

考虑 Lyapunov 函数 $V(\cdot)$ (其定义在式 (6.122) 中给出) 沿式 (6.237) 关于时间 t 的导数, 对任意的 $r > r^*$ 和 $t \in [T_{1r}, T_{2r}]$, 都有

$$
\begin{aligned}
\left. \frac{\mathrm{d}V(e(t;r))}{\mathrm{d}t} \right|_{(6.237)} =& \sum_{i=1}^{m} \frac{\mathrm{d}V_i(e_i(t;r))}{\mathrm{d}t} \\
=& \sum_{i=1}^{m} e_i^{\mathrm{T}}(t;r)(\tilde{A}_i^{\mathrm{T}} P_i + P_i \tilde{A}_i^{\mathrm{T}}) e_i^{\mathrm{T}}(t;r) \\
& + \sum_{i=1}^{m} \frac{\partial V_i(e_i(t;r))}{\partial e_{n_i}} \Big[e_{i(n_i+1)}(t;r) - \hat{e}_{i(n_i+1)}(t;r) \\
& + \alpha_i^{\mathrm{T}} (\bar{e}_i(t;r) - e_i(t;r)) \Big] \\
\leqslant& -\|e(t;r)\|^2 + N\hat{\delta}_1 \|e(t;r)\| \\
\leqslant& \|e(t;r)\| \left(- \min_{z \in \mathcal{A}_2 - \mathcal{A}_1^\circ} \|z\| + N\hat{\delta}_1 \right) \leqslant 0,
\end{aligned}
$$

由此可得 $V(e(T_{1r};r)) \geqslant V(e(T_{2r};r))$. 根据式 (6.228) 和式 (6.126) 有 $V(e(T_{2r};r)) = V(e(T_{1r};r)) + 1$. 这与之前的假设矛盾, 故命题 6.10 成立. $\qquad\square$

步骤 5 定理 6.5 的证明.

由命题 6.10, 存在 $\tilde{r}_1^* > 1$ 使得对任意 $r \in (\tilde{r}_1^*, \infty)$ 和 $t \in [0, \infty)$, 有

$$e(t;r) \in \mathcal{A}_2, \quad \zeta(t;r) \in \mathcal{B}, \tag{6.238}$$

因此对任意的 $r \in (\tilde{r}_1^*, \infty)$ 和 $t \in [0, \infty)$, 有

$$(e(t;r), \tilde{v}(t), \zeta(t;r), \tilde{w}(t)) \in \mathcal{C}_2. \tag{6.239}$$

由 $f_{ij}(\cdot)$ 和 $F_0(\cdot)$ 的光滑性可知, $\Phi_i(\cdot)$ 的所有的偏导数都连续. 这与式 (6.180) 和式 (6.238) 相结合可知, 存在与 r 无关的常数 $\hat{M}_1 > 0$ 使得, 对任意 $i = 1, 2, \cdots, m$ 都有

$$\Delta_i(t;r) \leqslant \hat{M}_1, \quad \forall t \in [0, \infty), \quad r \in (\tilde{r}_1^*, \infty). \tag{6.240}$$

根据命题 6.7 可知 $\tilde{r}_2^* > \tilde{r}_1^*$, 从而定理 6.5 的第一部分结论即式 (6.134) 成立, 这里 $\Gamma_1/r < \hat{\delta}_1$ 对任意的 $r \in (\tilde{r}_2^*, \infty)$ 和 $t \in (t_r, \infty)$ 都成立, 其中 δ_1 在式 (6.230) 中给出, t_r 是一个依赖于 r 且满足 $\lim_{r \to \infty} t_r = 0$ 的常数.

接下来证明定理 6.5 的另一个结论即式 (6.135) 成立. 与式 (6.237) 类似, 由于对于任意的 $r \in (\tilde{r}_2^*, \infty)$ 和 $t \in (0, \infty)$, 式 (6.233)、式 (6.234) 以及式 (6.239) 都成立, 从而闭环控制系统式 (6.121) 的 e-子系统可重写为

$$\dot{e}_i(t;r) = \tilde{A}_{n_i} e_i(t;r) + B_{n_i}\left[e_{i(n_i+1)}(t;r) - \hat{e}_{i(n_i+1)}(t;r) + \alpha_i^{\mathrm{T}}(\bar{e}_i(t;r) - e_i(t;r))\right], \tag{6.241}$$

其中, $r \in (\tilde{r}_2^*, \infty)$, $t \in [t_r, \infty)$, $i = 1, 2, \cdots, m$.

考虑到式 (6.134), Lyapunov 函数 $V(\cdot)$ 沿系统 (6.241) 的解关于时间 t 的导数对任意的 $r > \tilde{r}_2^*$ 和 $t \in [t_r, \infty)$, 都有

$$\begin{aligned}
\left.\frac{\mathrm{d}V(e(t;r))}{\mathrm{d}t}\right|_{(6.241)} \leqslant & -\|e(t;r)\|^2 \\
& + \sum_{i=1}^{m} 2\lambda_{\max}(P_i)\|e_i(t;r)\||e_{i(n_i+1)}(t;r) - \hat{e}_{i(n_i+1)}(t;r)| \\
& + \sum_{i=1}^{m} 2\lambda_{\max}(P_i)\|e_i(t;r)\| \sum_{i=1}^{n_i} |\alpha_{ij}||e_{ij}(t;r) - \hat{e}_{ij}(t;r)| \\
\leqslant & -\|e(t;r)\|^2 + \frac{2N\Gamma_1}{r}\|e(t;r)\| \\
\leqslant & -2\lambda_1 V(e(t;r)) + \frac{2\lambda_2}{r}\sqrt{V(e(t;r))}, \tag{6.242}
\end{aligned}$$

其中,

$$\lambda_1 = \frac{1}{2 \max\limits_{1 \leqslant i \leqslant m} \lambda_{\max}(P_i)},$$
$$\lambda_2 = \frac{N\Gamma_1}{\sqrt{\min\limits_{1 \leqslant i \leqslant m} \lambda_{\min}(P_i)}}. \tag{6.243}$$

由式 (6.242) 可得, 对任意的 $t > t_r$ 和 $r > \tilde{r}_2^*$, 如果 $V(e(t;r)) \neq 0$, 那么

$$\left. \frac{\mathrm{d}\sqrt{V(e(t;r))}}{\mathrm{d}t} \right|_{(6.241)} \leqslant -\lambda_1 \sqrt{V(e(t;r))} + \frac{\lambda_2}{r}. \tag{6.244}$$

由常微分方程的比较原理可得

$$\sqrt{V(e(t;r))} \leqslant \sqrt{V(e(t_{1r};r))} \exp(-\lambda_1(t - t_{1r}))$$
$$+ \frac{\lambda_2}{r} \int_{t_{1r}}^{t} \exp(-\lambda_1(t - s))\mathrm{d}s. \tag{6.245}$$

由此可知式 (6.135) 成立. □

6.2.3　对 AUV 三维航迹跟踪的应用

水下无人机 (AUV) 的模型为

$$\begin{cases} \dot{x}(t) = J(x(t))v(t), \\ M\dot{v}(t) + C(v(t))v(t) + D(v(t))v(t) \\ \quad + g(x(t)) + d(t) = u(t), \\ y(t) = x(t), \end{cases} \tag{6.246}$$

其中,

$$x(t) = (x(t), y(t), z(t), \phi(t), \theta(t), \psi(t))^{\mathrm{T}} \tag{6.247}$$

表示水下机器人的位置和方位角; $v(t)$ 是相应的速度; $y(t)$ 是量测输出; $M = M_{RB} + M_A$ 是正定的惯性矩阵; 斜对称矩阵 $C(v) \in \mathbb{R}^{6 \times 6}$ 表示科氏力和向心力; $D(v) \in \mathbb{R}^{6 \times 6}$ 是水动力阻力; 向量 $g(x) \in \mathbb{R}^6$ 是重力和浮力的复合; $d(t) \in \mathbb{R}^6$ 表示外部扰动; $J(x)$ 是大地坐标和机体坐标间的转换矩阵, 其定义如下:

$$J(x) = \begin{pmatrix} J_1(x) & 0 \\ 0 & J_2(x) \end{pmatrix}, \tag{6.248}$$

其中,

$$J_1(x) = \begin{pmatrix} j_{11} & j_{12} & j_{13} \\ j_{21} & j_{22} & j_{23} \\ j_{31} & j_{32} & j_{33} \end{pmatrix}, \quad J_2(x) = \begin{pmatrix} 1 & \sin\phi\tan\theta & \cos\phi\tan\theta \\ 0 & \cos\phi & -\sin\phi \\ 0 & \dfrac{\sin\phi}{\cos\theta} & \dfrac{\cos\phi}{\cos\theta} \end{pmatrix}. \tag{6.249}$$

其中,

$$j_{11} = \cos\psi\cos\theta, \quad j_{12} = -\sin\psi\cos\theta,$$
$$j_{13} = \sin\psi\sin\phi + \cos\psi\cos\phi\sin\theta,$$
$$j_{21} = \sin\psi\cos\theta, \quad j_{22} = \cos\psi + \sin\phi\sin\theta\sin\psi,$$
$$j_{23} = -\cos\psi\sin\phi + \sin\theta\sin\psi\cos\phi,$$
$$j_{31} = \sin\theta, \quad j_{32} = \sin\phi\cos\theta, \quad j_{33} = \cos\phi\cos\theta.$$

在式 (6.246) 中, 令 $\theta = 0, \phi = 0, \psi = 0$, 控制的目的是设置控制器驱使水下机器人跟踪任意给定的航迹 $v(t) = (v_1(t), v_2(t), v_3(t))^{\mathrm{T}}$.

令

$$\begin{aligned}
&x_{11}(t) = x(t), \quad x_{12}(t) = \dot{x}(t), \quad x_{21}(t) = y(t),\\
&x_{22}(t) = \dot{y}(t), \quad x_{31}(t) = z(t), \quad x_{32}(t) = \dot{z}(t),\\
&e_{11}(t) = x(t) - v_1(t), \quad e_{21}(t) = y(t) - v_2(t),\\
&e_{31}(t) = z(t) - v_3(t), \quad e_{12}(t) = \dot{e}_{11}(t),\\
&e_{22}(t) = \dot{e}_{21}(t), \quad e_{32}(t) = \dot{e}_{31}(t).
\end{aligned} \tag{6.250}$$

那么 $(x_{11}(t), x_{12}(t), \cdots, x_{32}(t))^{\mathrm{T}}$ 满足式 (6.99), 且 $f_{i1}(\cdot) = 0 (i = 1,2,3)$, 同时 $F_0(\cdot) = 0$. 由于环境的复杂性和外部扰动的作用, 系统中的非线性函数 $f_{i2}(\cdot)$ 的精确表达不易直接得到, 因此将它作为总扰动和系统的没有被直接量测的状态被扩张状态观测器估计并消除.

在接下来的数值模拟中, 采用本节给出的反馈控制式 (6.116) 和用以构成这一反馈控制的扩张状态观测器式 (6.113), 其中, 具体的参数选取为 $m = 3, n_1 = n_2 = n_3 = 2, M_i = 10, \alpha_i = (-4, -2)^{\mathrm{T}}, k_{i1} = k_{i2} = 3, k_{i3} = 1, i = 1,2,3$ 以及 $r = 80$. 利用欧拉积分法求解微分方程进行数值模拟, 其中采样步长选取为 0.001, 水下机器人的预先设定航迹为

$$(\cos t, \sin t, -t)^{\mathrm{T}}.$$

系统矩阵为 $B = I_{3\times 3}$. 在数值模拟中, 位置函数 $f_{i2}(t)$ 选取为

$$\begin{aligned}
\begin{pmatrix} f_{12}(t)\\ f_{22}(t)\\ f_{32}(t) \end{pmatrix} = &\begin{pmatrix} 0 & 0 & x_{22}(t)\\ 0 & 0 & -x_{12}(t)\\ x_{22}(t) & -x_{12}(t) & 0 \end{pmatrix}\\
&+ \begin{pmatrix} 2 & 1+\sin(x_{12}(t)) & 0\\ 0 & 2 & 1+\sin(x_{22}(t))\\ 2 & 0 & 1 \end{pmatrix} \begin{pmatrix} x_{12}(t)\\ x_{22}(t)\\ x_{32}(t) \end{pmatrix}\\
&+ \begin{pmatrix} 2+\sin t\\ \cos 2t\\ \mathrm{e}^{-t}\sin(t+\pi/4) \end{pmatrix}.
\end{aligned} \tag{6.251}$$

数值模拟结果在图 6.7(a) 中给出.

利用同样的系统参数和函数, 基于线性 ESO 的三维航迹跟踪数值模拟结果在图 6.7(b) 中给出. 由图 6.7 可知, 基于两类扩张状态观测器的反馈控制效果都是不错的.

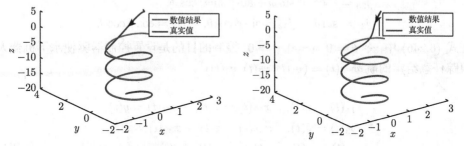

(a) 基于fal-ESO的三维航迹跟踪数值结果　　　　(b) 基于线性ESO的三维航迹跟踪数值结果

图 6.7　两类扩张状态观测器分别对航迹跟踪控制的数值结果

以上数值结果是在没有考虑量测噪声的情况下进行的, 接下来讨论在量测噪声情况下基于两种不同类型扩张状态观测器的控制效果. 假设系统的输出是 $e_{i1}(t) + 0.001\mathcal{N}(t)$, 其中, $\mathcal{N}(t)$ 是标准的高斯噪声, 在数值模拟中由 Matlab 程序命令 "randn" 生成. 选取系统、扩张状态观测器、反馈控制的其他参数和函数与图 6.7 所采用的函数和参数相同. 基于 fal-ESO 反馈控制的数值模拟结果在图 6.8(a) 中给出, 而基于线性 ESO 反馈控制的数值模拟结果在图 6.8(b) 中给出. 由图 6.8 可以看出, 在有量测噪声的情况下, 基于 fal-ESO 的反馈控制效果明显优于基于线性 ESO 的反馈控制的效果. 为进一步分析不同表现的原因, 本书分别给出两个扩张状态观测器对总扰动观测的数值结果其中, fal-ESO 对总扰动观测的数值结果在图 6.9 中给出, 线性扩张状态观测器对总扰动观测的数值结果在图 6.10 中给出.

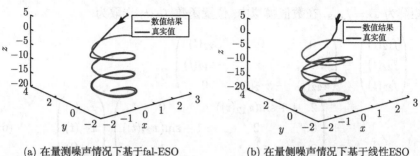

(a) 在量测噪声情况下基于fal-ESO　　　　(b) 在量侧噪声情况下基于线性ESO
反馈控制的数值结果　　　　　　　　反馈控制的数值结果

图 6.8　在量测噪声情况下的三维航迹跟踪数值结果

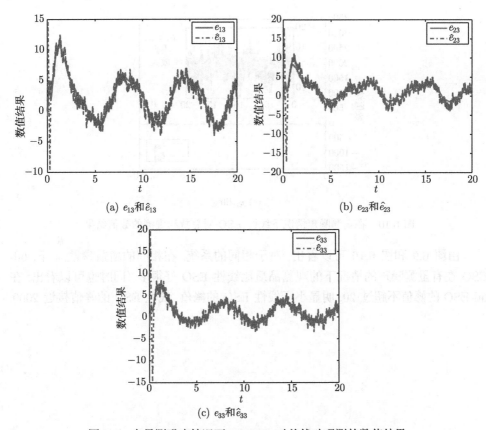

(a) e_{13}和$\hat{e}_{13}$

(b) e_{23}和$\hat{e}_{23}$

(c) e_{33}和$\hat{e}_{33}$

图 6.9 在量测噪声情况下 fal-ESO 对总扰动观测的数值结果

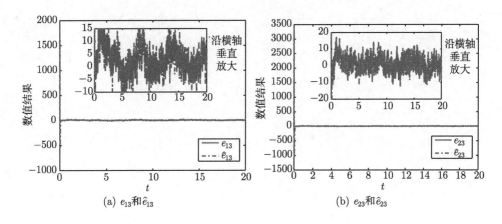

(a) e_{13}和$\hat{e}_{13}$

(b) e_{23}和$\hat{e}_{23}$

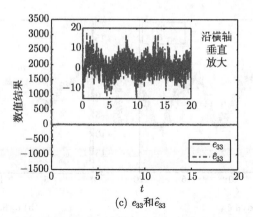

(c) e_{33}和$\hat{e}_{33}$

图 6.10　在量测噪声情况下线性 ESO 对总扰动观测的数值结果

由图 6.9 和图 6.10 可以看出, 对于相同的系统, 在相同的增益参数 r 下, fal-ESO 在有量测噪声的情况下的观测品质比线性 ESO 好很多. 同时也可以看出, 在 fal-ESO 的峰值不超过 20, 明显小于线性 ESO 的峰值, 线性 ESO 的峰值接近 2000.

参 考 文 献

[1]   MORSE A, WONHAM W. Decoupling and pole assignment in linear multivariable systems: A geometric approach [J]. SIAM Journal on Control and Optimization, 1970, 8: 1-18.

[2]   FRANCIS B, WONHAM W. The internal model principle of control theory [J]. Automatica, 1976, 12: 457-465.

[3]   HUANG J. Nonlinear output regulation: theory and applications [M]. Philadelphia: Society of Industrial and Applied Mathematics, 2004.

[4]   UTKIN V. Sliding modes in control and optimization [M]. New York: Springer-Verlag, 1992.

[5]   高为炳. 变结构控制的理论及设计方法 [M]. 北京: 科学出版社, 1996.

[6]   JIANG Z, TEEL A, PRALY L. Small-gain theorem for ISS systems and applications [J]. Mathematics of Control, Signal, and Systems, 1994, 7: 95-120.

[7]   ISIDORI A. Nonlinear control systems[M]. 3rd ed. London: Springer-Verlag, 1995.

[8]   KRSTIC M, KANELLAKOPOULOS I, KOKOTOVIC P. Nonlinear and adaptive control design [M]. New York: Wiley, 1995.

[9]   ZHOU K, DOYLE J, GLOVER K. Robust and optimal control [M]. Upper Saddle River: Prentice Hall, 1996.

[10]   贾英民. 鲁棒控制 [M]. 北京: 科学出版社，2007.

[11]   吴敏, 桂卫华, 何勇. 现代鲁棒控制 [M]. 长沙: 中南大学出版社, 2008.

[12]   KHALIL H. Nonlinear systems [M]. Upper Saddle River: Prentice Hall, 1996.

[13]   吴宏鑫. 自适应控制的应用和发展 [J]. 控制理论与应用，1992, 9: 1-10.

[14]   郭雷, 程代展, 冯德兴. 控制理论导论——从基本概念到研究前沿 [M]. 北京: 科学出版社, 2005.

[15]   柴天佑, 岳恒. 自适应控制 [M]. 北京: 清华大学出版社, 2016.

[16]   JIANG Z, JIANG Y. Robust adaptive dynamic programming for linear and nonlinear systems: an overview [J]. European Journal of Control, 2013, 19: 417-425.

[17]   ZHANG H, WEI Q, LIU D. An iterative adaptive dynamic programming method for solving a class of nonlinear zero-sum differential games [J]. Automatica, 2011, 47: 207-214.

[18]   HOU Z, JIN S. Model free adaptive control [M]. London: CRC Press, 2014.

[19]   CHEN X, SU C, FUKUDA T. A nonlinear disturbance observer for muitivariable systems and its application to magnetic bearing system [J]. IEEE Transactions on Control System Technology, 2004, 12: 569-577.

[20]   CHEN W, YANG J, GUO L, LI S. Disturbance-observer-based control and related methods: an overview [J]. IEEE Transactions on Industrial Electronics, 2016, 63: 1083-1095.

[21]   JIA Y, CHAI T. A data-driven dual-rate control method for a heat exchanging process [J]. IEEE Transactions on Industrial Electronics, 2017, 64: 4158-4168.

[22]   FLUGG-LOTZ I. Memorial to N. Minorsky [J]. IEEE Transactions. Automatic Control, 1971, 16: 289-291.

[23]   ASTROM K, HAGGLUND T. PID controllers: theory, design, and tuning [M]. Raleigh: Instrument Society of America, 1995.

[24]   BIALKOWSKI W. Control of the pulp and paper making progress [M]// LEVINE W. The control handbook. New York: IEEE Press, 1996.

[25]   SILVA G, DATTA A, BHATTACHARYYA S. New results on the synthesisi of PID controllers [J]. IEEE Transactions on Automatic Control, 2002, 47: 241-252.

[26]   FANSON J. An experimetal investigation of vibration suppresion in large space structures

using position positive feedback [D]. Los Angeles: California Institute of Technology , 1987.

[27] 韩京清. 控制理论——模型论还是控制论 [J]. 系统科学与数学, 1989, 9(4): 328-335.

[28] 韩京清, 王伟. 非线性跟踪–微分器 [J]. 系统科学与数学. 1994, 14(2): 177-183.

[29] 韩京清. 自抗扰控制技术——估计补偿不确定因素的控制技术 [M]. 北京: 国防工业出版社, 2008.

[30] 韩京清, 侯增广. 利用跟踪微分器构造未知函数的寻优及求根器 [J]. 控制与决策, 2000, 15: 365-367.

[31] 韩京清, 袁露林. 跟踪–微分器的离散形式 [J]. 系统科学与数学, 1999, 19(3): 278-283.

[32] 武利强, 韩京清. TD 滤波及其应用 [J]. 计算机与自动化, 2003, 22(2): 61-63.

[33] 姚翠珍, 韩京清. 非线性跟踪–微分器在生育模式预测中的应用 [J]. 系统工程理论与实践, 1996, 16(2): 57-61.

[34] 张文革, 韩京清. 跟踪微分器用于零点配置 [J]. 自动化学报, 2001, 27(5): 724-727.

[35] GUO B, HAN J, XI F. Linear tracking-differentiator and application to online estimation of the frequency of a sinusoidal signal with random noise perturbation [J]. International Journal of Systems Science, 2002, 33(5): 351-358.

[36] GUO B, ZHAO Z. On convergence of tracking differentiator [J]. International Journal of Control, 2011, 84: 693-701.

[37] GUO B, ZHAO Z. Weak convergence of nonlinear high-gain tracking differentiator [J]. IEEE Transactions on Automatic Control, 2013, 58: 1074-1080.

[38] 韩京清. 一种新型控制器——NLPID [J]. 控制与决策, 1994, 9(6): 401-407.

[39] HAN J. From PID to active disturbance rejection control [J]. IEEE Transactions on Industrial Electronics, 2009, 56: 900-906.

[40] KALMAN R. A new approach to linear filtering and prediction problems [J]. Transactions of the ASME-Journal of Basic Engineering, 1960, 82: 35-45.

[41] KRENER A, ISIDORI A. Linearization by output injection and nonlinear observers [J]. Systems & Control Letters, 1983, 3: 47-52.

[42] KRENER A, RESPONDEK A. Nonlinear observers with linearizable error dynamics [J]. SIAM Journa on Control and Optimization, 1985, 23: 197-216.

[43] DARKUNOV S. Sliding-mode observers based on equivalent control method [C]. 31th IEEE Conference on Decision and Control, 1992: 2368-2370.

[44] BESANCON G. Nonlinear observers and applications [M]. New York: Springer-Verlag, 2007.

[45] CORLESS M, Tu J. State and input estimation for a class of uncertain systems [J]. Automatica, 1998, 34: 757-764.

[46] DAVILA J, FRIDMAN L, LEVANT A. Second-order sliding-modes observer for mechanical systems [J]. IEEE Transactions on Automatic Control, 2005, 50: 1785-1789.

[47] MENARD T, MOULAY E, PERRUQUETTI W. A global high-gain finite-time observer [J]. IEEE Transactions on Automatic Control, 2010, 55: 1500-1506.

[48] PERRUQUETTI W, FLOQUET T, MOULAY E. Finite-time observers: application to secure communication [J]. IEEE Transactions on Automatic Control, 2008, 53: 356-360.

[49] SHEN Y, XIA X. Semi-global finite-time observers for nonlinear systems [J]. Automatica, 2008, 44: 3152-3156.

[50] 韩京清. 一类不确定对象的扩张状态观测器 [J]. 控制与决策, 1995, 10(1): 85-88.

[51] GAO Z. Scaling and bandwith-parameterization based controller tuning [C]. American Control Conference, 2003, 4989-4996.

[52] ZHENG Q, GAO L, GAO Z. On stability analysis of active disturbance rejection control for

nonlinear time-varying plants with unknow dynamics [J]. IEEE Conference on Decision and Control, 2007: 3501-3506.

[53] GUO B, ZHAO Z. On the convergence of an extended state observer for nonlinear systems with uncertainty [J]. Systems & Control Letters, 2011, 60: 420-430.

[54] GUO B, ZHAO Z. On convergence of non-linear extended state observer for multi-input multi-output systems with uncertainty [J]. IET Control Theory & Applications, 2012, 6: 2375-2386.

[55] ZHAO Z, GUO B. Extended state observer for uncertain lower triangular nonlinear systems [J]. Systems & Control Letters, 2015, 85: 100-108.

[56] ZHAO Z, GUO B. A nonlinear extended state observer based on fractional power functions [J]. Automatica, 2017, 81, 286-296.

[57] 韩京清. 从 PID 技术到 "自抗扰控制" 技术 [J]. 控制工程, 2002, 9(3): 13-18.

[58] 韩京清. 自抗扰控制技术 [J]. 前沿科学, 2007, 1(1): 24-31.

[59] 韩京清. 自抗扰控制器及应用 [J]. 控制与决策, 1998, 13(1): 19-23.

[60] ZHENG Q, GAO Z. An energy saving, factory-validated disturbance decoupling control design for extrusion processes [C]. 10th World Congress on Intelligent Control and Automation (WCICA), 2012, 2891-2896.

[61] FREIDOVISH L, KHALIL H. Performance recovery of feedback-linearization based designs [J]. IEEE Transactions on Automatic Control, 2008, 53: 2324-2334.

[62] 陈增强, 孙明玮, 杨瑞光. 线性自抗扰控制器的稳定性研究 [J]. 自动化学报, 2013, 39(5): 574-580.

[63] SHAO S, GAO Z. On the conditions of exponential stability in active disturbance rejection control based on singular perturbation analysis [J]. International Journal of Control, 2017, 90: 2085-2097.

[64] XUE W, BAI W, YANG S, et al. ADRC with adaptive extended state observer and its application to air-fuel ratio control in gasoline engines [J]. IEEE Transactions on Industrial Electronics, 2015, 62: 5847-5857.

[65] Pu Z, Yuan R, Yi J, et al. A class of adaptive extended state observers for nonlinear disturbed systems [J]. IEEE Transactions on Industrial Electronics, 2015, 62: 5858-5869.

[66] SUN J, YANG J, LI S, et al. Sampled-data-based event-triggered active disturbance rejection control for disturbed systems in networked environment[J]. IEEE Transactions on Cybernetics, 2018, 99, 1-11.

[67] GUO B, WU Z. Active disturbance rejection control approach to output feedback stabilization of lower triangular nonlinear systems with stochastic uncertainty [J]. International Journal of Robust and Nonlinear Control, 2017, 27: 2773-2797.

[68] GUO B, WU Z, ZHOU H. Active disturbance rejection control approach to output-feedback stabilization of a class of uncertain nonlinear systems subject to stochastic disturbance [J]. IEEE Transactions on Automatic Control, 2016, 61: 1613-1618.

[69] FENG H, GUO B. A new active disturbance rejection control to output feedback stabilization for a one-dimensional anti-stable wave equation with disturbance [J]. IEEE Transactions on Automatic Control, 2017, 62: 3774-3787.

[70] GUO B, LIU J, AL-FHAID A, YOUNAS A, et al. The active disturbance rejection control approach to stabilization of coupled heat and ODE system subject to boundary control matched disturbance [J]. International Journal of Control, 2015, 88: 1554-1564.

[71] GUO B, ZHOU H. The active disturbance rejection control to stabilization for multi-

dimensional wave equation with boundary control matched disturbance [J]. IEEE Transactions on Automatic Control, 2015, 60: 143-157.

[72] GUO B, ZHOU H. Active disturbance rejection control for rejecting boundary disturbance from multidimensional Kirchhoff plate via boundary control [J]. SIAM Journal on Control and Optimization. 2014, 52: 2800-2830.

[73] GUO B, JIN F. The active disturbance rejection and sliding mode control approach to the stabilization of Euler-Bernoulli beam equation with boundary input disturbance [J]. Automatica, 2013, 49: 2911-2918.

[74] 赵志良，郭宝珠. 自抗扰控制对具边界扰动和区间内反阻尼的波动方程的镇定 [J]. 控制理论与应用, 2013, 30(12): 1553-1563.

[75] ZHAO Z, GUO B. On convergence of nonlinear active disturbance rejection control for a class of nonlinear systems [J]. Journal of Dynamical and Control Systems, 2016, 22: 385-412.

[76] GUO B, ZHAO Z. On convergence of the nonlinear active disturbance rejection control for MIMO systems [J]. SIAM Journal on Control and Optimization, 2013, 51: 1727-1757.

[77] ZHAO Z, GUO B. On active disturbance rejection control for nonlinear systems using time-varying gain [J]. European Journal of Control, 2015, 23, 62-70.

[78] ZHAO Z, GUO B. Active disturbance rejection control approach to stabilization of lower triangular systems with uncertainty [J]. International Journal of Robust and Nonlinear Control, 2016, 26: 2314-2337.

[79] ZHAO Z, GUO B. A novel extended state observer for output tracking of MIMO systems with mismatched uncertainty [J]. IEEE Transactions on Automatic Control, 2018, 63: 211-218.

[80] GUO B, ZHAO Z. Active disturbance rejection control for nonlinear systems: an introduction [M]. New York: John Wiley & Sons, 2017.

[81] GUO B, ZHAO Z. Active disturbance rejection control: theoretical perspectives [J]. Communications in Information and Systems, 2015, 15: 361-421.

[82] LI J, XIA Y, GAO Z, et al. Absolute stability analysis of non-linear active disturbance rejection control for single-input-single-output systems via the circle criterion method [J]. IET Control Theory & Applications, 2015, 9: 2320-2329.

[83] RAN M, WANG Q, DONG C. Active disturbance rejection control for uncertain nonaffine-in-Control nonlinear systems [J]. IEEE Transactions on Automatic Control, 2017, 62: 5830-5836.

[84] GUO B, WU Z, ZHOU H. Comments on "Stabilization of a class of nonlinear systems with actuator saturation via active disturbance rejection control" [J]. Automatica, 2017, 83: 398.

[85] HUANG Y, XU K, HAN J, et al. Flight control design using extended state observer and non-smooth feedback [C]. Proceedings. the 40th IEEE Conference on Decision and Control, 2001: 223-228.

[86] SUN M, CHEN Z, YUAN Z. A practical solution to some problems in flight control [C]. Proceedings of the 48th IEEE Conference on Decision and Control and 28th Chinese Control Conference, 2009: 1482-1487.

[87] WANG J, HE L, SUN M. Application of active disturbance rejection control to integrated flight-propulsion control [C]. Proceedings of the 22nd Chinese Control and Decision Conference, 2010: 2565-2569.

[88] ZHU Z, XIA Y, Fu M. Attitude tracking of rigid spacecraft based on extended state observer [C]. Proceedings of the International Symposium on Systems and Control in Aero-

nautics and Astronautics, 2010: 621-626.

[89]   XIONG H, YI J, FAN G. Autolanding of unmanned aerial vehicles based on active distur-
       bance rejection control [C]. Proceedings of the IEEE International Conference on Intelligent
       Computing and Intelligent Systems, 2009: 772-776.

[90]   XIA Y, FU M. Compound control methodology for fight vehicles [M]. New York: Springer-
       Verlag, 2013.

[91]   DONG P, YE G, WU J. Auto-disturbance rejection controller in the wind energy conversion
       system [C]. Proceedings of the Power Electronics and Motion Control Conference, 2004: 878-
       881.

[92]   MA Y, YU Y, ZHOU X. Control technology of maximal wind energy capture of vscf wind
       power generation [C]. Proceedings of the 2010 WASE International Conference on Information
       Engineering, 2010: 268-271.

[93]   ZHENG Q, GAO Z, Tan W. Disturbance rejection in thermal power plants [C]. Proceedings
       of the 30th Chinese Control Conference, 2011: 6350-6355.

[94]   SUN B, GAO Z. A DSP-based active disturbance rejection control design for a 1-kW H-
       bridge DC-DC power converter [J]. IEEE Transactions on Industrial Electronics, 2005, 52:
       1271-1277.

[95]   HUANG H, WU L, HAN J. A new synthesis method for unit coordinated control system in
       thermal power plant-ADRC control scheme [C]. Proceedings of the International Conference
       on Power System Technology, 2004: 133-138.

[96]   LI Q, WU J. Application of auto-disturbance rejection control for a shunt hybrid active power
       filter [C]. Proceedings of the IEEE International Symposium on Industrial Electronics, 2005:
       627-632.

[97]   ZHONG Q, ZHANG Y, YANG J. Non-linear auto-disturbance rejection control of parallel
       active power filters [J]. IET Control Theory & Applocations, 2008, 3: 907-916.

[98]   ZHANG Y, DONG L, GAO Z. Load frequency control for multiple-area power systems [C].
       Proceedings of the American Control Conference, 2009: 2773-2778.

[99]   LI S, LIU Z. Adaptive speed control for permanent-magnet synchronous motor system with
       variations of load inertia [J]. IEEE Transactions on Industrial Electronics, 2009, 56: 3050-
       3059.

[100] SUN K, ZHAO Y. A new robust algorithm to improve the dynamic performance on the
       position control of magnet synchronous motor drive [C]. Proceedings of the International
       Conference on Future Computer and Communication, 2010: 268-272.

[101] MEI Y, HUANG L. A second-order auto disturbance rejection controller for matrix converter
       fed induction motor drive [C]. Proceedings of the Power Electronics and Motion Control
       Conference, 2009: 1964-1967.

[102] SU Y, ZHENG C, SUN D. A simple nonlinear velocity estimatiom for high-performance
       motion control [J]. IEEE Transactions on Industrial Electronics, 2005, 52: 1161-1169.

[103] RUAN J, YANG F, SONG R, et al. Study on ADRC-based intelligent vehicle lateral locomo-
       tion control [C]. Proceedings of the 7th World Congress on Intelligent Control and Automa-
       tion, 2008: 2619-2624.

[104] YANG F, LI Y, RUAN J, et al. ADRC based study on the anti-braking system of electric
       vehicles with regenerative braking [C]. Proceedings of the 8th World Congress on Intelligent

Control and Automation, 2010: 2588-2593.

[105] XIE J, CAO B, XU D, et al. Control of regenerative retarding of a vehicle equipped with a new energy recovery retarder [C]. Proceedings of the 4th Industrial Electronics and Applications, 2009: 3177-3180.

[106] LONG Z, LI Y, WANG X. On maglev train automatic operation control system based on auto-disturbance-rejection control algorithm [C]. Proceedings of the 27th Chinese Control Conference, 2008: 681-685.

[107] DONG L, KANDULA P, GAO Z. On a robust control system design for an electric power assist steering system [C]. Proceedings of the American Control Conference, 2010: 5356-5361.

[108] RUAN J, LI Z, ZHOU F. ADRC based ship tracking controller design and simulations [C]. Proceedings of the IEEE International Conference on Automation and Logistics, 2008: 1763-1768.

[109] PAN W, ZHOU Y, HAN Y. Design of ship main engine speed controller based on optimal active disturbance rejection technique [C]. Proceedings of the IEEE International Conference on Automation and Logistics, 2010: 528-532.

[110] SUN T, ZHANG J, PAN Y. Active disturbance rejection control of surface vessels using composite error updated extended state observer [J]. Asian Journal of Control, 2017, 19: 1802-1811.

[111] HUANG Y, XU K, HAN, et al. Extended state observer based technique for control of robot systems [C]. Proceedings of the 4th World Congress on Intelligent Control and Automation, 2002: 2807-2811.

[112] SONG R, LI Y, YU W, et al. Study on adrc based lateral control for tracked mobile robots on stairs [C]. Proceedings of the International Conference on Automation and Logistics, 2008: 2048-2052.

[113] RUAN J, RONG X, WU S. Study on ADRC controller design and simulation of rock drill robot joint hydraulic drive system [C]. Proceedings of the 26th Chinese Control Conference, 2007. 133-136.

[114] ZHANG Q, TAN W, GUO L. A new controller of stabilizing circuit in FOGS [C]. Proceedings of International Conference on Mechatronics and Automation, 2009: 757-761.

[115] DONG L, ZHENG Q, GAO Z. On control system design for the conventional mode of operation of vibrational gyroscopes [J]. IEEE Sensors Journal, 2008, 8: 1871-1878.

[116] ZHENG Q, DONG L, GAO Z. An active disturbance rejection control and rotation rate estimation of vibrational MEMS gyroscopes [C]. IEEE Multi-Conference on Systems and Control, 2007: 118-123.

[117] WU D. Design and analysis of precision active disturbance rejection control for noncircular turning process [J]. IEEE Transactions on Industrial Electronics, 2009, 56: 2746-2753.

[118] LI S, YANG X, YANG D. Active disturbance rejection control for high pointing accuracy and rotation speed [J]. Automatica, 2009, 45: 2009.

[119] SUN L, LI D, LEE K. Enhanced decentralized PI control for fluidized bed combustor via advanced disturbance observer [J]. Control Engineering Practice, 2015, 42: 128-139.

[120] 王丽君, 童朝南, 彭开香, 等. 板宽板厚多变量系统的自抗扰控制及混沌优化 [J]. 控制与决策, 2007, 22: 304-308.

[121] 蔡涛, 陈杰, 白永强. 坦克稳定器的自抗扰控制算法 [J]. 火力与指挥控制, 2004, 29: 23-25.

[122] 孙明玮, 邱德敏, 王永坤, 等. 大口径深空探测天线的抗风干扰伺服系统 [J]. 光学精密工程, 2013,

21: 1568-1575.

[123] CHEN Z, ZHENG Q, GAO Z. Active disturbance rejection control of chemical processes [C]. IEEE International Conference on Control Applications Part of IEEE Multi-Conference on Systems and Control, 2007: 855-861.

[124] MIKLOSOVIC R, GAO Z. A dynamic decoupling method for controlling high performance turbofan engines [C]. 16th IFAC World Congress, 2005: 532-537.

[125] ALEXANDER B, RARICK R, DONG L. A novel application of an extended state observer for high performance control of NASA's HSS flywheel and fault detection [C]. American Control Conference, 2008: 5216-5221.

[126] VINCENT J, MORRIS D, USHER N, et al. On active disturbance rejection based control design for superconducting RF cavities [J]. Nuclear Instruments and Methods in Physics Research A, 2011, 643: 11-16.

[127] YU Y, WANG H, LI N, et al. Automatic carrier landing system based on active disturbance rejection control with a novel parameters optimizer [J]. Aerospace Science and Technology, 2017, 69: 149-160.

[128] 黄琳. 稳定性理论 [M]. 北京: 科学出版社, 1992.

[129] 廖晓昕. 动力系统的稳定性理论和应用 [M]. 北京: 国防工业出版社, 1999.

[130] 廖晓昕. 稳定性的理论、方法和应用 [M]. 武汉: 华中科技大学出版社, 1999.

[131] 刘腾飞, 姜钟平. 信息约束下的非线性控制 [M]. 北京: 科学出版社, 2018.

[132] 马知恩, 周义仓. 常微分方程定性与稳定性方法 [M]. 北京: 科学出版社, 2001.

[133] 张芷芬, 丁同仁. 微分方程定性理论 [M]. 北京: 科学出版社, 1985.

[134] BACCIOTTI A, ROSIER L. Liapunov functions and stability in control theory [M]. New York: Springer-Verlag, 2005.

[135] BHAT S, BERNSTEIN D. Finite-time stability of continuous autonomous systems [J]. SIAM Journal on Control and Optimization, 2000, 38: 751-766.

[136] BHAT S, BERNSTEIN D. Geometric homogeneity with applications to finite-time stability [J]. Mathematics of Control, Signals, and Systems, 2005, 17: 101-127.

[137] BHAT S, BERNSTEIN D. Continuous finite-time stabilization of the translational and rotational double integrators [J]. IEEE Transactions on Automatic Control, 1998, 43: 678-682.

[138] ROSIER L. Homogeneous Lyapunov function for homogeneous continuous vector field [J]. System & Control Letters, 1992, 19: 467-473.

[139] SU Y, DUAN B, ZHENG C, et al. Disturbance-rejection high-precision motion control of a Stewart platform [J]. IEEE Transactions on Control Systems Technology. Technol., 2005, 12: 364-374.

[140] EMARU T, TSUCHIYA T. Research on estimating smoothed value and differential value by using sliding mode system [J]. IEEE Transactions on Robotics and Automation, 2003, 19: 391-402.

[141] DABROOM A, KHALIL H. Discrete-time implementation of high-gain observers for numerical differentiation [J]. International Journal of Control, 1999, 17: 1523-1537.

[142] LEVANT A. Robust exact differentiation via sliding mode technique [J]. Automatica, 1998, 34: 379-384.

[143] LEVANT A. Higher order sliding modes, differentiation and output feedback control [J]. International Journal of Control, 2003, 76: 924-941.

[144] IBRIR S. Linear time-derivative trackers [J]. Automatica, 2004, 40: 397-405.

[145] XUE W, HUANG Y, YANG X. What kinds of system can be used as tracking-differentiator [C]. Chinese Control Conference, 2010: 6113-6120.

[146] WANG X, CHEN Z, YANG G. Finite-time-convergent differentiator based on singular perturbation technique [J]. IEEE Transactions on Automatic Control, 2007, 52: 1731-1737.

[147] XIA X. Global frequency estimation using adaptive identifiers [J]. IEEE Transactions on Automatic Control, 2002, 47: 1188-1193.

[148] DAROUACH M, ZASADZINSKI M, XU J. Full-order observers for linear systems with uncertain inputs [J]. IEEE Transactions on Automatic Control, 1994, 39: 606-609.

[149] GOURSHANKAR V, KUDVA P, RAMAR K. Reduced order observer for multivariable systems with inaccessible disturbance inputs [J]. International Journal of Control, 1977, 25: 311-319.

[150] KOSHKOUEI A, ZINOBER A. Sliding mode controller observer design for SISO linear systems [J]. International Journal of Systems Science, 1998, 29: 1363-1373.

[151] KUDVA P, VISWANADHAM N, RAMAKRISHNA A. Observers for linear systems with unknown inputs [J]. IEEE Transactions on Automatic Control, 1980, 25: 113-115.

[152] SLOTINE J, HEDRICK J, MISAWA E. On sliding observers for nonlinear systems [J]. ASME Journal of Dynamic System, Measurement and Control, 1987, 109: 245-252.

[153] WALCOTT B, CORLESS M, ZAK S. Comparative study of non-linear state-observation technique [J]. International Journal of Control, 1987, 45: 2109-2132.

[154] WALCOTT B, ZAK S. State observation of nonlinear uncertain dynamical systems [J]. IEEE Transactions on Automatic Control, 1987, 32: 166-170.

[155] KHALIL H. High-gain observers in nonlinear feedback control [C]. International Conference on Control, Automation and Systems, 2018: 14-17.

[156] ZHENG Q, GAO Z. On pratical applications of active disturbance rejection control [C]. Chinese Control Conference, 2010, 6095-6100.

[157] ZHENG Q, DONG L, LEE H, et al. Active disturbance rejection control for MEMS gyroscopes [C]. American Control Conference, 2008: 4425-4430.

[158] ZHOU W, GAO Z. An active disturbance rejection approach to tension and velocity regulations in web processing lines [C]. IEEE Multi-conference on Systems and Control, 2007: 842-848.

[159] ZHENG Q, CHEN Z, GAO Z. A dynamic decoupling control approach and its applications to chemical processes [C]. American Control Conference, 2007: 5176-5181.

[160] ZHENG Q, GONG L, LEE D, et al. Active disturbance rejection control for MEMS gyroscopes [J]. American Control Conference, 2008: 4425-4430.

[161] HOU Y, GAO Z, JIANG F, et al. Active disturbance rejection control for web tension regulation [C]. IEEE Conference on Decision and Control, 2001: 4974-4979.

[162] KHALIL H. High-gain observer in nonlinear feedback control [M]// New direction in nonlinear observer design. London: Springer, 1999.

[163] YANG X, HUANG Y. Capability of extended state observer for estimating uncertainties [C]. American Control Conferencce, 2009: 3700-3705.

[164] 邵星灵, 王宏伦. 线性扩张状态观测器及其高级形式的性能分析 [J]. 控制与决策, 2016, 30(5): 815-822.

[165] FRANCIS B. The linear multivariable regulator problem [J]. SIAM Journal of Control and Optimization, 1977, 15: 486-505.